PRACTICE OF ARCHITECTURAL

DESIGN BASED ON GENERAL

CODES BUILDING ELECTRICAL

AND INTELLIGENT SYSTEMS

基于通用规范建筑设计实践
建筑电气与智能化

孙成群　汪卉　编著

中国电力出版社
CHINA ELECTRIC POWER PRESS

内 容 提 要

建筑电气与智能化设计文件是对建筑工程系统本质属性的描述，直接影响到工程建设质量和造价，以及建筑的日后维护。本书为贯彻执行通用规范和《建筑工程设计文件编制深度规定》（2016 年版）进行编制，分为设计方法、设计要点、方案设计、初步设计和施工图设计五章，分别阐述电气工程师应具备的思维方式、不同建筑形式电气设计要点，并以某办公建筑为例，图文并茂地阐述不同设计阶段设计要求。电气工程师应以人为本，不让电气系统之间形成孤岛，让建筑维系着"人−物−时"的三元关系，将抽象的设计与具体建筑业态的管理模式、施工、运维有机地结合，严格控制建造成本，向"技术＋管理＋资本"多领域扩展，使得设计文件具有法制化、工程化、标准化、国际化和信息化。

本书适合建筑电气工程设计、施工人员学习使用，可作为建筑电气工程师再教育培训教材，也可供大专院校有关师生教学参考使用。

图书在版编目（CIP）数据

基于通用规范建筑设计实践：建筑电气与智能化 / 孙成群，汪卉编著. -- 北京：中国电力出版社，2025. 4. -- ISBN 978-7-5198-9736-9

Ⅰ. TU85-39

中国国家版本馆 CIP 数据核字第 202576GB08 号

出版发行：中国电力出版社
地　　址：北京市东城区北京站西街 19 号（邮政编码 100005）
网　　址：http://www.cepp.sgcc.com.cn
策划编辑：周　娟
责任编辑：杨淑玲（010-63412602）
责任校对：黄　蓓　郝军燕
装帧设计：王红柳
责任印制：杨晓东

印　　刷：北京雁林吉兆印刷有限公司
版　　次：2025 年 4 月第一版
印　　次：2025 年 4 月北京第一次印刷
开　　本：787 毫米×1092 毫米　16 开本
印　　张：23.5
字　　数：540 千字
定　　价：98.00 元

序　言

　　北京市建筑设计研究院股份有限公司（简称北京建院）作为新中国第一家民用建筑设计企业，成立七十五年来以深厚赓续的设计底蕴、奋斗不止的创新精神，见证了共和国建筑史的坚韧、自强，也躬身人民建筑铸就经典与辉煌，绘制了恢弘壮美的"建筑地图"，续写了中华民族的文脉传承。伴随着新中国的建设与发展，北京建院忠实履行国企发展职责，承载社会责任，承担并完成了北京及全国各地许多重要的设计项目，贡献了不同时期的设计经典，不断实现建筑设计领域的技术创新和突破。

　　建筑电气与智能化作为现代建筑的重要标志，它以电能、电气设备、计算机技术和通信技术为手段来创造、维持和改善建筑物空间的声、光、电、热以及通信和管理环境，使其充分发挥建筑物的特点，实现其功能。建筑电气和智能化在维持建筑内环境稳态，保持建筑完整统一性及其与外环境的协调平衡中起着主导作用。《基于通用规范建筑设计实践　建筑电气与智能化》一书秉承"建筑设计服务社会，数字科技创造价值"的核心理念，结合不同建筑形式，提出具体设计方法和设计要点，强调建筑电气与智能化设计，系统之间不应形成孤岛，应充分保证安全性、可靠性和灵活性要求，将"安全、韧性、低碳、智慧、绿色和健康"等技术嵌入建筑设计基因中，因地制宜地采取防灾措施，避免建筑中电气设施受到火灾、地震、汛（涝）等灾害造成损毁，确保电气和智能化设备能够全天候工作。电气工程师需要不断丰富建筑电气顶层设计经验，从工程实际需求出发，正确掌握设计规范和标准，对于电气安全、节约能源、环境保护等重要问题采取切实有效的措施，积极采用先进技术，同时必须考虑其经济效益、成本核算、用户满意程度、商品流通环节是否通畅、扩大再生产的能力等，在满足相关规范和技术标准、服务于市场需求、把控工程质量和高完成度等方面进行了探索，使得建筑中各电气与智能化系统之间实现相互融合、相互依存和相互助益，让建筑电气与智能化设计形成有机整体，实现建筑整体大于部分之和的效益，助力实现高品质建筑功能。

　　北京建院专注建筑设计，坚持长期主义的建筑设计价值观，始终坚定地以好的设计和好的建筑，持续服务党和国家的职能、城市的治理与运营、人民的美好生活。建筑设计的长期主义，既有坚守，也有迭代创新。未来，北京建院将以科技服务为主业，坚持创意、服务、创新的自律精神，坚持高质量发展，力争做时代的行业引领者，从而实现百年建院基业长青的美好愿景。北京建院将不负使命，面向未来，拥抱科技，以更加昂扬的斗志、更加振奋的精神、更加扎实的作风、更加务实的举措谱写高质量发展新篇章。

北京学者

北京市建筑设计研究院股份有限公司董事长　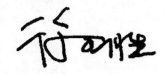

前　言

　　《基于通用规范建筑设计实践　建筑电气与智能化》是为贯彻执行通用规范和《建筑工程设计文件编制深度规定》(2016年版)进行编制的。随着建筑业由"量"向"质"的产业结构升级,大量低端的无序竞争将逐步退出历史舞台。本书依据通用规范对建筑电气以智能化的功能、性能要求,提出了建筑电气与智能化的设计方法和各种建筑类型的电气与智能化设计的方法和要点,并以某办公建筑实际工程案例,诠释了建筑电气与智能化专业在方案设计、初步设计、施工图设计三个阶段的设计文件表达。

　　电气设计表达是工程设计的重要环节,是表述设计思想的介质,电气工程师必须多运用思维去训练,去迭代使用思维模型,让自己从非理性思维进化到理性思维中来,图文并茂地准确反映如何贯彻国家有关法律法规、现行工程建设标准、设计者的思想,并要逻辑清晰,特别是在影响建筑物和人身安全、环境保护上更应该有详尽的表达,以便于对电气设备进行安装、使用和维护,需要将安全、韧性、低碳、智慧、绿色等技术嵌入建筑的基因中,将抽象的设计与具体的建筑业态的管理模式、施工、运维有机地结合,实现电气系统的最优化配置,并实现资源共享,从而达到设计指导施工、保证工程质量的目的。

　　建筑电气与智能化设计文件是对建筑工程系统本质属性的描述,设计质量将直接影响到工程建设质量和造价,以及建筑的日后维护。设计文件通常由设计说明和图纸组成,建筑电气工程师要树立以人为本,充分考虑建筑的防灾减灾要求,在灾害发生时,不仅要保全生命财产,而且要保全建筑应急功能不中断,能够凭自身的能力抵御灾害、减轻灾害损失,从而降低建筑的脆弱性,提高建筑对火灾、地震、汛(涝)等灾害的抵抗能力、适应能力和恢复能力,所以设计说明和图纸必须表述完整和对应,要避免文件中出现不清晰或矛盾的现象,使得设计文件更加具有法治化、工程化、标准化、国际化和信息化。

　　本书共五章,包括设计方法、设计要点、方案设计、初步设计和施工图设计。强调"建筑设计服务社会,数字科技创造价值"的核心理念,给社会提供高品质设计产品的电气工程师工作方法,助力实现高品质建筑功能,提出电气工程师工作应具备驻留性、反应性、社会性和主动性,应抱着长期主义心态、终结者心态、主人翁心态,敏感知晓技术发展,应勇于创新,体现社会应有责任,并有将被动行为转化为主动行为的能力,阐述了如何面对要求高、任务重、周期紧和市场竞争激烈的环境。越是遇见困难,越要正视问题,战胜自己,向内求,回归真我,以利他之心判断,尽到设计师应有的社会责任。书中还对如何把控工程设计质量等方面进行了探索,提升思维和表达的能力。

　　第一章和第二章,结合不同建筑形式,提出建筑电气与智能化具体设计方法和设计要点,电气工程师需要不断丰富建筑电气顶层设计和智慧运营的经验,从工程实际需求出发,正确地掌握规范和设计标准,对电气安全、节约能源、环境保护等重要问题采取切实有效的措施,积极采用先进技术,同时必须考虑其经济效益、成本核算、用户满意程度等因素,反映作者一贯倡导并身体力行的电气工程师敬业精神和拥有的服务社会的心态。第三章至第五章，阐述建筑电气与智能化的方案设计、初步设计、施工图设计要在满足相关规范和技术标准、服务于市场需求、把控工程质量和高完成度等方面，反映建筑电气与智能化系统应具有的安全性、可靠性和灵活性特质，契合建筑"安全、优质、高效、低耗"的要求，实现工程的最优配置，减少因事故中断供电或智能化系统造成的损失或影响，提高投资的经济效益和社会效益，以确保电气设备和智能化设备能够全天候工作，让建筑电气设计维系着"人—物—时"的三元关系，形成有机整体，实现最优配置，达到建筑整体大于部分之和的效果，使得建筑中各电气与智能化系统之间实现相互融合、相互依存和相互助益，为创造绿色、优质工程打下基础。

建筑电气工程师需要具备正确的思维方式和设计方法，保持工作热情，在工作中不断培养能力，包括沟通力、执行力、抗压力、学习力、创新力、时间力、平衡力、规划力等，培养好奇、独立、批判性的思维，拥有能力、智慧，把自己放在国家和民族的主价值链上，由"建筑设计"方转换为"建筑数据"运营方角色，由"经验驱动"的工程师模式转换为"数据驱动"的人机混合智能模式，不仅仅是要在建筑中简单地应用电气与智能化技术，而是要根据建筑需求，合理地运用电气和智能化技术来实现建筑功能，并严格控制建造成本，向"技术＋管理＋资本"多领域扩展，逐渐涵盖建筑行业的全寿命服务，避免工程浪费，破坏环境，通过建筑电气与智能化设计助推建筑向绿色环保健康的方向发展，实现资源节约管理。

本书是适应科技进步和满足基本建设的新形势下的产物，遵循国家有关方针、政策，突出讲述电气系统设计的可靠性、安全性和灵活性，力求内容新颖，覆盖面广，可作为建筑电气工程设计、施工人员的实用参考书，也可供大专院校有关师生教学参考使用。

本书在编写过程中，得到了业内很多专家、学者的热情支持和具体帮助，在此深怀感恩之心，致以诚挚的谢意。限于编者水平，对书中谬误之处，真诚地希望广大读者批评指正。

北京市建筑设计研究院股份有限公司总工程师、首席专家　孙成群
2025 年 3 月

目　录

01

第一章 设计方法

Practice of Architectural Design Based on General Codes-
Building Electrical and Intelligent Systems

第一节　顶　层　设　计

一、精进学习是设计创新的不竭动力

　　建筑业正面临由"量"向"质"的产业结构升级，大量低端的无序竞争将逐步退出历史舞台。建筑电气设计强调系统的安全可靠、经济合理、整体美观、技术先进、维护管理方便，电气工程师必须具备长期主义心态、终结者心态和主人翁心态，将安全、绿色、低碳、智能嵌入建筑的基因，设计出"好房子"，突破推广建设好房子的关键技术，并应满足法治化、工程化、标准化、国际化和信息化的要求。法治化是指在建筑电气设计中的一系列技术方法、协调手段、行为方式、步骤和程序要法律化，为工程建设提供法律依据和保障。工程化是指在设计与研究方面满足工程施工建设和日后运行维护的需求，以满足工程建设可实施性要求。标准化是指在以科学、技术和实践经验的综合成果为基础，形成设计范围内的重复性事物和概念，以制定和实施相应标准，促进设计的改进和技术的应用，标准化的实施对于消除混乱和差异、提升效率与效益具有显著作用。国际化是指在设计适应不同国度要求的一种方式，要求从设计中抽离所有地域语言，国家、地区和文化相关的元素，使设计成为经典。建筑电气设计需要通过提高全要素生产率，实现经济高质量发展的能力和水平。信息化则是指利用信息技术手段，将传统的线下手续全面转化为高效便捷的线上流程，从而实现纸质公文向电子文件的全面转变，这一转变不仅显著提升了工作效率，更使得相关人员能够实时掌握建筑工程动态，从而做出精准及时的决策，推动组织向更加智能化、高效化的方向发展。

　　民用建筑是指供人们非生产性的居住和进行公共活动的建筑的总称，是供人们工作、学习、生活、居住和从事各种政治、经济、文化活动的房屋。民用建筑按使用功能划分，可分成公共建筑和居住建筑两大类。公共建筑包括博展、医院、剧场、体育、航站楼、文化建筑、办公、教育、旅馆、商店等。民用建筑按建筑高度可分为多层建筑、高层建筑和超高层建筑。建筑作为人们工作、生活等活动的场所，随着技术的进步，人们对建筑电气设计的安全性、实用性和舒适性要求越来越高，不断创新是建筑电气与智能化设计的灵魂和源泉，是永续发展的根本动力，是保持竞争优势的关键。为此，电气工程师需要持续学习新技能和理论，拥有正确非共识思维，不断精进，努力提升自身的学习能力、沟通能力、执行能力、抗压能力、创新能力、掌控时间能力、平衡能力、规划能力，把挑战和困难当作是成长的契机，持续打造自身的核心竞争力，需要培养好奇、独立、批判性的思维，拥有能力、智慧，把自己放在国家和民族的主价值链上，以利他之心工作，要在工作中找到快乐，为社会做出更大贡献。精进学习四象限如图 1-1 所示。

　　精进学习四象限中第一象限，用以致学。明白学什么，为什么要学，有针对性地去学，并赋予实践，检验自己理解的对错。第二象限，学以致用。只有多学习，多输入知识，才能将工作融会贯通。第三象限，学而不用则废。工作中对所学知识不能使用，证明自己没学会，工作中不要机械地学习，不懂运用。第四象限，用而不学则滞。不学习，不提升自己的工作能力，永远停滞不前。在实际工作中，电气工程师会遇见这样那样困难，然而，越是遇见困

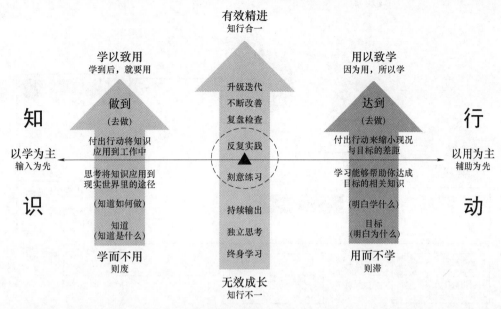

图 1-1 精进学习四象限

难，越不能被情绪所支配，越要正视苦难和挫折、回归真我、向内求、战胜自己，越要坚持长期主义。

电气工程师必须打破惯性思维，拥有自驱力和批判性思维，时刻保持理性的态度，保持思维的清晰性和逻辑性，有目的进行自我校准和判断，来提升自己的能力。批判性思维不仅仅是对事物进行简单的质疑或挑毛病，更是一种深入分析问题、评估信息真实性和价值，从而做出明智决策的能力。批判性思维使电气工程师迎接挑战，改变习以为常但又不合时宜的设计理念，避免陷入无效的努力中，更加全面地考虑问题，找到更有效的解决方案。批判性思维可以使电气工程师进行多角度思考，尝试从不同的视角出发，换位思考，理解业主的立场和观点，做出更加明智的决策，更好地交流和合作，实现不断的创新。电气工程师可以利用批判性思维的数据驱动，为建筑使用者提供客观、准确的依据，增强电气工程师的说服力和影响力，更加可靠地评估不同方案的优劣，减少主观臆断和偏见的影响。

美国管理专家戴明博士提出"PDCA 循环"，即"计划—执行—检查—处理"循环，是一种持续改进的工作方法。基于"PDCA 循环"，电气工程师需要具有闭环思维，在工程全寿命中有明确的反馈和闭环动作，以提升自己的工作能力。"PDCA 循环"促进工作改进示意图如图 1-2 所示。

二、建筑电气与智能化发展趋势

电气工程师在实际工程设计中，不应仅单纯依据标准进行，形成系统的堆砌。电气工程师需要不断地更新思维方式，打破自我设限，勇敢尝试新事物，提升自身的智慧力与竞争力，不断挑战自己的极限，不断研发新产品、新技术、新业态，提高生产效率和产品质量，从而赢得市场竞争优势。质量作为建筑电气与智能化设计生存和发展的基础，是提高市场竞争力和品牌声誉的关键。通过提高设计的质量水平，提高工作效率和产品质量，降低成本、提高

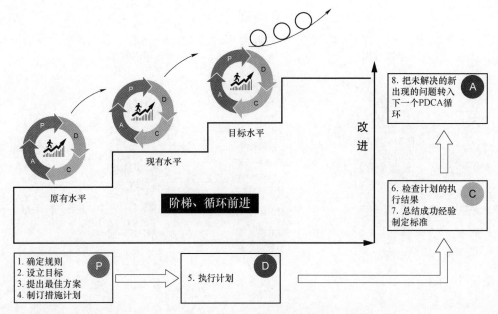

图1-2　"PDCA循环"促进工作改进示意图

竞争力，才能赢得消费者的信赖和口碑，实现长期稳定的发展。建筑电气设计升级和转型，需要摆脱传统生产力发展路径，不能依赖资源消耗型、劳动密集型的增长模式，通过引进新技术、推动产业升级和转型，可以打破传统生产力发展路径的限制，实现生产力的跨越式提升。这意味着利用电气化、韧性、智慧、低碳、数字化等新技术，改造和升级传统产业，提高产业的智能化、绿色化和可持续发展水平。通过鱼骨分析法可以清晰看出建筑电气与智能化的发展趋势，如图1-3所示。

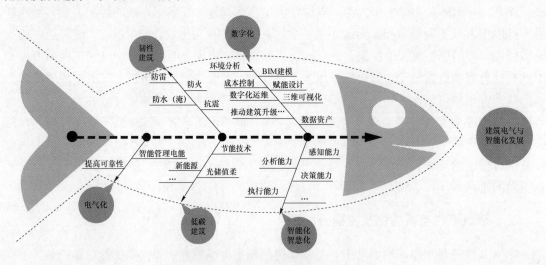

图1-3　建筑电气与智能化的发展趋势

1. 建筑电气化

电气化程度是指电力供应者所消费的一次能源需求的百分数，电气化程度与社会经济发展水平、居民收入水平、能源供应结构等因素密切相关，电气化可以大大提高劳动生产率和人民生活水平。建筑中的能源存在可再生能源等多能耦合使用，这对智能配电系统的管理提出更高要求。这些要求包括：配电网络中的电力配送将变得自动化程度更高、灵活性更高，这将改善配电网络中的供电可靠性，提升效率；通过电源管理将可再生能源接入以优化电力产能，满足需求；使用新技术改善能源管理。采用智能配电系统就是一种很好的解决方案，构建建筑供配电系统的数字底座，通过对供配电系统的数据采集、数据分析、智能控制、智能服务和对能源使用、电气资产、运行维护等全面的精耕细作和深度管理，提升供配电系统的可靠性和能效潜力。

（1）能源使用方面可以通过能耗数据的统计，实时采集供配电系统的各种数据，深度分析和优化节能策略；电气资产方面可以通过多维度查询及资产报告，电气设备状态评估分析；运行维护方面可以通过电气设备状态实时监控，移动运维跟踪管理。

（2）运行主动维护方面可以通过大数据分析技术，对采集的数据进行分析，从而发现供配电系统的异常现象，预测设备使用状态及寿命、预判负荷使用趋势、预知电能质量事件对设备潜在破坏程度、预警安全隐患，精确定位。

（3）运用智能控制系统，共享数字化体验实现互联互通。通过 PC、手机、iPAD，实现与设备的实时对话，实现故障定位、能耗呈现、资产统计、运维跟踪、状态监测，从而提高工作效率和工作质量。

2. 韧性建筑

建筑韧性体现在防雷、防火、抗震、防水（涝）等措施。建筑物防雷目的是提高建筑物和设备对雷击的抵抗能力，减少雷电危害事故的发生，防雷分类的不准确，会导致建筑物防雷技术措施存在隐患，有时也会造成防雷施工成本升高和资源浪费。电气防火设计要注重"防"和"消"结合，"防"意在火灾初期能尽早发现火灾，有效疏散人员，防止火灾蔓延和扩大火势。"消"意指发生火灾之后，要保障消防设备可靠工作进行灭火。建筑设计应充分考虑地震力的影响，遵照"小震不坏，中震可修，大震不倒"的指导原则，根据地震力的影响，电气系统设计能够防水平滑动及位移、防倾倒、防坠落、防不均匀沉降、防止电气火灾等引起的次生灾害。建筑应避免电气设施和重要场所受到水淹造成损毁，以确保电气设备和智能化设备能够全天候工作，准确、快速地接收和处理警报信息，防止水灾带来电气和智能化系统的中断等引发的次生灾害和经济损失。

3. 建筑的智能化和智慧化

智能化是利用人工智能技术和算法，使系统能够模拟人类的智能行为，如学习、推理和决策。建筑的智能化以建筑物为平台，基于对各类智能化信息的综合应用，集架构、系统、应用、管理及优化组合于一体，具有感知、传输、记忆、推理、判断和决策的综合智慧能力，形成以人、建筑、环境互为协调的整合体，为人们提供安全、高效、便利及可持续发展功能环境的建筑，为人们的生活和工作带来极大的便利。智能化的精髓在于系统所具备的感知、分析、决策和执行的综合能力。

（1）感知能力使系统能够敏锐捕捉并有效处理外部环境的信息。

（2）分析能力则助力系统深入剖析并解读这些信息所蕴含的深层意义。

（3）决策能力赋予系统在复杂多变的环境中做出独立明智判断和选择的能力。

（4）执行能力则确保系统能够将这些决策迅速转化为实际行动，达成预定目标。

建筑智慧化与建筑智能化的本质区别在于系统能否进行自我学习提升、不断进化和迭代升级。智能化系统虽然能够在一定程度上实现自动化和智能化，但往往缺乏自主决策和学习提升的能力。而智慧化系统则能够通过不断学习和优化，实现自我完善和提升，从而更好地适应复杂多变的环境和需求。伴随着建筑科学技术的飞速发展，这就要求建筑电气设计需要不断地创新，在创新中谋求高质量发展，实现城市数字化、网络化、智能化，以提高城市管理和服务水平，使城市更加智慧、便捷。建筑电气设计工程师应由"建筑设计"方转换为"建筑数据"运营方角色，由"经验驱动"的工程师模式转换为"数据驱动"的人机混合智能模式，不仅仅是要在建筑中简单地应用电气技术，而是要根据建筑需求，合理地运用电气和智能化技术来实现建筑功能，并严格控制建造成本，向"技术+管理+资本"多领域扩展，逐渐涵盖建筑行业的全生命周期服务，避免工程浪费，破坏环境，通过建筑电气设计助力推进建筑向绿色环保健康的方向发展，实现资源节约管理。在智慧化的实现过程中，人机环境系统之间的交互变得尤为重要。这一系统涵盖了计算机知识、数学算法等多个学科领域，并融入了哲学、心理学、生理学、语言学、人类学、神经科学、社会学、地理学等诸多学科的知识。这种跨学科的融合，使得智慧化系统能够更全面地理解人类需求，提供更精准、更高效的服务。

4. 低碳建筑

低碳是推动绿色发展的重要方面，它涉及保护生态环境、改善环境质量等内容。能源发展模式正在向集中式与分散式相结合转型，围绕新能源并网，用能成本最低和自消纳最大化原则，通过构建电力系统数字孪生技术对配网承载力分析，对新能源并网检查、提升分布式能源并网质量，对分布式电能质量治理，对负荷聚集管理等方式能够优化基础设施投资，有效构建坚强柔性电网。通过环境保护，可以保护生态环境，发展"互联网+"智慧能源系统，扎实提高电网资源配置能力，深度挖掘探索建筑与智慧社区建设领域中如何搞好建筑设计的智能化工作，全面满足各类应用场景的技术需求，改善环境质量，从而达到推动绿色发展的目的。

"光储直柔"系统是一种结合了光伏发电、储能技术以及柔性配电技术的综合性系统，具有充分利用太阳能平衡光伏发电和电力需求之间的矛盾，实现电能的柔性配送，使得供电更加灵活、可靠，同时，"光储直柔"配电系统采用清洁能源进行发电，可以减少化石能源的消耗和环境污染，系统在运行过程中产生的噪声和废气等污染物也较少，具有很好的环保性能。"光储直柔"配电系统对于推动能源转型、提升能源供应的安全性和稳定性，减少能源浪费和排放有着关键作用，是一种具备巨大的发展潜力和实用价值的综合性系统，将会在未来的能源领域中发挥越来越重要的作用。

5. 建筑数字化

数字化，作为建筑深度变革重构，旨在通过云计算、大数据、物联网及人工智能等前沿数字技术，构建出全感知、全场景、全智能的数字世界。数字化不仅对传统的建筑管理模式、业务模式和商业模式进行了创新和重塑，更推动了建筑的成功升级。建筑信息模型（BIM）技术应用、在线协同设计等建筑电气设计工作中的渗透，将建筑或基础设施项目进行数字表示，封装了其所有物理和功能特征，通过采光模拟、风模拟、日照分析、太阳辐射热分析、室内照度分析等，对太阳能与风力发电量等方面进行分析评估，优化能源使用效率，提高绿色能源占比，降低建筑化石能源消耗。在设计手段上通过 BIM 建模，实现三维渲染，助力提高建设项目的质量、控制工期、降低成本，通过准确快速地计算工程量、优化设计、在施工开始前识别潜在冲突、减少施工期间的错误和返工，提升施工预算的精度与效率，为企业制订精确计划（人工和材料）、实现限额领料、消耗控制提供有效支撑，从而大大减少资源、物流和仓储环节的浪费，通过合同、计划与实际施工的消耗量、分项单价、分项合价等数据的多算对比，实现对项目成本风险的有效管控。此外，随时随地直观快速地将施工计划与实际进展进行对比，能大大减少建筑的质量问题、安全问题，减少返工和整改。用 BIM 的三维技术在前期还可以进行碰撞检查，优化工程设计，减少在建筑施工阶段可能存在的错误损失和返工的可能性。工程量信息可根据时空维度、构件类型等汇总、拆分、对比分析等，为决策者工程造价项目群管理、进度款管理等提供决策依据，为建筑数字化发展奠定基础。建筑数字化可以通过打造一体化数字平台，全面整合建筑内部信息系统，强化全流程数据贯通，加快全价值链业务协同，可形成数据驱动的智能决策能力，提升建筑整体运行效率和产业链上下游协同效率。

三、顶层设计内容

所谓建筑电气与智能化顶层设计，实际上就是要立足于建筑功能、性能要求，清楚了解和把握工程设计各方面具体情况，对工程设计工作进行整体考虑。顶层设计需要具备整体意识，要求设计必须全面考虑和把握各方面实际情况，同时，要清楚地看到各方面之间的关联性和可发展性。建筑电气与智能化顶层设计主要包括：构建建筑电气工程系统模型、自我验证、强化设计管理。建筑电气与智能化顶层设计架构如图 1-4 所示。

图 1-4　建筑电气与智能化顶层设计架构

第二节　构建工程系统模型

　　模型的现实性体现在要满足建筑内在的、合乎必然性的实际需求，要体现客观事物和现象种种联系的综合，要反映建筑功能和规模特点，诸如办公建筑、旅馆建筑、住宅建筑、商业建筑、教育建筑、观演建筑、体育建筑、医疗建筑、博展建筑、交通建筑、图书馆等。建筑电气工程系统模型与建筑功能、建筑规模、建设地点有关，是对建筑电气工程系统本质属性的描述。建筑电气工程系统模型决定了实现建筑功能的契合度、工程质量和造价，直接影响到日后维护，所以电气设计师需要运用5W2H分析法，如图1-5所示，知道为什么？做什么？何处做？何时做？何人做？怎么做？产生多少效益？要根据建筑的具体功能和业主投资来建模，以云服务＋物联网边缘计算＋通信网络＋智能终端的方式形成新型技术架构，避免出现电气与智能化系统孤岛，在建筑全寿命内，使建筑中建筑电气与智能化系统维系"人—物—时"

图1-5　5W2H分析法

的三元关系，并严格控制建造成本，向"技术＋管理＋资本"多领域扩展，即通过智能化手段进行模型搭建，加强可靠性，为创造绿色、优质工程打下基础，要将建筑的"安全、韧性、绿色、低碳、智慧"嵌入建筑的基因，实现工程的最优配置，形成与建筑类型对应的完整的电气模型体系，为人们提供更加安全、便捷、舒适的环境，这就需要在建立工程系统模型时，要保证工程系统模型具有现实性、简明性和标准性。

　　模型的简明性体现在力求做到目标明确，结构简明，方法灵活，效果到位，要体现针对性、迁移性、多变性、思维性和层次性，要遵循国家有关方针、政策，在建筑全生命周期实现安全可靠供电和通信，并保证所有的操作和维修活动均能安全和方便地进行，做到安全适用、技术先进、经济合理。模型的标准性体现在一定的范围内获得最佳秩序，对实际的或潜在的问题制定共同和重复使用规则的活动，标准化模型可以减少管理指导，提高效率，减少错漏，降低工程的复杂性和难度。

一、办公建筑

　　由于办公建筑的规模日趋扩大，内容也越加复杂，办公建筑的电气设计，应根据建筑用途、规模特点，合理确定电气系统，确保平时和消防时的正常使用。办公建筑供配电系统要根据建筑规模和等级、管理模式和业务需求进行配置变压器容量和柴油发电机组，既要满足近期使用要求，又要兼顾未来长远发展的需要，满足办公建筑日常供电的安全可靠要求，能够使工作人员获得安全、舒适的健康环境。办公建筑智能化系统要根据建筑规模和等级、管理模式需求进行配置，需统筹系统的性质、管理部门等诸多因素，适应办公信息化应用的发展，为办公人员提供有效、可靠的接收、交换、传输、存储、检索和显示处理等各类信息资源的服务。

二、博展建筑

博展建筑的电气设计要根据建筑规模和使用要求，特别是展品的陈列、展览和存储的特殊要求进行电气设计，确定合理的电气与智能化系统，保证展品的良好展览和人员的正常使用，做好防火、防盗、防雷及陈列展览等基本功能方面的设计，为参观者提供安全、舒适的观赏环境，保障博展建筑全面发挥社会、经济、环境三大效益的要求。博览建筑智能化设计应根据博览建筑的性质、规模来配置智能化系统，不仅要满足博物馆建筑业务运行和物业管理的信息化应用需求，而且要满足管理人员远程及异地访问授权服务器的需要，控制人流密度，满足文物对环境安全的控制要求，避免腐蚀性物质、CO_2、温度、湿度、光照、漏水等对文物和展品的影响，并应考虑高度空间对传感器设置的影响。建筑智能化系统应加强对环境、人员的控制能力，保证博物馆处于最佳的文物保护环境和节能运行状态，有效地防止了文物的人为侵害，延缓了文物的自然老化，极大地保证了文物存放和陈列的安全。

三、医疗建筑

医疗建筑供配电系统要根据建筑规模和等级、医疗设备要求、管理模式和业务需求进行配置变压器容量和柴油发电机组，既要满足近期使用要求，又要兼顾未来发展的需要，要考虑医生、患者在不同场所的要求，满足医疗建筑日常供电的安全可靠要求，能够使医生和患者获得安全、舒适的治疗环境，更有利于患者的康复。医疗建筑不同于一般的公共建筑，具有使用对象特殊、功能复杂、设备多而分散、工艺及安全防护要求高、电气系统种类多、对供电的可靠性要求高等特点，医疗工艺配电设计应满足医疗场所的安全防护要求，确保医疗场所内电气设备的供电可靠性和用电安全性，确保治疗过程中医务人员和患者的安全。医疗建筑智能化设计应利用计算机网络技术、集成医院建筑智能化系统和医疗智能化辅助系统为医院提供安全、舒适、绿色、低碳的就医环境，采集高科技、自动化的医疗设备和医护工作站所提供的各种诊疗数据，实现就医流程最优化、医疗质量最佳化、工作效率最高化、病历电子化、决策科学化、办公自动化、网络区域化、软件标准化，实现患者与医务人员、医疗机构、医疗设备之间的互动。

四、剧场建筑

剧场建筑电气设计应根据建筑规模和舞台、观众席和附属演出空间等不同场所的不同要求，合理确定电气与智能化系统，对光源、机械、音响、控制措施进行设计，为观众提供安全舒适观赏环境的同时，也应满足演出需求，要关注剧场电气设备产生的谐波源，并应采取相应措施。剧场属于人员密集场所，为了避免停电时引起人员恐慌，以及保证火灾时人员疏散和逃生，应注意电气消防的设计。剧场建筑供配电系统要根据建筑规模和等级、剧场设备要求、管理模式和业务需求进行配置变压器容量和柴油发电机组，确保演出效果和观众安全。配电线路电线、电缆应选用燃烧性能 B_1 级、产烟毒性为 t_1 级、燃烧滴落物/微粒等级为 d_1 级的产品。主舞台区四个角落应设三相专用电源，剧场台口两侧宜预留显示屏电源。观众厅应设清扫场地用的照明。剧场 70%以上用电负荷是舞台照明和舞台机械设备，这些负荷随着剧情变化变动频繁且持续时间长，对电网供电质量影响较大，舞台机械设备的变频传动装置应采取抑制谐波措施。舞台照明设备电控室（调光柜室）、舞台机械设备电控室、功放室等电源应采用专用回路。乐池内谱架灯、化妆室台灯照明、观众厅座位排号灯等的电源电压，应采用特低电压供电。剧场智能化设计应适应观演业务信息化运行的需求、具备观演建筑业务设施基础保障的条件和满足观演建筑物业规范化运营管理的需要。观演厅宜设置移动通信信号屏蔽系统。候场室、化妆区、等候场区域应设置信息显示系统。剧场的出入口、贵宾出入口以及化妆室等宜设置自助寄存系统。

五、体育建筑

由于体育建筑用途、规模和建设条件的不同，存在较大差异。体育建筑的电气设计，应根据体育建筑用途、规模特点，配置合理变配电系统、智能化照明系统、防雷接地系统、火灾自动报警系统，电气设施的装备水平要与工程的功能要求和使用性质相适应，同时要考虑赛时和赛后的不同使用要求，发挥更大的社会效益和经济效益。体育建筑供配电系统要根据建筑规模和等级、管理模式和业务需求进行配置，针对比赛场地、观众席、运动员用房、管理用房特点和不同场所的要求，必须符合国家体育主管部门颁布的各项体育竞赛规则中对电气提出的要求，同时还必须满足相关国际体育组织的有关标准和规定，既要满足比赛使用要求，又要兼顾赛后的充分利用的需要，不应将临时性用电做成永久用电，达到既经济又实用的目的。体育建筑工艺包括场地照明、升旗（横杆）系统、计时记分系统、标准时钟系统、电视转播和现场评论系统、场馆运维指挥集成管理系统、竞赛实时信息发布系统、赛事综合管理系统、场馆比赛设备集成系统等。体育建筑工艺系统的设计，应根据体育建筑的类别、规模、举办体育赛事的级别等要求进行选择。体育建筑智能化设计应针对体育场馆的比赛特性，利用信息通信技术完成各子系统的信息交换，利用控制技术可以实现对各种设施的自动控制。实现资源和信息共享，提高设备利用率，节约能源，为使用者提供安全、舒适、快捷的环境。

六、航站楼建筑

航站楼建筑电气设计应根据建筑规模和使用要求，结合建筑形态，满足安全、迅速、有秩序地组织旅客登机、离港，方便旅客办理相关旅行手续，合理地确定电气系统，为旅客提供安全舒适的候机条件，并可集客运商业、旅游业、饮食业、办公等多种功能为一体的现代化综合性要求。城市交通建筑属人员密集场所，应关注安防、防火等内容，确保使用安全。航站楼建筑供配电系统要根据建筑规模和等级、民航设备要求和业务需求以及负荷性质、用电容量进行配置变压器容量和柴油发电机组，既要满足近期使用要求，又要兼顾未来发展的需要，合理地确定设计方案，实现安全、迅速、有秩序地组织旅客登机、离港，方便旅客办理相关旅行手续，为旅客提供安全舒适的候机场所。航站楼建筑内有大量的一、二级负荷负载率控制在 65% 之内，同时要考虑电能质量的影响。航站楼建筑中的工艺设备、专用设备、消防及其他防灾用电负荷，应分别自成配电系统或回路，与安检、传送等设施无关的配电线路不应穿过安检、传送等设施区域。航站楼专项工艺系统包括飞机 400Hz 专用电源、飞机空气预制冷机组 PCA 专用电源、大通道 X 光机；CT 设备、值机岛、登机口、安检现场等柜台设备、自助值机设备、防爆检测设备、毫米波人身门、自助登机门、人脸识别与自助通关闸机、生物因子、微小气候、核辐射分子检测装置等。对重要设备应采用双电源供电，同时应关注电网侧的由雷电、电力公司的设备故障、施工或交通事故等引起的电压暂降对设备的影响，确保设备正常运行。航站楼智能化系统的设计应充分考虑不同规模机场对智能化系统的实际需要，配置信息管理系统、广播系统、闭路电视监视系统、航班动态显示系统、有线调度对讲、值机引导系统、登机桥监控系统、行李提取系统和登机门显示系统、旅客离港系统、综合布线系统、子母钟系统、旅客问讯系统、建筑设备管理系统、泊位引导系统等，要求智能化各子系统，由各自独立分离的设备、功能和信息集成为一个相互关联、完整和协调的综合系统，使智能化系统的信息高度共享和资源合理分配，实现智能化各子系统间的互操作与联动控制。

七、图书馆、档案馆建筑

图书馆、档案馆建筑的电气设计，应根据建筑用途、规模特点，以方便人们学习、欣赏、吸收和传播文化知识为原则，合理配置变配电系统、智能化照明系统、防雷接地系统、火灾自动报警等系统，满足顾客、工作人员的不同需求。图书馆、档案馆强电设计应根据建筑分级、规模，配备供配电系统。要保证安全防范系统及计算机系统的用电连续性，为了避免珍藏品遭受紫外线的损伤，对珍藏品房间的光源紫外线应予以控制。图书馆、档案馆应根据建筑性质、规模配置智能化系统。图书馆应满足馆藏和借阅的需求，同时应满足图书储藏库的通风、除尘过滤、温湿度等环境参数的监控要求。档案馆应满足档案管理的要求，并应满足安全、保密等要求，建筑设备管理系统应满足档案资料防护的要求。

八、教育建筑

教育建筑的电气设计，应根据不同教育场所和学员特点、规模和使用要求，贯彻执行国家关于学校建设的法规，并应符合国家规定的办学标准，响应国家关于建设绿色学校的倡导，适应国家教育事业的发展，满足学校正常教育教学活动的需要，为学生和教职工提供安全、健康环境良好的环境，满足用电和信息化需求，确保学生和教职工安全。教育建筑供配电系统要根据建筑规模和等级、管理模式和业务需求进行配置，既要满足近期使用要求，又要兼顾未来发展的需要，要根据学生特点和不同场所的要求，满足学校正常教育教学活动对电能的需要，为教学、科研、办公和学习创造良好光环境，确保学生和教职工安全。教育建筑智能化系统要根据建筑规模和等级、管理模式和教学业务需求进行配置，需统筹系统的性质、管理部门等诸多因素，适应教学、科研、管理以及学生生活等信息化应用的发展，为学校管理和教育教学、科研、办公及师生提供有效、可靠的接收、交换、传输、存储、检索和显示处理等各类信息资源的服务。

九、旅馆建筑

旅馆建筑电气设计，应根据旅馆建筑等级、规模特点，以方便客人、保持舒适氛围、管理方便的原则,合理配置变配电系统、智能化照明系统、防雷接地系统、火灾自动报警系统等,最大限度地满足旅客用电和信息化需求,同时应满足管理人员的需求,对突发事故、自然灾害、恐怖袭击等应有预案,为大堂、客房、餐厅等场所创造安全、舒适的建筑环境。

旅馆强电设计要根据建筑等级、使用功能、建筑标准、设备设施的要求,进行负荷分级,并配置适宜的变配电系统。为避免市电因故障停电而造成旅馆无法继续营业,四、五级旅馆应设自备电源,并在旅馆建筑的前台计算机配备 UPS 电源供电。旅馆是向客人提供服务的,客人在异地旅游时,需要一定的设施和服务以解决食宿等问题,旅馆是满足这些需求的场所。例如,客房整洁、实用,备有各种生活用品;有多个风格不同的餐厅,每个餐厅都布置考究;店内设有酒吧、咖啡厅、商店、舞厅、游泳池、健身房等其他设施;旅游者的吃、住、购物、娱乐等需求均可在旅馆内得到满足。为确保旅馆正常营业,这些场所必须配备设备电源和通信设施。旅馆建筑要根据等级、使用功能、建筑标准配置适宜的智能化系统,通常包括背景音乐兼紧急广播系统、火灾自动报警系统、视频监控系统、巡更系统、停车场管理系统、VOD 多媒体信息服务网络系统、旅馆一卡通、门禁系统、建筑设备管理系统、旅馆客房管理系统、旅馆商务计算机综合管理系统、旅馆经营及办公自动化系统、结构化布线系统、通信系统、卫星、有线电视系统、多媒体商务会议系统等,要满足不同人群包括行动不便人员的使用要求,以保证客人安全。

十、商店建筑

商店建筑电气设计应根据建筑规模、顾客和销售的不同要求,与商业模式相结合,本着最大限度地方便消费者购物、适应商店业态发展的原则,合理确定电气系统,满足区域性与时代性的要求,创造宜人的购物环境,商业建筑属于人员和商品密集的场所,应设置必要的安全措施,避免突发事件造成的生命和财产损失。商店建筑应根据规模及其负荷性质、用电容量以及当地供电条件等,确定供配电系统设计方案,并应具备可扩充性。设置配变电所时,应考虑建筑功能和零售业态布局。大型超级市场应设置自备电源。应根据建筑功能、零售业态、销售商品和环境条件等确定照度值、显色性和均匀度。商店建筑智能化的设计应满足业态经营、建筑功能和物业管理的需求,信息化应用系统的配置应满足商店建筑业务运行和物业管理的信息化应用需求,信息接入系统应满足商店建筑物内各类用户对信息通信的需求,建筑设备管理系统应建立对各类机电设备系统运行监控、信息共享功能的集成平台,还应满足零售业态和物业运维管理的需求,商店的收银台应设置视频安防监控系统。

十一、站城一体化建筑

站城一体化建筑将重要交通站点与城市空间紧密融合,也就是把日常办公、居住和城市服务等功能安排在车站步行可达的范围内,为市民提供便利的生活方式和经济活动条件,电气设计要根据站城一体化建筑体量大、空间复杂、业态繁多的特点,需要聚焦城市生态保护、安全韧性、功能统筹、空间治理、一体化设计、基础设施保障、技术创新和政策法规建设等多个领域。建立公共空间与用户空间电气系统形成全新的联系,通过改善交通、推动新建和既有建筑的韧性设计与改造,提高存量资源利用效率,满足不同的功能业态需求,实现总体建筑的协调统一和建筑的整体大于部分之和效益，推动城市可持续发展。

十二、住宅建筑

住宅建筑电气设计，负荷应考虑建筑面积、建设标准、采暖（或过渡季采暖）和空调的方式、电炊、洗浴热水等因素，电气线路的选材、配线应与住宅的用电负荷相适应。要考虑保证用电安全和便于管理，避免接地故障引起的电气火灾和电击的危险需求，公共场所的照明，应采用高效光源，并采用节能控制措施。

第三节 设 计 验 证

一、设计文件表达

设计表达是设计师对自己想象力、创造力最便捷的表示，也是设计师进行设计、与客户和受众沟通、展现设计成果所应掌握的一种技能。设计文件通常由设计说明和图纸组成，是指导工程建设的重要依据，是表述设计思想的介质，设计文件质量将直接影响到工程建设，所以设计说明和图纸必须图文并茂地准确反映如何贯彻国家有关法律法规、现行工程建设标准、设计者的思想。电气工程师需要具备双目标清单思维，保证各阶段的设计文件质量，避免文件中不清晰或出现矛盾的现象，特别在影响建筑物和人身安全、环境保护上更应有详尽的表述，以便于对电气设备进行安装、使用和维护，以杜绝对社会、环境和人类健康造成危害，提高经济效益，使其更好地服务工程建设。

设计文件表达深度的基本要求应满足各类专项审查和工程所在地的要求。当设计合同对设计文件编制深度另有要求时，设计文件编制深度应满足设计合同的要求。设计单位在设计文件中选用的建筑材料、建筑构配件和设备，应当注明规格、性能等技术指标，其质量要求必须符合国家规定的标准。在设计中应因地制宜正确选用国家、行业和地方建筑标准设计，并在设计文件的图纸目录或施工图设计说明中注明所引用图集的名称。

（1）方案设计是设计关键环节，电气与智能化系统应根据工程需要配置，需要考虑主要机房和管路。方案设计文件应满足编制初步设计文件的需要，满足方案审批或报批的需要。

（2）初步设计是方案设计的延伸和完善，电气与智能化系统配置需要细致化，对主要电气设备选型应有宏观控制。初步设计文件应满足编制施工图设计文件的需要，满足初步设计审批的需要。

（3）施工图设计是电气与智能化系统工程化的体现，施工图设计文件应满足设备材料采购、非标准设备制作和施工的需要。

二、设计验证概念

验证主要指输出的模型和观察值是否相符。设计验证（DesignVerification）是指对设计文件所进行的检查，以确定设计工作是否达到了指导工程建设的目标。设计验证是工程设计中的一个重要环节，对保证设计质量起着重要作用。电气工程师应利用推论阶梯思维，对工程建设强制性要求、工程安全性、建筑节能、绿色建筑要求等内容进行验证。

三、设计验证方法

（1）人员评估。验证需要对设计人员进行评估，包括执业能力、敬业精神、工作表现、团队协作的评估。执业能力主要评估的是人员对工作对应的职位所必须具备的技能和知识；敬业精神主要评估的是人员的奉献精神、性格特征和在工作中的注意力、计划性和责任心，以及行为习惯、思维方式等；工作表现主要评估的是人员从事的工作完成的效果，既可以通过定量的方式来衡量，也可以通过定性的方式来衡量，包括其职业发展能力、工作积极性和创新性等；团队协作主要评估的是人员在团队中的合作精神、分享精神和服务精神等。

（2）过程配合。设计验证需要配合完成的事情有很多，配合不好造成严重内耗的情形也有很多。这需要验证人与被验证人对齐目标及其关键因素，涉及目标的信息越具体越好，比如工程重要性、设计文件承诺交付时间等都要同步传达给设计人员。

（3）技术关联。是指设计过程中不同电气系统之间的技术具有相互影响、相互补充的关联性。建筑电气系统之间应是相互依存和相互助益的，当验证发现在某一环节或某一技术出现问题时，应验证其关联环节和技术，使得建筑功能得以实现，体现电气技术的应用价值。

（4）推理论证。设计中采用的新技术，需要运用推理论证方法论证技术的合理性，这是需要根据几个已知的判断，确定得出一个新判断的思维过程。推理分为合情推理和演绎推理。合情推理需要由几个现有的已知判断，根据验证人的经验和认知范围，确定得出一个新判断的推理方法，合情推理又分为归纳推理和类比推理。归纳推理又分为完全归纳推理与不完全归纳推理。演绎推理是由几个现有的已知判断，经过严格的逻辑推理论证，确定得出一个新判断的推理方法，演绎推理又分为综合法（数学归纳法、比较法、函数法、几何法、放缩法、同一法等）、分析法和反证法。

四、验证内容

（1）设计依据。包括：建筑的类别、性质、结构、面积、层数、高度等；引入有关政府主管部门认定的工程设计资料，例如：供电方案、消防批文等；相关专业提供给本专业的资料；采用的设计标准。

（2）设计分工。包括：电气系统的设计内容、设计分工界别、市政管网的接入；图号和图名与图签一致性，会签栏、图签栏内容。

（3）总平面。包括：市政电源和通信管线接入的位置、接入方式和标高；变电所、弱电机房等位置；线缆型号规格及数量、回路编号和标高；管线穿过道路、广场下方的保护措施；室外照明灯具供电与接地。

（4）变、配、发电系统。包括：负荷容量统计；高、低压供电系统接线形式及运行方式；明确电能计量方式；无功补偿方式和补偿后的参数指标要求；柴油发电机的起动条件；高压柜、变压器、低压柜进出线方式。

1）高压供电系统图。包括：各元器件型号规格、母线规格；各出线回路变压器容量；开关柜的编号、型号、回路号、二次原理图方案号、电缆型号规格；操作、控制、信号电源形式和容量；仪表配备应齐全，规格型号应准确；电器的选择与开关柜的成套性符合性。

2）继电保护及信号原理图。包括：继电保护及控制、信号功能要求，选用标准图或通用图的方案应与一次系统要求匹配；控制柜、直流电源及信号柜、操作电源选用产品。

3）低压配电系统图。包括：低压一次接线图，各元器件型号规格、母线规格；设备容量、计算电流、开关框架电流、额定电流、整定电流、电缆规格等参数；断路器需要的附件，如分励脱扣器、失电压脱扣器；注明无功补偿要求；各出线回路编号与配电干线图、平面图一致；注明双电源供电回路主用和备用；电流互感器的数量和变比应合理，应与电流表、电能表匹配。

4）变电所平面布置图。包括：高压柜、变压器、低压柜、直流信号屏、柴油发电机的布置图及尺寸标注；设备运输通道；各设备之间、设备与墙、设备与柱的间距；房间层高、地沟位置及标高、电缆夹层位置及标高；变电所上层或相邻是否有用水点；变电所是否靠近振动场所；变电所是否有非相关管线穿越；低压母线、桥架进出关柜的安装做法、与开关柜的尺寸关系应满足要求；平面标注的剖切位置应与剖面图一致性。

5）柴油发电机房平面布置图。包括：油箱间、控制室、报警阀间等附属房间的划分；发电机组的定位尺寸标注清晰，配电控制柜、桥架、母线等设备布置；柴油发电机房位置应满足进风、排风、排烟、运输等要求；注明发电机房的接地线布置，各接地线的材质和规格应满足系统校验要求。

（5）电力系统。包括：电气设备供配电方式；配置水泵、风机等设备控制及启动装置；线路敷设方式、导线选择要求。

1）电力、照明配电干线图。包括：配电干线的敷设应考虑线路压降、安装维护等要求；注明桥架、线槽、母线的应注明规格、定位尺寸、安装高度、安装方式及回路编号；电源引入方向及位置；配电干线系统图中电源至各终端箱之间的配电方式应表达正确清晰；配电干线系统图中电源侧设备容量和数量、各级系统中配电箱（柜）的容量数量以及相关的编号等；电动机的起动方式合理性；开关、断路器（或熔断器）等的规格、整定值标注；配出回路编号、相序标注、线缆型号规格标注、配管规格等；标注配电箱编号、型号、箱体参考尺寸、安装方式。

2）电力平面图。包括：电力配电箱相关标注与配电系统图一致性；用电设备的编号、容量等；桥架、线槽、母线的规格、定位尺寸、安装高度、安装方式及回路编号；导线穿管规格、材料，敷设方式。

3）控制原理图。包括：设备动作和保护、控制联锁要求；选用标准图或通用图的方案与一次系统关系。

（6）照明系统。包括：照明种类、照度标准、主要场所功率密度值；明确光源、照明控制方式、灯具及附件的选择；灯具安装方式、接地要求；照明线路选择及敷设；应急疏散照明的照度、电源形式、灯具配置、线路选择、控制方式、持续时间；线路敷设方式、导线选择要求。

（7）照明平面图。包括：照明配电箱相关标注应与配电系统图一致性；灯具的规格型号、安装方式、安装高度及光源数量应标注清楚；每一单相分支回路所接光源数量、插座数量应满足要求；疏散指示标志灯的安装位置、间距、方向以及安装高度；照明开关位置、所控光源数量、分组应合理；照明配电及控制线路导线数量应准确；注明导线穿管规格、材料，敷设方式。

（8）线路敷设。包括：缆线敷设原则；电缆桥架、线槽及配管的相关要求。

（9）防雷接地。包括：建筑年预计雷击次数；防直击雷、侧击雷、雷击电磁脉冲、高电位侵入的措施；接闪器、引下线、接地装置；总等电位、辅助等电位的设置；防雷击电磁脉冲和防高电位侵入、防接触电压和跨步电压的措施。

1）防雷及接地平面。包括：接闪器的规格和布置要求；金属屋面的防雷措施；高出屋面的金属构件与防雷装置的连接要求；防侧击雷的措施；防雷引下线的数量和距离；防接触电压和跨步电压的措施；接地线、接地极的规格和平面位置以及测试点的布置，接地电阻限值要求；防直击雷的人工接地体在建筑物出入口或人行道处的处理措施；低压用户电源进线位置及保护接地的措施；等电位联结的要求和做法；智能化系统机房的接地线的布置、规格、材质以及与接地装置的连接做法。

2）接地系统。包括：系统接地线连接关系；接地线选用材质和规格、接地端子箱的位置。

（10）电气消防。包括：系统组成；消防控制室的设置位置；各场所的火灾探测器种类设置；消防联动设备的联动控制要求；火灾紧急广播的设置原则，功放容量，与背景音乐的关系；主电源、备用电源供给方式，接地电阻要求；线缆的选择、敷设方式。

1）火灾报警及联动系统图。包括：消防水泵等联动设备的硬拉线；应急广播及功放容量、备用功放容量等中控设备；火灾探测器与平面图的设置应一致；电梯、消防电梯控制；消防专用电话的设置；强起应急照明、强切非消防电源的控制关系；消防联动设备控制要求及接口界面；火灾自动报警系统传输线路和控制线路选型要求。

2）火灾报警及联动平面。包括：探测器安装位置；消防专用电话、扬声器、消火栓按钮、手动报警按钮、火灾警报装置安装高度、间距；联动装置应有连通电气信号控制管线应布置到位；消防广播设备应按防火分区和不同功能区布置；传输线路和控制线路的型号、敷设方式、防火保护措施。

（11）人防工程（略）。

（12）智能化系统。包括：各系统末端点位的设置原则；各系统机房的位置；各系统的组成及网络结构；与相关专业的接口要求；智能化系统机房土建、结构、设备及电气条件需求。

1）智能化系统图。包括：系统主要技术指标、系统配置标准；表述各相关系统的集成关系；表示水平竖向的布线通道关系；明确线槽、配管规格应与线缆数量；电子信息系统的防雷措施；建筑设备监控系统绘制监控点表，监控点数量、受控设备位置、监控类型等；有线电视和卫星电视接收系统明确与卫星信号、自办节目信号等的系统关系；安全技术防范系统与火灾报警及联动控制系统等的接口关系；广播、扩声、会议系统明确与消防系统联动控制关系。

2）智能化平面。包括：接入系统与机房的设置位置；室外线路走向、预留管道数量、电缆型号及规格、敷设方式；系统类信号线路敷设的桥架或线槽应齐全，与管网综合设计统筹规划布置；智能化各子系统接地点布置、接地装置及接地线做法，以及与建筑物综合接地装置的连接要求，与接地系统图标注对应；各层平面图包括设备定位、编号、安装要求，线缆型号、穿管规格、敷设方式，线槽规格及安装高度等；采用地面线槽、网络地板敷设方式时，核对与土建专业配合的预留条件。

（13）电气设备选型。包括：主要电气设备技术要求、环境等特殊要求。

（14）电气节能。包括：采用的电气系统节能措施；节能产品；提高电能质量措施。

（15）绿色建筑设计。包括：绿色建筑电气设计目标；绿色建筑电气设计措施及相关指标。

（16）主要设备表。包括：主要设备名称、型号、规格、单位、数量。

（17）计算书。包括：计算公式、计算参数。

1）负荷计算。包括：变压器选型、应急电源和备用电源设备选型；无功功率补偿；电缆选择稳态运行。

2）太阳能光伏发电系统设计时，应计算系统装机容量和年发电总量。

3）短路电流计算。包括：电气设备选型要求。

4）电压损失计算。包括：配电导体的选择。

5）照明计算。包括：照度值计算、照明功率密度值计算。

6）防雷计算。包括：年预计雷击次数计算、雷击风险评估计算。

7）电气系统碳排放计算。包括：照明系统碳排放计算、电梯系统碳排放计算等。

第四节 设 计 管 理

为了合理地利用设计资源，以管理创造效益，解决设计内部不同人员的沟通，有效设计管理就显得非常重要。电气设计管理就是要根据使用者的需求，有计划有组织地进行电气设计研究活动；有效地积极调动设计师和工程建造者的开发创造性思维，以更合理、更科学的方式工作，为社会创造更大价值而进行的一系列设计策略、设计活动与工程建设的管理。电气设计管理包括设计目标管理、设计程序管理、质量管理、知识产权管理、指导施工把控质量管理和协调管理相关工程建设参与方责任等。设计管理主要体现在制定设计规则，有效沟通，用好时间，做好设计总结。

一、制定设计规则

制定规则是做好工程设计的主要环节，电气工程师可以运用金字塔原理思维，编制工程项目的设计规则，在规则中，要针对工程项目特点，对设计目标提出明确要求以及为实现目标采取的具体措施，主要包括总体要求、收集资料、工程设计过程控制、设计配合与分工、关键技术、设计文件表达、设计验证及协调工作等内容。

1. 设计文件编制原则

（1）建筑工程设计文件的编制必须符合国家有关法律法规和现行工程建设标准规范的规定，其中工程建设强制性标准必须严格执行。

（2）设计文件编制深度按中华人民共和国住房和城乡建设部《建筑工程设计文件编制深

度规定》（2016 年版）的规定执行。

1）方案设计文件应满足编制初步设计文件的需要，提出安全、绿色、低碳、智能方案。

2）初步设计文件应满足编制施工图设计文件的需要，提出安全、绿色、低碳、智能措施。

3）施工图设计文件应满足设备材料采购、非标准设备制作和施工的需要，提出安全、绿色、低碳、智能具体实施手段。对于将项目分别发包给几个设计单位或实施设计分包的情况，设计文件相互关联处的深度应满足各承包或分包单位设计的需要。

（3）遇到疑难问题应与项目负责人讨论，确定合理可行的设计方案。

（4）电气设计组成员与其他专业密切配合，发现有变动时，及时通知组内成员，避免重复劳动。

（5）按照设计分工和工程进度，认真完成本职工作，确保工程质量和工期要求。遇到不可预见原因，影响设计工期时，应与项目负责人协商确定具体解决办法。

（6）平面设计与系统设计同期进行，保证工程设计的完整性。

（7）强调团队精神、从自身做起，树立高素质的电气设计人员形象。

（8）所有电气设计文件没有经得主管部门许可不得外传。

2. 工程质量与进度要求

（1）严格执行工程项目组制定的设计进度。发现问题及时与项目负责人协商确定具体解决办法。

（2）根据设计分工，制定个人工作安排，合理规划工作内容和时间。

（3）与业主、其他专业的设计要求和设计条件应有文字记录（如时间、人员、讨论内容和结论等）。

（4）根据需要召开研讨会，讨论工程中的疑难问题。参加人员根据问题疑难程度，确定参加人员。

（5）根据工程项目组制定的设计进度，督促相关专业提供技术资料。

（6）保障校对、审核和审定时间，确保工程质量。

3. 设计范围

（1）变配电系统。

（2）电力、照明系统。

（3）防雷与接地系统。

（4）智能化系统（包括通信网络系统、综合布线系统、内部网络、有线电视系统、背景音乐系统、建筑设备监控系统、安防系统、会议系统、无线通信增强系统、信息公布系统、集成管理等）。

（5）电气消防系统。

4. 设计文件编制深度要求及设计注意事项

（1）变配电系统。

1）确定负荷等级和各类负荷容量，并将负荷计算列入设计说明中。

2）对用电设备应明确负荷分级并保证其供电措施。

3）明确太阳能、备用电源和应急电源容量确定原则及性能要求。

4）说明高、低压供电系统接线形式及运行方式、正常工作电源与备用电源之间的关系，明确功率因数补偿方式。

5）明确电能计量方式，对有电力计费要求的设备应进行负荷计算。

6）合理选择变配电所地址。变配电所应有设备布置图、剖面图等。设备运输通道应有标示。

7）说明高压设备操作电源和运行信号装置配置情况。明确继电保护装置的设置。

（2）电力、照明系统。

1）根据用电负荷性质、容量大小确定电力、照明配电系统形式。

2）根据电力、照明系统形式确定配电小间。配电小间应有放大图。

3）选择节能光源、灯具。

4）根据房间用途，确定照度指标，严格控制照明密度。对典型房间应进行照度计算。附照度计算书。

5）消防控制室、变配电所、配电间、弱电间、楼梯间、前室、水泵房、电梯机房、排烟机房、重要机房按100%考虑；门厅、走道按30%考虑；其他场所按10%考虑。

6）合理选择电缆、导线、母干线的材质和型号，敷设方式。

7）说明开关、插座、配电箱、控制箱等配电设备选型及安装方式。

8）明确电动机起动及控制方式的选择。

（3）防雷与接地系统。

1）根据建筑物性质、外形尺寸等确定防雷等级，并附有计算书。

2）根据防雷等级确定防雷措施（内部防雷、外部防雷）。

3）明确防雷电脉冲措施。

4）建筑物做总等电位联结。在所有弱电机房、电梯机房、浴室等处做辅助等电位联结。

5）接地干线系统图。

（4）智能化系统。

1）明确信息化应用系统要求及集成管理要求。

2）明确信息设施系统（包括通信网络系统、综合布线系统、有线电视系统、背景音乐系统、会议系统、无线通信增强系统、信息发布系统等）网络架构，确定系统规模、配置标准。

3）明确建筑设备监控系统、安防系统网络架构，确定系统规模、配置标准。

4）确定智能化系统的设计分工，线路敷设和引入位置。

5）确定智能化系统的防电磁脉冲接地、工作接地方式及接地电阻要求。

6）确定智能化系统的机房位置、房间内设备布置。

7）确定智能化系统的导体选择及敷设方式。

（5）火灾自动报警及联动控制系统。

1）按建筑性质确定保护等级及系统组成。

2）根据建筑功能，合理地选择感烟探测器、感温探测器、可燃气体探测器、手动报警按钮及消防对讲电话。

3）电话插孔。

4）声光报警装置设置在公众可视地方。

5）手动报警器不宜与消火栓按钮设置在一起。

6）消防控制室位置的确定和要求。

7）火灾报警与消防联动控制要求，控制逻辑关系及控制显示要求。

8）火灾应急广播及消防通信。

9）应急照明的电源形式、灯具配置、线路选择及敷设方式、控制方式等。

10）应说明火灾自动报警系统与其他子系统的接口方式及联动关系。

11）应说明线路选型及敷设方式、消防主电源、备用电源供给方式、接地及接地电阻要求。

5. 设计计算书

（1）用电设备负荷计算。

（2）变压器、柴油发电机、光伏选型计算。

（3）电压损失计算。

（4）系统短路电流计算。

（5）防雷类别计算及接闪杆保护范围计算。

（6）各系统计算结果应标示在设计说明或相应图纸中。

6. 主要设备表

应注明设备的名称、型号、规格、单位、数量。

7. 设备选型

（1）应按照安全、可靠、经济、节能原则选择电气设备。

（2）电气设备技术指标不应是独家产品，业主可以按其技术指标进行多家招标采购。

8. 制图表示方法与打印图纸要求

（1）文字标注。

1）对于 1:100 比例图纸：图纸中西文字高最小不得小于 2.5mm；汉字字体为楷体，字高最小不得小于 4mm。

2）对于 1:150 比例图纸：图纸中西文字高最小不得小于 3.5mm；汉字字体为楷体，字高最小不得小于 5mm。

3）对于 1:200 比例图纸：图纸中西文字高最小不得小于 6mm；汉字字体为楷体，字高最小不得小于 7.5mm。

4）图签图名字高、字体应统一。图纸中图名字高、字体应统一，图例按图例表执行，若有增加需通知项目负责人。

（2）线形。

1）电气线路笔宽不得小于 0.4mm。

2）建筑外框笔宽不得大于 0.2mm。

3）文字标注笔宽为 0.2mm。

4）图纸绘制软件采用 Auto CAD 2020 以上版本。

（3）打印图纸要求。

1）按照约定核实笔宽。

2）建筑外形线条和混凝土柱、墙不能颜色太重。

3）电气线条应在建筑外形线条之上，不能有遮挡。

4）打印文件应与序号或者图号名称一致。

9. 注意事项

（1）认真阅读本规定内容，对不明确的，应及时提出。

（2）当不能完成本职工作时，应提前通知项目负责人，不得私自降低设计标准和运用不合时宜的设计理念。

（3）认真阅读设计任务书，按照业主设计要求和国家法规、标准进行设计。

（4）电气设计组成员应精心设计，确保工程质量，信守勘察设计职工职业道德准则，应与本专业和相关专业，协同团结，相互帮助，精诚合作，共同完成任务。工作期间应遵守劳动纪律。

（5）遇见突发不可预见事件不能完成本职工作时，应尽早通知项目负责人，确定下一步工作安排。如有没有确定方案或者需要对进行修改时，应举行电气设计组讨论会，统一意见后，进行设计，并形成文字记录。不得擅自做主不执行设计规划中的规定。

（6）不得有任何影响工程质量和进度以及影响设计单位声誉的行为。

（7）目标：保证设计进度、确保工程质量、创造精品建筑。

二、有效沟通

沟通是人与人之间、人与群体之间思想与感情的传递和反馈的过程，以求思想的一致和感情的通畅。建筑电气设计的沟通环节涉及的人有主管部门领导、客户和内部团队成员，涉及部门很多，要做到有效沟通，就要学会倾听，做好情绪管理，有力量地发问，高质量地反馈，有效解决问题。高品质的沟通，应把注意力放在结果上，而不是情绪上。沟通应该从心开始。情绪不好，心里话会说不出来，真心话也听不进去，表达的内容往往会被扭曲和误解。电气工程师需要在收集设计资料、专业配合、设计验证等与相关人员进行有效沟通。

1. 建筑电气收集设计资料内容（见表1-1）

表 1-1　　　　　　　　　　　　建筑电气收集设计资料内容

资料	内容
有关文件	工程建设项目委托文件和主管部门审批文件有关协议书
自然资料	工程建设项目所在的海拔、地震烈度、环境温度、最大日温差；工程建设项目的最大冻土深度；工程建设项目的夏季气压、气温（月平均和极限最高、最低）；工程建设项目所在地区的地形、地物状况（如相邻建筑物的高度）、气象条件（如雷暴日）和地质条件（如土壤电阻率）；工程建设项目的相对湿度（月平均最冷、最热）
电源现状	工程建设项目所在地的电气主管部门规划和设计规定；市政供电电源的电压等级、回路数及距离；供电电源的可靠性；供电系统的短路容量；供电电源的进线方式、位置、标高；供电电源的质量；电力计费情况

续表

资料	内容
电信线路现状	工程建设项目所在当地电信主管部门的规划和设计规定；市政电信线路与工程建设项目的接口地点；市政电话引入线的方式、位置、标高
有线电视现状	工程建设项目所在当地有线电视主管部门的规划和设计规定；市政有线电视线路与工程建设项目的接口地点；市政有线电视引入线的方式、位置、标高
其他	工程建设项目所在地常用电器设备的电压等级；当地对电气设备的供应情况；当地对各电气系统的有关规定、地区性标准和通用图等

2. 方案阶段电气设计与相关专业配合输入表（见表1-2）

表1-2　　　　　　　　　方案阶段电气设计与相关专业配合输入表

提出专业	电气设计输入具体内容
建筑	建设单位委托设计内容、建筑物位置、规模、性质、用途、标准、建筑高度、层高、建筑面积等主要技术参数和指标以及主要平、立、剖面图；市政外网情况（包括电源、电信、电视等）；主要设备机房位置（包括冷冻机房、变配电机房、水泵房、锅炉房、消防控制室等）
结构	主体结构形式；剪力墙、承重墙布置图；伸缩缝、沉降缝位置
给排水	水泵种类及用电量；其他设备的性质及用电量
通风与空调	冷冻机房的位置、用电量、制冷方式（电动压缩式或直燃机式）；空调方式（集中式、分散式）；锅炉房的位置、用电量；其他设备用电性质及容量

3. 方案阶段电气设计与相关专业配合输出表（见表1-3）

表1-3　　　　　　　　　方案阶段电气设计与相关专业配合输出表

接收专业	电气设计输入具体内容
建筑	主要电气机房面积、位置、层高及其对环境的要求；主要电气系统路由及竖井位置；大型电气设备的运输通路
结构	变电所的位置；大型电气设备的运输通路
给排水	主要设备机房的消防要求；电气设备用房用水点
通风与空调	柴油发电机容量；变压器的数量和容量；主要电气机房对环境温、湿度的要求

4. 电气初步设计与相关专业配合输入表（见表1-4）

表1-4　　　　　　　　　电气初步设计与相关专业配合输入表

提出专业	电气设计输入具体内容
建筑	建设单位委托设计内容、方案审查意见表和审定通知书、建筑物位置、规模、性质、用途、标准、建筑高度、层高、建筑面积等主要技术参数和指标、建筑使用年限、耐火等级、抗震级别、建筑材料等；人防工程：防化等级、战时用途等；总平面位置、建筑物的平、立、剖面图及建筑做法（包括楼板及垫层厚度）；吊顶位置、高度及做法；各设备机房、竖井的位置、尺寸（包括变配电所、冷冻机房、水泵房等）；防火分区的划分；电梯类型（普通电梯或消防电梯、有机房电梯或无机房电梯）
结构	主体结构形式；基础形式；梁板布置图；楼板厚度及梁的高度；伸缩缝、沉降缝位置；剪力墙、承重墙布置图

续表

提出专业	电气设计输入具体内容
给排水	各类水泵台数、用途、容量、位置、电动机类型及控制要求；各场所的消防灭火形式及控制要求；消火栓位置；冷却塔风机容量、台数、位置；各种水箱、水池的位置、液位计的型号、位置及控制要求；水流指示器、检修阀及水力报警阀、放气阀等位置；各种用电设备（电伴热、电热水器等）的位置、用电容量、相数等；各种水处理设备所需电量及控制要求
通风与空调	冷冻机房：① 机房及控制（值班）室的设备布置图；② 冷水机组的台数、每台机组电压等级、电功率、位置及控制要求；③ 冷水泵、冷却水泵或其他有关水泵的台数、电功率及控制要求
	各类风机房（空调风机、新风机、排风机、补风机、排烟风机、正压送风机等）的位置、容量、供电及控制要求；锅炉房的设备布置及用电量；电动排烟口、正压送风口、电动阀的位置；其他设备用电性质及容量

5. 电气初步设计与相关专业配合输出表（见表1-5）

表 1-5 　　　　　　　　　电气初步设计与相关专业配合输出表

接收专业	电气设计输入具体内容
建筑	变电所位置及平、剖面图（包括设备布置图）；柴油发电机房的位置、面积、层高；电气竖井位置、面积等要求；主要配电点位置；各弱电机房位置、层高、面积等要求；强、弱电进出线位置及标高；大型电气设备的运输通路的要求；电气引入线做法；总平面中人孔、手孔位置、尺寸
结构	大型设备的位置；剪力墙上的大型孔洞（如门洞、大型设备运输预留洞等）
给排水	主要设备机房的消防要求；水泵房配电控制室的位置、面积；电气设备用房用水点
通风与空调	柴油发电机容量；变压器的数量和容量；冷冻机房控制室位置面积及对环境、消防的要求；主要电气机房对环境温、湿度的要求；主要电气设备的发热量
概、预算	设计说明及主要设备材料表；电气系统图及平面图

6. 施工图电气设计与相关专业配合输入表（见表1-6）

表 1-6 　　　　　　　　　施工图电气设计与相关专业配合输入表

提出专业	电气设计输入具体内容
建筑	建设单位委托设计内容、初步设计审查意见表和审定通知书、建筑物位置、规模、性质、用途、标准、建筑高度、层高、建筑面积等主要技术参数和指标、建筑使用年限、耐火等级、抗震级别、建筑材料等；人防工程：防化等级、战时用途等；总平面位置、建筑平、立、剖面图及尺寸（承重墙、填充墙）及建筑做法；吊顶平面图及吊顶高度、做法、楼板厚度及做法；二次装修部位平面图；防火分区平面图，卷帘门、防火门厂形式及位置、各防火分区疏散方向；沉降缝、伸缩缝的位置；各设备机房、竖井的位置、尺寸；室内外高差（标高）、周边环境、地下室外墙及基础防水做法、污水坑位置；电梯类型（普通电梯或消防电梯；有机房电梯或无机房电梯）
结构	柱子、圈梁、基础等主要的尺寸及构造形式；梁、板、柱、墙布置图及楼板厚度；护坡桩、铆钎形式；基础板形式；剪力墙、承重墙布置图；伸缩缝、沉降缝位置
给排水	各种水泵、冷却塔设备布置图及工艺编号、设备名称、型号、外形尺寸、电动机型号、设备电压、用电容量及控制要求等；电动阀的容量、位置及控制要求；水力报警阀、水流指示器、检修阀、消火栓的位置及控制要求；各种水箱、水池的位置、液位计的型号、位置及控制要求；变频调速水泵的容量、控制柜位置及控制要求；各场所的消防灭火形式及控制要求；消火栓箱的位置布置图
通风与空调	所有用电设备（含控制设备、送风阀、排烟阀、温湿度控制点、电动阀、电磁阀、电压等级及相数、风机盘管、诱导风机、风幕、分体空调等）的平面位置并标出设备的编（代）号、电功率及控制要求；电采暖用电容量、位置（包括地热电缆、电暖器等）；电动排烟口、正压送风口、电动阀的位置及其所对应的风机及控制要求；各用电设备的控制要求（包括排风机、送风机、补风机、空调机组、新风机组、排烟风机、正压送风机等）；锅炉房的设备布置、用电量及控制要求等

7. 施工图电气设计与相关专业配合输出表（见表1-7）

表1-7　　　　　　　　施工图电气设计与相关专业配合输出表

接收专业	电气设计输入具体内容
建筑	变电所的位置、房间划分、尺寸标高及设备布置图；变电所地沟或夹层平面布置图；柴油发电机房的平面布置图及剖面图，储油间位置及防火要求；变配电设备预埋件；电气通路上留洞位置、尺寸、标高；特殊场所的维护通道（马道、爬梯等）；各电气设备机房的建筑做法及对环境的要求；电气竖井的建筑做法要求；设备运输通道的要求（包括吊装孔、吊钩等）；控制室和配电间的位置、尺寸、层高、建筑做法及对环境的要求；总平面中人孔、手孔位置、尺寸
结构	地沟、夹层的位置及结构做法；剪力墙留洞位置、尺寸；进出线留洞位置、尺寸；防雷引下线、接地及等电位联结位置；机房、竖井预留的楼板孔洞的位置及尺寸；变电所及各弱电机房荷载要求；设备基础、吊装及运输通道的荷载要求；微波天线、卫星天线的位置及荷载与风荷载的要求；利用结构钢筋的规格、位置及要求
给排水	变电所及电气用房的用水、排水及消防要求；水泵房配电控制室的位置、面积；柴油发电机房用水要求
通风与空调	冷冻机房控制室位置面积及对环境、消防的要求；空调机房、风机房控制箱的位置；空调机房、冷冻机房电缆桥架的位置、高度；对空调有要求的房间内的发热设备用电容量（如变压器、电动机、照明设备等）；各电气设备机房对环境温、湿度的要求；柴油发电机容量；室内储油间、室外储油库的储油容量；主要电气设备的发热量
概、预算	设计说明及主要设备材料表；电气系统图及平面图

三、用好时间

　　时间是一种无形的、抽象的、一去不复返的，时间作为一种宝贵的资源，应该被用来做有益的活动，如学习、思考和创新。用好时间可以帮助人们在更短的时间内完成更多的事情，在工作或职业生涯上取得成功，用好时间不是一种才能，而是任何人都可以培养的一种技能，要培养时间管理思维，学会将时间聚零为整，根据不同的情况灵活采用集中式或分散式的处理方式。著名管理学家史蒂芬·科维（Stephen R. Covey）提出的一个时间管理理论，把事情按照重要和紧急程度划分为四个象限，如图1-6所示。电气工程师也要把工作分为重要紧急、

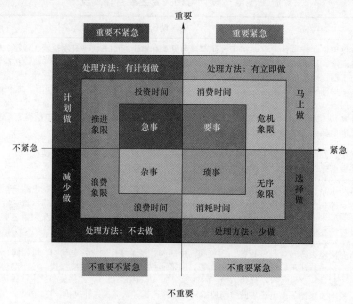

图1-6　时间管理四象限

重要非紧急、非重要紧急、非重要非紧急四个象限，运用时间管理四象限法则进行工作，更好地掌控自己的时间和生活，提高工作效率和生活品质。

电气工程师要把工作中重要紧急的事情放到第一象限中，第一时间处理第一象限的工作，这些工作不能再去拖延回避，第一象限应优先处理。第一象限的事情很多，从侧面可以看出时间管理有缺陷，或是处理效率不高，要设法减少第一象限的事情，并思考如何结合思维导图分析法来提高工作效率，因此应尽量减少进入这个象限的次数。与第一象限比较而言，将在时间上没有那么紧迫的工作中一些重要事情放置第二象限，需要制订计划并持续推进，以避免它们因为处理不当而转变为第一象限的紧急任务。实际上绝大部分第一象限问题都源于第二象限没有被很好处理的事务，应设法减少第二象限的待办事情，将事情提前做好计划并有序开展，有效处理第二象限的事务可以在很大程度上减轻第一象限带来的压力。第三象限是工作中是非重要非紧急的事情，面对这些事务，最好的方法就是少做，不要在这个象限里过度投入精力，否则就可能是在浪费时间，对工作效能也会造成不良影响。第四象限是工作中非重要紧急的一些事情，是盲目忙碌的根源，不能简单地认为紧急的就是重要的，而是需要评估该事务相对于手头其他事务的重要程度，然后再做出决定，要注重这些平时不在意的问题，如果手头有更加重要的工作，可以加强团队协作，通过授权，让其他人帮忙处理，以确保工作能够有序进行。

时间管理理论的一个重要观念是应有重点地把主要的精力和时间集中地放在处理那些重要但不紧急的工作上，必须学会如何让重要的事情变得很紧急，这样可以做到未雨绸缪，防患于未然。时间管理要求集中自己大的整块时间进行某些问题的处理，既要学会化整为零，也要学会聚零为整，将要做的事情根据优先程度分先后顺序，做好的事情要比把事情做好更重要，做好的事情，是有效果，把事情做好仅仅是效率，要追求办事效果。

四、做好总结

设计总结是设计后对工作的完成情况加以回顾和分析。第一，目标回顾。对预期目标、制订的计划和是否达到预期结果进行总结，培养和锻炼自己的思维方法、分析能力，实现自我提高，发挥自己的长处，经多次积累，将其发挥到极致。第二，结果陈述。对实际发生的结果和成功点、失败点进行分析，改进不够理想的事情，分析出问题的原因，将原本并不擅长的事情进行一步一步迭代优化，在今后工作中可以改进提高，趋利避害，避免失误。第三，过程分析。通过回顾整个过程，分析实际与预期的差异，识别成功或失败的关键因素，运用溯因推理思维，对自己心态、想法不利的行为要立即停止，不断实践，不断总结，不断反思，避免再次犯错，认识自己的短板和缺点，通过及时拔除、止损，不断克服自己的短板。第四，规律总结。定位准确和实事求是总结过程中学到的经验，提出具体的行动建议，并制订后续的行动计划，不断丰富自己，避免重蹈覆辙，才能给自己的成长带来强有力的生命力，使自己在设计中保持旺盛的生命力。设计总结流程如图1-7所示。

电气工程师要有学习他人的勇气，做好设计总结比低效努力更重要，总结不仅是总结过去，更是为走向未来打下基础。通过对以往设计工作的总结，可以积累工作经验和能力，掌握分析方法，实事求是地总结以往的成功与失败、经验与教训，正确对待失误与成功，分析失误真正的原因和诱因，并在未来的工作中灵活运用，为今后的工作确立合理的目标，明确未来发展的方向。做好设计总结框图如图1-8所示。

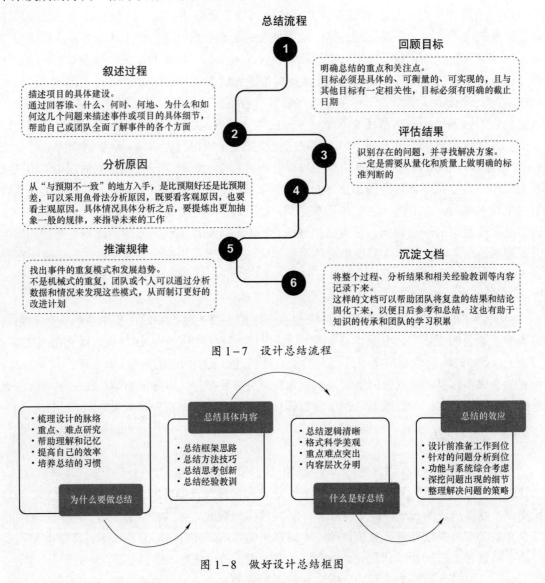

图 1-7 设计总结流程

图 1-8 做好设计总结框图

小 结

电气与智能化系统存在着鲜明特点，它取决于不同建筑业态的管理模式，电气与智能化系统之间存在相互依存、相互助益的能动关系，电气系统内部有很多子系统和层次，电气系统不是简单系统，也不是随机系统，有时是一个非线性系统。建筑电气设计工程师在普遍面临要求高、任务重、周期紧和市场竞争的压力条件下，克服惯性思维的束缚，针对设计痛点，在创新中谋求发展，完善总结的工作方法，才能合理地构建建筑特点的电气与智能化工程系统模型，实现电气与智能化系统的最优配置，提高工作效率，胜任建筑电气设计工作，快乐享受工作。

02

第二章　设计要点

Practice of Architectural Design Based on General Codes-
Building Electrical and Intelligent Systems

第一节 概 述

  建筑电气是基于物理学、电磁学、光学、声学、电子学等理论科学上的一门综合性学科，将科学理论、电气技术以及与之密切相关的电力技术，信息科学技术等应用于建筑工程领域内，在有限的建筑空间内，创造人性化的生活环境。具体说来就是，建筑电气以电能、电气设备、计算机技术和通信技术为手段来创造、维持和改善建筑物空间的声、光、电、热以及通信和管理环境，充分发挥建筑物的作用与特点，实现其功能。建筑电气是建筑物的神经系统，建筑物能否实现其使用功能，电气是关键。建筑电气在维持建筑内环境稳态，保持建筑完整统一性及其与外环境的协调平衡中起着主导作用。

  建筑电气工程师工作应具备驻留性、反应性、社会性、主动性等特征，坚持长期主义，敏感知晓技术发展，体现社会应有责任，并有将被动行为转化为主动行为的能力。由于建筑电气系统具有稳态与暂态属性，存在复合性和非线性，作为维系一个人性化生活环境的神经系统，在物联网、云计算、大数据、人工智能、智慧城市等新一代信息技术发展的大背景下，建筑电气与智能化系统各子系统之间应是相互依存和相互助益的关系，必须促进电气系统之间的融合，形成有机整体，实现建筑功能，体现技术的应用价值，建筑电气与智能化系统在建筑全寿命中应是"人—物—时"的三元关系，如图 2-1 所示。即在建筑全寿命内，要满足建筑内所有人使用、建筑内部品、部件布置需求和维系建筑功能设施需求，包括平时与应急状态下的要求。同时建筑电气系统应具有安全性、可靠性和灵活性。安全性要求体现在保证电气系统运行时的系统安全、工作人员和设备的安全，以及能在安全条件下进行维护检修工作。可靠性要求体现在根据电气系统的要求，保证在各种运行方式下提高供电的连续性，力求系统可靠。灵活性要求体现在电气系统力求简单、明显、没有多余的电气设备；投入或切除某些设备或线路的操作方便。避免误操作，提高运行的可靠性，处理事故也能简单迅速。

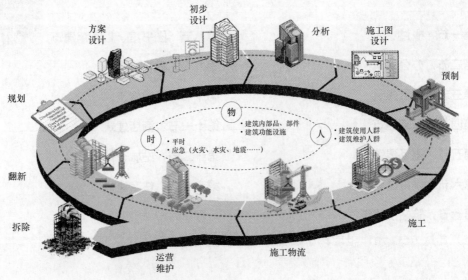

图 2-1 建筑电气与智能化系统在建筑全寿命中的"人—物—时"的三元关系

灵活性还表现在具有适应发展的可能性。

第二节 办 公 建 筑

一、办公建筑的定义

办公建筑是指机关、企业、事业单位行政管理人员和业务技术人员用于办公的场所，通常由若干办公楼组成。办公楼的形式因规模和具体使用要求而异，有企业总部、行政办公楼、传媒建筑、出租办公楼等形式。一般包括办公室、会议室、门厅、走道、电梯和楼梯间、食堂、礼堂、机电设备间、卫生间、库房和辅助用房等。现代办公楼正向综合化、一体化方向发展。办公建筑分类见表 2-1。

表 2-1 办 公 建 筑 分 类

类别	示例	设计使用年限	耐火等级
一类	特别重要的办公建筑	100 年或 50 年	一级
二类	重要的办公建筑	50 年	不低于二级

注：特别重要的办公建筑可以理解为国家级行政办公建筑，省部级行政办公建筑，重要的金融、电力调度、广播电视、通信枢纽等办公建筑以及建筑高度超过该结构体系的最大适用高度的超高层办公建筑。

二、供配电系统

1. 办公建筑负荷分级（见表 2-2）

表 2-2 办 公 建 筑 负 荷 分 级

建筑物名称	用电设备（或场所）名称	负荷等级
一类办公建筑和建筑高度超过 50m 的高层办公建筑的重要设备及部位	重要办公室、总值班室、主要通道的照明、值班照明、警卫照明、屋顶停机坪信号灯、电话总机房、计算机房、变配电所、柴油发电机房等经营管理用及设备管理用电子计算机系统电源，客梯电力、排污泵、变频调速恒压供水生活水泵电源	一级负荷
二类办公建筑和建筑高度不超过 50m 的高层办公建筑以及部、省级行政办公建筑的重要设备及部位		二级负荷
三类办公建筑和除一、二级负荷以外的用电设备及部位	照明、电力设备	三级负荷

注：消防负荷分级按建筑所属类别考虑。

2. 办公建筑配电技术要求

（1）用电指标：$30 \sim 70 \mathrm{W/m^2}$，变压器装置指标：$50 \sim 100 \mathrm{V \cdot A/m^2}$。在办公的用电负荷中，一般照明插座负荷约占 40%空调负荷约占 35%，动力设备负荷约占 25%。

（2）计量方式。用户电能计量设置应按当地供电部门有关计量要求设计并应征得供电部门同意。办公建筑一般照明、动力负荷分别计费计量。公寓式办公楼和出租办公楼可根据管理需要及建设方要求设计量表。

三、照明设计

（1）办公建筑工作时间基本是白天，考虑到节能及舒适性，人工照明设备应与窗口射入的自然光应合理地结合，将直管型荧光灯与侧窗平行布置，开关控制灯与侧窗平行。

（2）会议室、洽谈室的照明应保证足够的垂直照度，一般而言背窗者的垂直照度不低于300lx。

（3）为了适应幻灯或电子演示的需要宜在会议室、洽谈室照明设计时考虑调光控制有条件时直接设置智能化控制系统。

（4）开放式办公室的楼地面家具位置直接埋设强电和弱电插座，办公室的插座数量不应小于工作位数量。若无确切资料可按 $4\sim5m^2$ 一个电源插座考虑，满足每人不少于一个单相三孔和一个单相两孔插座两组。

四、智能化系统

1. 办公建筑智能化系统要求

（1）应满足办公业务信息化的应用需求。

（2）应具有高效办公环境的基础保障。

（3）应满足办公建筑物业规范化运营管理的需要。

2. 通用办公建筑智能化系统要求

（1）信息化应用系统的配置应满足通用办公建筑办公业务运行和物业管理的信息化应用需求。

（2）信息接入系统宜将各类公共信息网引入至建筑物办公区域或办公单元内，并应适应多家运营商接入的需求。

（3）移动通信室内信号覆盖系统应做到公共区域无盲区。

（4）用户电话交换系统应满足通用办公建筑内部语音通信的需求。

（5）当信息网络系统用于建筑物业管理系统时宜独立配置；当用于出租或出售办公单元时，宜满足承租者或入驻用户的使用需求。

（6）有线电视系统应向建筑内用户提供本地区有线电视节目源，可根据需要配置卫星电视接收系统。

（7）会议系统应适应通用办公建筑的需要，宜适应会议室或会议设备的租赁使用及管理，并宜按会议场所的功能需求组合配置相关设备。

（8）信息导引及发布系统应根据建筑物业管理的需要，在公共区域提供信息告示、标识导引及信息查询等服务。

（9）建筑设备管理系统应满足通用办公建筑使用及管理的需求。

3. 行政办公建筑智能化系统要求

（1）信息网络系统应满足行政办公业务信息传输安全、可靠、保密的要求，并应根据办公业务和办公人员的岗位职能需要，配置相应的信息端口。

（2）会议系统应根据所确定的功能配置相关设备，并应满足安全保密要求。

第三节 博 展 建 筑

一、博展建筑的定义

博展建筑指供收集、保管、研究和陈列、展览有关自然、历史、文化、艺术、科学、技术方面的实物或标本之用的公共建筑，是一个为社会及其发展服务的、向公众开放的非营利性常设机构，其主要职能是为教育、研究、欣赏的目的征集、保护、研究、传播、展出人类及人类环境的物质及非物质遗产。博展建筑通常由多个区域组成，诸如陈列、展览、教育与服务分区；藏品库分区；技术工作分区；行政与研究办公分区等。博物馆、展览建筑是博展建筑的代表性建筑。博物馆以物质文化遗产（文物）和非物质文化遗产为基础，用保存和展示的方式实证人类历史供社会公众终身学习和体验人类共同记忆的公共文化建筑。展览建筑是指进行展览活动的建筑物。

博展建筑按级别分为特大型、大型、中型、小型，具体分级见表 2-3。

表 2-3 博 展 建 筑 分 级

博物馆		会展建筑	
等级	博物馆规模	会展建筑规模	总展览面积 S/m^2
特大型	40 000m² （不含）以上	特大型	$S>100\,000$
大型	20 000（不含）～40 000m²（含）	大型	$30\,000<S\leqslant100\,000$
中（一）型	20 000（不含）～10 000m²（含）	中型	$10\,000<S\leqslant30\,000$
中（二）型	10 000（不含）～4000m²（含）	小型	$S\leqslant10\,000$
小型	4000m²（含）以下	展厅等级	展厅的展览面积 S/m^2
		甲等	$S>10\,000$
		乙等	$5000<S\leqslant10\,000$
		丙等	$S\leqslant5000$

博展建筑供配电系统要根据建筑规模和等级、管理模式和业务需求进行配置，既要满足近期使用要求，又要兼顾未来发展需要；既要满足博览建筑日常供电的安全可靠要求，又要为文物、展品、观众和工作人员提供良好环境。

二、博物馆

1. 博物馆建筑主要用电负荷分级（见表 2-4）

表 2-4 博物馆建筑主要用电负荷分级

等级	博物馆规模	主要用电负荷名称	负荷级别
特大型	40 000m²（不含）以上	安防系统用电、珍贵展品展室照明用电	特级负荷
		有恒温、恒湿要求的藏品库、展室空调用电	一级负荷
		展览用电	二级负荷

续表

等级	博物馆规模	主要用电负荷名称	负荷级别
大型	20 000（不含）～ 40 000m²（含）	安防系统用电、珍贵展品展室照明用电	特级负荷
		有恒温、恒湿要求的藏品库、展室空调用电	一级负荷
		展览用电	二级负荷
中型	20 000（不含）～ 4000m²（含）	安防系统用电、有恒温、恒湿要求的藏品库、展室空调用电	一级负荷
		展览用电	二级负荷
小型	4000m²（含）以下	安防系统用电、有恒温、恒湿要求的藏品库、展室空调用电	二级负荷

2. 博物馆建筑的配电设计

（1）一般展览、陈列部分的空调设施为季节性用电负荷；有恒温、恒湿要求的藏品库、陈列厅室空调负荷则为全年性用电负荷。

（2）藏品库房、基本展厅的用电负荷相对固定；而临时展厅的用电负荷具有不确定性。

（3）特大型、大型博物馆应设置备用柴油发电机组。自备电源机组容量约为变压器安装容量的 25%～30%，保证博物馆对安全保卫、消防、库房空调的负荷供电要求。

（4）藏品库区应设置单独的配电箱，并设有剩余电流保护装置。配电箱应安装在藏品库区的藏品库房总门之外。藏品库房的照明开关安装在库房门外。

（5）博物馆的文物修复区包括青铜修复室、陶瓷修复室、照相室等功能区域，宜采用独立供电回路。

（6）文物库房的消毒熏蒸装置、除尘装置电源，宜采用独立回路供电，熏蒸室的电气开关必须在熏蒸室外控制。

（7）馆中陈列展览区内不应有外露的配电设备；当展区内有公众可触摸、操作的展品电气部件时应采用安全低电压供电。

（8）电缆选用采用铜芯、防鼠型低烟无卤电线或电缆。

（9）科学实验区包括 X 射线探伤室、X 射线衍射仪室、气相色谱与质谱仪室、扫描电镜室、化学实验室等功能房间，应采用独立工作回路，且每个功能房间宜设置总开关。

3. 博物馆的照明设计

（1）一般要求。

1）展品与其背景的亮度比不宜大于 3:1。在展馆的入口处，应设过渡区，区内的照度水平应满足视觉暗适应的要求。对于陈列对光特别敏感的物体的低照度展室，应设置视觉适应的过渡区。

2）在完全采用人工照明的博物馆中，必须设置应急照明。在珍贵展品展室及重要藏品库房应设置警卫照明。

3）展厅灯光宜采用智能灯光控制系统自动调光。对光敏感的文物应尽量减少受光时间在展出时应采取"人到灯亮，人走灯灭"的控制措施。

4）开关控制面板的布置应避开观众活动区域。

（2）光源和灯具。

1）展厅、藏品库、文物修复室、实验室的照明要求较高应从展示效果及保护文物出发，严格选择光源和灯具。应根据识别颜色要求和场所特点，选用相应显色指数的光源。其中，对光特别敏感的展品应采用过滤紫外线辐射的光源，对光不敏感的展品可采用金属卤化物灯。

2）展厅直装导轨灯是为了方便布展照明。对于具有立体造型的展品，为突出其质感效果可设置一定数量的聚光灯或射灯。根据陈列对象及环境对照明的要求选择灯具或采用经专门设计的灯具。

3）博物馆的照明光源宜采用高显色荧光灯、高显色 LED、小型金属卤化物灯和 PAR 灯，并应限制紫外线对展品的不利影响。当采用卤钨灯时，其灯具应配以抗热玻璃或滤光层。

（3）陈列照明。

1）壁挂陈列照明宜采用定向性照明。对于壁挂式展示品，在保证必要照度的前提下，应使展示品表面的亮度在 $25cd/m^2$ 以上，并应使展示品表面的照度保持一定的均匀性，最低照度与最高照度之比应大于 0.75。对于有光泽或放入玻璃镜柜内的壁挂式展示品，照明光源的位置应避开反射干扰区；为了防止镜面映像，应使观众面向展示品方向的亮度与展示品表面亮度之比应小于 0.5。

2）立体展品陈列照明应采用定向性照明和漫射照明相结合的方法，并以定向性照明为主。定向性照明和漫射照明的光源的色温应一致或接近。对于具有立体造型的展示品，宜在展示品的侧前方 40°～60°处设置定向聚光灯，其照度宜为一般照度的 3～5 倍，当展示品为暗色时，定向聚光灯的照度应为一般照度的 5～10 倍。

3）展柜陈列照明展柜内光源所产生的热量不应滞留在展柜中。观众不应直接看见展柜中或展柜外的光源。陈列橱柜的照明，应注意照明灯具的配置和遮光板的设置，防止直射眩光；不应在展柜的玻璃面上产生光源的反射眩光，并应将观众或其他物体的映像减少到最低程度。

（4）展品的保护设计要求。

1）应减少灯光和天然光中的紫外辐射，使光源的紫外线相对含量小于 $20\mu W/lm$。

2）对于对光敏感的展品或藏品应对年曝光量控制。

3）对于在灯光作用下易变质退色的展示品，应选择低照度水平和采用可过滤紫外线辐射的灯具；对于机械装置和雕塑等展品，应有较强的灯光。弱光展示区宜设在强光展示区之前，并应使照度水平不同的展厅之间有适宜的过渡照明。

4. 博物馆建筑智能化系统

（1）根据博物馆规模、等级设置智能化集成系统。

（2）博物馆信息化应用系统的配置应满足博物馆建筑业务运行和物业管理的信息化应用需求。以信息设施系统为技术平台组成文化遗产数字资源系统、藏品管理系统、陈列展示系统、导览服务系统、数字博物馆系统和业务办公自动化等功能子系统。

（3）信息接入系统应满足博物馆管理人员远程及异地访问授权服务器的需要。

（4）特大型、大型博物馆应设置公共信息查询系统。在主要出入口、休息区、各展厅出入口处宜设置信息查询终端。

（5）在博物馆的主要出入口和馆内需控制人流密度的场所宜设置客流分析系统。

（6）博物馆建筑设备管理系统应满足馆藏文物对环境安全的控制要求，避免腐蚀性物质、CO_2、温度、湿度、光照、漏水等对文物的影响。应对文物修复、熏蒸、清洗、干燥等处理工作区的各种有害气体浓度实时监控。

（7）文物保存环境的相对湿度范围值控制在50%～55%之间，环境相对湿度日波动值宜控制在5%幅度内。相对湿度在40%～65%之间，文物保存环境的温度日波动值控制在50℃幅度内。

（8）博物馆建筑风险分级见表2-5。博物馆防范区域划分为周界、监视区、防护区、禁区四个纵深防护区域。敞开式珍贵展品的陈列展览应设置触摸报警、电子幕帘、防盗探测、视频侦测、移动报警等目标防护技术措施；珍贵文物、贵重藏品在装卸区、拆箱（包）间、暂存库、周转库、缓冲间、鉴赏室等的藏（展）品停放、交接、进出库应有全过程、多方位的视频监控；藏品库区、陈列展览、藏品技术区应设置出入口控制系统，业务与研究用房、行政管理用房、强电间、弱电间设置出入口控制系统；观众主入口处设置防爆安检和体温探测装置，各陈列展览区入口设置客流分析系统。一级风险单位安防系统配置见表2-6。

表2-5 博物馆建筑风险分级

风险等级	风险单位	风险部位
	三级风险单位	三级风险部位
三级风险	满足下列条件之一的定为三级风险单位： （1）10 000件藏品以下的博物馆； （2）有藏品的县级文物保护单位	满足下列条件之一的定为三级风险部位： （1）三级藏品300件以下的库房； （2）陈列500件藏品以下的展示（室）
	二级风险单位	二级风险部位
二级风险	满足下列条件之一的定为二级风险单位： （1）10 000件藏品以上，50 000件藏品以下的省博物馆； （2）省（市）级文物保护单位	满足下列条件之一的定为二级风险部位： （1）二级藏品及专用库房或专用柜； （2）三级藏品300件以上（含300件）的库房； （3）陈列藏品500件以上（含500件）的展厅（室）； （4）陈列的现代小型武器； （5）二、三级藏品修复室、养护室
	一级风险单位	一级风险部位
一级风险	满足下列条件之一的定为一级风险单位： （1）国家级或省级博物馆； （2）有50 000件藏品以上的单位； （3）列入世界文化遗产的单位或全国重点文物保护单位	满足下列条件之一的定为一级风险部位： （1）一级藏品及其专用库房或专用柜； （2）二级藏品300件以上（含300件）或三级藏品500件以上（含500件）的库房； （3）收藏、陈列具有重大科学价值的古脊动物化石和古人类化石，以及经济价值贵重的文物（金、银、宝石等）的场所； （4）陈列1000件（含1000件）藏品以上的展厅（室）； （5）一级藏品修复室、养护室； （6）武器藏品专用库房或专用柜

表2-6 一级风险单位安防系统配置

序号	区域	功能区	技防要求
1	博物馆外周界	外周界	入侵探测、视频监控、拾音、巡更等
2	公共服务区	公共活动区、服务设施、停车库等	视频监控（含人流、车流、物流统计）、防暴、报警、拾音、停车场、巡更等

续表

序号	区域	功能区	技防要求
3	陈列展览区	常设展厅、临时展厅、室外展区等	入侵探测、视频监控、拾音、出入口控制、紧急报警、有线对讲等
4	藏/展品卸运交接区（禁区）		周界入侵探测、视频监控（清晰、完整地监控藏/展品装卸、交接的全过程）、拾音、紧急报警、有线对讲等
5	藏/展品运输通道		视频监控、对藏/展品的运输过程进行全程跟踪监控等
6	藏品保护技术区	藏品整理、干燥、实验、修复、摄影、鉴赏等	入侵探测、视频监控、出入口控制等
7	藏品库区/库房（禁区）		入侵探测、视频监控、拾音、出入口控制、紧急报警、有线对讲等
8	重要机房、强/智能化小间		入侵探测、视频监控、出入口控制等
9	业务与科研区、行政管理区		入侵探测、视频监控、出入口控制等
10	监控中心/信息网络机房（禁区）	信息网络机房	报警、视频监控、出入口控制、可视对讲

（9）藏品库房应设置感烟、感温探测器，宜设置吸气式探测器、红外光束感烟探测器等探测设备。

（10）博物馆内高度大于 12m 的场所，选择两种及以上火灾探测参数的火灾探测器，此区域电气线路应设置电气火灾监控探测器，照明线路上应设置具有探测故障电弧功能的电气火灾监控探测器。

（11）大、中型以上博物馆，主要疏散通道的地面上应设置能保持视觉连续的灯光疏散指示标志或蓄光疏散指示标志。

（12）馆藏纸质文物、丝绸织绣品的库区和展览区，宜采用气体灭火系统。

三、会展建筑

（1）会展是在会议和展览活动的基础上形成的，会展建筑主要用电负荷分级见表 2-7。

表 2-7   会展建筑主要用电负荷分级

会展建筑规模（按基地以内的展览面积划分）	主要用电负荷名称	负荷级别
特大型	应急响应系统	特级负荷
	客梯、排污泵、生活水泵	一级负荷
	展厅照明、主要展览用电、通风机、闸口机	二级负荷
大型	客梯	一级负荷
	展厅照明、主要展览用电、排污泵、生活水泵、通风机、闸口机	二级负荷
中型	展厅照明、主要展览用电、客梯、排污泵、生活水泵、通风机、闸口机	二级负荷
小型	主要展览用电、客梯、排污泵、生活水泵	二级负荷

（2）负荷密度估算可根据展览内容、形式参考选取。

1）轻型展：$50\sim100W/m^2$。

2）中型展：$100\sim200W/m^2$。

3）重型展：$200\sim300W/m^2$。

（3）会展建筑的配电设计。

1）特大型会展建筑宜设自备应急柴油发电机组。

2）特大型会展建筑的展览设施用电宜设单独变压器供电，专用变压器的负荷率不宜大于70%。

3）室外展场宜选用预装式变电站，单台容量不宜大于$1000kV\cdot A$。

4）会展建筑的照明、电力、展览设施等的用电负荷、临时性负荷宜分别自成配电系统。

5）由展览用配电柜配置各展位箱（或展位电缆井）的低压配电宜采用放射式或放射式与树干式相结合的配电方式。

6）会展建筑电线电缆应选用燃烧性能为B_1级、产烟毒性为t_1级、燃烧滴落物/微粒等级为d_1级产品。

7）主沟、辅沟内明敷设的电力电缆，可根据当地环境条件，选用防鼠型或防白蚁型。

8）展览用配电柜专为展区内展览设施提供电源，宜按不超过$600m^2$展厅面积设置一个。每$2\sim4$个标准展位宜设置一个展位箱。

（4）会展建筑的照明设计。

1）正常照明光源应选用高显色性光源，应急照明光源应选用能瞬时可靠点燃的光源。

2）正常照明设计宜采用一组变压器的两个低压母线段分别引出专用回路各带50%灯具交叉布置的配电方式。

3）登录厅、观众厅、展厅、多功能厅、宴会厅、大会议厅、餐厅等人员密集场所应设置疏散照明和安全照明。展厅安全照明的照度值不宜低于一般照明照度值的10%。

4）装设在地面上的疏散指示标志灯承压能力，应能满足所在区域的最大荷载要求，防止被重物或外力损伤，且应具有IP67及以上的防护等级。

5）按建筑使用条件和天然采光状况采取分区、分组控制措施。集中照明控制系统应具备清扫、布展、展览等控制模式。

（5）会展建筑智能化系统设计。

1）会展应根据规模、等级设置智能化系统集成。

2）信息化应用系统的配置应满足会展建筑业务运行和物业管理的信息化应用需求。

3）信息接入系统应满足会展建筑管理人员远程及异地访问授权服务器的需要。

4）在特大型、大型会展建筑内应设置公共信息查询系统。在主要出入口、休息区、各展厅出入口处宜设置信息查询终端。

5）会展建筑的主要出入口和需控制人流密度的场所宜设置客流分析系统。

6）特大型、大型会展建筑的广播系统应采用主控-分控的网络架构方式。

7）在高度大于12m的展厅、登录厅、会议厅等高大空间场所，选择两种及以上火灾探测参数的火灾探测器，此区域电气线路应设置电气火灾监控探测器，照明线路上应设置具有探测故障电弧功能的电气火灾监控探测器。

8）根据需要可在观众主要出入口处设置闸口系统、X 射线安检设备、金属探测门、爆炸物检测仪等防爆安检系统。

9）特大型会展建筑宜设置应急响应系统。

第四节 医 院 建 筑

一、医院建筑的定义

医院建筑是指为了人的健康进行的医疗活动或帮助人恢复保持身体机能而提供的相应建筑场所。医院按三级医疗预防体系实行分级与分等。一级医院：是直接向一定人口的社区提供预防、医疗、保健、康复服务的基层医院、卫生院。二级医院：是向多个社区提供综合医疗卫生服务和承担一定教学、科研任务的地区性医院。三级医院：是向几个地区提供高水平专科性医疗卫生服务和执行高等教学、科研任务的区域性以上的医院。

医院建筑是关系到人的生命健康的场所，其功能与一般建筑不同，因此，对建筑电气的设计要求格外特殊与不同。医院一般包括门厅、挂号厅、候诊区、家属等候区、病房、手术室、重症监护室、诊断室等场所。医院建筑的电气设计应根据建筑规模和使用要求，贯彻执行国家关于医院建设的法规，满足医生和患者使用要求，不仅要避免传染，而且对突发事故、自然灾害、恐怖袭击等应有预案，保证医院工程的安全性，打造良好的医疗环境。

二、供配电系统

1. 负荷分级

（1）医疗建筑特级负荷主要包括二级以上医院中的急诊抢救室、血液病房的净化室、产房、烧伤病房、重症监护室、早产儿室、血液透析室、手术室、术前准备室、术后复苏室、麻醉室、心血管造影检查室等场所中涉及患者生命安全的设备及其照明用电；还有大型生化仪器、重症呼吸道感染区的通风系统。这些重要负荷要求二级以下医院备用电源的供电时间不少于 3h，二级医院备用电源的供电时间 12h，三级医院备用电源的供电时间 24h。

（2）医疗建筑一级负荷，主要包括二级以上医院中的急诊抢救室、血液病房的净化室、产房、烧伤病房、重症监护室、早产儿室、血液透析室、手术室、术前准备室、术后复苏室、麻醉室、心血管造影检查室等场所中的除特级负荷的其他用电二级医院设备，以及一些诊疗设备及照明用电。

（3）医疗建筑二级负荷，主要包括二级以上医院中电子显微镜、影像科诊断用电设备；肢体伤残康复病房照明用电；中心（消毒）供应室、空气净化机组；贵重药品冷库、太平柜；客梯、生活水泵、采暖锅炉及换热站等用电负荷。一级医院的急诊室。

2. 用电指标

一般大型综合医院供电指标采用 80W/m²，专科医院供电指标采用 50W/m²。在医院的用电负荷中，一般照明插座负荷约占 30%，空调负荷约占 50%，动力及大型医疗设备负荷约占 20%。常用医疗电器用电容量见表 2-8。

表 2-8　　　　　　　　　　　　常用医疗电器用电容量

名称	电源		外形尺寸/ （mm×mm×mm）	备注
	电压/V	功率/kW		
手术室				
呼吸机	220	0.22～0.275	—	—
全自动正压呼吸机	220	0.037		
加温湿化一体正压呼吸机	220	0.045	165×275×117	
电动呼吸机	220	0.1	365×320×255	
全功能电动手术台	220	1.0	480×2000×800	高度 450～800mm 可调
冷光 12 孔手术无影灯	24	0.35		
冷光单孔手术无影灯	24	0.25～0.5		
冷光 9 孔手术无影灯	24	0.25		
人工心肺机	380	2	586×550×456	
中医科				
电动挤压煎药机	220	1.8～2.8	550×540×1040	容量：20 000mL
立式空气消毒机	220	0.3		
多功能真空浓缩机	220	2.4～1.8	—	容量：25 000～50 000mL
高速中药粉碎机	220	0.35～1.2		容量：100～400g
多功能切片机	220	0.35	340×200×300	切片厚度 0.3～3mm
电煎常压循环一体机	220	2.1～4.2	—	容量：12 000～60 000mL
放射科、化验科				
300mA X 线机	220	0.28	—	—
50mA 床旁 X 射线机	220	3	1320×780×1620	
全波型移动式 X 射线机	220	5	—	重量：160kg
高频移动式 C 臂 X 射线机	220	3.6		垂直升降 400mm
牙科 X 射线机	220	1.0		
单导心电图机	220	0.05		
三导心电图机	220	0.15	—	—
推车式 B 超机	220	0.07	600×800×1200	
超速离心机	380	3	1200×700×930	—
低速大容量冷冻离心机	220	4		
高速冷冻离心机	220	0.3		
深部治疗机	220	10		
其他				
不锈钢电热蒸馏水器	220	13.5	—	出水量 201
热风机	380	1.5～2.3＋0.55	366×292×780	—

续表

名称	电源		外形尺寸/ (mm×mm×mm)	备注
	电压/V	功率/kW		
电热鼓风干燥箱	220	3	850×500×600	—
隔水式电热恒温培养箱	220	0.28~0.77	—	—
低温箱	380	3~15	—	—
太平柜	380	3	2600×1430×1700	—

3. 大型放射或放疗设备等电源系统及配线

大型放射或放疗设备配线应满足设备对电源内阻的要求，并采用专用回路供电。需要进出磁共振室的电气管路、线槽应采用非磁性、屏蔽电磁的材料，进入磁共振室内的供电回路需经过滤波设备，其他无关管线不得进入或穿过。配电箱不得嵌装在防辐射屏蔽墙上。

4. 多功能医用线槽内电气线路

多功能医用线槽内的电气回路必须穿塑料管保护，且应远离氧气管道，电气装置与医疗气体释放口的安装距离不得小于 0.20m。

5. 通风、空调系统

负压隔离病房通风系统的电源、空调系统的电源应独立。负压隔离病房电气管路尽可能在电气系统末端。穿越患者活动区域的线缆保护管口及接线盒以及穿越存在压差区域的电气管路或槽盒应采用不燃材料可靠的密封措施。电动密闭阀宜采用安全电压供电，当采用交流 220V 供电时，其配电回路应设置剩余电流保护装置保护，其金属管道应做等电位联结，电动密闭阀应在护士站控制。

6. 其他

（1）配电箱、控制箱等应设置在清洁区，不应设置在患者区域。

（2）污水处理设备、医用焚烧炉、太平间冰柜、中心供应等用电负荷应采用双电源供电；有条件时，其中一路电源宜引自自备电源。

7. 2 类医疗场所

（1）洁净手术部的总配电柜，应设于非洁净区内。供洁净手术室用电的专用配电箱不得设在手术室内，每个洁净手术室应设有一个独立专用配电箱，配电箱应设在该手术室的外廊侧墙内。

（2）洁净手术室的配电总负荷应按设计要求计算，并不应小于 8kV·A。

（3）洁净手术部必须保证用电可靠性，当采用双路供电源有困难时，应设置备用电源，并能在 1min 内自动切换。

（4）洁净手术室内用电应与辅助用房用电分开，每个手术室的干线必须单独敷设。

（5）洁净手术部用电应从本建筑物配电中心专线供给。根据使用场所的要求，主要选用 TN-S 系统和 IT 系统两种形式。

8. 电能质量要求

（1）医疗装备的电压、频率允许波动范围和线路电阻，应满足设备要求，否则应采取相应措施。

（2）医用 X 射线诊断机的允许电压波动范围为额定电压的 $-10\%\sim+10\%$。

（3）室内一般照明宜为 $\pm5\%$，在视觉要求较高的场所（如手术室、化验室等）宜为 $+5\%$、-2.5%。

（4）供配电系统宜采取谐波抑制措施，系统电压总谐波畸变率 THDu 应小于 5%。

（5）大型医疗设备的电源系统，应满足设备对电源压降的要求。

9. 医用设备电源

（1）大型医疗设备的供电应从变电所引出单独的回路，其电源系统应满足设备对电源内阻的要求。

（2）在医疗用房内禁止采用 TN-C 系统。

（3）医疗配电装置不宜设置在公共场所，当不能避免时，应设有防止误操作的措施。

（4）放射科、核医学科、功能检查室、检验科等部门的医疗装备的电源，应分别设置切断电源的总开关。

（5）医用放射线设备的供电线路设计应符合下列规定：

1）X 射线管的管电流大于或等于 400mA 的射线机，应采用专用回路供电。

2）CT 机、电子加速器应不少于两个回路供电，其中主机部分应采用专用回路供电。

3）X 射线机不应与其他电力负荷共用同一回路供电。

4）对于需要进出有射线防护要求的房间的电气管路、槽盒为避免射线泄漏，应采用铅当量不小于墙体材料的铅板防护，防护长度从墙面防护表面起不小于 0.5m 且应确保无射线外露，并应与墙面防护材料搭接不小于 0.03m，其他无关管线不得进入或穿过射线防护房间。

三、照明设计

（1）医疗建筑医疗用房应采用高显色照明灯具，显色指数大于或等于 80。

（2）光源色温、显色性应满足诊断要求。

（3）医院安全照明设计。当主电源故障时，疏散通道、出口标志照明、应急发电机房、变电室、配电室、装设重要设施的房间应由安全设施电源提供必需的最低照度的照明用电。每间内至少有一个照明灯具由安全电源供电。其转换到安全电源的时间不应超过 15s。1 类医疗场所的房间，每间内至少有一个照明灯具由安全电源供电；2 类医疗场所的房间，每间内至少有 50%照明灯具由安全电源供电。

（4）医院照明设计应合理选择光源和光色，对于诊室、检查室和病房等场所宜采用高显色光源。

（5）诊疗室、护理单元通道和病房的照明设计，宜避免卧床病人视野内产生直射眩光；高级病房宜采用间接照明方式。

（6）护理单元的通道照明宜在深夜可关掉其中一部分或采用可调光方式。

（7）护理单元的疏散通道和疏散门应设置灯光疏散标志。

（8）病房的照明设计宜以病床床头照明为主，宜采用一床一灯，并另设置一般照明（灯具亮度不宜大于 2000cd/m^2），当采用荧光灯时宜采用高显色型光源。精神病房不宜选用荧光灯。

（9）在病房的床头上如设有多功能控制板时，其上宜设有床头照明灯开关、电源插座、呼叫信号、对讲电话插座以及接地端子等。

（10）单间病房的卫生间内应设有紧急呼叫信号装置。

（11）病房内应设有夜间照明，如地脚灯。在病房床头部位的照度不宜大于 0.1lx；儿科病房床头部位的照度可为 1.0lx。

（12）候诊室、手术室、传染病诊室、呼吸、血库、穿刺、妇科冲洗和厕所等场所应设置紫外线杀菌灯。如固定安装紫外线杀菌灯时应避免直接照射到病人的视野范围之内。

（13）手术室内除设有专用手术无影灯外，宜再设有一般照明，其光源色温应与无影灯光源相适应。手术室的一般照明宜采用调光方式。

（14）手术室、抢救室、核医学检查及治疗室等用房的入口处应设置工作警示信号灯。X 线诊断室、加速器治疗室、核医学扫描室、γ 照相机室和手术室等用房，应设置防止误入的红色信号灯，红色信号灯电源应与机组联锁。

（15）共振扫描室、理疗室、脑血流图室等需要电磁屏蔽的地方采用直流电源灯具。

（16）在清洁走廊、污洗间、卫生间、候诊室、诊室、治疗室、病房、手术室及其他需要灭菌消毒的地方应设置杀菌灯。杀菌灯管吊装高度距离地面 1.8～2.2m，安装紫外线杀菌灯的数量、功率满足大于或等于 1.5W/m^3（平均值）。

（17）负压隔离病房和洁净用房的照明灯具采用洁净密闭型灯具。

（18）预留隔离病房传递窗口、感应门、感应冲便器、感应水龙头等设施的电源。

四、照明控制设计

1. 一般场所照明开关的设置

（1）门诊部、病房部等面向患者的医疗建筑的门厅、走道、楼梯、挂号厅、候诊区等公共场所的照明，宜在值班室、候诊服务台处采用集中控制，并根据自然采光和使用情况设分组、分区控制措施。

（2）挂号室、诊室、病房、监护室、办公室个性化小空间宜设单灯单控设照明开关。药房、培训教室、会议室、食堂餐厅等较大的空间宜分区或分组设照明开关。

2. 护理单元的通道照明设置

护理单元的通道照明宜设置分组、时控、调光等控制方式。标识照明灯应单独设照明开关，仅夜间使用的标识照明灯可采用时控开关或照度控制。公共场所一般照明可由建筑设备监控系统或智能照明控制系统控制。医疗建筑内照明不宜采用声控或定时开关控制。

3. 特殊场所照明开关的设置

（1）手术室一般照明、安全照明和无影灯，应分别设照明开关，手术室一般照明宜采用调光方式。

（2）放置 X 线诊断机、CT 机、MRI 机、DSA 机、ECT 机等专用诊疗设备主机室的照明开关，宜设置在控制室内或在主机室及控制室设双控开关。净化层流病房宜在室内和室外设置双控开关。

（3）传染病房、洗衣房等潮湿场所宜采用防潮型照明开关。

（4）精神病房的照明、插座，宜在护士站集中控制。

（5）在医用高能射灯、医用核素等诊疗设备的扫描室、治疗室等涉及射线安全防护的机房入口处，应设置红色工作标识灯，且标识灯的开关应设置在设备操作台上。

（6）紫外杀菌灯应采用专用开关，不应该合用多联开关，以便于识别和操作，安装高度应不小于 1.8m，并应有防误开措施。

（7）负压病房照明控制应采用就地与清洁区两地控制。

五、安全防护

（1）在 1 类和 2 类医疗场所内，要求配置安全设施的供电电源，当失去正常供电电源时，该安全电源能在预定的切换时间内投入运行，以供电给 0.5s 级、15s 级和大于 15s 级的设备，并能在规定的时间内持续供电。

（2）在 1 类或 2 类医疗场所内，至少应配置接自两个不同电源的两个回路，用于供电给某些照明灯具。此两个回路中的一个回路应接至安全设施的供电电源。

（3）手术室、抢救室、重症监护病房等 2 类医疗场所的配电应采用医用 IT 系统，应配套装置绝缘监视器，并满足有关监测要求。

（4）疏散通道内的照明灯具应接至安全设施的供电电源。

（5）2 类医疗场所内线路的保护：对每个终端回路都需设置短路保护和过负荷保护，但医疗 IT 系统的变压器的进出线回路不允许装设过负荷保护，但可用熔断器作短路保护。

（6）在 1 类和 2 类医疗场所内，如果主配电盘内一根或一根以上线导体的电压下降幅度超过标称电压的 10% 时，安全供电电源应自动承担供电。电源的切换宜具有延时，以使其与电源进线断路器（短时电源间断）的自动重合闸相适应。

（7）切换时间小于或等于 0.5s 的供电电源，在配电盘的一根或一根以上线导体发生电压故障时，专业的安全供电电源应维持手术台照明灯和其他重要照明灯的供电，例如，内窥镜的灯至少要能维持 3h。恢复供电的切换时间不应超过 0.5s。

（8）切换时间小于或等于 15s 的供电电源，当用于安全设施的主配电盘的一根或一根以上线导体的电压下降幅度超过供电标称电压的 10% 且持续时间超过 3s 时，规定的设备应在 15s 内接到安全供电电源上，并至少能维持 24h 的供电。

（9）维持医院服务设施所需的设备，可以自动或手动连接到至少能维持 24h 供电的安全供电电源上。

（10）在 1 类和 2 类医疗场所内，应安装辅助等电位联结导体，并应将其连接到位于"患者区域"内的等电位联结母线上，实现下列部分之间等电位：

1）保护导体。

2）外界可导电部分。

3）抗电磁场干扰的屏蔽物。

4）导电地板网格。

5）隔离变压器的金属屏蔽层。

（11）各医疗房间内可能产生静电危害的设备、流动液体、气体或粉体管道应采取防静电接地措施。医疗气体管道包括（氧气、负压吸引、压缩空气、氮气、笑气及二氧化碳等）在始端、分支点、末端及医疗带上的末端用气点均应可靠接地。

六、智能化系统

（1）信息化应用系统的配置应满足综合医院业务运行和物业管理的信息化应用需求。

（2）智能卡应用系统能提供医务人员身份识别、考勤、出入口控制、停车、消费等需求还能提供患者身份识别、医疗保险、大病统筹挂号、取药、住院、停车、消费等需求。医院病房医疗设备所需的氧气、卫生间淋浴用水等也可通过智能卡付费方式进行消费使用。

（3）信息查询系统能向患者提供持卡查询实时费用结算的信息。在医院出入院大厅、挂号收费处等公共场所配置供患者查询的多媒体信息查询端机。

（4）信息导引及发布系统发布医院各类医疗服务信息，应在医院大厅、挂号及药物收费处、门急诊候诊厅等公共场所配置发布各类医疗服务信息的显示屏和供患者查询的多媒体信息查询端机，并应与医院信息管理系统互联。

（5）移动通信室内信号覆盖系统的覆盖范围和信号功率应保证医疗设备的正常使用和患者的人身安全。

（6）建筑设备管理系统应满足医院建筑的运行管理需求，并应根据医疗工艺要求，提供对医疗业务环境设施的管理功能。

（7）入侵报警系统。根据医院重点房间或部位的不同，在计算机机房、实验室、财务室、现金结算处、药库、医疗纠纷会议室、同位素室及同位素物料区、太平间等贵重物品存放处及其他重要场所，配置手动报警按钮或其他入侵探测装置，对非法进入或试图非法进入设防区域的行为发出报警信息，系统报警后应能联动照明、视频安防监控、出入口控制系统等。

（8）视频安防监控系统除了在常规场所配置摄像机外一般在挂号收费以及药库等重要部位对每个工位一一对应地配置摄像机。

（9）出入口控制系统配置在行政、财务、计算机机房、医技、实验室、药库、血库、各放射治疗区、同位素室及同位素物料区以及传染病院的清洁区、半污染区和污染区、手术室通道、监护病房、病案室等重要场所。出入口控制系统宜采用非接触式智能卡，并与消防报警系统联动。当火灾发生时，应确保开启相应区域的疏散门和通道方便人员疏散。

（10）电子巡查系统。可在医院的主要出入口、各层电梯厅、挂号收费、药库、计算机机房等重点部位合理地配置巡查路线以及巡查点，巡查点位置一般配置在不易被发现、破坏的地方并确保巡逻人员能对整个建筑物进行安全巡视。

第五节　剧　场　建　筑

一、剧场建筑的定义

剧场建筑是人们观赏演艺产品、陶冶情操的重要文化场所。剧场建筑通常由舞台、观众席和其他附属演出空间组成。剧场建筑根据其使用性质及观演条件可分为歌舞、话剧、戏曲三类。观众容量在 1501 座以上为特大型剧场，观众容量在 1201～1500 座间的为大型剧场，观众容量在 801～1200 座间的为中型剧场，观众容量在 300～800 座间的为小型剧场。

二、供配电系统

1. 剧场建筑工程负荷的分级（见表2-9）

表 2-9　　　　　　　　　　　　　　剧场建筑工程负荷的分级

负荷级别	剧场分类及等级	用电负荷名称
特级负荷	特、甲等剧场	舞台调光、调音、机械、通信与监督控制计算机系统用电
一级负荷	特、甲等剧场	舞台照明、贵宾室、演员化妆室、舞台机械设备、电声设备、电视转播用电、显示屏和字幕系统用电
		消防控制室、火灾自动报警及联动控制装置、火灾应急照明及疏散指示标志、防烟及排烟设施、自动灭火系统、消防水泵、消防电梯及其排水泵、电动的防火卷帘及门窗以及阀门等消防用电
二级负荷	甲等剧场	观众厅照明、空调机房电力和照明、锅炉房电力和照明用电
	乙等剧场	消防控制室、火灾自动报警及联动控制装置、火灾应急照明及疏散指示标志、防烟及排烟设施、自动灭火系统、消防水泵、消防电梯及其排水泵、电动的防火卷帘及门窗以及阀门等消防用电

剧场变压器安装指标在 80～120V·A/m² 之间。一般照明插座负荷约占 15%，舞台照明约占 26%空调、水泵约占 40%，其他约占 19%。

2. 供电措施

（1）特、甲等剧场应采用双重电源供电；其余剧场应根据剧场规模、重要性等因素合理确定负荷等级，且不宜低于两回线路的标准。

（2）重要电信机房、安防设施的负荷级别应与该工程中最高等级的用电负荷相同。

（3）直接影响剧场建筑中的特级负荷运行的空调用电应为一级负荷；当主体建筑中有大量一级负荷时，直接影响其运行的空调用电为二级负荷。

3. 应急电源

（1）特、甲等剧场的应急照明及重要消防负荷设备宜采用柴油发电机组作为应急电源。

（2）主供市电电源不稳定的地区，特、甲等剧场舞台工艺设备（如舞台音响、维持演出必需的部分重要舞台机械和舞台灯光）宜考虑设置柴油发电机组作为备用电源。

（3）特、甲等剧场舞台灯光、音响、机械、通信与监督控制等计算机系统用电，要求连续供电或允许中断供电时间为毫秒级，应设置不间断电源装置（UPS）；乙等剧场上述设备宜设置不间断电源装置（UPS）。

4. 配电系统

（1）剧场建筑配电系统分为舞台用电设备和主体建筑常规设备两部分，舞台用电设备主要包括舞台机械、舞台灯光、舞台音响三个系统，依据舞台工艺设计要求预留管线通路，计算变压器容量。

（2）剧场建筑除舞台用电以外，还应考虑演出辅助用房、转播车位、卸货区等位置的电量预留。

（3）为舞台照明设备电控室（调光柜室）、舞台机械设备电控室、功放室、灯控室、声控室供电的各路电源均应在各室内设就地保护及隔离开关电器。

（4）舞台调光装置应采取有效的抑制谐波措施，宜在舞台灯光专用低压配电柜的进线处设置谐波滤波器柜。

（5）电声、电视转播设备的电源不宜接在舞台照明变压器上。

（6）音响系统供电专线上宜设置隔离变压器，有条件时宜设有源滤波器。

（7）舞台机械设备的变频传动装置应采取有效的抑制谐波措施，其配电回路中性导体截面应不小于相线截面。

三、照明控制

（1）剧场应设置观众席座位排号灯，其电源电压不应超过 AC 36V。

（2）有乐池的剧场，台唇边沿宜设发光警示线，但发光装置不得影响观众观看演出视觉效果。

（3）主舞台应设置拆装台工作用灯，舞台区、栅顶马道等区域应设置蓝白工作灯。

（4）观众厅照明应采用平滑调光方式，并应防止不舒适眩光。

（5）观众厅宜按照不同场景设置照明模式，调光装置应在灯控室和舞台监督台等处设置，并具有优先权，清扫场地模式的照明控制应设在前厅值班室或便于清扫人员操作的地点。

（6）宜对剧场观众厅照明、观众席座位排号灯（灯控室照明箱供电）、前厅、休息厅、走廊等直接为观众服务的场所照明及舞台工作灯等采用智能灯光控制系统，其控制开关宜设置在方便工作人员管理的位置并采取防止非工作人员操作的措施。

（7）化妆室照明宜选用高显色性光源，光源的色温应与舞台照明光源色温接近。

四、防雷接地

（1）特等、甲等剧场应按第二类防雷建筑设置防雷保护措施；其他年预计雷击次数大于 0.06 次/年的剧场，应按第二类防雷建筑设置防雷保护措施。

（2）音响、电视转播设备应设屏蔽接地装置，且接地电阻不得大于 4Ω，屏蔽接地装置宜与电力变压器工作接地装置在电路上完全分开。当单独设置接地极有困难时，可与电气装置接地合用接地板，接地电阻不应大于 1Ω 且屏蔽接地线应集中一点与合用接地装置连接。

（3）剧场设有玻璃幕墙时，幕墙的金属框架应与主体结构的防雷体系可靠连接，连接部位应清除非导电保护层。

（4）剧场舞台工艺用房均应预留接地端子。

（5）乐池内谱架灯、化妆室台灯照明、观众厅座位排号灯等的电源电压，应采用特低电压供电。

五、舞台工艺系统

舞台工艺设计应向建筑设计提供舞台灯光系统的设备位置、尺寸、相关安装条件、用电负荷（装机容量、使用系数、功率因数）及技术用房等要求。建筑设计应满足灯光系统安装、检修、运行和操作等要求。

剧场灯光配电系统的设计范围包括舞台灯光系统、观众厅照明系统和舞台工作灯系统。

1. 舞台灯光系统

（1）特大型剧场舞台灯光的用电量约为 1000～1500kW，大型剧场舞台灯光的用电量约为 600～1000kW，中、小剧场约为 300～600kW，需要系数为 0.8，在灯光控制室需预留 15kW 容量。

（2）供电措施。

1）舞台灯光系统需依据舞台工艺在灯控室、后舞台、侧舞台、耳光室、天桥、投影室、聚光灯室、调光柜室等处为舞台灯光系统预留电源。

2）观众厅灯光系统配电柜宜放置在调光柜室，智能照明控制系统应提供 DMX512 接口。

3）在舞台区、栅顶及马道等区域设置舞台工作灯系统，采用蓝白工作灯，检修时开启白光光源，演出时开启蓝光光源。在局部高度小于 2m 的区域，灯具采用防护型，供电采用 AC 36V，防止工作人员触电。

4）特、甲等剧场调光用计算机系统用电为特级负荷，应在灯光控制室、调光柜室、台口技术室及舞台栅顶等网络机柜处各设置一台 UPS，向灯控网络机柜提供不间断供电。

5）灯光系统配电回路宜配置平衡。

（3）常规布置的舞台灯位，在观众席区域有追光、面光、耳光；在舞台区域有顶光、侧光、流动光、天地排光、逆光、脚光等。

（4）特大型、大型剧场按能转播电视节目的要求进行设计，舞台灯具采用聚光灯、PAR 灯、大功率气体放电泡灯、冷光束可变焦成像灯、电脑灯、成像灯等多种类型灯具。其配置要求为：

1）舞台平均照度值不低于 1500lx。

2）配置灯具保证演出换场时间少于 4h。

3）配置灯具选择光学特性及光效最佳的灯。

4）灯具的光源色温宜采用 3200K 和 5600K 两种光源。

5）气体放电泡显色指数 R_a>90，其余的 R_a>95。

6）噪声指标：所有设备开启时的噪声及外界环境噪声的干扰不高于 NR25 测试点在距设备 1m 处的噪声不高于 35dB（A）。

（5）中小型剧场：按能转播电视节目的要求进行设计。

1）舞台演区基本光在 1.5m 处的垂直照度不宜低于 1500lx。

2）演区主光的垂直照度为 1800～2250lx。

3）演区辅助光的垂直照度为 1200～1800lx。

4）演区背景光的照度为 800～1000lx。

5）舞台演区光的色温应为（3050±150）K。

6）舞台演区光的显色指数不宜小于 85。

2. 舞台灯光控制系统

（1）舞台灯光信号传输系统的设计包括控制信号传输设备的配置、传输线路的路由设计和信号点的分配等。宜建立公共的以太网网络平台。

（2）选择具有稳定、兼容特性的转换协议。

（3）舞台灯光控制系统应预留智能控制接口，接收消防控制信号，在火灾时能中断演出模式，强行进入消防模式。

（4）大型剧场需在控制室放置常规灯的主、备控制台，电脑灯的主、备控制台。

（5）灯光控制系统宜采用全光纤网络。

（6）控制系统宜考虑备份和兼容。

（7）产品选型在考虑先进性的同时也考虑维护的经济性。

3. 舞台机械系统

（1）舞台工艺设计应向建筑设计提供舞台机械的种类、位置、尺寸、数量、台上和台下机械布置所需的空间尺度、设备载荷、受力分布、预埋件、用电负荷（装机容量、使用系数、功率因数）及控制台位置等要求。土建设计应满足舞台机械安装、检修、运行和操作等使用条件。剧场舞台台下机械的用电量根据剧场规模及所需设备数量而定，小型剧场约 200kW，中型剧场 500kW 左右，大型剧场 900kW 不等。

（2）台上机械。主舞台台口上空布置防火幕、大幕机、假台口上片、假台口侧片。舞台区域上空的悬吊设备主要有电动吊杆、轨道单点吊机、主舞台区域内的自由单点吊机和前舞台区域单点吊机等设备，用来悬吊布景、檐幕和边幕，制造特别演出效果。假台口上片、灯光渡桥、灯光吊架用于舞台照明。在主舞台区域还设置有飞行器、天幕吊杆、侧吊杆等设备。在左右侧舞台上空设有悬吊设备，后舞台上空设有电动吊杆和悬吊设备。剧场舞台台上机械的用电量根据剧场规模及所需设备数量而定，小型剧场约 100kW，中型剧场 400kW 左右，大型剧场 800kW 不等。

（3）供电措施。

1）在舞台机械控制室（台上、台下）、收货平台等处为舞台机械系统预留电源。

2）当舞台口设置防火幕时，应预留消防电源。

3）对于大负荷的舞台机械系统供电采用双路单母线分段中间加联络，正常时各带一半负荷；一路故障时，另一路带全部负荷。

（4）控制机房。

1）舞台机械控制室宜设在舞台上场口舞台内墙上方，或在一层侧天桥中部；控制室应有三面玻璃窗，密闭防尘，操作时并能直接看到舞台全部台上机械的升降过程。面积按舞台工艺设计要求确定。

2）舞台机械控制室应预留接地端子。

（5）控制系统。

1）国际上通行做法是现代剧场要求舞台机械控制系统必须遵循现有的有关安全的标准。

2）舞台机械控制系统是特大型、大型剧场采用基于轴控制器的控制系统，中、小型演出场馆使用基于 PLC 的控制系统。

3）舞台机械控制系统应预留智能控制接口，接收消防控制信号，在火灾时能中断演出模式，强行进入消防模式。

4）产品选型在考虑先进性的同时应考虑维护的经济性。

（6）舞台音响系统。

1）扩声系统包括声源至传声器所处的声学环境，传声器至扬声器的扩声系统设备，以及扬声器系统和听众区的声学环境三个部分。剧场扩声系统宜考虑冗余设计，分别对组成扩声系统的信号源、调音台、信号传输系统、扬声器系统、配电系统等各个部分进行冗余设计。

2）声学效果的三要素为：观众厅的体型设计、混响控制（墙面，顶板）、噪声控制，采用先进的声学设计软件达到需要的使用要求。

3）舞台扩声控制系统应预留智能控制接口，接收消防控制信号，在火灾时能中断演出模式，强行进入消防模式。

4）产品选型在考虑先进性的同时宜考虑维护的经济性。

5）在声控室、功放室、舞台技术用房（信号交换机房）、监控机房（声像控制室）等处为舞台音响系统预留电源，电源与负载之间宜安装隔离变压器或有源滤波器。

6）主舞台两侧应设 AC 220V，12～16kW 的移动功放电源专用插座。

7）终端插座宜采取保护措施，避免外来设备未经允许接入扩声供电系统，产生过载或干扰。

（7）声控室。

1）声控室应设置在观众厅后部中央位置，面向舞台的左侧（灯控室设置在右侧），面积不应小于 20m²。

2）声控室应预留工艺电量。

3）声控室应预留接地端子。

4）功放室宜设在主舞台两侧台口高度的位置（上场口一侧）。

5）在上场口前侧墙内宜设电声设备机房，面积 8m²，用于设置数字化系统信号机柜。

（8）舞台通信与监督系统。

1）舞台监督主控台应设置在舞台内侧上场口。

2）灯控室、声控室、舞台机械操作台、演员化妆休息室、候场室、服装室、乐池、追光灯室、面光桥、前厅、贵宾室等位置应设置舞台监督通信终端器。

3）舞台监视系统的摄像机应在舞台演员下场口上方和观众席挑台（或后墙）同时设置。同时在主舞台台口外两侧墙设置摄像机。

4）应设观众休息厅催场广播系统。

5）舞台监督台应设通往前厅、休息厅、观众厅和后台的开幕信号。

舞台通信与监督系统设计宜包括以下内容：配电系统；内部通信系统；灯光提示系统；广播呼叫系统；演出监控视频系统；中央时钟系统；内部通信网络；演出监控视频网络。

4. 剧场建筑的主要技术要求

不同等级的剧场，其建筑的主要技术要求也是不同的，见表 2-10。

表 2-10　　　　　　　　　　　　　不同等级剧场建筑的主要技术要求

等级	使用年限	主要电气指标	舞台工艺设备要求	消防
特等甲等	不应小于50年	剧场供电系统电压偏移应符合下列规定：① 照明为 +5%～-2.5%；② 电梯±7%；其他电力设备用电±5%	应在主舞台区四个角设中性导体截面积不小于相线截面积二倍的三相回路专用电源，其电源容量为：甲等剧场在主舞台后角电源不得小于三相250A，在主舞台前角电源不得小于三相63A。乙等剧场在主舞台后角电源不得小于三相180A，在主舞台前角电源不得小于三相50A	大型、特大型剧场应设消防控制室，位置宜靠近舞台，并有对外的单独出入口，面积不应小于12m²
		配电线路的电线、电缆燃烧性能应选用燃烧性能 B_1 级、产烟毒性为 t_1 级、燃烧滴落物/微粒等级为 d_1 级产品		应设有火灾自动报警系统
		按第二类防雷建筑设置防雷保护	调光回路：歌舞剧场大于或等于600回路；话剧场大于或等于500回路；戏曲剧场大于或等于400回路。除可调光回路外，各灯区宜配置2~4路直通电源，每回路容量不得小于32A	灯控室、调光柜室、声控室、功放室、空调机房、冷冻机房、锅炉房等应设不低于正常照明照度的50%的应急备用照明
		宜宜设置灯光智能照明控制系统。观众厅照明、观众厅清扫场地照明、观众席座位排号灯、前厅、休息厅、走廊等直接为观众服务的房间、主舞台区拆装台工作用灯照明控制应纳入灯光智能照明控制系统	应设追光室，预留 3 组以上容量不得小于 32A，AC 220V 追光灯电源	宜设台仓，台仓通往舞台和后台的门、楼梯应设明显的疏散标志和照明，便于演员上下场和工作人员通行
			功放室和调光柜室面积应大于 20m²	应设室内消火栓给水系统
			可设有红外线舞台监视系统；设不少于两道以上耳光室；设不少于两道以上的面光桥；应设卸货（景）区	大型、特大型剧场舞台台口应设防火幕。中型剧场宜设防火幕
乙等	不应小于50年	配电线路的电线、电缆燃烧性能宜选用燃烧性能 B_1 级、产烟毒性为 t_1 级、燃烧滴落物/微粒等级为 d_1 级产品	应在主舞台区四个角设中性导体截面积不小于相线截面积二倍的三相回路专用电源，其电源容量为：在主舞台后角电源不得小于三相180A，在主舞台前角电源不得小于三相50A	（1）大型、特大型剧场应设消防控制室，位置宜靠近舞台，并有对外的单独出入口，面积不应小于12m²。（2）中型及以上规模剧场应设室内消火栓给水系统
			当不设追光室时，可在楼座观众厅后部设临时追光位，并预留 2 组以上容量不得小于32A，AC 220V 追光灯电源	特大型剧场应设置火灾自动报警系统
		年预计雷击次数大于 0.06 时，按第二类防雷建筑设置防雷保护	根据需要设一道以上面光照明	宜设台仓，台仓通往舞台和后台的门、楼梯应设明显的疏散标志和照明，便于演员上下场和工作人员通行
			根据需要设一道以上耳光照明	大型、特大型剧场舞台台口应设防火幕，高层民用建筑中型及以上规模剧场宜设防火幕

六、智能化系统

（1）信息化应用系统的配置应满足剧场业务运行和物业管理的信息化应用需求，包括工作业务系统、自动寄存系统、人流统计分析系统、售检票系统、演出管理系统和中央集成管理系统。演出管理系统为剧院的演出活动及相关事务的管理工作建立一个现代化的软、硬件环境实现剧院的演出策划管理、演出合同管理、演出场地安排、演出器材和设施的合理调度与管理、演出团体管理、演出后勤管理、演出档案管理、演出票务管理、演出结算及统计管理等。

（2）剧场的出入口、贵宾出入口以及化妆室等宜设置自助寄存系统，且系统应具有良好的操作界面，并宜具有语音提示功能。

（3）剧场的公共区域应设置移动通信室内信号覆盖系统；观演厅宜设置移动通信信号屏蔽系统，并应具有根据实际需要进行控制和管理的功能。

（4）候场室、化妆区等候场区域应设置信息显示系统，并应显示剧场、演播室的演播实况，且应具有演出信息播放、排片、票务、广告信息的发布等功能。

（5）舞台监督台应设通往前厅、休息厅、观众厅和后台的开幕信号。

（6）建筑设备管理系统应满足剧院的室内空气质量、温湿度、新风量等环境参数的监控要求，并应满足公共区的照明、室外环境照明、泛光照明、演播室、舞台、观众席、会议室等的管理要求。

（7）视频安防监控系统应在剧场内、放映室、候场区和售票处等场所设置摄像机。

七、电气消防要求

（1）剧场配电线路的电线、电缆应选用燃烧性能 B_1 级、产烟毒性为 t_1 级、燃烧滴落物/微粒等级为 d_1 级产品。

（2）特等、甲等剧场，座位数超过 1500 个的其他等级的剧场应设置火灾自动报警系统。

（3）甲等和乙等的大型、特大型剧场下列部位应设有火灾自动报警装置：观众厅、舞台、服装室、布景库、灯控室、声控室、发电机房、空调机房、前厅、休息厅、化妆室、台仓、吸烟室、疏散通道及剧场中设置雨淋灭火系统的部位。甲等和乙等的中型剧场上述部位宜设火灾自动报警装置。

（4）剧场内高度大于 12m 的空间场所宜同时选择两种及以上火灾参数的火灾探测器。

（5）剧场内大空间处设置自动消防水炮灭火系统时，前端探测部分宜采用双波段图像型火灾探测器。

（6）观众厅大空间部分宜采用线型光束感烟火灾探测器，局部楼座处采用点型感烟火灾探测器。

（7）舞台区域宜采用的火灾报警探测器包括吸气式感烟火灾探测器、双波段图像型火灾探测器、点型感烟火灾探测器。

（8）休息大厅部分火灾报警探测器的选型：大空间部分宜采用线型光束感烟火灾探测器；设置自动消防水炮灭火系统时，前端探测部分宜采用双波段图像型火灾探测器或红外点型火焰探测器。

（9）净高大于 12m 舞台上方、观众厅上方等处电气线路应设置电气火灾监控探测器，照明线路上应设置具有探测故障电弧功能的电气火灾监控探测器。

第六节 体 育 建 筑

一、体育建筑的定义

体育建筑是人们为了达到健身和竞技目的而建设的活动场所，一般包括比赛场地、运动员用房、观众坐席和管理用房三部分，有承办专项比赛的场（馆），也是全民健身的综合型场（馆）。

1. 体育建筑按照使用要求分

（1）体育建筑按照使用要求分级。

（2）特级：如奥运会、亚运会等。

（3）甲级：如单项国际比赛、全运会等。

（4）乙级：如单项全国赛事、地区运动会等。

（5）丙级：如地方性、群众性比赛。

（6）其他：如社区运动场所的建筑和学校体育建筑。

2. 体育建筑按照规模分级

（1）特大型：60 000 座以上体育场、10 000 座以上体育馆、6000 座以上游泳馆。

（2）中型：20 000～40 000 座体育场、3000～6000 座体育馆、1500～3000 座游泳馆。

（3）特小型：无固定坐席场馆。

二、供配电系统

1. 体育建筑负荷分级（见表 2-11）

表 2-11　　　　　　　　　　　体 育 建 筑 负 荷 分 级

体育建筑等级	负荷等级			
	特级负荷	一级负荷	二级负荷	三级负荷
特级	A	B	C	D+其他
甲级	—	A	B	C+D+其他
乙级	—	—	A+B	C+D+其他
丙级	—	—	A+B	C+D+其他
其他	—	—	—	所有负荷

注：1. 特级体育建筑重大赛事的负荷分级。A 包括主席台、贵宾室、接待室、新闻发布厅等照明负荷，应急照明负荷，网络机房、固定通信机房、扩声及广播机房等用电负荷，电台和电视转播及新闻摄影电源、消防和安防用电设备；计时记分、升旗控制系统、现场影像采集及回放系统及其机房用电负荷等。

2. B 包括观众席、观众休息厅照明，生活水泵、污水泵、临时医疗站、兴奋剂检查室、血样收集室等用电设备，VIP办公室、奖牌储存室、运动员和裁判员用房、包厢、建筑设备管理系统用电、售检票系统等用电负荷，大屏幕显示用电、电梯用电、场地信号电源等。

3. C 包括普通办公用房、广场照明。

4. D 普通库房、景观类用电负荷等。

5. 特级体育建筑中比赛厅（场）的 TV 应急照明负荷应为特级负荷，其他场地照明负荷应为一级负荷；甲级体育建筑中的场地照明负荷应为一级负荷；乙级、丙级体育建筑中的场地照明负荷应为二级负荷。

6. 对于直接影响比赛的空调系统、游泳池水处理系统、冰场制冰系统等用电负荷，特级体育建筑的应为一级负荷，甲级体育建筑的应为二级负荷。

7. 除特殊要求外，特级和甲级体育建筑中的广告用电负荷等级不应高于二级。

2. 大型集会与文化活动场所的负荷分级

（1）演出用电，主席台、贵宾室、接待室、新闻发布厅照明，广场及主要通道的疏散照明，计算机机房、电话机房、广播机房、电台和电视转播及新闻摄影电源，灯光音响控制设备、应急照明、消防和安防用电设备；售检票系统、现场影像采集及回放系统等为特别重要负荷。

（2）观众席、观众休息厅照明，生活水泵、污水泵、餐厅、临时医疗站、VIP办公室、化妆间（运动员、裁判员用房）、包厢、建筑设备管理系统用电，电梯用电等为一级负荷。

（3）普通办公用房、配套商业用房、广场照明、大屏幕显示用电为二级负荷。

（4）普通库房、景观类用电负荷等为三级负荷。

3. 供电措施

（1）甲级及以上等级的体育建筑应由双重电源供电，当仅有两路电源供电时，其任一路电源供电的变压器容量应满足本项目全部用电负荷。乙级、丙级体育建筑宜由两回线路电源供电，丁级体育建筑可采用单回线路电源。特级、甲级体育建筑的电源线路宜由不同路由引入。

（2）小型体育场馆当用电设备总容量在100kW以下时，宜采用380V电源供电，除此之外的体育场馆应采用10kV或以上电压等级的电源供电。当体育建筑群进行整体供配电系统供电时，可采用20kV、35kV电压等级的电源供电。当供电电压大于等于35kV时，用户的一级配电电压宜采用10kV。

1）特级体育建筑应采用专线供电，甲级体育建筑宜采用专线供电，其他体育建筑在举办重大比赛时应考虑采用专线供电。

2）根据体育建筑的使用特征，当任一路电源均可承担全部变压器的供电时，变压器负荷率宜为80%左右；否则不宜高于65%。

3）可能举办重大比赛的体育建筑应预留移动式供电设施的安装条件。

4）综合运动会开闭幕式用电负荷不宜计入供配电负荷。开闭幕式用电的总体特点主要有：临时性用电，负荷容量大（开幕式用电多在5000kW以上）；负荷类型多样，特性不一（声、光、电以及数字技术的大量应用）；用电点分散，供电距离远；（开幕式一般在体育场举行，用电设施遍布体育场各区）；供电可靠性要求极高（展示形象，具有较大政治意义）。国内曾经举办的大型赛会开闭幕式用电负荷统计见表2-12。

表2-12　　　　　　　　　国内曾经举办的大型赛会开闭幕式用电负荷统计　　　　　　（单位：kW）

名称	总安装负荷	计算负荷
2008北京奥运会开幕式	14 650	10 500
2008北京奥运会闭幕式	12 150	8829
2010年广州亚运会开幕式	13 250	9560
2011年深圳大运会开幕式	7520	5630
2014年南京青奥会开幕式	11 850	8950
2017年天津全运会开幕式	7235	5216
2019年武汉军运会开幕式	16 494	10 054

4. 体育建筑部分场所的用电负荷

体育建筑部分场所的用电负荷指标见表 2-13。

表 2-13　　　　　　　　　体育建筑部分场所的用电负荷指标

负荷名称	用电负荷指标/（W/m²）	负荷名称	用电负荷指标
田径场地照明	50~70	电子显示屏（馆）	100kW/块
足球场地照明（中超）	70~100	电子显示屏（场）	300kW/块
		计时记分系统	20kW
足球场地照明（FIFA）	100~150	信息机房	30kW
		扩声机房（馆）	30kW
体操、球类照明	60~80	室外媒体区	200kW
游泳馆照明	50~70	电视转播机房	60kW
自行车馆照明	60~80	文艺演出（馆）	500kW
滑冰馆照明	40~60	文艺演出（场）	800~1500kW

5. 体育建筑部分用电负荷的供电要求

（1）比赛场地照明宜采用两个专用供电干线同时供电，各承担 50%用电负荷的方式。一般而言，体育馆至少要考虑两路供电干线，挑棚布灯的体育场要 4 路供电干线，4 塔式布灯的体育场要 8 路供电干线。

（2）其他需要双路供电的用电负荷包括消防设施、主席台（含贵宾接待室）、媒体区、广场及主要通道照明、计时记分装置、信息机房、扩声机房、电台和电视转播及新闻摄影用电等。

（3）大型赛会需要由移动式自备电源供电的用电负荷包括：50%比赛场地照明，主席台（含贵宾接待室），媒体区，广场及主要通道照明，计时记分机房，扩声机房，电视转播机房，保安备勤用房等。

（4）特级、甲级体育建筑应考虑为室外转播车提供电源，每辆转播车供电容量不小于 20kW，一般不超过 60kW。

6. 应急电源供电要求

（1）电子信息设备、灯光音响控制设备、转播设备，应选用不间断电源装置（UPS）作为备用电源。

（2）TV 应急转播照明应选用 EPS 作为备用电源，若采用金属卤化物灯具时，EPS 的特性应与其启动特性、过载特性、光输出特性、熄弧特性等相适应。

（3）与自起动的柴油发电机组配合使用的 UPS 或 EPS 的供电时间不应少于 10min。

（4）特级体育建筑应设置快速自动起动的柴油发电机组作为应急电源和备用电源，对于临时性重要负荷可另设临时柴油发电机组作为应急备用电源。根据供电半径，柴油发电机可分区设置。

（5）甲级体育建筑应为应急备用电源的接驳预留条件。乙级及以下等级的体育建筑可不设应急备用电源。

7. 体育建筑配电系统的要求

（1）特级及甲级体育建筑、体育建筑群总配变电所的高压供配电系统应采用放射式向分配变电所供电。当总配变电所同时向附近的乙级及以下的中小型体育场馆、负荷等级为二级及以下的附属建筑物供电时，也可采用高压环网式或低压树干式供电。

（2）配变电所的高压和低压母线，宜采用单母线或单母线分段接线形式。特级及甲级体育建筑的电源应采用单母线分段运行，低压侧还应设置应急母线段或备用母线段。

（3）应急母线段由市电与应急和备用电源供电，市电与应急和备用电源之间应采用电气、机械联锁。当采用自动转换开关电器（ATSE）时，应选择 PC 级、三位式、四极产品。

（4）低压配电系统设计中的照明、电力、消防及其他防灾用电负荷、体育工艺负荷、临时性负荷等应分别自成配电系统。当具有文艺演出功能时，宜在场地四周预留配电箱或配电间。

（5）敷设于槽盒内的多回路电线电缆电线、电缆应采用应选用燃烧性能 B_1 级、产烟毒性为 t_1 级、燃烧滴落物/微粒等级为 d_1 级产品。

8. 体育建筑常用设备配电要求

（1）特级、甲级体育建筑媒体负荷如新闻发布、文字媒体、摄影记者工作间应单独设置配电系统，并采用两路低压回路放射式供电；乙级及以下体育建筑宜单独设置配电系统，可采用树干式供电。

（2）特级、甲级体育建筑应为看台上的媒体用电预留供电路由和容量，其配电设备宜安装在看台媒体工作区附近的电气房间内，为看台区设置的综合插座箱供电。

（3）特级、甲级体育建筑中各类体育工艺专用设施：如场地信号井、扩声机房、计时计分机房、升旗设备、终点摄像机房等配电系统应单独设置，并采用两路独立的低压回路放射式供电；乙级及以下体育建筑各类专用设施的配电系统可合并设置，并可采用树干式供电。

（4）变电所内为场地临时设备用电预留的出线回路，应引至场地四周的摄影沟或场地入口处，为其提供接入条件。

（5）跳水池、游泳池、戏水池、冲浪池及类似场所，其配电应采用安全特低电压（SELV）系统，标称电压不应超过 AC 12V，特低电压电源应设在 2 区以外的地方。

（6）体育建筑的广场应预留供广场临时活动用的电源。

（7）特级、甲级体育建筑供配电系统应为广告用电预留容量，乙级体育建筑宜预留广告电源。广告电源可预留在场地四周、看台、入口、广场等处。

三、照明配电设计

（1）大型、特大型体育建筑的场地照明应采用多回路供电。

（2）特级体育建筑在举行国际重大赛事时 50%的场地照明应由发电机供电，另外，50%的场地照明应由市电电源供电；其他赛事可由双重电源各带 50%的场地照明。

（3）甲级体育建筑应由双重电源同时供电，且每个电源应各供 50%的场地照明灯具。

（4）乙级和丙级体育建筑宜由两回线路电源同时供电，且每个电源宜各供 50%的场地照明。

（5）其他等级的体育建筑可只有一个电源为场地照明供电。

（6）对于乙级及以上等级体育建筑的场地照明，一个配电回路所带的灯具数量不宜超过3套，对于乙级以下的等级的体育建筑的场地照明，一个配电回路所带的灯具数量不宜超过9套。配电回路宜保持三相负荷平衡，单相回路电流不宜超过30A。

（7）为防止气体放电灯的频闪，相邻灯具的电源相位应换相连接。

（8）比赛场地照明灯具端子处的电压偏差允许值满足规定。

（9）当采用金属卤化物灯等气体放电灯时，应考虑谐波影响，其配电线路的中性线截面不应小于相线截面。

（10）照明灯光控制。

1）特级和甲级体育建筑应采用智能照明控制系统，乙级体育建筑宜采用智能照明控制系统。

2）体育建筑的场地照明控制应按运动项目的类型、电视转播情况至少分为四种控制模式。

3）对于体育舞蹈、冰上舞蹈等具有艺术表演的运动项目，应增设具有调光功能的照明控制系统。

四、场地照明设计

（1）场地照明设计的主要参数包括：水平照度、垂直照度、水平照度均匀度、垂直照度均匀度、色温、显色指数、应急照明。一些国际大型赛事根据其转播要求还有更高要求，如色温不小于5500K，显色性大于90等。

（2）体育场馆照明布置应符合《体育场馆照明设计及检测标准》的规定。

（3）不同赛事要求的场地照明灯具布置方式、灯具的安装高度应根据建筑形式、不同赛事对灯具投射角的要求设定。

（4）场地灯具选型应满足以下要求：

1）体育场馆内的场地照明，宜采用LED半导体发光二极管作为场地照明的光源。

2）一般场地照明灯具应选用有金属外壳接地的Ⅰ类灯具；跳水池、游泳池、戏水池、冲浪池及类似场所水下照明设备应选用防触电等级为Ⅲ类的灯具。

3）金属卤化物灯不应采用敞开式灯具，灯具效率不应低于70%。灯具外壳的防护等级不应低于IP55，不便于维护或污染严重的场所其防护等级不应低于IP65，水下灯具外壳的防护等级应为IP68。

4）场地照明灯具应有灯具防坠落措施，灯具前玻璃罩应有防爆措施。

5）室外场地照明灯具不应采用升降式。

（5）观众席和运动场地安全照明的平均水平照度值不应小于20lx。

（6）体育场馆出口及其通道的疏散照明最小水平照度值不应小于5lx。

五、场地照明控制要求

（1）有电视转播要求的比赛场地照明应设置集中控制系统。集中控制系统应设于专用控制室内，控制室应能直接观察到主席台和比赛场地。

（2）有电视转播要求的比赛场地照明的控制系统应符合下列规定：

1）能对全部比赛场地照明灯具进行编组控制。

2）应能预置不少于4个不同的照明场景编组方案。

3）显示全部比赛场地照明灯具的工作状态。

4）显示主供电源、备用电源和各分支路干线的电气参数。

5）电源、配电系统和控制系统出现故障时应发出声光故障报警信号。

6）对于没有设置热触发装置或不中断供电设施的照明系统，其控制系统应具有防止短时再启动的功能。

（3）有电视转播要求的比赛场地照明的控制系统宜采用智能照明控制系统。

（4）照明控制回路分组应满足不同比赛项目和不同使用功能的照明要求；当比赛场地有天然光照明时，控制回路分组方案应与其协调。

六、智能化系统

（1）信息网络系统应为体育赛事组委会、新闻媒体和场馆运营管理者等提供安全、有效的信息服务，满足体育建筑内信息通信的要求，兼顾场（馆）赛事期间使用和场（馆）赛后多功能应用的需求，并为场（馆）信息系统的发展创造条件。

（2）公共广播系统应在比赛场地和观众看台区外的公共区域和工作区等区域配置，宜与比赛场地和观众看台区的赛事扩声系统互相独立配置，公共广播系统与赛事扩声系统之间应实现互联，并可在需要时实现同步播音。

（3）火灾自动报警系统对报警区域和探测区域的划分应满足体育赛事和其他活动功能分区的需要。

（4）安全技术防范系统应与体育建筑的等级、规模相适应。

第七节 航 站 楼 建 筑

一、航站楼的定义

航站楼是指为公众提供飞机客运形式的建筑，航站楼通常包括候机室、售票台、问询处、中央大厅、到达大厅、售票大厅、海关、安全检查、行李认领、出发大厅、餐饮、连接区、库房、办公以及辅助用房等。航站楼分类见表2-14。

表 2-14   航 站 楼 分 类

机场等级	Ⅰ类机场	Ⅱ类机场	Ⅲ类机场	Ⅳ类机场
分类标准	供国际和国内远程航线使用的机场	供国际和国内中程航线使用的机场	供近程航线使用的机场	供短途和地方航线使用的机场

二、供配电系统

1. 航站楼负荷分级

航站楼负荷分级见表 2-15。

表 2-15　　　　　　　　　　　航 站 楼 负 荷 分 级

负荷等级	特级负荷	一级负荷	二级负荷
适用场所	航站楼内的航空管制、导航、通信、气象、助航灯光系统设施和台站用电;边防海关的安全检查设备;航班信息显示及时钟系统;航站楼、外航驻机场办事处中不允许中断供电的重要场所用电负荷	Ⅲ类及以上民用机场航站楼的公共区域照明、电梯、送排风系统设备、排污泵、生活水泵、行李处理系统(BHS);航站楼、外航驻机场航站楼办事处、机场宾馆内与机场航班信息相关的系统、综合监控系统及其他系统	航站楼内除一级负荷以外的其他主要用电负荷,包括公共场所空调设备、自动扶梯、自动人行道

2. 航站楼供电措施要求

(1)航站楼内具有特级负荷时,应设置应急电源设备,应急电源设备宜优先选用柴油发电机组。

(2)一级负荷供电的航站楼,当采用自备发电设备作备用电源,自备发电设备应设置自动和手动启动装置,且自动启动方式应能在 30s 内供电。

(3)航站楼单台变压器长期运行负荷率宜为 55%~65%,且互为备用的两台变压器单台故障退出运行时,另一台应能负担起全部一、二级负荷。

(4)飞机机舱专用空调及机用的 400Hz 电源,可由航站楼供电,并可以采用需用系数法进行负荷计算。

(5)行李处理系统应采用独立回路供电,容量较大时应设置独立的配变电所为其供电。

(6)航站楼内餐饮休闲区功率密度见表 2-16。

表 2-16　　　　　　　　　　航站楼内餐饮休闲区功率密度

业态	功率密度/（W/m²）	需用系数	备注
中餐正餐	800	0.5	厨房区域
西式快餐	250	0.5	操作间和营业区,建议不低于 100kW
中式快餐	400	0.5	厨房区域
咖啡厅	500	0.6	操作间(台)区域,建议不低于 15kW
休闲中心	400	0.3	营业面积
免税店	60~100	0.6	营业面积

三、照明设计

(1)航站楼内作业面上一般照明照度均匀度不应小于 0.7,非作业区域、通道等的照明照度均匀度不宜小于 0.5。

（2）高大空间的公共场所，垂直照度（E_v）与水平照度（E_h）之比不宜小于 0.25。

（3）计算机房、出发到达大厅等场所的灯光设置应防止或减少在该场所的各类显示屏上产生的光幕反射和反射眩光。

（4）标识引导系统应满足以下要求：

1）航站楼内的标识、引导指示，应根据其种类、形式、表面材质、颜色、安装位置以及周边环境特点选择相应的照明方式。

2）当标识采用外投光照明时，应控制其投射范围，散射到标识外的溢散光不应超过外投光的 20%。

四、专用电源系统

（1）各变配电室均设置总配电间，内设专用电源总柜，再由专用电源总柜采用放射与树干相结合的方式，将专用电源送至各层强电间内的专用电源配电柜。

（2）弱电系统的机房电源，容量大的机房由变配电室直接放射式供电，容量小的机房由就近各层强电间内的专用电源配电柜供电。

（3）X 射线机、值机岛柜台、安检柜台等弱电系统专项工艺设备的电源（AC 220V）由就近专用电源配电柜（箱）供电。

（4）特殊负荷电量表见表 2-17。

表 2-17　　　　　　　　　　　特 殊 负 荷 电 量 表

负荷分类	设备容量/kW	备注
登机桥活动端转动电源	50kW/每个桥	50kW/每个桥，和 400Hz 专用电源及 PCA 空调预制冷电源不同时使用
400Hz 专用电源	C 类 90kV·A E 类 160kV·A F 类 180kV·A×2	C 类飞机 737、319 E 类飞机 747、340 F 类 380
PCA 空调预制冷电源	C 类 160kV·A E 类 200kV·A F 类 200kV·A×2	
机务维修亭	20kW/个	位置数量空侧单位定
高杆灯	8～10kW/个	位置数量空侧单位定

第八节　图书馆、档案馆

一、图书馆、档案馆的定义

图书馆、档案馆建设与城市的发展有着密切的联系，一方面是体现时代的特征，另一方面是体现城市传统与地域文化的特征。档案馆一般包括档案库、书库、阅览室、采编、修复工作间、陈列室、目录厅（室）、出纳厅等场所。

　　图书馆是搜集、整理、收藏图书资料以供人借阅的机构，图书馆有公共图书馆、高等学校图书馆、科学研究图书馆、专业图书馆。档案馆是收集、保管档案的机构。图书馆、档案馆的建筑等级见表2－18。

表 2－18　　　　　　　　　　　图书馆、档案馆的建筑等级

图书馆		
类别	形式	耐火等级
一类	（1）国家级、省（自治区、直辖市）级图书馆。 （2）建筑高度超过50m的图书楼。 （3）可容藏书量100万册以上的图书馆	一类及各类建筑物中储存珍贵文献的特藏书库应为一级
二类	（1）地市（计划单列市、省辖市、地区、盟、州）级图书馆。 （2）建筑高度不超过50m的图书楼。 （3）可容藏书量10万册以上，100万册以下的图书馆	二类及三类中书库和开架阅览室部分不低于二级
三类	（1）县（县级市、旗）级及县级以下的图书馆。 （2）可容藏书量10万册以下的图书馆	三级

档案馆		
类别	形式	耐火等级
特级	中央级档案馆	一级
甲级	省、自治区、直辖市、计划单列市、副省级市档案馆	一级
乙级	地（市）及县（市）档案馆	二级

注：1. 一般大型图书馆及高规格的中小型图书馆的供电指标采用80～100V·A/m²。

　　2. 一般档案馆供电指标采用70～100V·A/m²。

二、供配电系统

1. 图书馆、档案馆建筑负荷等级划分

（1）藏书量超过100万册的图书馆，用电负荷等级不应低于一级，其中安防系统、图书检索用计算机系统用电为特级负荷。

（2）总藏书量10万～100万册的图书馆用电负荷等级不应低于二级。

（3）总藏书量10万册以下的图书馆用电负荷等级不应低于三级。

（4）特级档案馆的档案库、配变电所、水泵房、消防用房等的用电负荷不应低于一级。

（5）甲级档案馆变电所、水泵房、消防用房等的用电负荷不宜低于一级。

（6）乙级档案馆的档案库、配变电所、水泵房、消防用房等的用电负荷不应低于二级。

2. 图书馆、档案馆备用电源要求

（1）安防系统、用于图书检索的计算机系统用电应设置不间断电源作为备用电源。

（2）特级档案馆应设置自备电源。

（3）甲级档案馆宜设置自备电源。

3. 图书馆、档案馆配电设计要求

（1）馆藏库区与公用空间、内部使用空间的配电应分开配电和控制。

（2）技术用房应按需求设置足够的计算机网络、通信接口和电源插座。

（3）装裱、整修用房内应配置加热用的电源。

（4）馆藏库区电源总开关应设于库区外，档案库房内不宜设置电源插座。

（5）电气配线的电线、电缆宜采用燃烧性能 B_1 级、产烟毒性为 t_1 级、燃烧滴落物/微粒等级为 d_1 级产品。

（6）为防止电磁对电子文献资料、电子设备的干扰，配变电所的设置应远离库区、技术用房，并采取屏蔽措施。

（7）如馆内设置厨房，则厨房配电线路应设置独立路由，不应与其他负荷配电电缆同槽敷设。

（8）配电箱及开关宜设置在仓库外。

（9）凡采用金属书架并在其上敷设 AC 220V 线路、安装灯开关插座等的书库，必须设剩余电流保护器保护。

（10）库房配电电源应设有剩余电流动作保护、防过电流安全保护装置。

（11）档案馆、一类图书馆和二类图书馆的书库及主体建筑、三类图书馆的书库，应采用铜芯线缆敷设。

（12）非消防电源线路的电线、电缆宜采用燃烧性能 B_1 级、产烟毒性为 t_1 级、燃烧滴落物/微粒等级为 d_1 级产品，消防电源线路的电线、电缆应选用燃烧性能 A 级、产烟毒性为 t_1 级、燃烧滴落物/微粒等级为 d_1 级产品。

（13）档案馆、图书馆建筑应设置电气火灾监控系统。

三、照明设计

（1）为保护缩微资料，缩微阅览室应设启闭方便的遮光设施，并在阅读桌上设局部照明。

（2）档案库房、书库、阅览室、展览室、拷贝复印室、与档案有关的技术用房当采用人工照明时，应采取隔紫灯具和防紫光源，并有安全防火措施。缩微阅览室、计算机房照明宜防止显示屏出现灯具影像和反射眩光。

（3）展览室、陈列室宜采光均匀，防止阳光直射和眩光。

（4）档案库灯具形式及安装位置应与档案密集架布置相配合。

（5）书库、非书型资料库、开架阅览室内，不得设置卤钨灯等高温照明器。珍善本书库及其阅览室应采用隔紫灯具或无紫光源。

（6）书库照明宜采用无眩光灯具，灯具与图书资料等易燃物的垂直距离不应小于 0.5m。

四、照明控制

（1）书库（档案库）、非书型（非档案型）资料库照明宜分区控制。

（2）书库照明宜分区分架控制，每层电源总开关应设于库外。

（3）书架行道照明应有单独开关控制，行道两端都有通道时应设双控开关；书库内部楼梯照明也应采用双控开关。

（4）公共场所的照明应采用集中、分区或分组控制的方式；阅览区的照明宜采用分区控制方式。均根据不同使用要求采取自动控制的节能措施。

五、防雷设计

（1）一类、二类建筑图书馆及结合当地气象、地形、地质及周围环境等确定需要防雷的三类建筑图书馆，应为第二类防雷建筑物，其余为三类防雷建筑物。

（2）特级、甲级档案馆应为第二类防雷建筑。乙级档案馆应为第三类防雷建筑。

六、图书馆智能化系统设计

（1）图书馆信息化应用系统的配置应满足图书馆业务运行和物业管理的信息化应用需求。图书馆业务管理自动实现图书馆各类文献资源，包括图书、非图书资料电子出版物的采访、编目、流通、检索等计算机管理实现文献联合编目、联机检索。

（2）智能卡系统能够提供工作人员的身份识别、考勤、出入口控制、停车管理、消费等功能，还能提供读者的图书借阅、上网计费、馆内消费、停车收费管理、身份识别等功能。该系统可分为 IC 卡读者证管理子系统、消费管理子系统、员工考勤管理子系统、上机管理子系统和查询子系统。

（3）读者自助借还书系统包括图书自助借阅机、图书监测仪、充消磁验证仪、消磁仪、磁条分配器、安全磁条、自助借阅软件等，兼具借、还书功能，读者可自行办理。

（4）信息网络系统应满足图书阅览和借阅的需求，业务工作区、阅览室、公共服务区应设置信息端口，公共区域应配置公用电话和无障碍专用的公用电话。图书馆应设置借阅信息查询终端和无障碍信息查询终端。会议系统应满足文化交流的需求，且具有国际交流活动需求的会议室或报告厅宜配置同声传译系统。建筑设备管理系统应满足图书储藏库的通风、除尘过滤、温湿度等环境参数的监控要求。

（5）安全技术防范系统应按图书馆的阅览、藏书、管理办公等划分不同防护区域，并应确定不同技术防范等级。

（6）图书馆设置网络化系统，设置由主干网、局域网、信息点组成的网络系统。信息点的布局应根据阅览坐席、业务工作的需要确定。有条件时，可设置局域无线网络系统。

（7）图书馆宜设置信息发布及信息查询系统。在入口大厅、休息厅等处设置大屏幕信息显示装置。

（8）在入口大厅、信息利用大厅、出纳厅、阅览室等处，设置一定数量的自助信息查询终端。

（9）珍贵文献资料、珍善本库、重要档案的储藏库、陈列室、数据机房等重要房间设置吸气式烟雾探测报警系统及一氧化碳火灾探测器。

（10）书库宜设置高压细水雾灭火系统。在库房墙外设置高压细水雾控制盘接入火灾自动报警系统进行联动控制，也可独立于火灾报警控制器进行手动控制。高压细水雾要求同时具有自动控制、手动控制和应急操作三种控制方式。

（11）应采取电气火灾监控措施。

七、档案馆智能化系统设计

（1）信息化应用系统的配置应满足档案馆业务运行和物业管理的信息化应用需求。

（2）信息网络系统应满足档案馆管理的需求，并应满足安全、保密等要求。建筑设备管理系统应满足档案资料防护的要求。

（3）安全技术防范系统应根据档案馆的级别，采取相应的人防、技防配套措施。

（4）在建筑物的主要出入口、档案库区、书库、阅览室、借阅处、重要设备室、电子信息系统机房和安防中心等处应设置出入口控制系统、入侵报警系统、视频监控系统及电子巡查系统。

（5）在档案馆的检索大厅、开架阅览室设置全方位视频监控系统，保证监视到每一个阅览座位及书架。

（6）库区内部如设置门禁系统则为双向门禁系统。库区外部设置单向门禁系统。

（7）档案馆应根据需求设置外网、内网、档案专网、涉密网、无线网等五种计算机网络。外网及内网宜采用非屏蔽系统，线缆可同槽敷设。档案专网与涉密网应采用屏蔽系统，线缆应分槽敷设。涉密网应遵循国家保密局的相关规定执行。

（8）档案馆、图书馆应设置公共广播系统，并与消防应急广播在火灾情况下切换。

（9）档案馆、图书馆应设置开、闭馆音响信号装置。

（10）档案馆宜设置信息发布及信息查询系统。在入口大厅、休息厅等处设置大屏幕信息显示装置。

（11）在入口大厅、信息检索大厅、出纳厅、阅览室等处，设置一定数量的自助信息查询终端。

（12）珍贵文献资料、珍善本库、重要档案的储藏库、陈列室、数据机房等重要房间设置吸气式烟雾探测报警系统及一氧化碳火灾探测器。

（13）档案库房宜设置高压细水雾灭火系统。在库房墙外设置高压细水雾控制盘接入火灾自动报警系统进行联动控制，也可独立于火灾报警控制器进行手动控制。高压细水雾要求同时具有自动控制、手动控制和应急操作三种控制方式。

（14）应采取电气火灾监控措施。

第九节　教　育　建　筑

一、教育建筑的定义

教育建筑是人们为了达到特定的教育目的而建设的教育活动场所，一般包括教室、活动室（场）、实验室、办公室、食堂、机电设备间、卫生间、库房及辅助用房等。学校的等级与类型划分见表2-19。

表 2-19   学校的等级与类型划分

等级	类型	说明
高等教育	研究生培养机构	指经国家批准设立的具有培养博士研究生、硕士研究生资格的普通高等学校和科研机构
	普通高等学校	含本科院校、专科院校
	成人高等学校	—
中等教育	高级中学	含普通高中、成人高中
	中等职业学校	含普通中专、成人中专、职业高中、技工学校
	初级中学	含普通初中、职业初中、成人初中
	完全中学	是指普通初、高中合设的教育机构
初等教育	普通小学	含完全小学、非完全小学（设有1~4年级）
	成人小学	含扫盲班
学前教育	幼儿园	供学龄前幼儿保育和教育的场所
九年制	九年制学校	连续实施初等教育和初级中等教育的学校
特殊教育	特殊教育学校	独立设置的招收盲聋哑和智残儿童，以及其他特殊需要的儿童、青少年进行普通或职业初、中等教育的教学机构
工读	工读学校	由教育部门和公安部门联合举办的初、高级中学

二、供配电系统

（1）学校负荷分级划分（见表2-20）。

表 2-20   学 校 负 荷 分 级 划 分

建筑物类别	用电负荷名称	负荷级别
教学楼	主要通道照明	二级
图书馆	藏书超过100万册的，其计算机检索系统及安防系统	一级
	藏书超过100万册的，其他负荷	二级
实验楼	ABSL-3中的b2类生物安全实验室和四级生物安全实验室，对供电连续性要求很高的国家重点实验室	特级负荷
	BSL-3生物安全实验室和ABSL-3中的a类和bl类生物安全实验室，对供电连续性要求较高的国家重点实验室	一级
	二级生物安全实验室、对供电连续性要求较高的其他实验室；主要通道照明	二级
风雨操场（体育场馆）	特级体育建筑的主席台、贵宾室、新闻发布厅照明，比赛场地照明、计时记分装置、通信及网络机房，升旗系统、现场采集及回放系统等用电	特级负荷
	甲级体育建筑的上述用电负荷，其他与比赛相关的用房，观众席及主要通道照明，生活水泵、污水泵等	一级
	甲级及以上体育建筑非一级负荷，乙级以下体育设施	二级
会堂	特大型会堂的疏散照明、特大型会堂的主要通道照明	一级
	大型会堂的疏散照明，大型会堂的主要通道照明，乙等会堂的舞台照明、电声设备	二级
学生宿舍	主要通道照明	二级
学生食堂	厨房设备用电、冷库、主要操作间及通道照明	二级

续表

建筑物类别	用电负荷名称	负荷级别
信息机房	高等学校信息机房用电	一级
	中等学校信息机房用电	二级
属一类高层的建筑	主要通道照明、值班照明，计算机系统用电，客梯、排水泵、生活水泵	一级
属二类高层的建筑	主要通道照明、值班照明，计算机系统用电，客梯、排水泵、生活水泵	二级

（2）校园配电变压器的装机容量指标（见表2-21）。

表 2-21　　　　　　　　校园配电变压器的装机容量指标

学校等级及类型	校园的总配变电站变压器容量指标/（V·A/m²）
普通高等学校、成人高等学校（文科为主）	20～40
普通高等学校、成人高等学校（理工科为主）	30～60
高级中学、初级中学、完全中学、普通小学、成人小学、幼儿园	20～30
中等职业学校（含有实验室、实习车间等）	30～45

（3）教育建筑的单位面积用电指标（见表2-22）。

表 2-22　　　　　　　　教育建筑的单位面积用电指标　　　　　　（单位：W/m²）

建筑类别	不设空调时的用电指标	空调用电指标
教学楼	12～25	20～45
图书馆	15～25	20～35
普通教学实验楼	15～30	30～50
风雨操场	15～20	—
体育馆	25～45	40～50
会堂（会议及一般文艺活动）	15～30	30～40
会堂（会议及文艺演出）	40～60	40～60
办公楼	20～40	25～35
食堂	25～70	40～60
宿舍	每居室不小于1.5kW	25～30
高等学校理工类科研实验楼	根据实验工艺要求确定	30～50
中小学劳技教室	根据实际功能确定	20～45

（4）教育建筑用电设备的需要系数（见表2-23）。

表 2-23　　　　　　　　　教育建筑用电设备的需要系数

负荷名称	规模	需要系数
照明	$S \leq 500m^2$	1~0.9
	$500m^2 < S \leq 3000m^2$	0.9~0.7
	$3000m^2 < S \leq 15\,000m^2$	0.75~0.55
	$S > 15\,000m^2$	0.6~0.4
实验室实验设备	—	0.15~0.4
分体空调	4~10 台	0.8~0.6
	10~50 台	0.6~0.4
	>50 台	0.4~0.3
空调机组		0.75~0.85
冷冻机、锅炉	1~3 台	0.9~0.8
	>3 台	0.7~0.6
水泵、通风机	1~5 台	0.95~0.8
	>5 台	0.8~0.6
厨房设备	≤100kW	0.5~0.4
	>100kW	0.4~0.3
体育设施	—	0.7~0.8
会堂舞台照明	≤200kW	1~0.6
	>200kW	0.6~0.4

注：S 为建筑面积，照明负荷含插座容量。

三、变电所设计

（1）学校总配变电所宜独立设置，分配变电所宜附设在建筑物内或外，也可选用户外预装式变电所。

（2）当教育建筑用电设备总容量在 250kW 及以上时，宜采用 10kV 及以上电压供电；当用电设备总容量低于 250kW 时，宜采用 0.4kV 电压供电。

（3）配电变压器负荷率平时不宜大于 85%，应急状态配电变压器负荷率不宜大于 130%。当低压侧电压为 0.4kV 时，单台变压器容量不宜大于 1600kV·A。对于预装式变电所变压器，单台容量不宜大于 800kV·A。

（4）计量方式。校区电源总进线处设电能计量总表，各栋建筑电源进线处设电能计量分表。

（5）配变电所所址选择应符合以下规定：

1）不宜设在人员密集场所。当设在教学楼、实验楼、多功能厅等学生集中的建筑内时，变电所要避免与教室、实验室共用室内走道。

2）应满足科研实验室对电源质量、隔声、降噪、防震、室内环境等的工艺要求。

3）不应设在有剧烈振动或有爆炸危险介质的实验场所。

4）附设在教育建筑内的配变电所，不应在教室、宿舍的正上、下方，且不应与教室、宿舍相毗邻。

四、低压配电设计

（1）托儿所、幼儿园的房间内应设置插座，且位置和数量根据需要确定。活动室插座不应少于四组，寝室、图书室、美工室插座不应少于两组。插座应采用安全型，安装高度不应低于1.8m。插座回路与照明回路应分开设置，插座回路应设置剩余电流动作保护。

（2）幼儿活动室、寝室、卫生间等幼儿用房宜设置紫外线杀菌灯，也可采用安全型移动式紫外线杀菌消毒设备。紫外线杀菌灯的控制装置应单独设置，并应采取防误开措施照明、大型实验设备用电、集中空调、动力、消防及其他防灾用电负荷，宜分别自成配电系统或回路。

（3）配电装置的构造和安装位置应考虑防止意外触及带电部位的措施。配电箱柜应加锁；设备的外露可导电部分应可靠接地；建筑物进线处宜设置配电间，总配电箱（柜）应安装在专用配电间或值班室内，楼层配电箱宜安装在竖井内，避免学生接触。

（4）冲击性负荷、波动大的负荷、非线性负荷和频繁启动的教学或实验设备等，应由单独回路供电。

（5）教学用房和非教学用房的照明及插座线路应分设不同支路。

（6）中小学、幼儿园的电源插座必须采用安全型。幼儿活动场所电源插座不应低于1.8m。

（7）教育建筑的插座回路应设置剩余电流动作保护器。电开水器电源、室外照明电源均应设置剩余电流动作保护器。

（8）中小学校教学用房、宿舍采用电风扇时，教室应采用吊式电风扇；学生宿舍的电风扇应有防护网。

（9）各类小学中，风扇叶片距地面高度不应低于2.8m；各类中学中，风扇叶片距地面高度不应低于3m。

（10）教室配电技术要求。

1）每间教室宜设教室专用配电箱。当多间教室共用配电箱时，应按不同教室分设插座支路，其照明支路配电范围不宜超过三个教室。幼儿活动场所不宜安装配电箱、控制箱等电气装置；当不能避免时，应采取安全措施，装置底部距地面高度不得低于1.8m。

2）教室配电箱应预留供多媒体教学用的电源，并应将管线预留至讲台。

3）语言、计算机教室学生课桌每座设置电源插座，宜与课桌一体化设计。

4）普通教室前后墙及内隔墙上应设置多组单相2孔和3孔安全型电源插座，插座间距可按2～3m布置。

5）设有吊扇的教室，吊扇叶片不应遮挡教室照明灯具。

（11）中小学实验室配电技术要求。

1）教师讲台处宜设实验室配电箱总开关的紧急停电按钮。

2）应为教师演示台、学生实验桌提供交流单相220V电源插座，物理实验室教师讲台处应设三相380V电源插座。

3）科学教室、化学实验室、物理实验室应设直流电源接线条件。

4）化学实验桌设置机械排风时，排风机应设专用电源，其控制开关宜设在教师实验桌内。

（12）生物安全实验室配电技术要求。

1）生物安全实验室应设专用配电箱。

2）三级和四级生物安全实验室的专用配电箱应设在该实验室的防护区外。

3）生物安全实验室内应设置足够数量的固定电源插座，避免多台设备共用一个电源插座。重要设备应单独回路配电，且应设置剩余电流保护装置。

4）管线密封措施应满足生物安全实验室严密性要求。三级和四级生物安全实验室配电管线应采用金属管敷设，穿过墙和楼板的电线管应加套管或采用专用电缆穿墙装置，套管内用不收缩、不燃材料密封。

（13）特殊学校配电技术要求。

1）特殊教育学校的照明、动力电源插座、开关的选型和安装应保证视力残疾学生使用安全。

2）特殊教育学校的各种教室、实验室的进门处宜装设进门指示灯或语音提示及多媒体显示系统。

3）聋生教室每个课桌上均应设置助听设备的电源插座。

4）康体训练用房的用电应设专用回路，并采用剩余电流动作保护器。

五、智能化系统

（1）教学管理系统宜具有教务公共信息、学籍管理、师资管理、智能排课、教学计划管理、数字化教学管理、学生成绩管理、教学仪器和设备管理等功能。

（2）科研管理系统宜具有对各类科研项目、合同、经费、计划和成果等进行管理的功能。

（3）办公管理系统宜具有对各部门、各单位的各类通知、计划、资料、文件、档案等进行办公信息管理的功能。

（4）学习管理系统宜具有考试管理、选课管理、教材管理、教学质量评价体系、毕业生管理、招生管理以及综合信息查询等功能。

（5）物业运行管理系统应结合学校的管理要求，对采暖、水、供电等相关设备的运行和维护进行管理，并提供日常收费、查询等附加功能；校园资源管理系统宜具有电子地图、实时查询、虚拟场景模拟和规划管理等功能。

（6）信息接入系统应将校园外部的公共信息网和教育信息专网引入校园内。

（7）信息网络系统应满足数字化多媒体教学、学校办公和管理的需求。

（8）会议室、报告厅等场所应配置会议系统。

（9）学校的校门口处、教学楼等应配置信息导引及发布系统，信息导引及发布系统应与学校信息发布网络管理和学校有线电视系统互联。

（10）教育建筑防护周界、监视区、防护区、禁区的范围宜包括下列设防区域或部位。

1）周界：建筑物周界、建筑物地面层和顶层的外墙、广场等。

2）出入口：校园出入口、建筑物出入口、重要区域或部位的出入口、停车库（场）出入口等。

3）通道：建筑物内主要通道、门厅、各楼层主要通道、各楼层电梯厅、楼梯等。

4）人员密集区域：会堂、体育馆、多功能厅、宿舍、食堂、广场等。

5）重要部位：重要的实验室、办公室、档案室及库房、财务室、信息机房、建筑设备监控室、安全技术防范控制系统控制室等。

（11）生物安全实验室通信网络设计要求。

1）三级和四级生物安全实验室防护区内应设置必要的通信设备。

2）三级和四级生物安全实验室内与实验室外应有内部电话或对讲系统。安装对讲系统时，宜采用向内通话受控、向外通话非受控的选择性通话方式。

（12）电子监考系统设计要求。

1）电子监考系统可用于电子监考、教学评估、校园安防、示范课观看和直播、远程观摩听课等，是集网络技术、音频技术和视频压缩技术于一体的现代教学监督管理系统。

2）电子监考系统应具有多考点的实时录像与监控、硬盘录像、多路存储、高安全性、强保密性、图像清晰、事后查询、稳定可靠等特点。

3）电子监考系统应基于标准 TCP/IP 网络协议，采用 MPEG4 视频压缩技术，采用实时数据流加密算法，保证存储的文件只能由特定软件打开回放和编辑修改，避免第三方软件的非法阅读和篡改，确保资料的真实性、可靠性、权威性。采取分级授权方式保护系统设置，防止无授权者进入或修改系统。设置防火墙保证数据安全方式。

4）电子监考系统应采用 MPEG4 视频压缩技术，保证图像的清晰度和数据的存储。

（13）生物安全实验室建筑设备监控系统设计要求。

1）空调净化自动控制系统应能保证各房间之间定向流动方向的正确及压差的稳定。

2）三级和四级生物安全实验室的自控系统应具有压力梯度、温湿度、联锁控制、报警等参数的历史数据存储显示功能，自控系统控制箱应设于防护区外。

3）三级和四级生物安全实验室自控系统报警信号应分为重要参数报警和一般参数报警。重要参数报警应为声光报警和显示报警，一般参数报警应为显示报警。三级和四级生物安全实验室应在主实验室内设置紧急报警按钮。

4）三级和四级生物安全实验室应在有负压控制要求的房间入口的显著位置，安装显示房间负压状况的压力显示装置。

5）三级和四级生物安全实验室防护区的送风机和排风机应设置保护装置，并应将保护装置报警信号接入控制系统。

6）三级和四级生物安全实验室防护区的送风机和排风机宜设置风压差检测装置，当压差低于正常值时发出声光报警。

7）三级和四级生物安全实验室防护区应设送排风系统正常运转的标志，当排风系统运转不正常时应能报警。备用排风机组应能自动投入运行，同时应发出报警信号。

8）三级和四级生物安全实验室防护区的送风和排风系统必须可靠联锁，排风先于送风开启、后于送风关闭。

9）当空调机组设置电加热装置时应设置送风机有风检测装置，并在电加热段设置监测温度的传感器，有风信号及温度信号应与电加热联锁。

10）三级和四级生物安全实验室的空调通风设备应能自动和手动控制，应急手动应有优先控制权，且应具备硬件联锁功能。

11）三级和四级生物安全实验室应设置监测送风、排风高效过滤器阻力的压差传感器。

12）在空调通风系统未运行时，防护区送风、排风管上的密闭阀应处于常闭状态。

（14）生物安全实验室的安全技术防范系统设计要求。

1）四级生物安全实验室的建筑周围应设置安防系统。三级和四级生物安全实验室应设门禁控制系统。

2）三级和四级生物安全实验室防护区内的缓冲间、化学淋浴间等房间的门应采取互锁措施。

3）三级和四级生物安全实验室应在互锁门附近设置紧急手动解除互锁开关。中控系统应具有解除所有门或指定门互锁的功能。

4）三级和四级生物安全实验室应设闭路电视监视系统。

5）生物安全实验室的关键部位应设置监视器，需要时，可实时监视并录制生物安全实验室活动情况和生物安全实验室周围情况。监视设备应有足够的分辨率，影像存储介质应有足够的数据存储容量。

（15）托儿所、幼儿园安全技术防范系统设计。

1）幼儿园园区大门、建筑物出入口、楼梯间、走廊等应设置视频安防监控系统。

2）幼儿园周界宜设置入侵报警系统、电子巡查系统。

3）厨房、重要机房宜设置入侵报警系统。

4）应设置火灾自动报警系统。

（16）多媒体现代教学系统设计要求。

1）能实现主播室与远端教室实时双向交互（含音频、视频、文字等），包括实时情景教学系统音视频交互系统和 BBS 文字交互系统。

2）能把主播室计算机屏幕操作、电子白板信息及时传到远端。在主播教室，学生可以在教师授权下，一起在白板上写字、画图或粘贴等，并可以传给其他学生。

3）要求系统传输质量较好，图像连续，与声音同步，时延较小。

4）教学点可用音频或文字的方式提问。

5）支持多种网络传输方式。教学系统能够支持局域网、互联网、VPN 虚拟专用网、卫星网等。

6）能远程辅导计算机程序操作，教师可以把自己机器上的应用程序共享给某个学生，教师也可以遥控学生的机器，共同操作学生的程序。

7）有严格的权限管理功能，可以对教师、学生上课的权限进行控制，通过管理者程序来设定用户和教室的权限。

8）能实时录制课件，教师的上课的一切操作都被录制下来，形成一个可流式点播的课件，课件可以通过系统自带的播放器进行播放。

（17）中小学校广播系统的设计。

1）教学用房、教学辅助用房和操场应根据使用需要，分别设置广播支路和扬声器。室内扬声器安装高度不应低于 2.4m。

2）播音系统中兼作播送信息音响信号的扬声器应设置在走道及其他场所。

3）广播线路敷设宜暗敷设。

4）广播室内应设置广播线路接线箱，接线箱宜暗装，并预留与广播扩音设备控制盘连接线的穿线暗管。

5）广播扩音设备的电源侧，应设置电源切断装置。

第十节　旅　馆　建　筑

一、旅馆建筑的定义

旅馆建筑是指为旅客提供住宿、饮食服务和娱乐活动的公共建筑。一般包括客房、餐厅、多功能厅、宴会厅、游泳池、健身房、洗衣房、厨房、酒吧间、会议室、大堂、总服务台等场所。

二、供配电系统

（1）旅馆建筑负荷等级见表 2-24。

表 2-24　　　　　　　旅 馆 建 筑 负 荷 等 级

用电负荷名称	旅馆等级		
	一、二星级	三星级	四、五星级
经营及设备管理用计算机系统用电	二级负荷	一级负荷	特级负荷
宴会厅、餐厅、厨房、门厅、高级套房及主要通道等场所的照明用电，信息网络系统、通信系统、广播系统、有线电视及卫星电视接收系统、信息引导及发布系统、时钟系统及公共安全系统用电，乘客电梯、排污泵、生活水泵用电	三级负荷	二级负荷	一级负荷
客房、空调、厨房、洗衣房动力	三级负荷	三级负荷	二级负荷
除上栏所述之外的其他用电设备	三级负荷	三级负荷	三级负荷

注：1. 国宾馆主会场、接见厅、宴会厅照明、电声、录像、计算机系统用电等属于特级负荷。国宾馆客梯、总值班室、会议室、主要办公室、档案室等用电属于一级负荷。

　　2. 四级旅馆建筑宜设自备电源，五级旅馆建筑应设自备电源，其容量应能满足实际运行负荷的需求。三级旅馆建筑的前台计算机、收银机的供电电源宜设备用电源；四级及以上旅馆建筑的前台计算机、收银机的供电电源应设备用电源，并应设置不间断电源（UPS）。

（2）五星级旅馆一般要求提供两路独立的市政高压电源，当其中一路电源中断供电时，另外一路能够承担 100% 的旅馆负荷用电。变压器单位装机容量在 80V·A/m² 至 120V·A/m²，负载率在 70%～75%。一般照明插座负荷约占 30%，空调负荷约占 40%～50% 电力负荷约占 20%~30%。

（3）如果市政条件不具备两路独立的高压市政电源，则需要考虑发电机电源作为一、二级负荷的第二路电源，柴油发电机容量一般可以按照计算负荷 70%~75%的用电容量进行选型。柴油发电机组的供电时间一般为 48h，需要考虑设置室外储油罐，或预留室外加油口。

（4）旅馆建筑应设置的自备发电机组。在消防状态时，应能通过分断消防与非消防配电母线段开关，将非消防负荷自动退出运行。柴油发动机宜采用风冷方式，单台容量不宜大于 1600kW，柴油发电机组的负载率不应超过 80%。

（5）四级旅馆建筑、五级旅馆建筑应设自备电源，其容量应能满足实际运行负荷的要求。

（6）应急电源、自备电源的选择以及与市电的转换时间的要求国家标准和旅馆管理公司要求，有些旅馆品牌要求 10s 内完成启动。

（7）选择应急柴油发电机组兼做自备电源系统时，除应满足对消防负荷供电要求外，尚可考虑将非消防时不可中断供电负荷接入系统，其发电机容量应按照满足消防用电设备及应急照明的用电负荷和旅馆管理公司提出的旅馆运行不允许中断供电的用电负荷中较大者设置。

（8）装设于旅馆建筑内的发电机应配套日用油箱，总储油量不应超过 8h 的用油量且不应超过 1m³。当燃油来源及运输不便或旅馆管理公司有特殊要求时，宜在建筑主体外设置 40~64h 耗用量的储油装置。

（9）低压配电设计。

1）应将照明、电力、消防及其他防灾用电负荷分别形成系统。旅馆内明敷设的电气线缆燃烧性能不应低于 B_1 级。

2）应急照明及疏散指示系统设置集中 EPS 电源。

3）消防控制室、安防控制室、经营及设备管理用计算机系统设置 UPS 电源。

4）对于容量较大的用电负荷或重要用电负荷，宜从配电室以放射式配电。

5）三级旅馆建筑客房内宜设分配电箱或专用照明支路；四级及以上旅馆建筑客房内应设置分配电箱。

6）总统套房及无障碍客房通常作为保障负荷，需要柴发机组提供备用电源。

7）应根据实际情况在旅馆可能开展大型活动的场所适当位置预留足够的临时性用电条件。

8）客房区单独设置配电干线及总配电箱。公共区域单独设置配电干线及公区配电箱。

9）大堂区域单独设置配电箱，设置在前台后区。

10）高层旅馆标准客房采用双密集型母线错层树干式供电，并在非供电层预留插接口。

11）四级、五级旅馆客房配电系统应放射式配到各个客房配电箱。

12）客房部分的总配电箱不得安装在走道、电梯厅和客人易到达的场所。

13）当客房内的配电箱安装在衣橱内时，应做好安全防护处理。

14）在有大量调光设备和存在大量电子开关设备的配电系统中，应考虑谐波的影响，并采取相应的措施。

15）客房内"请勿打扰"灯、不间断电源供电插座、客用保险箱、迷你冰箱、床头闹钟不受节能钥匙卡控制。

16）单独设置的不由插卡取电控制的不间断供电的插座，应有明显标识。

17）客房设置联网型空调控制系统。客房内宜设有在客人离开房间后使风机盘管处于低速运行的节能措施。

18）在无障碍客房及无障碍卫生间内应设有紧急求助按钮，呼救的声光信号应能在有人值守或经常有人活动的区域显示。

19）客房应设置节电开关。

20）客房应设置节电开关，客房内的冰箱、充电器、传真等用电不应受节电开关控制。

21）客房床头宜设置总控开关。

（10）电能计量。

1）根据用途、业态、运行管理及相关专业要求设置电能计量。

2）项目通常采用高压计量，双路高压电源分别设计量柜，与项目所在地供电局明确变电室低压是否设置电力负荷电能表。

3）变电室各低压出线回路配置智能电力仪表，用以监测各用电回路的用电参数，如客房层、宴会厅/宴会前厅、会议区、多功能厅、游泳池循环系统、电梯/自动扶梯、锅炉房、空调换热机组、洗衣房、制冷机房、生活冷热水系统、室外景观、泛光照明等在低压配电柜设计量表。

4）商务中心、餐厅、酒吧、厨房、精品店、水疗中心、健身房、游泳池、大堂、大堂吧、咖啡厅等区域在区域配电箱处设置计量表；便于独立分包经营电费核算。

5）所有计量表具均预留远传接口。上传至能源管理系统并实时采集能耗数据，进行能耗监测，利于分析建筑物各项能耗水平和能耗结构是否合理，为日后节能管理和决策提供依据。

6）对长租客房实行分户计量。

三、照明系统

（1）大堂照明应提高垂直照度，采用不同配光形式的灯具组合形成具有较高环境亮度的整体照明。并宜随室内照度的变化而调节灯光或采用分路控制方式，以适应室内照度受天然光线影响的变化。门厅休息区照明应满足客人阅读报刊所需要的照度。

（2）大宴会厅照明宜采用调光方式，同时宜设置小型演出用的可自由升降的灯光吊杆，灯光控制宜在厅内和灯光控制室两地操作。应根据彩色电视转播的要求预留电容量。

（3）设有红外无线同声传译系统的多功能厅的照明采用热辐射光源时，其照度不宜大于500lx。

（4）客房照明应防止不舒适眩光和光幕反射，设置在写字台上的灯具应具备合适的遮光角，其亮度不应大于 $510cd/m^2$；客房床头照明宜采用调光方式。根据实际情况确定是否要设置客房夜灯，夜灯一般设在床头柜或入口通道的侧墙上，夜灯表面亮度一定要低。

（5）三级及以上旅馆建筑客房照明宜根据功能采用局部照明，走道、门厅、餐厅、宴会厅、电梯厅等公共场所应设供清扫设备使用的插座；客房穿衣镜和卫生间内化妆镜的照明灯具应安装在视野立体角 60° 以外，灯具亮度不宜大于 2100cd/m²。卫生间照明、排风机的控制宜设在卫生间门外。客房壁柜内设置的照明灯具应带有不燃材料的防护罩。

（6）餐厅的照明首先要配合餐饮种类和建筑装修风格，形成相得益彰的效果，其次，应充分考虑显示食物的颜色和质感；中餐厅（200lx）照度高于西餐厅（100lx）。中餐厅直布置均匀的顶光小餐厅或有固定隔断的就餐区域直按餐桌的位置布置照明灯具。西餐厅一般不注重照明的均匀度灯具布置应突出体现其独特的韵味。

（7）在对照明有较高要求的场所，包括但不限于宴会厅、餐厅、大堂、客房、夜景照明等，宜设置智能照明控制系统。宜在大堂、餐厅、宴会厅等处设置不同的照明场景。饭店的公共大厅、门厅、休息厅、大楼梯厅、公共走道、客房层走道以及室外庭园等场所的照明，宜在总服务台或相应层服务台处进行集中控制，客房层走道照明亦可就地控制。

（8）应在客房内设置独立于客房配电系统的能在消防状态下强制点亮的应急照明，电源取自应急供电回路。

（9）设置有智能照明控制系统的应急照明配电系统应具有在消防状态下，消防信号优先控制应急照明强制点亮的功能。

（10）工程部办公室、收银台、重要的非消防设备机房等当正常供电中断时仍需工作的场所宜考虑设置不低于正常照度 50% 的备用照明。

（11）智能照明控制系统应具有开放的通信协议，可作为建筑设备管理系统的一个子系统。

（12）对于建筑疏散通道比较复杂的旅馆应设置集中控制型疏散指示系统。

（13）带有洗浴功能的卫生间或者浴室、游泳池、喷水池、戏水池、喷泉等均应设置辅助等电位保护措施。

（14）安装于水下的照明灯具及其他用电设备应采用安全电压供电并有防止人身触电的措施。

（15）安装质量较大的吊灯的位置应在结构板内预留吊钩，安装于高大空间的灯具应考虑更换、维护条件。

（16）照明控制要求见表 2-25。

表 2-25　　　　　　　　　　　照 明 控 制 要 求

房间或场所	控制方式	与其他系统接口	备注
应急照明及疏散指示	应急照明及疏散指示系统主机集中控制	与消防联动有通信接口	
地下车库的一般照明、客房走道、后勤走道、电梯厅、景观照明、泛光照明、旅馆 LOGO 等	智能照明控制系统控制	具备纳入智能化系统集成平台的通信接口预留 BA 接口	非面客区墙面设智能照明控制器
旅馆大堂、大堂吧、酒吧、宴会厅、餐厅等	智能照明调光控制系统		
小型会议室、卫生间、服务用房、后勤办公室、厨房、机电设备机房	现场墙面开关手动控制		
客房	就地智能面板控制及 RCU 控制		
楼梯间	采用红外感应控制		

四、智能化系统

（1）信息化应用系统的配置应满足旅馆建筑业务运行和物业管理的信息化应用需求。旅馆经营业务信息网络系统宜独立设置。客房内应配置互联网的信息端口，并宜提供无线接入。公共区域、会议室、餐饮和供宾客休闲的场所等应提供无线接入。旅馆的公共区域、各楼层电梯厅等场所宜配置信息发布显示终端。旅馆的大厅、公共场所宜配置信息查询导引显示终端，并应满足无障碍的要求。智能卡应用系统应与旅馆信息管理系统联网。

（2）餐厅、咖啡茶座等公共区域宜配置具有独立音源和控制装置的背景音响。会议中心、中小型会议室等场所宜根据不同使用需要配置相应的会议系统。

（3）无障碍客房内须设置声光报警器和紧急求助按钮。

（4）厨房排烟罩灭火系统，需与自动报警系统、燃气泄漏探测系统及燃气截止阀作联动。

（5）电话总机房内须设置火灾报警复显和消防电话。

（6）消防广播系统与背景音乐系统宜分开，独立设置一套系统，避免系统合用带来的接线复杂、系统切换故障率较高等问题。

（7）疏散楼梯间每间隔一层设置消防广播扬声器，疏散楼梯间的广播回路不得与其他区域共用回路。

（8）严禁通过消防主机设置消防广播选择按钮。

（9）旅馆建筑宜设置计算机经营管理系统。四级及以上旅馆建筑宜设置客房管理系统。

（10）三级旅馆建筑宜设置公共广播系统，四级及以上旅馆建筑应设置公共广播系统。旅馆建筑应设置有线电视系统，四级及以上旅馆建筑宜设置卫星电视接收系统和自办节目或视频点播（VOD）系统。

（11）旅馆管理系统，包含旅馆集成管理系统、旅馆前台管理系统、旅馆客房控制系统、旅馆一卡通管理系统、工服自动更换系统、能耗采集分析系统等。

（12）四级及以上旅馆建筑应设置建筑设备监控系统。

（13）旅馆建筑的会议室、多功能厅宜设置电子会议系统，并可根据需要设置同声传译系统。

（14）三级及以上旅馆建筑宜设置自动程控交换机。

（15）每间客房应装设电话和信息网络插座，四级及以上旅馆建筑客房的卫生间应设置电话副机。

（16）旅馆建筑的门厅、餐厅、宴会厅等公共场所及各设备用房值班室应设电话分机。

（17）三级及以上旅馆建筑的大堂会客区、多功能厅、会议室等公共区域宜设置信息无线网络覆盖。

（18）当旅馆建筑室内存在移动通信信号的弱区和盲区时，应设置移动通信信号增强系统。

（19）无障碍客房和卫生间应设置紧急求助按钮。

（20）旅馆建筑宜设置计算机经营管理系统。四级及以上旅馆建筑宜设置客房管理系统。

（21）三级及以上旅馆建筑客房层走廊应设置视频安防监控摄像机，一级和二级旅馆建筑客房层走廊宜设置视频安防监控摄像机。

（22）重点部位宜设置入侵报警及出入口控制系统。

（23）地下停车场宜设置停车场管理系统。

（24）在安全疏散通道上设置的出入口控制系统应与火灾自动报警系统联动。

（25）宜在客房内设置带有蜂鸣器的消防报警探测器。

（26）无障碍客房内火灾探测器报警后应能启动房间内火灾声音灯光报警装置。

第十一节　商　店　建　筑

一、商店建筑的定义

商店建筑是指供商品交换和商品流通的建筑。商店建筑通常包括营业厅、超市（仓储）、库房、办公等辅助用房。商业建筑分级见表 2-26。

表 2-26　　　　　　　　　　商 业 建 筑 分 级　　　　　　　　（单位：m²）

规模	小型	中型	大型
总建筑面积	小于 5000	5000～20 000	大于 20 000

二、供配电系统

1. 商业建筑负荷分级（见表 2-27）

表 2-27　　　　　　　　　　商 业 建 筑 负 荷 分 级

商业建筑规模	用电负荷名称	负荷级别
大型商业建筑	经营管理用计算机系统用电	特级负荷
	应急照明、信息网络系统、电子信息系统、走道照明、值班照明、警卫照明、客梯、公共安全系统用电	一级
	营业厅的照明、自动扶梯、空调和锅炉用电、冷冻（藏）系统	二级
中型商业建筑	经营管理用计算机系统用电	一级
	应急照明、信息网络系统、电子信息系统、走道照明、值班照明、警卫照明、客梯、公共安全系统用电	二级
小型商业建筑	经营管理用计算机系统用电、应急照明、信息网络系统、电子信息系统、值班照明、警卫照明、客梯、公共安全系统用电	二级
高档商品专业店	经营管理用计算机系统用电、应急照明、信息网络系统、电子信息系统、值班照明、警卫照明、客梯、公共安全系统用电	一级

2. 商业建筑单位建筑面积用电指标（见表 2-28）

表 2-28　　　　　　　　　　　商业建筑单位建筑面积用电指标

商店建筑名称		用电指标/（W/m²）	
购物中心、超级市场、百货商场	大型购物中心、超级市场、高档百货商场	100～200	
	中型购物中心、超级市场、百货商场	60～150	
	小型超级市场、百货商场	40～100	
	KTV	150	
	影院	影厅 250（IMX/4D）	其他 150
	冰场	冰面积 450	其他 100
	家电卖场	100～150（含空调冷源负荷）	60～100（不含空调主机综合负荷）
	零售	60～100（含空调冷源负荷）	40～80（不含空调主机综合负荷）
	公共走道	40	
	地下停车场	20（不含充电桩）	
	地上停车楼	5（不含充电桩）	
步行商业街	餐饮	100～350	
	精品服饰、日用百货	80～120	
专业店	高档商品专业店	80～150	
	一般商品专业店	40～80	
商业服务网点		100～150（含空调负荷）	
菜市场		10～20	

注：1. 表中所列用电指标中的上限值是按空调冷水机组采用电动压缩式机组时的数值，当空调冷水机组选用吸收式制冷设备（或直燃机）时，用电指标可降低 25～35V·A。

2. 商业服务网点中，每个银行网点容量不应小于 10kW（含空调负荷）。

3. 商业建筑用电需求估算（见表 2-29）

表 2-29　　　　　　　　　　商业建筑用电需求估算　　　　　　　　　（单位：W/m²）

建筑名称	百货店、购物中心	超级市场	餐饮	专业店、专卖店
用电指标	150～250	150～600	200～1000	100～300

4. 用电负荷需要系数、同时系数参考值（见表 2-30）

表 2-30　　　　　　　　　用电负荷需要系数、同时系数参考值

负荷名称	需要系数	
	计算变压器容量时需要系数取值	计算配电干线时需要系数取值
超级市场、精品商场	0.6～0.7	0.8～0.9
影院	0.5～0.6	0.8～0.9

续表

负荷名称	需要系数	
	计算变压器容量时需要系数取值	计算配电干线时需要系数取值
百货商场	0.6～0.7	0.8～0.9
KTV	0.6～0.7	0.8～0.9
冰场（包括制冰系统）	0.6～0.7	1
地下一层商铺	0.7～0.8	0.7～0.8（树干式配电）；1（放射式配电）
一、二层商铺	0.6～0.7	
餐饮商铺（燃气灶具）	0.5～0.6	
餐饮商铺（电灶具）	0.4～0.5	
公共走道	0.7～0.8	0.8～0.9
地下停车场	0.7～0.8	0.8～0.9
地上停车楼（敞开式）	0.7～0.8	0.8～0.9
计算变压器容量时同时系数取值	0.8～0.9	

5. 商业建筑供电措施

（1）商业建筑的供电方式应根据用电负荷等级和商业建筑规模及业态确定。

（2）用电设备容量在 100 kW 及以下的小型商业建筑供电可直接接入市政 0.23/0.4kV 低压电网。

（3）安装容量大于 200kW 的营业区配电宜设置配电间。

（4）商业建筑低压配电系统的设计应根据商业建筑的业态、规模、容量及可能的发展等因素综合确定。

（5）商业建筑不同业态的低压用电负荷，其低压配电电源应引自本业态配电系统。

（6）商业建筑低压配电系统宜按防火分区、功能分区及不同业态配电。

（7）商业建筑中不同负荷等级的负荷，其配电系统应相对独立。

（8）供电干线（管）应设置在公共空间内，不应穿越不同商铺。

（9）商业建筑中重要负荷、大容量负荷和公共设施用电设备宜采用由配变电所放射式配电；非重要负荷配电容量较小时可采用链式配电方式。

（10）商铺宜设置配电箱，配电容量较小的商铺可采用链式配电方式，同一回路链接的配电箱数量不宜超过 5 个，且链接回路电流不应超过 40A。

（11）商业建筑内出租或专卖店等独立经营或分割的商铺空间，应设独立配电箱，并根据计量要求加装计量装置。

（12）超级市场、菜市场中水产区高于交流 50V 的电气设备应设置在 2 区以外，防护等级不应低于 IPX2。

6. 电缆电线类型的选择与敷设

（1）大、中型商业建筑配电线路的电线、电缆应选用燃烧性能 B_1 级、产烟毒性为 t_1 级、燃烧滴落物/微粒等级为 d_1 级产品。

（2）配电线路不得穿越通风管道内腔或敷设在通风管道外壁上。

（3）配电线路敷设在有可燃物的吊顶内时，应采取穿金属管等防火保护措施；敷设在有可燃物的吊顶内时，宜采取穿金属管、采用封闭式金属槽盒等防火保护措施。

（4）开关、插座和照明灯具靠近可燃物时，应采取隔热、散热等防火保护措施。

（5）在电线电缆敷设时，电缆井道应采取有效的防火封堵和分隔措施。

（6）电力电线电缆与非电力电线电缆宜分开敷设，如确需在同一电缆桥架内敷设时，宜采取分隔离措施。

（7）电线电缆在吊顶或地板内敷设时，宜采用金属管、金属槽盒或金属托盘敷设。

（8）矿物绝缘电缆可采用支架或沿墙明敷。

7. 电器设备选择

（1）电器设备的配电应具备过载和短路保护功能，营业区有接触电击危险的电器设备尚应设置剩余电流保护或采用安全特低电压供电方式。

（2）营业区内应选用安全型插座，不同电压等级的插座，应采用相应电压等级的插头。

（3）营业区内接插电源有电击危险或需频繁开关的电器设备，其插座应具备断开电源功能。

（4）单台设备功率较大的电器设备，应选择满足其额定电流要求的插座。当插座不能满足其额定电流要求时，宜就近设置配电箱或采用工业接插件，不宜使用电源转换器。

（5）儿童活动区不宜设置电源插座。当有设置要求时，插座距地安装高度不应低于1.8m，且应选用安全型插座。

（6）商店建筑的收银台使用的插座应采用专用配电回路。

（7）营业区内用电设备数量多且集中的区域，宜分类或分区设置电源插座箱。

三、照明系统

1. 商业建筑光源选择要求

（1）选择光源的色温和显色指数（R_a）应符合下列规定：

1）商业建筑主要光源的色温，在高照度处宜采用高色温光源，低照度处宜采用低色温光源。

2）按需反映商品颜色的真实性来确定显色指数 R_a，一般商品 R_a 可取 60～80，需高保真反映颜色的商品 R_a 宜大于 80。

3）当一种光源不能满足光色要求时，可采用两种及以上光源混光的复合色。

（2）对防止变、褪色要求较高的商品（如丝绸、文物、字画等）应采用截阻红外线和紫外线的光源。

2. 营业厅的照明要求

（1）营业厅计应着重注意视觉环境，统一协调好照度水平、亮度分布、阴影、眩光、光色与照度稳定性等问题，应合理选择光色比例、色温和照度。

（2）营业厅照明宜由一般照明、专用照明和重点照明组合而成。不宜把装饰商品用的照明兼作一般照明。

（3）营业厅一般照明应满足水平照度要求，且对布艺、服装以及货架上的商品则应确定垂直面上的照度；但对采用自带分层 LED 照明的货架的区域，其一般照明可执行走道的照度要求。对于玻璃器皿、宝石、贵金属等类陈列柜台，应采用高亮度光源；对于布艺、服装、化妆品等柜台，宜采用高显色性光源；由一般照明和局部照明所产生的照度不宜低于 500lx。

（4）重点照明的照度宜为一般照明照度的 3～5 倍，柜台内照明的照度宜为一般照明照度的 2～3 倍。

（5）橱窗照明宜采用带有遮光隔栅或漫射型灯具。当采用带有遮光隔栅的灯具安装在橱窗顶部距地高度大于 3m 时，灯具的遮光角不宜小于 30°；当安装高度低于 3m，灯具遮光角宜为 45° 以上。

（6）室外橱窗照明的设置应避免出现镜像，陈列品的亮度应大于室外景物亮度的 10%。展览橱窗的照度宜为营业厅照度的 2～4 倍。

（7）大营业厅照明不宜采用分散控制方式。

（8）对贵重物品的营业厅宜设值班照明和备用照明。

（9）照度和亮度分布。

1）一般照明的均匀度（工作面上最低照度与平均照度之比）不应低于 0.6。

2）顶棚的照度应为水平照度的 0.3～0.9。

3）墙面的照度应为水平照度的 0.5～0.8。

4）墙面的亮度不应大于工作区的亮度。

5）视觉作业亮度与其相邻环境的亮度比宜为 3:1。

6）在需要提高亮度对比或增加阴影的地方可装设局部定向照明。

7）商业内的修理柜台宜设局部照明，橱窗照明的照度宜为营业厅照度的 2～4 倍。

3. 仓储部分的照明要求

（1）大件商品库照度为 50lx，一般件商品库照度为 100lx，卸货区照度为 200lx，精细商品库照度为 300lx。

（2）库房内灯具宜布置在货架间，并按需要设局部照明。

（3）库房内照明宜在配电箱内集中控制。

4. 应急照明要求

（1）商业照明设计中为确保人身和运营安全，应注意应急照明的设置。重要商品区、重要机房、变电所及消防控制室等场所应按标准的照度要求设置足够备用照明，在出入口和疏散通道上设置疏散照明。

（2）总建筑面积超过 5000m² 的地上商业、展销楼，总建筑面积超过 500m² 的地下、半地下商业应在其内疏散走道和主要疏散线路的空间设应急照明，在地面或靠近地面的墙上增设能保持视觉连续的灯光疏散指示标识或蓄光疏散指示标识。

（3）当商业一般照明采用双电源（回路）交叉供电时，一般照明可兼作备用照明。

（4）应急照明和疏散指示标识，除采用双电源自动切换供电外，还应采用蓄电池做应急电源。

（5）设置消防疏散指示标识设置。

（6）安全出口及疏散出口应设置电光源型疏散指示标识。

（7）在商业营业厅疏散通道上应设置电光源型疏散指示标识，通道地面应设置保持视觉连续的光致发光辅助疏散指示标志。

（8）电光源型疏散指示标识应采用消防控制室集中控制型。

（9）设置灯光疏散指示标识。

（10）当营业厅内采用悬挂设置中小型疏散指示标志时，疏散指示标识与疏散方向垂直的间距不应大于 20m；当营业厅净高高度大于 4.0m 时，标志下边缘距地不应大于 3.0m，当营业厅净高高度小于 4.0m 时，标志下边缘距地不应大于 2.5m；室内的广告牌、装饰物等不应遮挡疏散指示标志；疏散指示标志的指示方向应指向最近的安全出口。

（11）沿疏散走道设置的灯光疏散指示标志，应设置在疏散走道及其转角处距地面高度 1.0m 以下的墙面上，且灯光疏散指示标志间距不应大于 20m；对于袋形走道，不应大于 10.0m；在走道转角区，不应大于 1.0m。

5. 配电箱位置要求

（1）配电箱应不影响通行，周围应无障碍物品堆放，且应便于管理和维护。

（2）配电箱不应直接安装在可燃材料上，且不应设置于母婴室、卫生间和试衣间等私密场所。

（3）营业区照明配电箱内除正常设备配电回路外，尚应留有不低于 20%的备用回路。

（4）不同商户或不同销售部门应分别计量。

（5）用于空调机组、风机和水泵的配电（控制）箱宜设于其机房内，并宜设置在便于观察、操作和维护处。当无机房时，应有防止接触带电体的措施。

四、智能化系统

（1）信息化应用系统的配置应满足商店建筑业务运行和物业管理的信息化应用需求。系统宜包括经理办公与决策、商业经营指导、贷款与财务管理、合同与储运管理、商品价格系统、商品积压与仓库管理、人力调配与工资管理、信息与表格制作、银行对账管理等。

（2）信息接入系统宜将各类公共通信网引入建筑内。

（3）公共活动区域和供顾客休闲场所等处应配置宽带无线接入网。经营业务信息网络系统宜独立设置。

（4）公共区域宜配置信息发布显示屏，大厅及公共场所宜配置信息查询导引显示终端。

（5）大型商店建筑应设置公共建筑能耗监测系统。

（6）商店的收银台、贵重商品销售处等应设置摄像机。

（7）财务处、贵重商品库房等应设出入口控制系统和入侵报警系统。

（8）商业区与办公管理区之间宜设出入口控制系统。

（9）大型商店建筑应设应急响应系统，中型商店建筑宜设应急响应系统。

（10）在各个出入口设置门禁系统供商场建筑非营业时使用。

（11）商店建筑营业区、仓储区、出入口、步行商业街沿街道路、停车场、室内主要通道等处均应设置巡更点。

（12）大型和中型商业建筑的大厅、休息厅、总服务台等公共部位，应设置公用直线电话和内线电话，并应设置无障碍公用电话；小型商业建筑的服务台宜设置公用直线电话。

（13）大型和中型商业建筑的商业区、仓储区、办公业务用房等处，宜设置商业管理或电信业务运营商宽带无线接入网。

（14）商业建筑综合布线系统的配线器件与缆线，应满足千兆及以上以太网信息传输的要求，每个工作区应根据业务需要设置相应的信息端口。

（15）大型和中型商业建筑应设置电信业务运营商移动通信覆盖系统，以及商业管理无线对讲通信覆盖系统。

（16）大型和中型商业建筑应在建筑物室外和室内的公共场所设置信息发布系统。销售电视机的营业厅宜设置有线电视信号接口。大型和中型商业建筑的营业区应设置背景音乐广播系统，并应受火灾自动报警系统的联动控制。

（17）大型和中型商业建筑应按区域和业态设置建筑能耗监测管理系统。大型和中型商业建筑宜设置智能卡应用系统，并宜与商业信息管理系统联网。

（18）大型和中型商业建筑宜设置顾客人数统计系统，并宜与商业信息管理系统联网。

（19）大型和中型商业建筑宜设置商业信息管理系统，并应根据商业规模和管理模式设置前台、后台系统管理软件。

（20）大、中型商店建筑宜配置智能化系统设备专用网络和商业经营专用网络。

（21）大、中型商店建筑的公共广播系统宜采用基于网络的数字广播，可实现分区呼叫、播音与控制。当发生火灾报警时，可实现消防应急广播信号强切功能。

（22）商店的收银台应设置视频安防监控系统。面积超过 $1000m^2$ 的营业厅宜设置视频安防监控系统。

（23）视频数据存储周期不应少于 30 天，财务管理、收银台和高档商品经营等重要区域尚宜另配独立的物理存储设备。

（24）布置在大、中型商店建筑主出入口和楼梯前室的摄像机宜具有客流统计功能。

（25）下列场所应设置摄像机：

1）大、中型商店建筑应监视出入口、道路和广场、停车库、服务台、收银台、仓储区域、贵重物品用房、财务管理用房、高档商品营业区域、设备机房、通道、楼梯间、电梯间和前室等部位和场所。

2）垂直电梯轿厢内及扶梯上下端口处应设置摄像机。

第十二节　站城一体化建筑

一、站城一体化建筑的定义

站城一体化建筑以轨道交通车站、城市民航值机厅、市域公交车站、省际公交车站等交通功能设施为核心，与其他非交通功能的城市功能设施合建且空间融合的建筑工程。站城一体化建筑应根据所服务区域的城市功能及交通能级划分Ⅰ级、Ⅱ级、Ⅲ级、Ⅳ级四个等级：

（1）与机场、铁路对外重要枢纽站等相衔接的枢纽级站城一体化建筑应为Ⅰ级。

（2）与城市重点功能区的核心区紧密结合，功能辐射城市群及全市域，与多条轨道交通线路相衔接的城市级站城一体化建筑应为Ⅱ级。

（3）与城市重点功能区紧密结合，功能辐射区域广的多线换乘区域级站城一体化建筑应为Ⅲ级。

（4）组团内周边城市功能明显集聚站点的街区级站城一体化建筑应为Ⅳ级。

二、供配电系统

（1）供配电系统设计，应对公共空间与用户空间的特级负荷、一级负荷、二级负荷、三级负荷分别统计，区分其对供电可靠性的要求，对涉及安全用电、消防设施用电等要有充分保证，负荷等级可适当提高，确保建筑的安全使用，减少因事故中断供电造成的损失或影响的程度，提高投资的经济效益和社会效益。

（2）应根据用电负荷的容量、保障供电时间、允许中断供电的时间进行备用电源和应急电源设计。

（3）应设置能源监测管理系统。

（4）市政线路与用户线路应分别设置桥架或槽盒。电缆桥架或槽盒内不应做电缆中间接头。当线路主干线水平布线需占用较大空间或敷设区域不方便维护时，宜采用室内电气管廊或管沟布线。

三、防雷与接地

（1）站城一体化建筑防雷设计应利用土建自身金属构件，满足现行国家标准《建筑物防雷设计规范》（GB 50057）和《建筑物电子信息系统防雷技术规范》（GB 50343）的要求，并应符合下列规定：

1）整个雷电流通道上的导体应有效连接和导通。

2）引下线的导体不宜穿越建筑物室内。

3）室内可能存在雷电流反击的场所，人所能触及的范围内，应做辅助等电位联结。

4）开敞的共享庭院、连接通道均应置于接闪器的保护范围内，并相应采取防接触电压和跨步电压的措施。

（2）站城一体化建筑共用接地装置宜利用土建基础内结构钢筋与人工连接导体相结合形成地下接地网，其接地电阻不应大于各类接地要求的最小值。

（3）站城一体化建筑轨道交通部分应做等电位联结，并在站台土建基础下方单独设置轨道交通专用铜接地网；杂散电流防护措施应满足各类轨道交通规范和标准的要求。

（4）站城一体化建筑公共场所非电气操作人员所能触及的带非安全电压的设施，电气设计应采取电击防护措施。

四、照明设计

（1）站城一体化建筑房间或场所照明标准值和功率密度限值应满足现行国家标准《建

筑节能与可再生能源利用通用规范》(GB 55015)和《建筑照明设计标准》(GB/T 50034),以及现行行业标准《城市夜景照明设计规范》(JGJ/T 163)和《城市道路照明设计标准》(CJJ 45)的要求,规范和标准未明确的其他房间或场所应符合表 2-31 的规定。

表 2-31　　　　　　　　　其他房间或场所照明标准值和功率密度限值

房间或场所		参考平面及其高度	照度标准值/lx	UGR	U_0	R_a	功率密度限值/（W/m²）
共用换乘厅、换乘通道		地面	150	—	0.4	80	≤6.0
城市通廊	地下	地面	150	—	0.4	80	≤6.0
	空中	地面	100	—	0.4	80	≤4.5
母婴室	护理台	台面	200	19	0.6	80	≤5.5
	睡眠区	0.5m 水平面	100	19	0.6	80	
	其他区	0.5m 水平面	150	19	0.6	80	
第三卫生间		地面	200	19	0.6	80	≤5.5

(2)高大空间场所应按视觉特性和使用功能分区域划分照度标准值,在满足使用及光环境需求的前提下,允许整体各分区间存在明暗差异。高大空间顶棚安装的照明灯具应采取防坠落措施;检修通道或升降车达不到的地方,应设置检修马道以及灯具辅助维护装置。

五、智能化系统

(1)各种交通功能设施、城市功能设施共享的公共空间应统一规划配电间和电信间,允许不同用户使用。房间内各用户设备应分区域或空间布置,机柜内应分间隔布置,应能区分各用户不同线路,用电能耗按不同功能用户分别计量统计。

(2)应设置建筑设备监控系统,所有防水淹监控,现场智能水表、智能仪表等均应接入建筑设备监控系统集中管理;人流密集活动的公共区域宜设置室内微环境监测与控制系统;在人流管理出入口宜设置人体温度自动监测预警系统。

(3)各种交通功能设施、城市功能设施共享的公共空间,应设置多媒体融合的信息引导及发布系统,应能显示各种交通方式和其他服务所需的综合信息。

(4)应设计视频智能分析平台,具备人脸识别、入侵检测、人体识别、物体识别、场景识别、安全检测、车辆检测、异常行为、人流分析与人员统计等功能。

(5)宜建设一体化综合信息交换平台,供各种交通功能设施、城市功能设施管理共享,具备运营管理与应急响应、协同指挥、交通管理、旅客服务、安保管理、智慧能效管理等综合信息化应用功能模块或系统,并相应预留接入上级各种管理平台的接口。

(6)智能化系统设计应满足网络安全等级保护定级规定的要求,且网络安全等级保护不应低于第二级。

六、电气消防

(1)站城一体化建筑宜根据不同功能设施的特点、规模和管理方式设置分消防控制室。

分消防控制室之间应能实现不同功能设施的火灾信息共享，但不应互相控制，主消防控制室应具有统一协调不同功能设施的火灾应急响应行动的功能。

（2）可燃油油浸式变压器及主变电站、柴油发电机房等火灾危险性较大的设施，不宜与城市民航值机厅、候车厅、轨道交通车站的站厅或站台、商店营业厅及其他人员聚集的场所贴临或上下布置，确有困难时，应采取相应的防火防爆措施。

（3）站城一体化建筑应根据不同功能设施的火灾特性、空间特性和环境条件设置相应的火灾自动报警系统、消防应急照明与疏散指示标志系统、消防负荷供配电系统，并应合理确定电气设备配电线缆和通信线缆的燃烧性能等级。

（4）火灾自动报警系统设计应根据不同功能设施的建筑面积和物业管理模式采用集中报警系统或控制中心报警系统。当站城一体化建筑的总建筑面积大于 $5 \times 10^5 m^2$ 时，火灾自动报警系统应采用控制中心报警系统，火灾自动报警系统的消防联动控制网络应采用环形结构。

（5）火灾自动报警系统信息安全设计应符合现行国家标准《信息安全技术 网络安全等级保护基本要求》（GB/T 22239）规定的信息系统保护等级第二级的要求。

（6）站城一体化建筑内的主消防控制室应能显示整个工程内的所有火灾报警信号和联动控制状态信号。

（7）室内净高大于 12m 的场所应划分为独立的火灾探测区域，并应同时选择两种及以上火灾参数的火灾探测器，宜采用吸气式空气采样探测器、红外光束感烟火灾探测器、可视图像探测器等火灾探测器的组合。中庭的顶部应设置火灾探测器，中庭洞口周围宜增设火灾探测器。

（8）变电站电抗器室、可燃介质电容器室及其他变配电室应设置火灾探测装置，并宜选用极早期吸气式感烟探测器；含油的电气设备室应设置感温火灾探测器。

（9）非消防负荷和平时为非消防负荷、火灾时为消防负荷的配电回路，应设置电气火灾监控系统。电气火灾监控系统的设置不应影响配电系统正常工作，不应自动切断被监控线路电源。室内净高大于 12m 的场所，其照明线路上应设置具有探测故障电弧功能的电气火灾监控探测器。

（10）设置视频安防监控系统的区域，火灾自动报警系统宜通过数据通信与视频安防监控系统联网，在火灾时视频安防监控系统可与火灾报警系统联动并自动将火警现场图像传送至相应消防控制室。

（11）地下车行联络道、地下物流通道应设置火灾自动报警系统。

（12）站城一体化建筑中设置的火灾自动报警系统应满足可以接入城市智慧消防系统的要求。

（13）站城一体化建筑内的消防用电负荷应为一级负荷。

（14）当站城一体化建筑的总建筑面积大于 $5 \times 10^5 m^2$ 时，集中设置的消防负荷的主用电源和备用电源均应能满足同一时间发生 2 次火灾时该工程内消防用电设备的用电需求。消防用电设备的电源容量应按交通功能设施中消防用电设备所需电源容量的最大值与其他非交通功能设施中消防用电设备所需电源容量的最大值之和确定。

（15）消防用电设备的供配电设计应符合下列规定：

1）消防用电的配电装置应设置在建筑物的电源进线处或配变电站处，其应急电源配电装置宜与主电源配电装置分开设置。

2）主用电源和备用电源的变配电站宜设置在不同房间内。当低压配电室设置细水雾灭火系统时，不同电力变压器的低压配电装置应设置在不同房间内。

3）低压配电系统在变电站应采用消防用电与非消防用电分组设计。

4）应急照明应由应急电源引出专用回路供电，并应按不同功能设施及车站的公共区与设备管理区采用不同回路供电。备用照明和疏散照明应由不同分支回路供电。

（16）为消防用电设备供电的电线、电缆选择和敷设应满足火灾时连续供电的需要。

第十三节 住 宅 建 筑

一、住宅建筑的定义

供家庭居住使用的建筑（含与其他功能空间处于同一建筑中的住宅部分），简称住宅。

二、供配电系统

（1）住宅建筑负荷等级见表2-32。

表2-32 住宅建筑负荷等级

建筑规模	主要用电负荷名称	负荷等级
建筑高度为100m及以上的高层住宅建筑	消防用电、应急照明、航空障碍照明、走道照明、值班照明、安防系统、智能化系统机房用电、客梯、排污泵、生活水泵	一级
建筑高度为54~100m的一类高层住宅建筑	消防用电、应急照明、航空障碍照明、安防系统、智能化系统机房用电、客梯、生活水泵、排污泵	一级
	走道照明、值班照明	二级
建筑高度为27~54m的二类高层住宅建筑	消防用电、应急照明、走道照明、值班照明、安防系统、智能化系统机房用电、客梯、排污泵、生活水泵	
住宅建筑地下汽车停车库	应急照明、主要通道照明	不低于二级

注：1. 建筑高度大于54m，但不大于100m。

2. 建筑高度大于27m，但不大于54m。

（2）用电负荷和电能表。

1）每套住宅用电负荷和电能表的选择见表2-33。

表2-33 每套住宅用电负荷和电能表的选择

套型	建筑面积 S/m^2	用电负荷/kW	电能表（单相）/A
A	$S \leq 60$	4	5（60）
B	$60 < S \leq 90$	6	5（60）

续表

套型	建筑面积 S/m^2	用电负荷/kW	电能表（单相）/A
C	$90<S\leqslant120$	8	5（60）
D	$120<S\leqslant150$	10	5（60）

注：1. 每套住宅的用电负荷容量不含汽车充电桩的容量。

　　2. 电能表规格的选择上应符合当地供电部门的规定。

2）当每套住宅建筑面积大于 150m² 时，超出的建筑面积可按 30～50W/m² 计算用电负荷。每套住宅用电负荷不超过 12kW 时，应采用单相电源进户，每套住宅应至少配置一块单相电能表。每套住宅用电负荷超过 12kW 时，宜采用三相电源进户，电能表应能按相序计量。

3）家居配电箱应装设同时断开相线和中性线的具有隔离功能的电源进线开关电器，供电回路应装设短路和过负荷保护电器，电源插座回路应装设剩余电流动作保护器。空调机、太阳能热水器等大型家用电器，供电回路应装设剩余电流动作保护器。

4）每套住宅电源插座的数量应根据套内面积和家用电器设置，电源插座的设置要求及数量见表 2-34。

表 2-34　　　　　　　　　　　　电源插座的设置要求及数量

名称	设置要求	数量/个
起居室（厅）、兼起居的卧室	单相两孔、三孔电源插座	≥3
餐厅、阳台	单相两孔、三孔电源插座	≥1
卧室、书房	单相两孔、三孔电源插座	≥2
厨房	具有 IP54 防溅附件的单相两孔、三孔电源插座	≥3
卫生间	具有 IP54 防溅附件的单相两孔、三孔电源插座	≥1
洗衣机、冰箱、排油烟机、排风机、空调器、电热水器	单相三孔电源插座	≥1

5）每套住宅应设置不少于一个家居配电箱，家居配电箱宜暗装在套内走廊、门厅或起居室等便于维修维护处，箱底距地高度不应低于 1.6m。家居配电箱不应安装在防火墙上，不应安装在与卫生间 0 区共用的墙上，不宜安装在与卫生间 1 区共用的墙体上。

（3）住宅建筑应选用节能型变压器。变压器的接线宜采用 Dyn11，变压器的负载率不宜大于 85%。新建住宅小区变电所应设置或预留配建电动汽车充电设施的变压器及容量。

（4）建筑高度为 100m 及以上的住宅建筑宜设柴油发电机组。当住宅小区设置应急隔离场所时，宜设置柴油发电机组作为自备应急电源。消防设施的供电干线电线、电缆应选用燃烧性能 A 级、产烟毒性为 t_1 级、燃烧滴落物/微粒等级为 d_1 级产品。

（5）住宅建筑公共疏散通道的应急照明电线、电缆应采用燃烧性能 B_1 级、产烟毒性为 t_1 级、燃烧滴落物/微粒等级为 d_1 级产品。

（6）建筑面积小于或等于 60m² 且为一居室的住户，进户电源线不应小于 6mm²，照明回路支线不应小于 1.5mm²，插座回路支线不应小于 2.5mm²。建筑面积大于 60m² 的住户，进户电源线不应小于 10mm^2，照明和插座回路支线不应小于 2.5mm^2。

（7）住宅的电气、电信干线（管），不应布置在套内。电气设备和用于总体调节和检修的部件，应设在共用部位。

（8）当住宅建筑设有防电气火灾剩余电流动作报警装置时，报警声光信号除应在配电柜上设置外，还宜将报警声光信号送至有人值守的值班室。

三、照明设计

（1）起居室（厅）、餐厅等公共活动场所的照明应在顶棚至少预留一个电源出线口。卧室、书房、卫生间、厨房的照明宜在顶棚预留一个电源出线口，灯位宜居中。卫生间等潮湿场所，宜采用防潮易清洁的灯具；卫生间的灯具位置不应安装在 0 区和 1 区内。装有淋浴或浴盆卫生间的照明回路，宜装设剩余电流动作保护器，灯具开关、浴霸开关宜设于卫生间门外。

（2）住宅建筑的雨棚、门厅、前室、公共走道、楼梯间等应设人工照明及节能控制，节能控制宜采用非接触式。当应急照明采用节能自熄开关控制时，在应急情况下，设有火灾自动报警系统的应急照明应自动点亮；无火灾自动报警系统的应急照明可集中点亮。住宅建筑雨棚、门厅、前室、公共走道的照明控制方式应满足无障碍通行的要求。

（3）应急照明的回路上不应设置电源插座。建筑高度大于或等于 27m 的住宅建筑，应沿疏散走道设置方向标志灯，并应在安全出口和疏散门的正上方设置出口标志灯，疏散标志灯应由蓄电池组作为备用电源。

四、防雷与接地

（1）建筑高度为 100m 及以上的住宅建筑和年预计雷击次数大于 0.25 次/a 的住宅建筑，应按第二类防雷建筑物采取相应的防雷措施。建筑高度为 54~100m 的住宅建筑和年预计雷击次数大于或等于 0.05 次/a 且小于或等于 0.25 次/a 的住宅建筑，应按不低于第三类防雷建筑物采取相应的防雷措施。

（2）住宅建筑应做总等电位联结，装有淋浴或浴盆的卫生间应做辅助等电位联结。

五、智能化系统

（1）住宅建筑应设置信息网络系统，每套住宅的信息插座装设数量不应少于 1 个。每套住宅的信息网络应采用光缆进户，进户光缆宜在家居配线箱内做交接。

（2）住宅建筑的电话系统布线宜使用综合布线系统，每套住宅的电话系统宜与信息网络系统合用进户光缆，进户光缆宜在家居配线箱内做交接。

（3）住宅建筑应设置有线电视系统，每套住宅的有线电视系统进户线不应少于 1 根，进户线宜在家居配线箱内做分配交接。

（4）每套住宅应设置家居配线箱。

（5）住宅建筑安全技术防范系统的配置标准见表 2-35。

表 2-35   住宅建筑安全技术防范系统的配置标准

系统名称	安防设施	配置标准
周界安全防范系统	电子周界防护系统	宜设置
公共区域安全防范系统	电子巡查系统	应设置
	视频监控系统	应设置
	停车库（场）管理系统	可选项
家庭安全防范系统	访客对讲系统	应设置
	紧急求助报警装置	
	入侵报警系统	可选项
监控中心	安全管理系统	各子系统宜联动设置
	可靠通信工具	应设置

（6）住宅建筑电信间的使用面积不宜小于 $5m^2$。

小　　结

　　在不同建筑形式中，电气与智能化系统存在着鲜明特点，它取决于不同建筑业态的管理模式，电气与智能化系统之间存在相互依存、相互助益的能动关系，电气与智能化系统内部有很多子系统和层次，电气与智能化系统不是简单系统，也不是随机系统，有时是一个非线性系统，电气与智能化系统存在本身特性和系统间的交融性，不能形成系统的堆砌，要在建筑全寿命内，结合建筑管理模式，满足绿色环保要求，使得建筑电气与智能化系统在建筑中维系"人—物—时"的三元关系，打造强大的生态体系，也要结合建造和维护成本，提高存量资源利用效率，化繁为简，将"韧性、绿色、能源、智慧、科技"的理念嵌入建筑基因中，应使电气与智能化系统之间相辅相成，产生合作互动、整体大于部分之和的效益，为创造绿色、优质工程打下基础，契合建筑的"安全、优质、高效、低碳"要求，实现工程的最优配置。

03

第三章　方案设计

Practice of Architectural Design Based on General Codes-
Building Electrical and Intelligent Systems

第一节 设 计 文 件 编 制 要 点

一、建筑电气方案设计文件编制原则

（1）方案设计文件，应满足编制初步设计文件的需要，应满足方案审批或报批的需要。

（2）在设计中宜因地制宜正确选用国家、行业和地方建筑标准设计。

（3）当设计合同对设计文件编制深度另有要求时，设计文件编制深度应满足设计合同的要求。

（4）设计单位在设计文件中选用的建筑材料、建筑构配件和设备，应当注明规格、性能等技术指标，其质量要求必须符合国家规范和国家规定的标准。

二、建筑电气设计说明编制内容

1. 工程概况

2. 拟设置的建筑电气系统

3. 变、配、发电系统

（1）负荷级别以及总负荷估算容量。

（2）电源，城市电网提供电源的电压等级、回路数、容量。

（3）拟设置的变、配、发电站的数量和位置设置原则。

（4）确定太阳能光伏、备用电源和应急电源的形式、电压等级、容量。

4. 智能化设计

（1）智能化各系统配置内容。

（2）智能化各系统对城市公用设施的需求。

（3）作为智能化专项设计，建筑智能化设计文件应包括设计说明书、系统造价估算。

（4）设计说明书。

1）工程概况：应说明建筑的类别、性质、功能、组成、面积（或体积）、层数、高度以及能反映建筑规模的主要技术指标等；应说明需设置机房的数量、类型、功能、面积、位置要求及指标。

2）设计依据：建设单位提供有关资料和设计任务书；设计所执行的主要法规和所采用的主要标准（包括标准的名称、编号、年号和版本号）。

3）设计范围：拟设的建筑智能化系统，内容一般应包括系统分类、系统名称，表述方式应符合《智能建筑设计标准》（GB 50314）层级分类的要求和顺序。

4）设计内容：内容一般应包括建筑智能化系统架构，各子系统的系统概述、功能、结构、组成以及技术要求。

5. 电气节能及环保措施

6. 绿色建筑电气设计

7. 建筑电气专项设计

8. 当项目按装配式建筑要求建设时，电气设计说明应有装配式设计专门内容

三、电气方案设计验证

电气方案设计文件验证内容见表 3-1。

表 3-1　　　　　　　　电气方案设计文件验证内容

类别	项目	验证岗位			验证内容	备注
		审定	审核	校对		
设计说明	设计依据	●	●	●	建筑的类别、性质、结构类型、面积、层数、高度等；采用的设计标准应与工程相适应，并为现行有效版本	
	设计分工	●	●	●	电气系统的设计内容	
	变、配、发电系统	●	●	●	变、配、发电站的位置、数量、容量；负荷容量统计；明确电能计量方式；明确柴油发电机的起动条件	
		●	●		明确无功补偿方式和补偿后的参数指标要求	
	电力系统	●	●	●	确定电气设备供配电方式	
	照明系统	●	●	●	明确照明种类、照度标准、主要场所功率密度限值；明确应急疏散照明的照度、电源形式、灯具配置、线路选择、控制方式、持续时间；确定防直击雷、侧击雷、雷击电磁脉冲、高电位侵入的措施；明确总等电位、辅助等电位的设置	
	电气消防系统	●	●	●	明确系统组成；确定消防控制室的设置位置	
			●	●	确定各场所的火灾探测器种类设置；确定消防联动设备的联动控制要求；明确电气火灾报警系统设置	
	智能化系统	●	●	●	确定各系统末端点位的设置原则；确定与相关专业的接口要求	
			●	●	明确各系统的组成及网络结构	
	电气节能	●	●	●	明确拟采用的电气系统节能措施；确定节能产品；明确提高电能质量措施	
	绿色建筑设计	●	●	●	绿色建筑电气设计目标；绿色建筑电气设计措施及相关指标	

第二节　某办公建筑方案设计说明

一、工程概况

项目总建筑面积为 116 809m², 高度 168.9m。其中地上建筑面积为 75 261m², 地下建筑面积 41 548m²。地上建筑共 41 层，主要功能为办公楼、会议中心及部分商业用房。地下建筑共 3 层，为车库及设备用房。

二、设计范围

1. 变、配电系统

2. 电力、照明系统

3. 防雷接地系统

4. 智能化系统

5. 建筑电气消防系统

6. 抗震电气设计

7. 电气节能、绿色建筑设计

三、供配电系统

1. 负荷分级

（1）特级负荷：中断供电将影响实时处理计算机及计算机网络正常工作，主要业务用电子计算机电源；消防设备（含消防控制室内的消防报警及控制设备、消防泵、消防电梯、排烟风机、正压送风机等）保安监控系统，应急及疏散照明，电气火灾报警系统等。

（2）一级负荷：中断供电将造成人身伤亡、重大政治影响以及重大经济损失或公共秩序严重混乱的用电重要负荷设备，多功能厅、资料室、客梯、排水泵、变频调速生活水泵等。

（3）二级负荷：中断供电将造成较大的政治影响、经济损失以及公共场所秩序混乱的用电设备，中小会议室、厨房、热力站等。

（4）三级负荷：不属于特级负荷和一级负荷、二级负荷，一般照明其及一般电力负荷。

2. 供电措施

（1）由市政外网引来两路双重 10kV 高压电源。高压采用单母线分段运行方式，中间设联络开关，平时两路电源同时分列运行，互为备用，当一路电源故障时，通过手/自操作联络开关，另一路电源负担全部负荷。

（2）应急电源。设置一台 1250kW 低压柴油发电机组，作为第三电源。

（3）分布式电源系统。在建筑屋面设置太阳能电池方阵，采用并网型太阳能发电系统，太阳能发电能力为 100kW。

3. 变、配、发电站

（1）在地下一层设置变电所一处。变电所拟内设六台 2000kV·A 干式变压器。

（2）在地下一层设置柴油发电机房。

四、信息系统对城市公用事业的需求

（1）需输出入中继线 300 对（呼出呼入各 50%）。另外，申请直拨外线 500 对（此数量可根据实际需求增减）。

（2）电视信号接自城市有线电视网，在四层设有卫星电视机房，对建筑内的有线电视的实施管理与控制。有线电视节目和卫星电视节目经调制后，经电视信号干线系统传送至每个电视输出口处，使获得技术规范所要求的电平信号，以达到满意的收视效果。

五、电力系统

（1）配电系统的接地形式采用 TN－S 系统。冷冻机组、冷冻泵、冷却泵、生活泵、热力

站、电梯等设备采用放射式供电；风机、空调机、污水泵等小型设备采用树干式供电。

（2）为保证重要负荷的供电，对重要设备，如通信机房、消防用电设备（消防水泵、排烟风机、加压风机、消防电梯等）、信息网络设备、消防控制室、中央控制室等均采用双回路专用电缆供电，在最末一级配电箱处设双电源自投，自投方式采用双电源自投自复。

（3）主要配电干线沿由变电所用电缆桥架（线槽）引至各电气小间，支线穿钢管敷设。

（4）普通干线采用电缆、电线的燃烧性能应选用燃烧性能 B_1 级及以上、产烟毒性为 t_0 级、燃烧滴落物/微粒等级为 d_0 级。

（5）消防应急母线出线选用燃烧性能为 A 级电力电缆。

（6）部分大容量干线采用封闭母线。

六、照明系统

（1）光源。照明以清洁、明快为原则进行设计，同时考虑节能因素避免能源浪费，以满足使用的要求。室内外照明选用发光效率高、显色性好、使用寿命长、色温相宜、符合环保要求的光源。室外照明装置限制对周围环境产生的光干扰。对办公、餐厅、电梯厅、走道等均采用节能灯；商场等采用 LED 灯；设备用房采用 LED 灯。为保证照明质量，办公区域选用双抛物面格栅、蝠翼配光曲线的 LED 灯具。照度满足《建筑节能与可再生能源利用通用规范》（GB 55015）的要求。

（2）消防控制室、消防水泵房、自备发电机房、配电室、防排烟机房以及发生火灾时仍需正常工作的消防设备房等处的应急备用照明，按正常照明的照度100%考虑。采用集中电源集中控制型消防疏散指示灯系统，各层走道、拐角及出入口均设疏散指示灯，停电时自动切换为直流供电，蓄电池的持续供电时间不少于1.5h。疏散楼梯间、疏散楼梯间的前室或合用前室、避难走道及其前室、避难层、避难间、消防专用通道，疏散照明的地面最低水平照度大于10.0lx，疏散走道、人员密集的场所，疏散照明的地面最低水平照度大于3.0lx。

（3）照明控制。为了便于管理和节约能源，以及不同的时间要求不同的效果。采用智能型照明控制系统，部分灯具考虑调光；汽车库照明采用集中控制；楼梯间、走廊等公共场所的照明采用集中控制和就地控制相结合的方式。室外照明的控制纳入建筑设备监控系统统一管理。

七、防雷与接地系统

（1）按二类防雷建筑物设防，为防直击雷在屋顶设接闪带，其网格不大于 5m×5m，所有突出屋面的金属体和构筑物与接闪带电气连接。

（2）为防止侧向雷击，将六层以上，每三层沿建筑物四周的金属门窗构件与该层楼板内的钢筋接成一体后再与引下线焊接，防雷接闪器附近的电气设备的金属外壳均与防雷装置可靠焊接。

（3）为预防雷电电磁脉冲引起的过电流和过电压，在变压器低压侧、在向重要设备供电的末端配电箱的各相母线上、由室外引入或由室内引至室外的电力线路、信号线路、控制线路、信息线路等装设电涌保护器。

（4）采用共用接地装置，以建筑物、构筑物的金属体、构造钢筋和基础钢筋作为接地体，其接地电阻小于 1Ω。

（5）交流 220/380V 低压系统接地形式采用 TN－S，PE 线与 N 线严格分开。

（6）建筑物做总等电位联结，在变配电所内安装总等电位联结端子箱，总等电位连接端子箱，应有 2 根直径大于 10mm 钢筋连接接地网的不同点上，并将所有进出建筑物的金属管道、金属构件、接地干线等与总等电位端子箱有效连接。

（7）在变电所，弱电机房，电梯机房，强、弱电小间，浴室等处做辅助等电位联结。

八、智能化系统

1. 设计范围

（1）信息化应用系统（IAS）。包括：公共服务系统；智能卡应用系统；物业管理系统；信息设施运行管理系统；信息安全管理系统；基本业务办公系统。

（2）智能化集成系统（IIS）。包括：智能化信息集成（平台）系统；集成信息应用系统。

（3）信息设施系统（IFS）。包括：信息接入系统；布线系统；移动通信室内信号覆盖系统；用户电话交换系统；卫星通信系统；无线对讲系统；信息网络系统；有线电视；公共广播系统；会议系统；信息引导发布管理系统。

（4）建筑设备管理系统（BMS）。包括：建筑设备监控系统；建筑能效监管系统；电动汽车充电站监控与通信系统。

（5）公共安全系统（PSS）。包括：安全防范系统；入侵报警系统、视频安防监控系统、出入口管理系统、电子巡查系统、防冲撞系统、访客管理系统；停车库（场）管理系统；安全防范综合管理（平台）系统；应急响应系统。

（6）机房工程（EEEP）。包括：信息接入机房；建筑信息网络机房（数据机房）；综合配线机房；运营商机房、有线电视机房及移动通信室内信号覆盖系统放大机房（由运营商及有线自行设计及建设）；消防、安防监控中心；智能化设备间（智能化小间）等。

2. 信息化应用系统

（1）信息化应用系统功能。要满足建筑物运行和管理的信息化需要并提供建筑业务运营的支撑和保障，包括公共服务、智能卡应用、物业管理、信息设施运行管理、信息安全管理、基本业务办公和专业业务等信息化应用系统。

（2）公共服务系统。公共服务系统具有访客接待管理和公共服务信息发布等功能，并具有将各类公共服务事务纳入规范运行程序的管理功能。系统基于信息网络及布线系统，系统服务器设置于中心网络机房，管理终端设置于相应管理用房。

智能卡应用系统。根据建设方物业信息管理部门要求对出入口控制、电子巡查、停车场管理、考勤管理、消费等实行一卡通管理，"一卡"在同一张卡片上实现开门、考勤、消费等多种功能；"一库"，在同一软件平台上，实现卡的发行、挂失、充值、资料查询等管理，系统共用一个数据库，软件必须确保出入口控制系统的安全管理要求"一网"，各系统的终端接入局域网进行数据传输和信息交换。系统基于信息网络及布线系统，系统服务器设置于中心网络机房，管理终端设置于相应管理用房。一卡通管理示意图如图 3－1 所示。

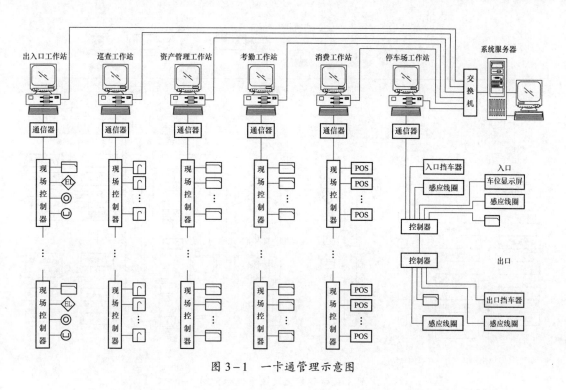

图 3-1　一卡通管理示意图

（3）信息设施运行管理系统。信息设施运行管理系统要具有对建筑物信息设施的运行状态、资源配置、技术性能等进行监测、分析、处理和维护的功能。系统基于信息网络及布线系统，系统服务器设置于中心网络机房，管理终端设置于相应管理用房。

（4）信息安全管理系统。信息网络安全管理系统通过采用防火墙、加密、虚拟专用网、安全隔离和病毒防治等各种技术和管理措施，使网络系统正常运行，以确保经过网络的传输和管理措施，使网络系统正常运行，并确保经过网络传输和交换的数据不会发生增加、修改、丢失和泄漏。系统基于信息网络及布线系统，系统服务器设置于中心网络机房，管理终端设置于相应管理用房。

3. 智能化集成系统

对信息设施各子系统通过统一的信息平台实现集成，实施综合管理，将建筑中日常运作的各种信息，如建筑设备监控系统、安防、火灾自动报警、公共广播、通信系统信息，以及各种日常办公管理信息、物业管理信息等构成相互之间有关联的一个整体，从而有效地提升建筑整体的运作水平和效率。智能化集成系统示意图如图 3-2 所示。

（1）智能化信息集成系统。集成软件平台安装在主机服务器上，实现把所有子系统集成在统一的用户界面下，对子系统进行统一监视、控制和协调，从而构成一个统一的协同工作的整体。包括实现对子系统实时数据的存储和加工，对系统用户的综合监控和显示以及智能分析等其他功能。

（2）集成信息应用系统。对于管理数据的集成，要求控制系统在软件上使用标准的、开放的数据库进行数据交换，实现管理数据的系统集成。

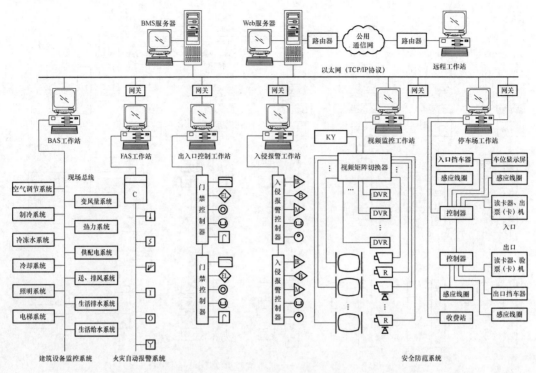

图 3-2　智能化集成系统示意图

4. 信息化设施系统

（1）信息接入系统。

1）系统接入机房设置于建筑通信机房内，通信机房可满足多家运营商入户。需输出入中继线 300 对（呼出呼入各 50%）。另外，申请直拨外线 500 对（此数量可根据实际需求增减）。

2）电视信号接自城市有线电视网，在四层设有有线及卫星电视机房，对建筑内的有线电视实施管理与控制。有线电视节目和卫星电视节目经调制后，经电视信号干线系统传送至每个电视输出口处，使获得技术规范所要求的电平信号，达到满意的收视效果。

（2）通信自动化系统。

1）在地下一层设置电话交换机房，与中心网络机房合用，拟定设置一台的 2000 门 PABX。

2）通信自动化系统中，PABX 将传统的语音通信、语音信箱、多方电话会议、IP 技术、ISDN（B-ISDN）应用等通信技术融合在一起，向用户提供全新的通信服务。

（3）综合布线系统。

1）综合布线系统（GCS）为一套完善可靠的支持语音、数据、多媒体传输的开放式的结构，作为通信自动化系统和办公自动化系统的支持平台，以满足通信和办公自动化的需求。

2）系统能支持综合信息（语音、数据、多媒体）传输和连接，实现多种设备配线的兼容，综合布线系统能支持所有的数据处理（计算机）的供应商的产品，支持各种计算机网络的高速和低速的数据通信，可以传输所有标准的模拟和数字的语音信号，具有传输 ISDN 的功能，可以传输模拟图像、数字图像以及会议电视等的多媒体信号。完全能承担建筑内的信息通信设备与外部的信息通信网络相连接。

3）在地下一层设置中心网络机房。

（4）会议电视系统。

在多功能厅设置全数字化技术的数字会议网络系统（DCN 系统），该系统采用模块化结构设计，全数字化音频技术。具有全功能、高智能化、高清晰音质。方便扩展和数据传递保密等优点。可实现发言演讲、会议讨论、会议录音等各种国际性会议功能，其中主席设备具有最高优先权，可控制会议进程。会议电视系统示意图如图 3-3 所示。

（5）有线电视及卫星电视系统。

1）在四层设置有线及卫星电视机房，对建筑内的有线电视实施管理与控制。

2）有线电视系统根据用户情况采用分配-分支分配方式。

（6）背景音乐及紧急广播系统。

1）在地下一层设置广播室（与消防控制室共室）。

2）在一层大堂、餐厅、走道等均设有背景音乐。背景音乐及紧急广播系统采用100V 定压式输出。当有火灾时，切断背景音乐，接通紧急广播。背景音乐系统示意图如图 3-4 所示。

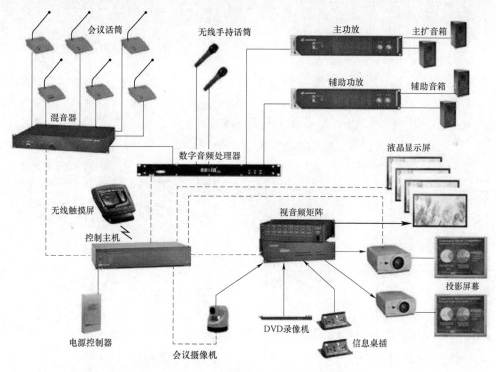

图 3-3 会议电视系统示意图

3）多功能厅设置独立的音响设备。会议扩声系统配备多台多路混音放大器、扬声器箱等专业设备。调音台有多路音源输入通道，每通道均可预选话筒或线路输入。各通道均有语音滤波，衰减低音成分，增加语音的清晰度。可接入 CD、AM/FM 收音机、话筒等，并具备录音设备。扬声器的配置满足会场声压级的需要，并保证会场内声压的均匀度。多功能厅音响系统示意图如图 3-5 所示。

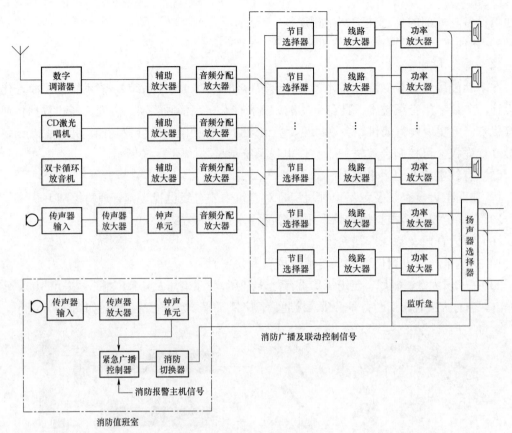

图 3-4 背景音乐系统示意图

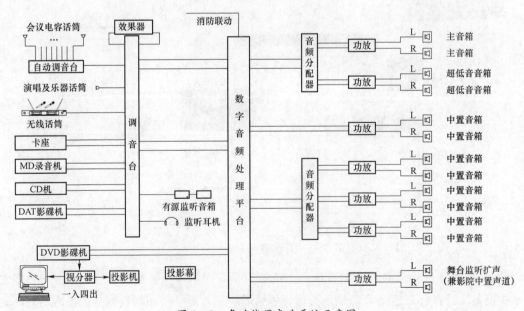

图 3-5 多功能厅音响系统示意图

（7）卫星电视接收系统。为满足建筑内收看/听国内外电视节目，以及自办节目等需要，对自办节目设置监控设施。预留卫星电视接收天线，配置 860MHz 双向传输宽带交互式服务，为系统数字化提供条件。卫星电视节目经调制后，经电视频服务系统传送至每个电视输出口处，使获得技术规范所要求的电平信号，以达到满意的收视效果。

（8）信息导引及发布系统。信息导引及发布系统主机设置于建筑物业管理室内。信息导引及发布系统由视频显示屏系统、传输系统、控制系统和辅助系统组成。可实现一路或多路视频信号同时或部分或全屏显示。通过计算机控制，在公共场所显示文字、文本、图形、图像、动画、行情等各种公共信息以及电视录像信号，并利用信息系统作为电子导向标识，辅助人员出入导向服务。信息导引及发布系统示意图如图3-6所示。

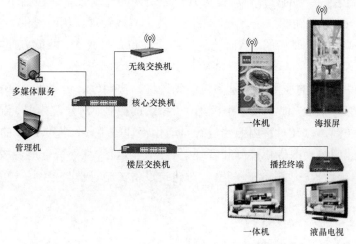

图3-6 信息导引及发布系统示意图

（9）无线通信增强系统。为避免无线基站信道容量有限，忙时可能出现网络拥塞，手机用户不能及时打进或接进电话。另外由于大楼内建筑结构复杂，无线信号难以穿透，室内易出现覆盖盲区。因此，建筑内安装无线信号室内天线覆盖系统以解决移动通信覆盖问题，保证公共移动通信信号覆盖至建筑物的地下公共空间、客梯轿厢内，同时也可增加无线信道容量。无线通信增强系统示意图如图3-7所示。

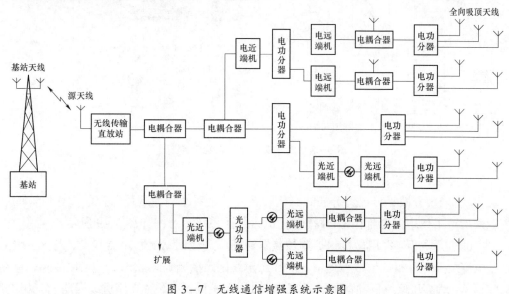

图3-7 无线通信增强系统示意图

5. 建筑设备管理系统

（1）建筑设备监控系统。

1）建筑设备监控系统融合了计算机技术、网络通信技术、自动控制技术、数据库管理技术以及软件技术等，采用 "集散型系统"，通过中央监控系统的计算机网络，将各层的控制器、现场传感器、执行器及远程通信设备进行联网，共同实现集中管理、分散控制的综合监控及管理功能。

2）建筑设备监控系统的总体目标是分别对建筑内的建筑设备（包括 HVAC、给排水系统、供配电系统、照明系统等）进行分散控制、集中监视管理，从而提供一个舒适的工作环境，通过优化控制提高管理水平，从而达到节约能源和人工成本，并能方便实现物业管理自动化。

3）系统设计所遵循的原则是注重系统的先进性、实用性、可靠性、开放性、适应性、可扩展性、经济性和可维护性。通过对工程中子系统的控制，对建筑内温、湿度的自动调节，空气质量的最佳控制，以及对室内照明进行自动化管理等手段，提供最佳的能源管理方案，对机电设备以及照明等采取优化控制和管理，保证节能运行，从而降低能源成本及运行费用。

4）在地下一层设置一处中央控制室，对建筑设备实施管理与控制。建筑设备监控系统示意图如图 3−8 所示。

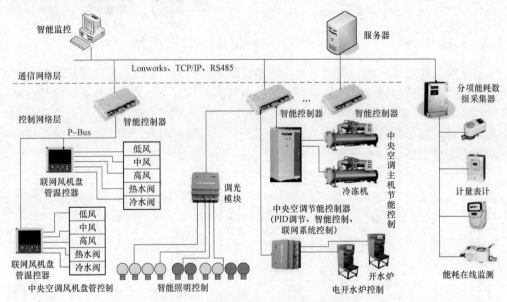

图 3−8　建筑设备监控系统示意图

（2）电力监控系统。

1）系统采用分散、分层、分布式结构设计。整个系统分为现场监控层、通信管理层和系统管理层，工作电源全部由 UPS 提供。电力监控系统示意图如图 3−9 所示。

2）10kV 开关柜。采用微机保护测控装置对高压进线回路的断路器状态、失电压跳闸故障、过电流故障、单相接地故障遥信；对高压出线回路的断路器状态、过电流故障、单相接地故障遥信；对高压联络回路的断路器状态、过电流故障遥信；对高压进线回路的三相电压、三相电流、零序电流、有功功率、无功功率、功率因数、频率等参数，高压联络及高压出线回路的三相电流进行遥测；对高压进线回路采取延时速断、过电流、零序、欠电压保护；对高压联络回路采取速断、过电流保护；对高压出线回路采取速断、过电流、零序、变压器超温跳闸保护。

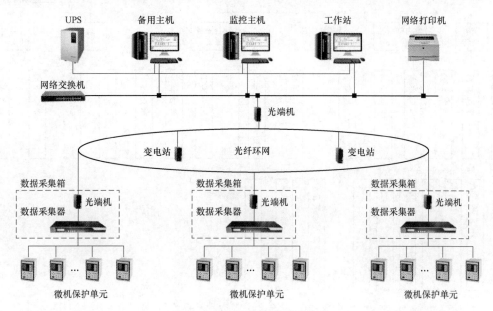

图3-9　电力监控系统示意图

3）变压器。高温报警，对变压器冷却风机工作状态、变压器故障报警状态遥信。

4）低压开关柜。对进线、母联回路和出线回路的三相电压、电流、有功功率、无功功率、功率因数、频率、有功功率、无功功率、谐波进行遥测；对电容器出线的电流、电压、功率因数、温度遥测；对低压进线回路的进线开关状态、故障状态、电操储能状态、准备合闸就绪、保护跳闸类型遥信；对低压母联回路的进线开关状态、过电流故障遥信；对低压出线回路的分合闸状态、开关故障状态遥信；对电容器出线回路的投切步数、故障报警遥信。

5）直流系统。提供系统的各种运行参数：充电模块输出电压及电流、母线电压及电流、电池组的电压及电流、母线对地绝缘电阻；监视各个充电模块工作状态、馈线回路状态、熔断器或断路器状态、电池组工作状态、母线对地绝缘状态、交流电源状态；提供各种保护信息：输入过电压报警、输入欠电压报警、输出过电压报警、输出低电压报警。

（3）建筑能效监管系统。

建筑能效监管主机设置于各个建筑物业管理室。系统可对冷热源系统、供暖通风和空气调节、给水排水、供配电、照明、电梯等建筑设备进行能耗监测。根据建筑物业管理的要求及基于对建筑设备运行能耗信息化监管的需求，能对建筑的用能环节进行相应适度调控及供能配置适时调整。建筑能效监管系统示意图如图3-10所示。

1）实时监测空调冷源供冷水负荷（瞬时、平均、最大、最小），计算累计用量，费用核算。

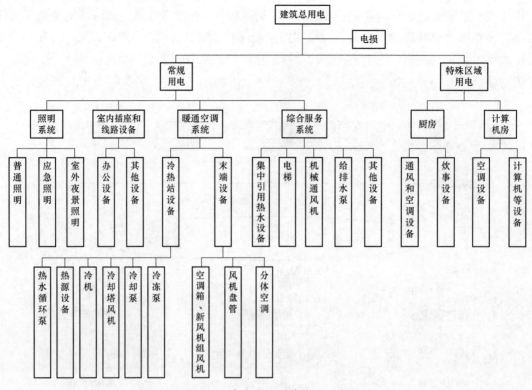

图 3-10 建筑能效监管系统示意图

2）实时监测自来水/中水供水流量（瞬时、平均、最大、最小），计算累计用量，费用核算。

3）根据管理需要，设置计量热表，计算租户累计用量，费用核算。

4）根据管理需要，设置电量计量，计算租户累计用量，费用核算。

5）实现对采集的建筑能耗数据进行分析、比对和智能化的处理。对经过数据处理后的分类、分项能耗数据进行分析、汇总和整合，通过静态表格和动态图表方式将能耗数据展示出来，为节能运行、节能改造、信息服务和制定政策提供信息服务。

（4）电梯监控系统。

1）电梯监控系统是一个相对独立的子系统，纳入设备监控管理系统进行集成。

2）电梯现场控制装置具有标准接口（如 RS485、RS232 等）。

3）在安防消防中心设电梯监控管理主机，显示电梯的运行状态。

4）监控系统配合运营，启动和关闭相关区域的电梯；接收消防与安防信息，及时采取应急措施。

5）系统自动监测各电梯运行状态，紧急情况或故障时自动报警和记录，自动统计电梯工作时间，定时维修。

6）电梯对讲电话主机及对讲电话分机由电梯中标方成套提供，要求满足工程管理需要。

7）电梯轿厢内设暗藏式对讲机，对讲总机设在消防控制室，用于紧急对讲。

（5）智能照明系统。

1）智能照明系统基于智能化专网设置。各区域智能照明系统网关接口模块接入智能化网络。并视运行管理需要纳入建筑设备监控系统进行集成。

2）采用完全分布式集散控制系统，集中监控，分区实现程序控制（分层、分区域、分性质、分功能），对灯光美观要求较高的会议室、报告厅、门厅、外立面、绿化带等，需要设置调光控制功能。

3）照明监控系统接收消防与安防信息，采取灯光应急措施。

（6）电动汽车充电站监控及通信系统。

1）电动车充电系统。系统包括充电监控系统、供电监控系统及安防监控系统，系统结构应符合下列要求：

• 充电站监控系统由站控层、间隔层及网络设备构成。

• 站控层可实现充电站内运行各系统的人机交互，实现相关信息的收集和实时显示、设备的远程控制以及数据的存储、查询和统计，并可与相关系统通信。

• 间隔层能采集设备运行状态及运行数据，实现上传至站控层、接收和执行站控层控制命令的功能。

2）充电监控系统。

• 充电监控系统具有数据采集、控制调节、数据处理与存储、时间记录、报警处理、设备运行管理、用户管理与权限管理、报表管理与打印、可扩展、对视等功能。

• 充电监控系统具备下列数据采集功能：

➢ 采集非车载充电机工作状态、温度、故障信号、功率、电压、电流和电能量。

➢ 采集交流充电样的工作状态、故障信号、电压、电流和电能量。

➢ 充电监控系统可实现向充电设备下发控制命令、遥控起停、校时、紧急停机、远方设定充电参数等控制调节功能。

• 充电监控系统具备下列数据处理与存储功能：

➢ 充电设备的越限报警、故障统计等数据处理功能。

➢ 充电过程数据统计等数据处理功能。

➢ 对充电设备的遥测、遥信、遥控、报警事件等实时数据和历史数据的集中存储和查询功能。

• 充电监控系统具备操作、系统故障、充电运行参数异常、动力蓄电池参数异常等事件记录功能。

• 充电监控系统提供图形、文字、语音等一种或几种报警方式，并具备相应的报警处理功能。

• 充电监控系统具备对设备运行的各类参数、运行状况等进行记录、统计和查询的设备运行管理功能。

• 充电监控系统具备下列可扩展性：

➢ 系统具有较强的兼容性，以完成不同类型充电设备的接入。

➢ 系统有扩展性，以满足充电站规模不断扩容的要求。

3）供电监控系统。

- 供电监控系统采集充电站供电系统的开关状态、保护信号、电压、电流、有功功率、无功功率、功率因数和电能计量信息。
- 供电监控系统能控制供电系统负荷开关上或断路器的分合。
- 具备充电桩供电系统的越限报警、时间记录和故障统计功能。

4）安防监控系统。

- 本工程充电站安防监控系统纳入整个建筑的安防管理系统。
- 在充电站的充电区和营业区域（如设置）营业窗口设置监控摄像机。
- 视频安防监控系统具有与消防报警系统的联动该窗口。
- 在充电站内的供电区和监控室设置入侵探测器。
- 安防监控系统接受时钟同步系统对时，保证系统时间的一致性。

5）通信系统。

- 间隔层网络通信结构采用以太网或 CAN 网结构连接，也可采用 RS485 等串行接口方式连接。
- 站控层和间隔层之间以及站控层各主机之间的网络通信结构采用以太网连接。
- 监控系统预留以太网或无线公网接口，以实现与各类上级监控管理系统的数据交换。

6. 公共安全系统

（1）视频监控系统。

1）在地下一层设置中央控制室（与消防控制室共室），视频安防系统、防盗报警系统须集成到统一的保安监控系统集成管理平台上，可以在统一的集成管理平台下形成一个整体，互相配合，联合动作，方便管理，可在 IBMS 系统集成里面体现。中央控制室内配置数字矩阵主机、拼接显示大屏、全维度操控键盘；录像存储、UPS 电源等设备。视频监控系统示意图如 3-11 所示。

2）在建筑的通道、主要出入口、公共区域、大厅、扶梯、生活饮用水水箱间、重要机房、电梯轿厢等处设置摄像机。

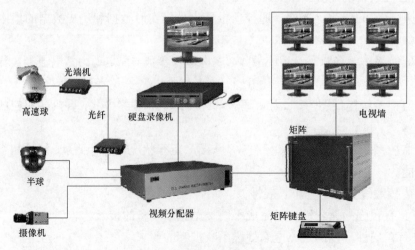

图 3-11　视频监控系统示意图

（2）出入口控制系统。出入口控制系统主机设置于建筑消防控制室，出入口控制系统示意图如3–12所示。出入口控制系统构成与主要技术功能：

1）出入口控制系统由识读部分、传输部分、管理/控制部分和执行部分以及相应的系统软件组成。

2）在重要机房、物业用房车库、出入口安装读卡机、电控锁以及门磁开关等控制装置。系统设置于建筑内消防控制室内。

3）系统的信息处理装置能对系统中的有关信息自动记录、打印、储存，并有防篡改和防销毁的措施。

4）出入口控制系统可能独立运行，并能与火灾自动报警系统、视频监控系统联动。当发生火警或需紧急疏散时，人员不使用钥匙能迅速安全通过。

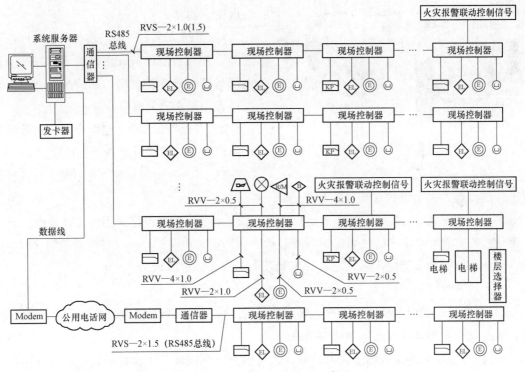

图3–12 出入口控制系统示意图

（3）停车场管理系统。停车场管理系统主机就近管理用房内设置。工程停车场管理系统采用影像全鉴别系统，对进出的内部车辆采用车辆影像对比方式，防止盗车；外部车辆采用临时出票机方式。系统构成与主要技术功能如下：

1）出入口及场内通道的行车指示。

2）车位引导。

3）车辆自动识别。

4）读卡识别。

5）出入口挡车器的自动控制。

6）自动计费及收费金额显示。

7）多个出入口的联网与管理。

8）分层停车场（库）的车辆统计与车位显示。

9）出入挡车器被破坏（有非法闯入）报警。

10）非法打开收银箱报警。

11）无效卡出入报警。

12）卡与进出车辆的车牌和车型不一致报警。

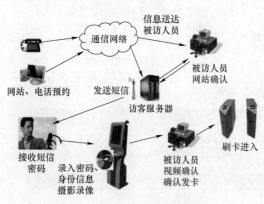

图3-13　无线巡更系统示意图

（4）电子巡查系统。由信息采集器、信息下载器、信息按钮和中文管理软件等组成，无线巡更系统示意图如图3-13所示。并可实现以下功能：

1）可按人名、时间、巡查班次、巡查路线对巡查人的工作情况进行查询，并可将查询情况打印成各种表格，如情况总表、巡查事件表、巡查遗漏表等。

2）巡查数据储存，定期将以前的数据储存到软盘上，需要时可恢复到硬盘上。

3）用户要求可定制其他功能，如各种巡更事件的设置、员工考勤管理等。

（5）防冲撞系统。在地下车库入口设置防冲撞系统。防冲撞设施采用固定柱与液压升降柱相结合的方式，地库坡道底端采用暗藏破胎器作为第二道防护，一旦发生紧急情况时，可以启动防冲撞管理及措施，阻止非许可车辆及人员进入特定区域。

（6）访客管理系统。

1）访客登记管理主要用于外来访客对建筑内工作人员访问管理系统，系统以电子地图、列表菜单及报表等多种方式管理访客信息。

2）访客管理系统能快速登记来访客人的身份证、驾驶证、军官证等证件，并且可以配置二维码、人脸识别功能，在登记的时候可以捕捉来访客人的图像。身份识别及人脸识别与公安系统异常人员库相连接，对异常人员可实时报警提示及上传公安部门。

3）通过访客系统可以对访客临时发卡，并自动对门禁系统、电梯控制系统进行临时授权。可以自定义各种查询条件，对以往的访客登记数据进行快速检索。

4）通过自定义统计要求，对以往访客登记数据进行快速统计。

5）在接收到非法进入访客的报警信息后进行相应的视频监控联动；并及时进行报警，报警可以以闪烁的图标形式在系统主界面上显示。

6）在建筑门口设置人流管制系统、采用电子卡证、接入门禁控制系统，通过出入口的电子门计数，观众凭卡入场。当入场人流达到极限或发生突发事件时，关闭道闸、停止入场。要求在火灾确认后，自动释放道闸系统。

（7）智能化应急指挥调度系统设计。

1）智能化应急指挥调度子系统在建筑内突发安全事件、紧急事故、自然灾害时，启动应急处置预案快速指挥调度，将灾害造成的损失降低到最低限度。通过智慧建筑平台、建筑设备管理系统、综合安防监控系统、火灾报警系统信息互联互通，并具有实时数据交换和数据共享的能力。当系统接收到突发事件报警信息，立即将与该突发事件相关的所有信息和相关数据切换到智能化监控中心大屏幕显示屏上。

2）智能化应急指挥调度子系统通过楼层电子地图可视化图形页面，将与突发事件相关的所有信息包括实时报警滚动信息条（文字）、突发事件位置信息、突发事件实时状态信息、电视监控图像信息、现场语音信息、移动通信信息，以及与突发事件周边的相关影像信息、相关历史资料和数据信息等显示在智能化监控中心大屏幕显示屏上。

3）智能化应急指挥调度子系统具有根据应急事件等级和处理的轻重缓急，自动联动和通知与突发事件处理相关的部门和主管人员的能力；并具有通过网络举行视频会议的能力，参与应急处理的各单位、部门和个人都可以通过可上网的笔记本电脑调用应急事件相关影像和语音信息，并具有与应急处理指挥中心进行多方实时图像显示和语音对讲功能。

4）智能化应急指挥调度子系统图形工作站采用 19in（1in=2.54cm）以上触摸屏，可以显示和调用与应急事件相关的所有信息，并可实现应急多方可视对讲功能；系统具有实时记录应急处理指挥中心现场影像和现场语音的功能。

5）智能化应急指挥调度子系统可以按照突发事件的实时状态，分别在智能化监控中心大屏幕上自动显示突发事件状态信息（事件滚动信息条）、现场影像、周边道路影像、人员组织情况、现场通信情况、可视对讲影像和语音，为应急调度和指挥提供决策依据。

6）智能化应急指挥调度子系统根据突发事件的等级和分类，系统自动检索和启动应急处理预案。通过应急预案的处理流程和现场实时信息组织调度及指挥，系统根据应急预案自动显示相关资料和数据，辅助提供应急调度和指挥决策的依据。

7）智能化应急指挥调度子系统具有提供对各级和各类突发事件应急处理的预案库。应急预案分为预设方案和行动方案，应急处理预案的编制可根据本地的各种可用资源进行合理的调配和组织。

8）智能化应急指挥调度子系统具有集成电话通信、手机通信、无线对讲、内部通信、专线通信、IP 通信、电子邮件等多种通信方式的能力，智能化应急指挥调度可通过上述任何一种方式取得与外界的通信联络。应急信息发布可以实时发布应急信息，也可以通过公共广播、有线电视、电话、手机短信的方式进行实时发布。

9）应急指挥调度子系统，必须配置与上一级应急响应系统信息互联的通信接口。

7. 机房工程（EEEP）

（1）机房工程是一个系统集成工程。系统主要包括所属系统设备及管线、控制台及辅助设备、防雷接地系统、UPS 供电系统以及配套的空调系统、机房装修系统、供配电系统等，以保证各设备能够安全、可靠、稳定地运行，并发挥其效益。

（2）机房工程。包括信息接入机房，信息网络机房，综合配线机房，运营商机房（三大运营商机房、有线电视机房、移动信号覆盖系统放大机房），消防、安防监控中心，智能化设备间（智能化小间）等。其中，运营商机房由运营商设计和建设。

（3）机房工程各个子系统的技术要求：

1）天花设计。信息网络机房和消防安防控制中心/分控制室天花装修采用吊顶方式，顶棚做净化处理，吊顶材质选用 600mm×600mm，板厚 0.8mm（含涂层）的素面铝合金微孔吸声明龙骨跌级方板吊顶，做好的隔热保温效果，防止结露。

2）隔断、隔墙。网络机房和安保消控机房内各功能间隔断、隔墙装修目的是保证室内舒适美观而整洁的环境，其材料选择满足防尘、防火、防潮等要求。

3）墙面、柱面。网络机房和安保消控机房内各功能间墙面、柱面装修也要保证室内舒适美观而整洁的环境，其材料应选择满足防尘、防火、防潮等要求。

4）门窗工程。机房与外界主通道之间安装防火防盗门，用于疏散和设备进出，防火等级均要达到甲级。

5）地面工程。所有机房设置架空地板。地板铺设在机房的建筑地面上，地板上安装系统设备及机柜、地板与建筑地面之间用以敷设连接设备的各种管线。架空地板可拆卸，所有电缆管线的连接、检修、更换均便捷。地板下管线敷设路径尽可能做到距离最短，以减少信号在传输过程中的损耗。

（4）机房供配电系统。

1）机房内电气设备配电系统是各类信息通信畅通无阻、整个信息系统安全可靠运行的保证。所有机房的供电为两路智能化专用供电，末端自动切换，并根据需要备有应急备用电源 UPS（其容量满足安全完成正常工作状态下所有必需操作的要求）。

2）机房电源进线按现行《建筑物防雷设计规范》（GB 50057）采取防雷措施。

（5）机房 UPS 系统。

1）各个机房选用中大功率的三相在线双转换式 UPS，UPS 性能为各类环境及应用提供全年 365 天全天候高质量电源。

2）消防/安防控制室、网络机房、智能化小间采用分散 UPS 装置，供电范围为本机房，闭路电视监控系统为摄像机、防盗探测器等。

3）UPS 不间断电源装置订货时要求带通信接口，可纳入 BA 系统管理。

（6）机房空调新风系统。

1）机房分级。机房按 C 级标准设计，空调系统及相应通风设备保证机房内相应设备运行所需温度、湿度等环境要求。

2）精密空调。为使网络机房能达到 C 级机房要求，需在该区域采用精密空调机组。采用主备工作模式。精密空调采用大风量小焓差的设计，自动对机房进行制冷、加热、加湿、除湿等控制调节来维持机房的恒温恒湿，有效去除计算机因运算而产生的显热。

3）VRV 舒适型空调。在中央控制室采用 VRV 舒适型空调。

4）新风系统。在主机房（即精密空调区域）设计新风系统。

（7）机房照明系统。

机房照明系统分为正常照明和紧急停电状态下的应急照明。正常照明对机房照明的均匀度、稳定性、光源的显色性、眩光和阴影等指标，使工作人员在机房内即使长期工作，眼睛也不会感觉疲劳。照明采用 LED 灯具，照明灯光为反射式，工作台与显示墙之间的监视视角空间在 1.5m 以上。主机房照度为 500lx；其他功能间照度不小于 300lx；应急备用照明照度不小于 10lx。在停电时通过 UPS 供电来提供应急照明。所有机房照明将适合机房操作与管理的需要。

（8）接地系统。

1）建筑本身具有集中接地系统，机房接地系统建立在集中接地系统的基础上。在消防安防控制中心、信息网络机房、综合布线机房、运营商机房、进线间及各层智能化管井内设置等电位联结箱，并用 50mm² 绝缘导线穿就近与联合接地系统接地端可靠连接。

2）交流工作地。在机房中，交流工作地可以作为隔离变压器的二次接地，用以解决零地电压超标的问题。交流工作地接地母线由配电柜用不低于 50mm² 绝缘导线引至大楼联合接地系统。

3）安全保护地。在机房地板下敷设接地汇流排（30mm×3mm 紫铜带），再用不低于 50mm² 绝缘导线且不少于两处接至建筑的联合接地系统。

4）防雷接地。当机房电源系统遭到雷击时，防雷保护地为雷电流建立通往大地的释放通道。由大楼综合接地系统引上来一根不低于 50mm² 绝缘铜线，作为电源防雷和通信防雷的接地母线作为电源防雷的接地母线。

5）机房等电位联结。机房地网可作为机房等电位联结、屏蔽接地和防静电接地用。机柜外壳、防静电活动地板支架、机房内金属构件都用绝缘铜导线与机房地网相连接。除了尽量降低接地电阻，均压和等电位联结是防地电位反击的有效方法。在一定的范围内做一个封闭的均压环，把进入建筑物的各种金属管道和线缆的屏蔽层做等电位联结，可以消除可能存在的破坏力极强的电位差。

6）所有智能化电缆桥架、线槽均保持良好的电气连通，并做接地处理。

（9）防雷系统。

1）根据机房的供电系统情况，电源系统采用三级的防雷保护，可分别在配电柜、UPS、服务器供电端安装不同通流量的电源防雷器。进入建筑物大楼的电源线和通信线，在 LPZ0 与 LPZ1、LPZ1 与 LPZ2 区交界处，以及终端设备的前端，安装不同类别及防护等级的 SPD（瞬态过电压保护器），SPD 是用以防护电子设备遭受雷电闪击及其他干扰造成的传导电涌过电压的有效手段。

2）智能化防雷接地系统需要采取有效的保障措施，确保智能化系统的稳定、可靠运行。

3）智能化系统的防雷包括直击雷防护和感应雷防护两大部分，强调全方位防护，综合治理，层层设防的原则。

4）雷电侵入监控、计算机、通信等网络系统的途径主要有四个方面：电源系统引入、信号传输通道引入、电位反击及因机房屏蔽不良而造成的雷电电磁脉冲的直接影响等。为了确保电子设备及网络系统稳定可靠运行，以及保障机房工作人员有安全的工作环境，除了电源系统防雷，天馈系统、信号采集传输系统、网络交换系统等所有机房进行可靠有效的保护，在拦截、分流、均衡、屏蔽、接地、布线等六大方面均做完整的多层次防护。

5）智能化信号系统雷电电涌防护。

● 室外监控系统防雷。摄像机端口的雷电电涌防护以视频线的屏蔽层作为等电位汇集点，在电源线、视频线和信号线上安装三合一、二合一等组合型电涌防护器。并制作相应地网接地（要求接地电阻小于 10Ω，最好小于 4Ω）。保护摄像机的电源、视频和控制信号线路。

● 室外广播系统防雷。由于与信号传输线相连接的设备接口工作电压较低，而且耐压水平也很低，对于由信号传输线引入的感应雷电波特别敏感，极易损坏，因此，设计音频信号防雷器。

● 有线电视系统防雷。有线电视线路上安装 1 套射频信号防雷器。

● 室外网络布线防雷。在室外网络线进入室内处安装网络信号防雷器。

● 智能化各系统线路在进出建筑物处加装防雷电涌保护装置，并做好等电位。

6）机房气体灭火系统。通信网络主机房采用气体灭火系统。

7）机房环境监测系统。在信息网络机房采用机房环境监测系统对机房供配电、精密空调、机房温湿度、UPS 系统、消防系统、机房漏水检测系统等环境设备进行实时的监测（或控制），并融合机房的管理措施，对发生的各种事件都结合机房的具体情况给出处理信息，提示值班人员执行相应操作，实现机房设备的统一监控，实时事件记录，有效地提高系统的可靠性，实现机房的有效科学的管理，为机房的安全可靠运行提供有力的保障。

九、建筑电气消防系统

1. 火灾自动报警系统

采用集中报警系统。燃气表间、厨房设气体探测器，烟尘较大场所设感温探测器，一般场所设感烟探测器。在适当位置设手动报警按钮及消防对讲电话插孔。在消火栓箱内设消火栓报警按钮。消防控制室可接收感烟探测器、感温探测器、气体探测器的火灾报警信号，以及水流指示器、检修阀、压力报警阀、手动报警按钮、消火栓按钮的动作信号。在每层消防电梯前室附近设置楼层显示复示盘。火灾自动报警系统示意图如图 3-14 所示。

2. 消防联动控制系统

在消防控制室设置联动控制台，控制方式分为自动控制和手动控制两种。通过联动控制台，可以实现对消火栓灭火系统、自动喷洒灭火系统、防烟、排烟、加压送风系统的监视和控制，火灾发生时手动切断一般照明及空调机组、通风机、动力电源。当发生火灾时，自动关闭总煤气进气阀门。

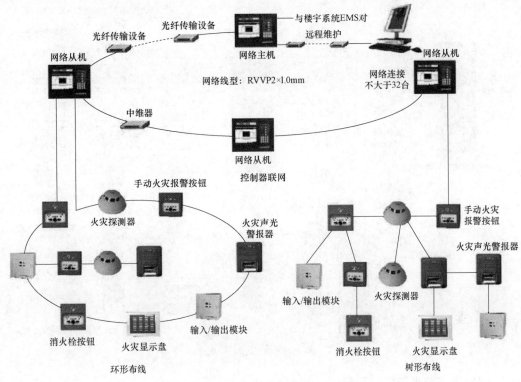

图 3-14　火灾自动报警系统示意图

3. 消防紧急广播系统

在消防控制室设置消防广播机柜，机组采用定压式输出。地下泵房、冷冻机房等处设置 15W 扬声器，其他场所设置 3W 扬声器。消防紧急广播按建筑层分路，每层一路。当发生火灾时，消防控制室值班人员可自动或手动向全楼进行火灾广播，及时指挥疏导人员撤离火灾现场。

4. 消防直通对讲电话系统

在消防控制室内设置消防直通对讲电话总机，除在各层的手动报警按钮处设置消防对讲电话插孔外，在变配电室、水泵房、电梯机房、冷冻机房、防排烟机房、建筑设备监控室、管理值班室等处设置消防直通对讲电话分机。

5. 电梯监视控制系统

在消防控制室设置电梯监控盘，除显示各电梯运行状态、层数显示外，还应设置正常、故障、开门、关门等状态显示。火灾发生时，根据火灾情况及场所，由消防控制室电梯监控盘发出指令，指挥电梯按消防程序运行：对全部或任意一台电梯进行对讲，说明改变运行程序的原因；除消防电梯保持运行外，其余电梯均强制返回一层并开门。火灾指令开关采用钥匙型开关，由消防控制室负责火灾时的电梯控制。

6. 集中控制疏散指示系统

集中控制疏散指示系统示意图如图 3-15 所示。总控制屏设于消防控制室。所有疏散指示灯经由附设于总控制屏或集中控制型消防灯具控制器（分机）内的应急自备电源装置（EPS）提供工作电源，并内置蓄电池作为备用电源，蓄电池的持续供电时间大于 1.5h。

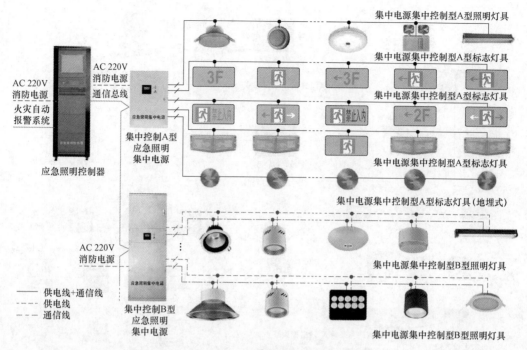

图 3-15　集中控制疏散指示系统示意图

7. 电气火灾监视与控制系统

为防止接地故障引起的火灾,设置电气火灾监控系统,准确实时地监控电气线路的故障和异常状态,及时发现电气火灾隐患,及时报警、提醒有关人员去消除这些隐患,避免电气火灾的发生,是从源头上预防电气火灾的有效措施。与传统火灾自动报警系统不同的是,电气火灾监控系统早期报警是为了避免损失,而传统火灾自动报警系统是在火灾发生并严重到一定程度后才会报警,目的是减少火灾造成的损失。电气火灾监视与控制系统示意图如图 3-16 所示。

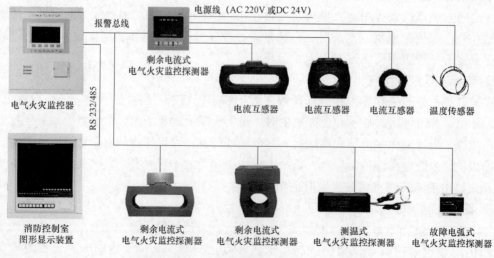

图 3-16　电气火灾监视与控制系统示意图

8. 消防设备电源监控系统

为保证消防设备电源可靠性，设置消防设备电源监控系统，通过检测消防设备电源的电压、电流、开关状态等有关设备电源信息，从而判断电源设备是否有断路、短路、过电压、欠电压、缺相、错相以及过电流（过载）等故障信息并实时报警、记录的监控系统，从而可以有效避免在火灾发生时，消防设备由于电源故障而无法正常工作的危急情况，最大限度地保障消防联动系统的可靠性。消防设备电源监控系统示意图如图 3–17 所示。

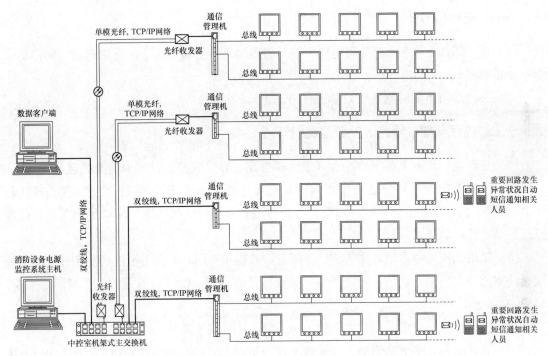

图 3–17 消防设备电源监控系统示意图

9. 防火门监控系统

为保证防火门充分发挥其隔离作用，在火灾发生时，迅速隔离火源，有效控制火势范围，为扑救火灾及人员的疏散逃生创造良好条件，应设置防火门监控系统。对防火门的工作状态进行 24h 实时自动巡检，对处于非正常状态的防火门给出报警提示。在发生火情时，该监控系统自动关闭防火门，为火灾救援和人员疏散赢得宝贵时间。

10. 余压监控系统

设置余压监控系统，以便在疏散路径上形成一定的压力梯度，阻止烟气侵入安全区域，并能满足疏散门的开启要求。

11. 消防控制室

在地下一层设置消防控制室，对建筑内的消防进行探测监视和控制。消防控制室内分别设有火灾报警控制主机、联动控制台、CRT 显示器、打印机、紧急广播设备、消防直通对讲电话设备、电梯监控盘及 UPS 电源设备等。

十、抗震电气设计

为了增强建筑抗震能力，减轻地震破坏，避免人员伤亡，减少经济损失，应进行电气系统的抗震设计，由地震力的影响可能会产生电气火灾等引起的次生灾害的电气线路，以及地震后需要保持电气消防系统、应急通信系统、电力保障系统等电路连续性的电气链路按照《建筑机电工程抗震设计规范》（GB 50981）安装抗震支吊架。

十一、无障碍设计

（1）在无障碍卫生间、无障碍电梯厅等处设置手动报警按钮，并在无障碍卫生间门口设置声光报警器。

（2）公共场所中的网络通信设备部件考虑无障碍设计。

十二、电气节能、绿色、低碳建筑设计

（1）变配电所深入负荷中心，合理地选择电缆、导线截面，以减少电能损耗。

（2）三相配电变压器应满足现行国家标准《三相配电变压器能效限定值及能效等级》（GB 20052）的节能评价值要求，水泵、风机等设备及其他电气装置均应满足相关现行国家标准的节能评价值要求。

（3）采用低压集中自动补偿方式，并配备谐波电抗器组合，作为谐波抑制措施，避免高次谐波电流与电力电容发生谐振，影响系统设备可靠运行，治理后的谐波水平应满足 GB/T 14549 的要求。

（4）在建筑屋面设置并网型太阳能发电系统，太阳能发电能力为 100kW。

（5）建筑照明功率密度值小于《建筑节能与可再生能源利用通用规范》（GB 55015）中的规定。采用智能灯光控制系统，通过控制遮阳板将自然光和人工光实现有机结合。照明光源优先采用节能光源，室外夜景照明光污染的限制符合现行《城市夜景照明设计规范》（JGJ/T 163）的规定。

（6）对室内的二氧化碳浓度进行数据采集、分析，并与通风系统联动，实现室内污染物浓度超标实时报警，并与通风系统联动。地下车库设置与排风设备联动的一氧化碳浓度监测装置。

（7）合理地选用电梯和自动扶梯，并采取电梯群控、扶梯自动启停等节能控制措施。

（8）配套停车位按规划要求配建充电桩。

（9）设置智能建筑能源管理系统通过多功能的能耗计量表计、通信网络和计算机软件，实现供配电系统在运行过程中的数据采集、数据计算、电能抄表、报表生成等，完成系统的安全供电、电能计量、设备管理和运行管理。系统由站控管理层、网络通信层和现场设备层

构成。系统功能需求：

1）数据采集及处理。通过间隔层单元实时采集现场各种模拟量、电能抄表等。

2）画面显示。全部设备的信息、各测量值的实时数据、各种告警信息、计算机监控系统的状态信息。

3）记录功能。具有对各种历史数据的记忆功能，以供随时查询、回顾和打印。

4）报警处理。用户可以按照自己的意愿分类、筛选报警，并将报警归纳于不同的报警窗口中，根据不同的报警级别，采用推出画面、光显示、条纹闪烁及不同声音级别的音响进行报警。

5）应具有完善的用户管理功能，避免越权操作。

6）历史曲线显示。可显示存于历史数据库中的任意模拟量、用电量。

7）报表打印功能。可召唤打印、定时打印各种历史数据，运行参数，事故报告统计，能耗量统计报表。

8）智能建筑能源管理专家分析系统框图如图3-18所示。

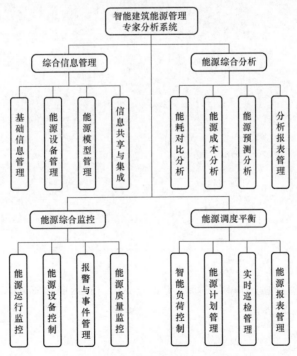

图3-18　智能建筑能源管理专家分析系统框图

小　结

方案设计是设计中的重要阶段，建筑电气与智能化方案设计文件一般应包括系统架构，各子系统的系统概述、功能、结构、组成以及技术要求，设计师应从分析需求出发，通过对实际工程的功能、管理模式、业主的资金情况分析，要以人为本，保障人居环境安全，节约能源，预防和减少雷击、火灾、地震产生的灾害，并需要进行多方案的比较，确定合理、经济、先进的电气与智能化方案，对于电气安全、节约能源、环境保护等采用成熟、有效的节能措施，合理采用分布式能源，降低能源消耗，促进绿色低碳建筑的发展。电气与智能化方案设计文件要满足方案审批或报批和编制初步设计文件的需要。

04

第四章　初步设计

Practice of Architectural Design Based on General Codes-
Building Electrical and Intelligent Systems

第一节　设计文件编制要点

一、建筑电气初步设计文件编制原则

（1）初步设计文件，应满足编制施工图设计文件的需要，应满足初步设计审批的需要。

（2）在设计中宜因地制宜正确选用国家、行业和地方建筑标准设计，并在设计文件的图纸目录或设计说明中注明所应用图集的名称。重复利用其他工程的图纸时，应详细了解原图利用的条件和内容，并做必要的核算和修改，以满足新设计项目的需要。

（3）当设计合同对设计文件编制深度另有要求时，设计文件编制深度应满足设计合同的要求。

（4）设计单位在设计文件中选用的建筑材料、建筑构配件和设备，应当注明规格、性能等技术指标，其质量要求必须符合国家规范和国家规定的标准。

（5）民用建筑工程一般应分为方案设计、初步设计和施工图设计三个阶段；对于技术要求相对简单的民用建筑工程，当有关主管部门在初步设计阶段没有审查要求，且合同中没有做初步设计的约定时，可在方案设计审批后直接进入施工图设计。

二、建筑电气设计文件编制内容

在初步设计阶段建筑电气专业设计文件应包括建筑电气初步设计说明书、设计图纸、主要电气设备表、计算书。

1. 建筑电气初步设计说明书

（1）设计依据。

1）工程概况：应说明建筑的建设地点、自然环境、建筑类别、性质、面积、层数、高度、结构类型等。

2）建设单位提供的有关部门（如供电部门、消防部门、通信部门、公安部门等）认定的工程设计资料，建设单位设计任务书及设计要求。

3）相关专业提供给本专业的工程设计资料。

4）设计所执行的主要法规和所采用的主要标准（包括标准的名称、编号、年号和版本号）。

5）上一阶段设计文件的批复意见。

（2）设计范围。

1）根据设计任务书和有关设计资料说明本专业的设计内容，以及与二次装修电气设计、照明专项设计、智能化专项设计等相关专项设计，以及其他工艺设计的分工与分工界面。

2）拟设置的建筑电气系统。

（3）变、配、发电系统。

1）确定负荷等级和各级别负荷容量。

2）确定供电电源及电压等级，要求电源容量及回路数、专用线或非专用线、线路路由及敷设方式、近远期发展情况。

3）备用电源和应急电源容量确定原则及性能要求，有自备发电机时，说明启动、停机方式及与城市电网关系。当设置光伏发电系统时，确定光伏发电系统容量。

4）高、低压供电系统接线形式及运行方式：正常工作电源与备用电源之间的关系；母线联络开关运行和切换方式；变压器之间低压侧联络方式；重要负荷的供电方式。

5）变、配、发电站的位置、数量及形式，设备技术条件和选型要求。

6）容量：包括设备安装容量、计算有功、无功、视在容量，变压器、发电机的台数、容量、负载率。

7）继电保护装置的设置。

8）操作电源和信号。说明高、低压设备的操作电源，以及运行信号装置配置情况。

9）电能计量装置：采用高压或低压；专用柜或非专用柜（满足供电部门要求和建设单位内部核算要求）；监测仪表的配置情况。

10）功率因数补偿方式：说明功率因数是否达到供用电规则的要求，应补偿容量和采取的补偿方式和补偿后的结果。

11）谐波：说明谐波状况及治理措施。

（4）配电系统。

1）供电方式。

2）供配电线路导体选择及敷设方式：高、低压进出线路的型号及敷设方式；选用导线、电缆、母干线的材质和类别。

3）开关、插座、配电箱、控制箱等配电设备选型及安装方式。

4）电动机起动及控制方式的选择。

（5）照明系统。

1）照明种类及主要场所照度标准、照明功率密度值等指标。

2）光源、灯具及附件的选择、照明灯具的安装及控制方式；若设置应急照明，应说明应急照明的照度值、电源形式、灯具配置、控制方式、持续时间等。

3）室外照明的种类（如路灯、庭园灯、草坪灯、地灯、泛光照明、水下照明等）、电压等级、光源选择及其控制方法等。

4）对有二次装修照明和照明专项设计的场所，应说明照明配电箱设计原则、容量及供电要求。

（6）电气节能及环保措施。

1）拟采用的电气节能和措施。

2）表述电气节能和环保产品的选用情况。

（7）绿色建筑电气设计。

1）绿色建筑电气设计概况。

2）建筑电气节能与能源利用设计内容。

3）建筑电气室内环境质量设计内容。

4）建筑电气运营管理设计内容。

（8）装配式建筑电气设计。

1）装配式建筑电气设计概况。

2）建筑电气设备、管线及附件等在预制构件中的敷设方式及处理原则。

3）电气专业在预制构件中预留空洞、沟槽、预埋管线等布置的设计原则。

（9）防雷。

1）确定建筑物防雷类别、建筑物电子信息系统雷电防护等级。

2）防直接雷击、防侧击雷、防雷击电磁脉冲等的措施。

3）当利用建筑物、构筑物混凝土内钢筋做接闪器、引下线、接地装置时，应说明采取的措施和要求。当采用装配式时，应说明引下线的设置方式及确保有效接地所采用的措施。

（10）接地及安全措施。

1）各系统要求接地的种类及接地电阻要求。

2）等电位的设置要求。

3）接地装置要求，当接地装置需要做特殊处理时应说明采取的措施、方法等。

4）安全接地及特殊接地的措施。

（11）电气消防。

1）火灾自动报警系统。

• 按建筑性质确定系统形式及系统组成。

• 确定消防控制室的位置。

• 火灾探测器、报警控制器、手动报警按钮、控制台（柜）等设备的设置原则。

• 火灾报警与消防联动控制要求，控制逻辑关系及控制显示要求。

• 火灾警报装置及消防通信设备要求。

• 消防主电源、备用电源供给方式，接地及接地电阻要求。

• 传输、控制线缆选择及敷设要求。

• 当有智能化系统集成要求时，应说明火灾自动报警系统与其他子系统的接口方式及联动关系。

• 应急照明的联动控制方式等。

2）消防应急广播。

• 消防应急广播系统声学等级及指标要求。

• 确定广播分区原则和扬声器设置原则。

• 确定系统音源类型、系统结构及传输方式。

• 确定消防应急广播联动方式。

• 确定系统主电源、备用电源供给方式。

3）电气火灾监控系统。

• 按建筑性质确定保护设置的方式、要求和系统组成。

• 确定监控点设置，设备参数配置要求。

• 传输、控制线缆选择及敷设要求。

4）消防设备电源监控系统。

- 确定监控点设置，设备参数配置要求。
- 传输、控制线缆选择及敷设要求。

5）防火门监控系统。

- 确定监控点设置，设备参数配置要求。
- 传输、控制线缆选择及敷设要求。

（12）智能化设计。

- 智能化系统设计概况。
- 智能化各系统的系统形式及其系统组成。
- 智能化各系统的及其子系统的主机房、控制室位置。
- 智能化各系统的布线方案。
- 智能化各系统的点位配置标准。
- 智能化各系统的及其子系统的供电、防雷及接地等要求。

（13）智能化专项设计。

智能化专项设计说明书。

- 工程概况。
- 设计依据：已批准的方案设计文件（注明文号说明）；建设单位提供有关资料和设计任务书；本专业设计所采用的设计所执行的主要法规和所采用的主要标准（包括标准的名称、编号、年号和版本号）；工程可利用的市政条件或设计依据的市政条件；建筑和有关专业提供的条件图和有关资料。
- 设计范围。
- 设计内容：各子系统的功能要求、系统组成、系统结构、设计原则、系统的主要性能指标及机房位置。
- 节能及环保措施。
- 相关专业及市政相关部门的技术接口要求。

（14）机房工程。

1）确定智能化机房的位置、面积及通信接入要求。

2）当智能化机房有特殊荷载设备时，确定智能化机房的结构荷载要求。

3）确定智能化机房的空调形式及机房环境要求。

4）确定智能化机房的给水、排水及消防要求。

5）确定智能化机房用电容量要求。

6）确定智能化机房装修、电磁屏蔽、防雷接地等要求。

（15）需提请在设计审批时需要解决的问题。

2. 设计图纸

（1）电气总平面图（仅有单体设计时，可无此项内容）。

1）标示建筑物、构筑物名称、容量、高低压线路及其他系统线路走向、回路编号、导线及电缆型号规格及敷设方式、架空线杆位、路灯、庭园灯的杆位（路灯、庭园灯可不绘线路）。

2）变、配、发电站位置、编号、容量。

3）比例、指北针。

（2）变、配电系统。

1）高、低压配电系统图。应注明开关柜的编号、型号及回路编号、一次回路设备型号、设备容量、计算电流、补偿容量、整定值、导体型号规格、用户名称。

2）平面布置图。应包括高和低压开关柜、变压器、母干线、发电机、控制屏、直流电源及信号屏等设备的平面布置和主要尺寸，图纸应有比例。

3）标出房间层高、地沟位置、标高（相对标高）。

（3）配电系统。

1）主要干线平面布置图。应绘制主要干线所在楼层的干线路由平面图。

2）配电干线系统图。以建筑物、构筑物为单位，自电源点开始至终端主配电箱止，按设备所处相应楼层绘制，应包括变、配电站变压器的编号、容量，发电机的编号、容量，终端主配电箱的编号、容量。

（4）防雷系统、接地系统。一般不出图纸，特殊工程只出屋顶平面图、接地平面图。

（5）电气消防。

1）火灾自动报警及消防联动控制系统图。

● 火灾自动报警及消防联动控制系统图。

● 消防控制室设备布置平面图。

2）电气火灾监控系统图。

3）消防设备电源监控系统图。

4）防火门监控系统图。

5）余压监控系统图。

6）应急照明监控系统图。

7）消防控制室设备布置平面图。

（6）智能化系统。

1）智能化各系统的系统图。

2）智能化各系统的及其子系统的干线路由平面图。

3）智能化各系统的及其子系统的主机房布置平面示意图。

（7）智能化专项设计图纸。

1）封面、图纸目录、各子系统的系统框图或系统图。

2）智能化技术用房的位置及布置图。

3）系统框图或系统图应包含系统名称、组成单元、框架体系、图例等。

4）图例应注明主要设备的图例、名称、规格、单位、数量、安装要求等。

5）系统概算。确定各子系统规模。确定各子系统概算，包括单位、数量及系统造价。

3. 主要电气设备表

注明主要设备的名称、型号、规格、单位、数量。

4. 计算书

（1）用电设备负荷计算。

（2）变压器、柴油发电机的选型计算。

（3）系统短路电流计算。

（4）典型回路电压损失计算。

（5）防雷类别的选取或计算。

（6）典型场所照度值和照明功率密度值计算。

（7）太阳能光伏发电系统装机容量和年发电总量。

（8）电力系统碳排放量计算。

（9）各系统计算结果尚应标示在设计说明或相应图纸中，因条件不具备不能进行计算的内容，应在初步设计中说明，并应在施工图设计时补算。

三、电气初步设计专业配合与设计验证

1. 电气初步设计与相关专业配合输入表（见表 4-1）

表 4-1　　　　　　　　　　电气初步设计与相关专业配合输入表

提出专业	电气初步设计输入具体内容
建筑	建设单位委托设计内容、方案审查意见表和审定通知书、建筑物位置、规模、性质、用途、标准、建筑高度、层高、建筑面积等主要技术参数和指标、建筑使用年限、耐火等级、抗震级别、建筑材料等；人防工程：防化等级、战时用途等；总平面位置、建筑物的平、立、剖面图及建筑做法（包括楼板及垫层厚度）；吊顶位置、高度及做法；各设备机房、竖井的位置、尺寸（包括变配电所、冷冻机房、水泵房等）；防火分区的划分；电梯类型（普通电梯或消防电梯、有机房电梯或无机房电梯）
结构	主体结构形式；基础形式；梁板布置图；楼板厚度及梁的高度；伸缩缝、沉降缝位置；剪力墙、承重墙布置图
给排水	各类水泵的台数、用途、容量、位置，电动机的类型及控制要求；各场所的消防灭火形式及控制要求；消火栓位置；冷却塔风机容量、台数、位置；各种水箱、水池的位置、液位计的型号、位置及控制要求；水流指示器、检修阀及水力报警阀、放气阀等位置；各种用电设备（电伴热、电热水器等）的位置、用电容量、相数等；各种水处理设备所需电量及控制要求
通风与空调	冷冻机房：①机房及控制（值班）室的设备布置图；②冷水机组的台数、每台机组电压等级、电功率、位置及控制要求；③冷水泵、冷却水泵或其他有关水泵的台数、电功率及控制要求。各类风机房（空调风机、新风机、排风机、补风机、排烟风机、正压送风机等）的位置、容量、供电及控制要求；锅炉房的设备布置及用电量；电动排烟口、正压送风口、电动阀的位置；其他设备用电性质及容量

2. 电气初步设计与相关专业配合输出表（见表 4-2）

表 4-2　　　　　　　　　　电气初步设计与相关专业配合输出表

接收专业	电气初步设计输入具体内容
建筑	变电所位置及平、剖面图（包括设备布置图）；柴油发电机房的位置、面积、层高；电气竖井位置、面积等要求；主要配电点位置；各弱电机房位置、层高、面积要求；强、弱电进出线位置及标高；大型电气设备的运输通路的要求；电气引入线做法；总平面中人孔、手孔位置、尺寸
结构	大型设备的位置；剪力墙上的大型孔洞（如门洞、大型设备运输预留洞等）
给排水	主要设备机房的消防要求；水泵房配电控制室的位置、面积；电气设备用房用水点
通风与空调	柴油发电机容量；变压器的数量和容量；冷冻机房控制室位置面积及对环境、消防的要求；主要电气机房对环境温、湿度的要求；主要电气设备的发热量
概预算	设计说明及主要设备材料表；电气系统图及平面图

3. 电气初步设计文件验证内容（见表4-3）

表4-3　　　　　　　　　　　　电气初步设计文件验证内容

类别	项目	验证岗位			验证内容	备注
		审定	审核	校对		
设计说明	设计依据	●	●	●	建筑类别、性质、结构类型、面积、层数、高度等；采用的设计标准应与工程相适应，并为现行有效版本	关注外埠工程地方规定
	设计分工	●	●	●	相关专业提供给本专业的资料	
		●	●	●	电气系统的设计内容	
		●	●	●	明确设计分工界别；市政管网的接入	
	变、配、发电系统	●	●	●	变、配、发电站的位置、数量、容量；负荷容量统计；明确电能计量方式；明确柴油发电机的启动条件	
		●	●	●	明确无功补偿方式和补偿后的参数指标要求	
	电力系统	●	●	●	确定电气设备供配电方式	
		●	●	●	合理配置水泵、风机等设备控制及启动装置	
	照明系统	●	●	●	明确照明种类、照度标准、主要场所功率密度限值；明确应急疏散照明的照度、电源形式、灯具配置、线路选择、控制方式、持续时间	
		●	●	●	明确光源、灯具及附件的选择；确定照明线路选择及敷设	
	防雷接地	●	●	●	计算建筑年预计雷击次数；确定防直击雷、侧击雷、雷击电磁脉冲、高电位侵入的措施；明确总等电位、辅助等电位的设置	
		●	●	●	明确接闪器、引下线、接地装置	
	电气消防系统	●	●	●	明确系统组成；确定消防控制室的设置位置；消防主电源、备用电源供给方式，接地电阻要求	
		●	●	●	确定各场所的火灾探测器种类设置；确定消防联动设备的联动控制要求；明确火灾紧急广播的设置原则，功放容量，与背景音乐的关系；明确电气火灾报警系统设置；确定线缆的选择、敷设方式	
	智能化系统	●	●	●	确定各系统末端点位的设置原则；确定与相关专业的接口要求	
			●	●	确定各系统机房的位置；明确各系统的组成及网络结构	
	电气节能	●	●	●	明确拟采用的电气系统节能措施；确定节能产品；明确提高电能质量措施	
	绿色建筑设计	●	●	●	绿色建筑电气设计目标；绿色建筑电气设计措施及相关指标	
	主要设备表	●	●	●	列出主要设备的名称、型号、规格、单位、数量	不应有淘汰产品
图纸	图纸目录	●	●	●	图号和图名与图签一致性	
		●	●	●	会签栏、图签栏内容是否符合要求	
	图例符号	●	●	●	参照国标图例，列出工程采用的相关图例	
	总平面	●	●	●	明确市电源和通信管线接入的位置、接入方式和标高	
		●	●	●	标明变电所、弱电机房等位置	

续表

类别	项目	验证岗位			验证内容	备注
		审定	审核	校对		
图纸	高压供电系统图	●	●	●	确定各元器件的型号规格、母线规格;确定各出线回路变压器容量	
		●	●	●	确定开关柜的编号、型号、回路号、二次原理图方案号、电缆型号规格	
	低压配电系统图	●	●	●	确定各元器件的型号规格、母线规格;确定设备容量、计算电流、开关框架电流、额定电流、整定电流、电流互感器、电缆规格等参数	
		●	●	●	确定断路器需要的附件,如分励脱扣器、失电压脱扣器;注明无功补偿要求;各出线回路编号与配电干线图、平面图一致;注明双电源供电回路主用和备用	
	变配电所平面布置图	●	●	●	注明高压柜、变压器、低压柜、直流信号屏、柴油发电机的布置图及尺寸标注;标注各设备之间、设备与墙、设备与柱的间距	
		●	●	●	标示房间层高、地沟位置及标高、电缆夹层位置及标高;变配电室上层或相邻是否有用水点;变配电室是否靠近震动场所;变配电室是否有非相关管线穿越	
	柴油发电机房布置	●	●	●	注明发电机组的定位尺寸标注清晰,配电控制柜、桥架、母线等设备布置;配电干线的敷设应考虑线路压降、安装维护等要求	
		●	●	●	注明油箱间、控制室、报警阀间等附属房间的划分;注明桥架、线槽、母线的应注明规格、定位尺寸、安装高度、安装方式及回路编号;确定电源引入方向及位置	
	火灾报警及联动系统图	●	●	●	标注消防水泵、消防风机、消火栓等联动设备的联动线;注明应急广播及功放容量、备用功放容量等中控设备	
		●	●	●	标注电梯、消防电梯控制;火灾探测器与平面图的设置应一致	
	火灾报警及联动平面图	●	●	●	火灾探测器安装场所、高度、位置及间距等应满足要求;消防值班室位置、面积应合理,不能有与电气无关的管路穿过,不能与电磁干扰源相邻	
		●	●	●	注明建筑门窗、墙体、轴线、轴线尺寸、建筑标高、房间名称、图纸比例;消防专用电话、扬声器、消火栓按钮、手动报警按钮、火灾警报装置等应满足要求	
	智能化系统图	●	●	●	建筑设备监控系统图中被控设备与设计说明应一致;综合布线系统包括布线机房、设备间、弱电井的设备、末端信息点及数量与设计说明中的标准应一致;有线电视系统包括电视机房、弱电间的设备,末端点位数量与设计说明应一致;视频安防系统中摄像头的设置与设计说明应一致;出入口控制系统中的门禁点位设置与设计说明应一致;防盗报警系统中报警点位设置与设计说明应一致;无线通信中的设置与设计说明应一致;智能化系统集成包括集成平台、需要集成的各子系统及其接口与设计说明一致	
计算书	负荷计算	●	●	●	应满足变压器选型、应急电源和备用电源设备选型的要求;应满足无功功率补偿计算要求;应满足电缆选择稳态运行要求;太阳能光伏发电系统装机容量和年发电总量;电力系统碳排放量计算	验证计算公式、计算参数正确性

续表

类别	项目	验证岗位			验证内容	备注
		审定	审核	校对		
计算书	短路电流计算	●	●	●	满足电气设备选型要求，为保护选择性及灵敏度校验提供依据	验证计算公式、计算参数正确性
	防雷计算	●	●	●	提供年预计雷击次数计算结果；提供雷击风险评估计算结果	
	照明计算	●	●	●	提供照度值计算结果；提供照明功率密度值计算结果	
	电压损失计算	●	●	●	满足校核配电导体的选择提供依据	
存在问题		●	●	●	列出设计存在技术问题	

第二节　某办公建筑初步设计说明

一、工程概况

见第三章第二节中的工程概况。

二、设计范围

见第三章第二节中的设计范围。

三、设计依据

1. 设计资料

（1）建设单位提供的设计任务书、设计要求及相关的技术咨询文件。

（2）建筑专业提供的作业图。

（3）给排水、暖通空调专业提供的资料。

（4）设计深度。

按照中华人民共和国住房和城乡建设部《建筑工程设计文件编制深度规定（2016 年版）》的规定执行。

2. 设计标准

主要遵循国家现行有关设计规范及标准，主要包括：

（1）《建筑与市政工程抗震通用规范》（GB 55002—2021）。

（2）《燃气工程项目规范》（GB 55009—2021）。

（3）《建筑节能与可再生能源利用通用规范》（GB 55015—2021）。

（4）《建筑环境通用规范》（GB 55016—2021）。

（5）《建筑与市政工程无障碍通用规范》（GB 55019—2021）。

（6）《建筑电气与智能化通用规范》（GB 55024—2022）。

（7）《安全防范工程通用规范》（GB 55029—2022）。

（8）《民用建筑通用规范》（GB 55031—2022）。

（9）《消防设施通用规范》（GB 55036—2022）。

（10）《建筑防火通用规范》（GB 55037—2022）。

（11）《房屋建筑制图统一标准》（GB/T 50001—2017）。

（12）《民用建筑设计统一标准》（GB 50352—2019）。

（13）《供配电系统设计规范》（GB 50052—2009）。

（14）《低压配电设计规范》（GB 50054—2011）。

（15）《通用用电设备配电设计规范》（GB 50055—2011）。

（16）《电力工程电缆设计标准》（GB 50217—2018）。

（17）《建筑机电工程抗震设计规范》（GB 50981—2014）。

（18）《民用建筑电气设计标准》（GB 51348—2019）。

（19）《20kV 及以下变电所设计规范》（GB 50053—2013）。

（20）《3～110kV 高压配电装置设计规范》（GB 50060—2008）。

（21）《电力装置的继电保护和自动装置设计规范》（GB/T 50062—2008）。

（22）《爆炸危险环境电力装置设计规范》（GB 50058—2014）。

（23）《并联电容器装置设计规范》（GB 50227—2017）。

（24）《城市夜景照明设计规范》（JGJ/T 163—2008）。

（25）《建筑照明设计标准》（GB/T 50034—2024）。

（26）《建筑物防雷设计规范》（GB 50057—2010）。

（27）《建筑物电子信息系统防雷技术规范》（GB 50343—2012）。

（28）《智能建筑设计标准》（GB 50314—2015）。

（29）《安全防范工程技术标准》（GB 50348—2018）。

（30）《入侵报警系统工程设计规范》（GB 50394—2007）。

（31）《视频安防监控系统工程设计规范》（GB 50395—2007）。

（32）《出入口控制系统工程设计规范》（GB 50396—2007）。

（33）《公共广播系统工程技术标准》（GB/T 50526—2021）。

（34）《厅堂扩声系统设计标准（2024 年版）》（GB 50371—2006）。

（35）《红外线同声传译系统工程技术规范》（GB 50524—2010）。

（36）《有线电视网络工程设计标准》（GB/T 50200—2018）。

（37）《民用闭路监视电视系统工程技术规范》（GB 50198—2011）。

（38）《视频显示系统工程技术规范》（GB 50464—2008）。

（39）《综合布线系统工程设计规范》（GB 50311—2016）。

（40）《通信管道与通道工程设计标准》（GB 50373—2019）。

（41）《建筑设计防火规范（2018 年版）》（GB 50016—2014）。

（42）《汽车库、修车库、停车场设计防火规范》（GB 50067—2014）。

（43）《火灾自动报警系统设计规范》（GB 50116—2013）。

（44）《消防控制室通用技术要求》（GB 25506—2010）。

（45）《公共建筑节能设计标准》（GB 50189—2015）。

（46）《节能建筑评价标准》（GB/T 50668—2011）。

（47）《绿色建筑评价标准（2024 年版）》（GB/T 50378—2019）。

（48）《民用建筑绿色设计规范》（JGJ/T 229—2010）。

（49）《建筑光伏系统应用技术标准》（GB/T 51368—2019）。

3. 设计环境参数

（1）海拔：3.3m。

（2）干球温度。

1）最热月平均相对湿度 78%。

2）7 月 0.8m 深土壤温度：22.3℃。

（3）30 年一遇最大风速 25.3m/s。

（4）全年雷暴日数：27.5d/a。

（5）抗震设防烈度为 8 度。

四、设计范围

1. 10/0.4kV 变配电系统

2. 电力配电系统

3. 照明系统

4. 智能化系统

（1）通信网络及综合布线系统。

（2）有线电视系统。

（3）建筑设备监控系统。

（4）安防系统。

（5）背景音乐及公共广播系统。

（6）无线信号增强系统。

（7）系统集成。

（8）机房工程。

（9）会议系统。

（10）信息发布及大屏幕显示系统。

（11）计算机网络系统。

5. 建筑电气消防系统

6. 建筑物防雷、接地系统

7. 电气节能措施

8. 绿色建筑电气设计

9. 抗震电气设计

五、供配电系统

1. 负荷分级

用电负荷分级参见第三章第二节中的负荷分级。特级负荷的设备容量为 2558kW。一级负荷的设备容量为 3107kW，二级负荷为 2276kW，三级负荷的设备容量为 2316kW。总设备容量为 10 257kW。

2. 供电措施

（1）供电措施参见第三章第二节中的供电措施。

（2）特级负荷、一级负荷采用二路电源末端互投方式供电。

（3）应急电源。设置一台 1250kW 低压柴油发电机组，作为第三电源。应急电源的消防供电回路采用专用线路连接至专用母线段。

3. 供电电压

（1）高压供电电压为 10kV。

（2）低压电压为单相为 220V，三相为 380V。

（3）安全电压：单相小于或等于 50V。

4. 分布式电源系统

在建筑屋面设置太阳能电池方阵，采用并网型太阳能发电系统，太阳能发电能力为 100kW，预计年发电总量 109 500kW•h。

5. 电气负荷计算及变压器选择

电气总设备容量约为 10 257kW，计算容量约为 5576kW。设置 2 台 2000kV•A 户内型干式变压器，供空调冷冻系统负荷，冬季可退出运行。设置 4 台 2000kV•A 户内型干式变压器，供其他负荷用电。整个工程总装机容量为 12 000kV•A。

6. 变配电所和柴油发电机房

（1）在地下一层设一变配电所，地面或门槛应高出本层楼地面，其标高差值不小于 0.15m，变配电所下设电缆夹层，并设有导水管至变电所外的排水坑，导水管上设置逆止阀，值班室内设模拟显示屏。

（2）在地下一层设置柴油发电机房，面或门槛应高出本层楼地面，其标高差值不小于 0.15m。

（3）设置电力监控系统，对高、低压配电系统、变压器等进行监控。

（4）柴油发动机房设置 1 个日用储油间，储油量按 1m³ 配置。柴油管道在设备间内及进入建筑物前，分别设置具有自动和手动关闭功能的切断阀。

7. 高压供电系统设计

（1）采用由外电网引来两路 10kV 电源，要求 10kV 双回供电电源引自上级变电所的不同母线段。10kV 配电装置采用单母线分段运行方式，分段开关处设自投装置。当一路电源故障时，另一路电源不应同时受到损坏，并且具有 100% 供电能力。

（2）10kV 系统中性点接地方式为低电阻接地。

（3）真空断路器选用电磁（或弹簧储能）操动机构，操作电源采用 110V 镍镉电池柜

（100A•h）作为直流操作、继电保护及信号电源。

8. 低压配电系统设计

（1）低压配电系统为单母线分段运行，联络开关设自投自复、自投不自复、手动转换开关。自投时要自动断开非保证负荷，以保证变压器正常工作。主进开关与联络开关设电气联锁，任何情况下只能合其中的两个开关。

（2）低压负荷由负荷中心（大于或等于 75kW 的电机及供电回路）及相应的电机控制中心供电。负荷分配应尽量按相同功能单元集中在同一负荷中心或电机控制中心。负荷中心与电机控制中心之间不装设出线开关，采用电缆或母线桥连接负荷中心与电机控制中心的母线。一用一备的用电负荷宜分配在同一负荷中心的不同母线段。

（3）低压配电线路根据不同的故障设置短路、过负荷保护等不同的保护装置。低压主进、联络断路器设过载长延时、短路短延时保护脱扣器，其他低压断路器设过载长延时、短路瞬时脱扣器。

（4）变压器低压侧总开关和母线分段开关应采用选择性断路器。低压主进线断路器与母线分段断路器应设有电气联锁。

（5）低压开关柜采用上进线、下出线方式。

（6）变压器低压侧出线端装设电涌保护器。

（7）变电所内的等电位联结。所有电气设备外露可导电部分，必须可靠接地。

（8）设置电力监控系统，对电力配电实施动态监视。

9. 功率因数补偿

采用低压集中自动补偿方式，每台变压器低压母线上装设不燃型干式补偿电容器，对系统进行无功功率自动补偿，使补偿后的功率因数大于 0.95。配备电抗系数 7%的谐波电抗器组合，作为谐波抑制措施，避免高次谐波电流与电力电容发生谐振，影响系统设备可靠运行，治理后的谐波水平满足《电能质量　公用电网谐波》（GB/T 14549—1993）的要求。

六、电力系统

（1）控制回路电压等级除有特殊要求者外，选用交流 220V。

（2）低压配电系统的接地形式采用 TN–S 系统。

（3）冷冻机组、冷冻泵、冷却泵、生活泵、热力站、厨房、电梯等设备采用放射式供电。风机、空调机、污水泵等小型设备采用树干式供电。

（4）为保证重要负荷的供电，消防用电设备的供电电源干线设有两个路由。对重要设备如消防用电设备（消防水泵、消防电梯等）信息网络设备、消防控制室、变电所、电话机房等均采用双回路专用电缆供电，在最末一级配电箱处设双电源自投，自投方式采用双电源自投自复。其他电力设备采用放射式或树干式方式供电。防烟和排烟风机房的消防用电设备在其配电线路的最末一级配电箱内或所在防火分区的配电箱内设置自动切换装置。防火卷帘、电动排烟窗、消防潜污泵、消防应急照明和疏散指示标志等的供电，应在所在防火分区的配电箱内设置自动切换装置。

（5）为保证用电安全,用于移动电器装置的插座电源均设电磁式剩余电流保护装置（动作电流小于或等于 30mA，动作时间小于或等于 0.1s）。

（6）对重要场所，诸如网络机房、消防控制室、中央控制室等房间内重要设备采用专用 UPS 装置供电，UPS 容量及供电时间由工艺确定。

七、照明系统

1. 建筑照明设计原则

（1）在照明设计时，应根据视觉要求、工作性质和环境条件，使工作区获得良好的视觉效果、合理的照度和显色性，以及适宜的亮度分布。

（2）在确定照度方案时，应考虑不同建筑对照明的不同要求，处理好电气照明与天然采光、建设投资及能源消耗与照明效果的关系。

（3）照明设计应重视清晰度，消除阴影，控制光热，限制眩光。

（4）照明设计时，应合理地选择照明方式和控制方式，以降低电能消耗指标。

（5）室内照明光源的确定，应根据使用场所的不同，合理地选择光源的光效、显色性、寿命等光电特性指标，优先采用节能型光源。

（6）长时间工作或停留的房间或场所，选用无危险类（RG0）灯具，LED 灯应满足以下主要技术参数要求：

1）色温小于或等于 4000K；同类光源之间的色容差应低于 5SDCM；显色指数 $R_a \geqslant 80$，$R_9 > 0$；功率因数不应低于 0.9。

2）LED 灯的初始光通量不应低于额定光通量的 90%，且不应高于额定光通量的 120%。其工作 3000h 的光通量维持率不应小于 96%，6000h 的光通量维持率不应小于 92%。

3）额定功率小于或等于 5W 时，LED 灯输入功率与额定值之差不应大于 0.5W；额定功率大于 5W 时，LED 灯输入功率与额定值之差不应大于额定值的 10%。

4）正常工作条件下，LED 灯在距离 1m 处噪声的 A 计权等效声级不应大于 24dB。

5）LED 灯的谐波应符合现行国家标准《电磁兼容 限值 第 1 部分：谐波电流发射限值（设备每相输入电流≤16A）》（GB 17625.1）的有关规定。

6）LED 灯的启动冲击电流峰值不应大于 40A，持续时间应小于 1ms。

2. 照度标准

照度标准见表 4-4。

表 4-4 照度标准

房间或场所	参考平面及其高度	照度标准值/lx	UGR	U_0	R_a
普通办公室	0.75m 水平面	300	19	0.60	80
高档办公室	0.75m 水平面	500	19	0.60	80
会议室	0.75m 水平面	300	19	0.60	80
视频会议室	0.75m 水平面	750	19	0.60	80
接待室、前台	0.75m 水平面	200	—	0.40	80
服务大厅、营业厅	0.75m 水平面	300	22	0.40	80

房间或场所	参考平面及其高度	照度标准值/lx	UGR	U_0	R_a
设计室	实际工作面	500	19	0.60	80
文件整理、复印、发行室	0.75m 水平面	300	—	0.40	80
资料、档案存放室	0.75m 水平面	200	—	0.40	80

3. 光源与灯具选择

（1）照明方式分为一般照明、分区一般照明和局部照明。办公室根据办公桌的布置进行照明设计，并且在办公室任何位置都有良好的照明。当需要更高照度时，可通过加局部照明来实现。

（2）选择的照明灯具与照明环境中亮度比相适宜。各场所选用光源和灯具的闪变指数 P_{st}^{LM} 不应大于 1。

（3）人员长时间工作或停留的场所选用无危险类（RG0）或 1 类危险（RG1）灯具。长时间视觉作业的场所，统一眩光值 UGR 不高于 19。

（4）对办公、餐厅、电梯厅、走道等均采用节能灯。

（5）办公室照明设计的基本要求：

1）办公室照明的设计目标是创造一个和谐的工作环境，使工作人员有效地工作，提高工作效率。

2）办公室照明光源的色温选择在 3300～4000K 之间。

3）办公室照明光源的显色指数选择 80。

4）办公室照明设计应做到总体亮度与局部亮度平衡，以满足使用要求。

5）避免在视场内出现大面积的饱和色彩。

6）为提高视觉舒适度，视觉舒适概率应控制在 70%以上。

4. 应急照明与疏散照明

（1）消防控制室、消防水泵房、自备发电机房、配电室、防排烟机房以及发生火灾时仍需正常工作的消防设备房等处的备用照明按正常照明的照度 100%考虑。

（2）采用集中电源集中控制型消防疏散指示灯系统，各层走道、拐角及出入口均设疏散指示灯，停电时自动切换为直流供电，蓄电池的持续供电时间不少于 1.5h。疏散楼梯间、疏散楼梯间的前室或合用前室、避难走道及其前室、避难层、避难间、消防专用通道，疏散照明的地面最低水平照度大于 10.0lx。疏散走道、人员密集的场所，疏散照明的地面最低水平照度大于 3.0lx。

（3）在避难层进入楼梯间的入口处和疏散楼梯通向避难层的出口处，均在明显位置设置标示避难层和楼层位置的灯光指示标识。

5. 节日照明及室外照明

利用投射光束衬托建筑物主体的轮廓，烘托节日气氛。建筑设置景观灯具来满足夜间景观照明。

6. 航空障碍物照明

根据《民用机场飞行区技术标准》要求，分别在屋顶及每隔 40m 左右设置航空障碍标志灯，40～90m 采用中光强型航空障碍标志灯，90m 以上采用航空白色高光强型航空障碍标志灯。航空障碍标志灯的控制纳入建筑设备监控系统统一管理，并根据室外光照及时间自动控制。

八、智能化系统

1. 智能化系统设计范围

（1）信息化应用系统。

（2）智能化系统集成。

（3）通信网络系统。

（4）综合布线系统。

（5）有线电视系统及自办电视节目。

（6）会议系统。

（7）信息发布及大屏幕显示系统。

（8）无线信号增强系统。

（9）背景音乐及公共广播系统。

（10）建筑设备管理系统。

（11）计算机网络系统。

（12）安防系统。

（13）机房工程。

2. 智能化系统设计原则

（1）标准化。必须采用符合或高于国家标准的产品。

（2）可靠性。系统的可靠性是一个系统的最重要指标，直接影响系统的各项功能的发挥和系统的寿命。系统必须保持每天 24h 连续工作。子系统故障不影响其他子系统运行，也不影响集成系统除该子系统之外的其他功能的运行。

（3）实用性。布线系统的设计是以实用为第一原则。在符合需要的前提下，合理平衡系统的经济性与超前性。

（4）先进性。充分利用当代先进的科学技术和手段，基于办公业务的要求，以信息系统为平台，构建一套先进实用的业务数据共享和交换的业务系统，以计算机集成和专用软件来补充纯硬件系统功能方面上的不足。

（5）灵活性。在同一设备间内连接和管理各种设备，以便于维护和管理，节省各种资源及费用。

（6）开放可扩展性。要采用各种国际通用标准接口，可连接各种具有标准接口的设备，支持不同的应用。系统应留有一定的余量，满足以后系统扩展升级的需要。

（7）易维护性。因为系统庞大，要保证日常运行，系统必须具有高度的可维护性和易维护性，尽量做到所需维护人员少，维护工作量小，维护强度低，维护费用低。

（8）独立性。作为一套完整的无源系统，它与具体采用何种网络应用、设备无关，具备相对的独立性。

（9）经济性。布线系统所选用的设备与系统，以现有成熟的设备和系统为基础，以总体目标为方向，局部服从全局，力求系统在初次投入和整个运行生命周期获得优良的性能/价格比。

3. 信息化应用系统

（1）信息化应用系统功能应满足建筑物运行和管理的信息化需要并提供建筑业务运营的支撑和保障。系统包括公共服务、智能卡应用、物业管理、信息设施运行管理、信息安全管理、基本业务办公和专业业务等信息化应用系统。

（2）公共服务系统。公共服务系统应具有访客接待管理和公共服务信息发布等功能，并宜具有将各类公共服务事务纳入规范运行程序的管理功能。系统基于信息网络及布线系统，系统服务器设置于中心网络机房，管理终端设置于相应管理用房。

（3）智能卡应用系统。根据建设方物业信息管理部门要求对出入口控制、电子巡查、停车场管理、考勤管理、消费等实行一卡通管理，"一卡"在同一张卡片上实现开门、考勤、消费等多种功能；"一库"，在同一软件平台上，实现卡的发行、挂失、充值、资料查询等管理，系统共用一个数据库，软件必须确保出入口控制系统的安全管理要求；"一网"，各系统的终端接入局域网进行数据传输和信息交换。系统基于信息网络及布线系统，系统服务器设置于中心网络机房，管理终端设置于相应管理用房。

（4）信息设施运行管理系统。信息设施运行管理系统应具有对建筑物信息设施的运行状态、资源配置、技术性能等进行监测、分析、处理和维护的功能。系统基于信息网络及布线系统，系统服务器设置于中心网络机房，管理终端设置于相应管理用房。

（5）信息安全管理系统。信息网络安全管理系统通过采用防火墙、加密、虚拟专用网、安全隔离和病毒防治等各种技术和管理措施，确保经过网络的传输和管理措施，网络系统能正常运行，并经过网络传输和交换，数据不会发生增加、修改、丢失和泄漏。系统基于信息网络及布线系统，系统服务器设置于中心网络机房，管理终端设置于相应管理用房。

4. 智能化系统系统集成

（1）智能化集成系统。将作为本工程中智能化设备运行信息的交汇与处理的中心，对汇集的各类信息进行分析、处理和判断，采用最优化的控制手段，对各设备进行分布式监控和管理，使各子系统和设备始终处于有条不紊、协调一致的高效、经济的状态下运行，最大限度地节省能耗和日常运行管理的各项费用，保证各系统能得到充分、高效、可靠的运行，并使各项投资能够给业主带来较高的回报率。作为最核心的集成系统将集成：建筑设备监控系统、供配电系统、智能照明控制系统、电梯管理系统、公共安全防范系统（包括门禁、考勤、消费智能卡系统，入侵报警系统，视频安防监控系统，电子巡查管理系统，停车场管理系统）、火灾自动报警系统、背景音乐及紧急广播系统、信息引导及发布系统。

（2）信息引导及发布系统。信息引导及发布系统提供 OPC 等实时数据接口方式给智能化集成系统。信息引导及发布系统提供每个信息点的运行/停止状态，提供每个信息点的播放内容，智能化集成系统可以通过电子地图或列表的方式显示各个信息发布点设备的运行状态和播放内容，在信息引导及发布系统提供每个信息点的远程控制权限的情况下，智能化集成系统实现对每个信息发布点的远程控制功能。

（3）背景音乐与紧急广播系统。背景音乐与紧急广播系统通过提供 OPC 的通信接口方式与智能化集成系统进行集成，智能化集成系统主要实现对背景音乐与紧急广播系统设备的工作状态（主要是工作回路）进行集中监控，在工作站上以电子地图和数据表格的形式显示各区域的信息。在背景音乐与紧急广播系统能够开放广播控制权限的情况下，智能化集成系统实现背景音乐和广播的远程控制功能。

（4）建筑设备管理系统。建筑设备监控系统提供 OPC 接口给智能化集成系统。智能化集成系统实现对建筑设备监控系统各主要设备相关数字量（或模拟量）输入（或输出）点的信息（状态、报警、故障）进行监视和相应控制，建筑设备监控系统向智能化集成系统提供各子系统设备的信息点属性表、编码表和相应布点位置图及系统图，提供系统设备联动程序列表及监控流程与各子系统原理图。设备控制运行和检测数据的汇集与积累。智能化集成系统与建筑设备监控系统的通信接口相连，汇集各种设备的运行和检测参数，并对各类数据进行积累与总计，以便更好地管理。

1）建筑设备监控系统提供监控空调、新风设备、排风设备各个点的开/关状态、手动/自动状态、运行/停止状态、过滤器正常/报警等实时数据信息给智能化集成系统。建筑设备监控系统提供监控空调、新风设备各个点的回风温度、送风温度、水阀开度等实时数据信息给智能化集成系统。建筑设备监控系统提供监控空调、新风设备、排风设备各个点的开/关控制权限，回风温度设置权限等控制权限给智能化集成系统。建筑设备监控系统提供给水/排水系统，生活水池的高/低液位正常和报警信息，提供生活水泵/排污水泵的正常运行/停止状态、故障状态等给智能化集成系统。泛光照明、航空障碍标志灯系统的运行状态。

2）能源计费系统。能源计费系统各个计量表自成一套完整的系统，并由能源计费系统监控软件提供一个统一的软件接口（如 OPC）给智能化集成系统，主要实现对电、水、气、用冷量等能耗数据的集中监测，可根据实际情况从不同角度满足用户的多种需求，真正地实现能源计量的科学化管理。功能如下：

- 能源计费系统提供监测用户的每个区域的用水量、用电量、用冷量等数据给智能化集成系统。
- 智能化集成系统可以用列表的方式集中显示能源计费的实时监测数据。
- 智能化集成系统对各种能耗数据进行汇总，并实现各种不同类型数据的自定义查询功能。

3）供配电系统。供配电系统必须在自成系统后，由供配电系统监控软件向智能化集成系统提供一个统一的 OPC 数据接口，与智能化集成系统进行数据通信，提供相关信息。功能如下：

- 供配电系统提供低压柜进线各相的电流、电压、功率、功率因数等参数给智能化集成系统。
- 供配电系统提供发电机的 A/B/C 项电流、电压、功率、发电机运行/停止状态、电池电压等参数给智能化集成系统。

• 供配电系统能够提供高压柜各个进线的 A/B/C 项电流、电压、功率、功率因数等参数的情况下，智能化集成系统实现高压系统的监测。

4）智能照明系统。智能照明系统向智能化集成系统提供 OPC 接口，智能照明系统提供给智能化集成系统各个照明回路的工作状态：各个回路的平面分布图；各个回路的开灯/关灯状态；智能化集成系统在工作站上以电子地图的形式显示各照明区域的信息；在智能照明系统开放各个回路的开/关控制权限的情况下，智能化集成系统实现对各个照明回路的控制功能。

5）电梯管理系统。鉴于电梯的安全性和重要性，智能化集成系统对电梯只监视不控制。电梯系统必须在自成系统后，由电梯系统监控软件提供一个统一的 OPC 通信接口给智能化集成系统。电梯系统需要提供给智能化集成系统的数据有：提供每台电梯的上升/下降状态；提供每台电梯所处的楼层信息、提供每台电梯的故障报警及电梯紧急状况报警等实时参数。

6）冷机群控系统。各个单独的冷机系统必须在形成冷机群控系统后，由冷机群控系统监控软件提供一个统一的 OPC 通信接口给智能化集成系统。冷机群控系统在完成监视整个建筑物内冷机系统设备的正常运行，非正常状态，以及冷机系统的主要数据后。为智能化集成系统提供以下监测的数据参数：

• 冷却水供水温度，冷却水回水温度。
• 冷冻水供水温度，冷冻水回水温度。
• 冷水系统主机的运行/停止状态。
• 冷却水系统水泵的运行/停止状态。
• 冷冻水系统水泵的运行/停止状态。
• 冷却水供水压力。
• 冷冻水供水压力。
• 冷却塔蝶阀状态。

（5）公共安全防范系统。包含视频监控系统、入侵报警系统、智能卡应用系统、门禁系统、电子巡查系统、停车场管理系统。

1）视频监控系统。视频监控系统提供矩阵的通信控制协议同时开放矩阵的控制接口给智能化集成系统，并提供网络 SDK 开发包（带云台控制）给智能化集成系统。

• 视频监控系统提供每个摄像头点位的平面分布图。
• 智能化集成系统可以以电子地图和菜单等多种方式管理所有的摄像机。
• 智能化集成系统可以实现对每个摄像机进行联动配置，在接收到其他系统的报警信息的同时进行相应的联动。
• 智能化集成系统可以实现从监控工作站的电子地图窗口中点击摄像头调出实时动态监控的图像。

在视频监控系统提供矩阵控制协议和网络 SDK 开发包（带云台控制）的情况下，智能化集成系统实现带云台摄像机的控制、俯仰及变焦对焦等功能。

2）入侵报警系统。入侵报警系统通过报警主机给智能化集成系统提供一个统一的单独的硬件接口（如 RS232），或者通过入侵报警系统软件提供一个统一的实时软件接口（如 UDP）给智能化集成系统，功能如下：

- 入侵报警系统提供每个防区的报警信息/报警恢复信息。
- 智能化集成系统以电子地图方式管理所有防区的感应探头并配置为视频监控系统的联动，及时进行报警，报警可以以声、光的形式在系统主界面上显示。
- 入侵报警系统提供每个防区的平面分布图。
- 在入侵报警系统能够开放整理撤防和布防权限的情况下，智能化集成系统实现入侵报警系统的整体撤防和布防功能。
- 智能化集成系统可以记录、保存历史报警数据，并可以实现报警数据的自定义查询功能。

3）智能卡应用系统。智能卡应用系统（门禁、考勤、消费等）向智能化集成系统提供 OPC/ODBC 数据接口，智能卡应用系统通过数据接口将采集到的区域内人员的身份识别、考勤、出入口管理、用餐情况等数据提供给智能化集成系统。智能化集成系统可以实现智能卡系统各种数据的汇总和自定义查询功能，从而实现智能化集成系统对智能卡应用系统数据的集中监视和管理。

4）门禁系统。门禁系统监控软件提供统一的 OPC 接口给智能化集成系统，智能化集成系统对于门禁系统的集成实现如下功能：

- 门禁系统提供每个门的进、出刷卡信息给智能化集成系统。
- 门禁系统提供的数据库字段必须包含门的刷卡时间、卡号、持卡人、刷卡地点等数据。
- 智能化集成系统实现门禁系统常用数据的汇总和自定义查询功能。
- 在门禁系统通过提供实时数据接口（如 OPC），并提供每个门的实时状态和控制权限的情况下，智能化集成系统可以实现门禁系统每个门禁点的状态监测和控制。

5）电子巡更管理系统。电子巡更管理系统提供（OPC 或 ODBC）接口给智能化集成系统。智能化集成系统与电子巡更管理系统进行集成后，能完成如下功能：

- 电子巡更管理系统提供巡查信息的历史记录（巡查人员、巡查时间、巡查地点）等数据给智能化集成系统。
- 智能化集成系统可以实现巡更数据的汇总和自定义查询功能。
- 在电子巡更系统为在线式巡更，并提供 OPC 等实时通信数据接口的情况下，智能化集成系统实现以电子地图的方式，在电子地图上实时显示各个巡更点的巡更状态。

6）停车场管理系统。停车场管理系统提供实时的通信接口方式（如 OPC 或 ODBC）给智能化集成系统，并开放以下数据：

- 停车场系统提供停车场内车辆进、出的刷卡信息的智能化集成系统。
- 停车场系统提供的数据库字段必须包含：车辆进场时间、车辆出场时间、车牌号码、刷卡地点、收费数据等。
- 在停车场系统提供车辆进场和出场的车牌照片的情况下，智能化集成系统实现车辆进场和出场图片查询功能。

- 智能化集成系统实现停车场系统常用数据的汇总和自定义查询功能。

（6）火灾自动报警系统。

1）火灾自动报警系统自成一套完整的系统后，通过报警主机提供一个统一的硬件接口（如 RS232）给智能化集成系统；或通过火灾自动报警系统监控软件提供一个软件接口（如 OPC）给智能化集成系统。智能化集成系统主要实现对火灾自动报警系统的各种检测设备的运行数据及预警数据进行实时监视，在工作站上显示运行状态信息。

2）智能化集成系统检测到火灾自动报警系统确认的火警或意外事件信息时，立即通过智能化集成的报警功能，在监视工作站上以声音、醒目颜色或图标显示报警信息等，并可以实现与视频监控系统的联动。

（7）机房监控系统。机房监控系统通过统一的机房监控软件自成系统，由机房监控软件提供统一的软件接口（如 OPC）给智能化集成系统，机房监控系统提供机房设备的监控数据信息给智能化集成系统，如机房里的供配电数据、空调的温度数据、房间的温/湿度数据、漏水报警信息，消防报警信息，视频监控图像等，智能化集成系统通过列表或电子地图的方式体现机房监控的各个信息点。

5. 通信网络系统

（1）通信网络系统将是一个由电话通信、数据通信、无线通信和卫星通信系统构成的复杂系统，可以为办公政务提供语音、数据、图形和图像通信服务。通信系统是办公楼内语音、数据、图像信息传输的基础，应具有与外部通信网（如电话公网、数据专网、计算机专网、卫星）互通信息的功能。通信系统设计应满足办公自动化系统的要求，并能适应国家通信网向数字化、智能化、综合化、宽带化及个人化发展的趋势。

（2）本工程在地下一层设置电话交换机房，与网络机房合用。拟定设置一台 2000 门的 PABX，双局向汇接，每局向 500 条中继线（此数量可根据实际需求增减）。电话交换机房由具有设计资质的专业单位设计。

（3）PABX 应为积木式结构，便于用户根据使用情况逐渐扩容，又不影响主机的正常运行以及机房的改变。

（4）具备故障自诊断强，可靠性好，系统中的专用诊断软件负责定期对系统中各单元进行检测，故障确定及自动故障处理。系统具备高容错能力，确保通信的安全。

（5）系统功能要求。

1）电话通信。包括内部电话、国内国际直拨电话、传真业务、IP 电话、可视电话。

2）声讯服务。包括语音信箱、语音应答。

3）视讯服务。包括可视图文系统、电子信箱系统、电视会议系统。

4）卫星通信。安装独立的卫星收发天线和 VSAT 通信系统，与外部构成语音和数据通道，实现远距离通信。

5）无线通信。提供无线选择呼叫和群呼功能，为内部专业人员通信调度系统使用。

（6）PABX 应能与 LAN 接口，优化通信路由，具有分组交换能力，支持微小区域无绳电话系统，支持 VSAT 卫星通信系统，具备语音信箱、传真信箱、具备高度完备的自检和远端维护功能，具有虚拟网功能，可实现建筑内部电话按集团内部电话分设使用的功能。

（7）语音通信系统：系统采用专用储存器，由通用微型计算机来实现综合语音信息处理，将用户内部的电话信号或将连接外部公用电话网（PSTN）上的电话信号转换成数字信号送至语音信箱的计算机储存器内。该系统除市话局 PABX 电脑话务员自动转接功能外，还应包括电话自动应答功能、语音邮件功能、传真信息功能等。

（8）电子信箱系统（E-MAIL）：系统硬件选用高性能、大容量的计算机，其硬盘作为信箱的储存介质，并通过市话直通线与市话局数字控制交换机相连，并可以通过扩大硬盘来扩充容量。该系统通过电信网实现各类信件的传送、接收、存储、投递，为用户提供极其方便的信息交换服务。系统通过软件来实现信件处理功能，如投递功能，直投业务，电子布告栏、用户号码簿等功能。

（9）电话机房应做辅助等电位联结，并设置专用接地线。

6. 综合布线系统

（1）根据对结构化综合布线系统的具体功能及设备的性能和配置要求，为了满足工程综合信息网络传输的需求，真正体现大工程智能化、信息化的优势，提供实现高速数据传输与宽带通信网络的实际应用。同时为建筑智能化系统集成提供物理基础和基本骨架，成为一体化的公共通信网络。

（2）综合布线系统（GCS）应为一套完善可靠的支持语音、数据、多媒体传输的开放式的结构，作为通信自动化系统和办公自动化系统的支持平台，满足通信和办公自动化的需求。

（3）系统能支持综合信息（语音、数据、多媒体）传输和连接，实现多种设备配线的兼容，综合布线系统能支持所有的数据处理（计算机）的供应商的产品，支持各种计算机网络的高速和低速的数据通信，可以传输所有标准的模拟和数字的语音信号，具有传输 ISDN 的功能，可以传输模拟图像、数字图像以及会议电视等的多媒体信号。完全能承担建筑内的信息通信设备与外部的信息通信网络相连。

（4）综合布线系统由以下五个子系统组成：

1）工作区子系统。

● 工作区应由配线（水平）布线系统的信息插座延伸到工作站终端设备处的连接电缆及适配器组成。工作区子系统的设计，主要包括信息点数量、信息模块类型、面板类型以及信息插座至终端设备的连线接头类型等组成。

● 综合布线系统信息点的类型分为语音点、数据点两种类型。采用六类信息插座（CAT6），能够满足高速数据及语音信号的传输，传输参数可测试到 250MHz。信息面板应有明显的语音及数据的标识。

● 终端设备与工作区模块的连接全部采用原厂六类软跳线，数量与实际应用点数相等，长度为 3m。

● 除特别注明外，模块是 8 针 RJ45 插座。电缆连接必须按 TIA/EIA-568B.2-1 和 ISO 11801 标准执行。

● 面板颜色为白色，并带有防尘盖。

● 各信息插座输出口须为模块式结构，以便更换及维护。

- 按需提供单位及双位或多位插座，并提供话音/数据识别符号。
- 电气性能达到六类标准 TIA/EIA CAT6 的要求，测试指标大于或等于 250MHz。
- 信息模块卡接金属片应能保持良好的导电及电气性能。

2）水平子系统。根据 TIA/EIA－568－B 的水平线独立应用原则，水平子系统采用符合 TIA/EIA－568B.2－1 和 ISO 11801 标准等国际标准拟定的六类 UTP 铜缆指标值；铜缆信息点为全六类配置，具有较高的性能价格比，既考虑到经济性又兼顾到将来的网络发展需求。水平布线是整个布线系统的主要部分，它将干线子系统线路延伸到用户工作区。

- 水平布线采用六类 24AWG 非屏蔽双绞线（UTP）。
- 所采用的六类双绞线必须具备"十字隔板"。
- 在大开间的办公室采用预留分配线架方式，即终端信息点先集中到分配线架，再由分配线架连接到楼层配线间 FD。
- 带宽：≥250MHz。
- 水平子系统电缆长度为 90m 以内。
- 接线采用 TIA/EIA－568B.2－1 和 ISO 11801 标准。
- 六类 UTP 四对铜缆具有 UL 等第三方国际实验室认证其符合六类标准 TIA/EIA－568B.2－1 和 ISO 11801 标准性能要求的证书。

3）主干子系统。

- 主机房中心配线间 MDF（Main Distribution Frame）位于中心机房内，MDF 与各楼层配线间（楼层设备间）IDF 之间的连接，数据主干部分采用 12 芯单模室内光缆，语音主干部分采用大对数铜缆。
- 数据主干 12 芯单模室内光缆需满足 IEEE 802.3ae 技术标准。
- 100/1000/10 000Mbit/s 的应用。
- 所用材料必须符合 IEC 对抗拉力，压力和拉力的承受标准。
- 语音主干三类 25 对或 50 对大对数非屏蔽 UTP 双绞线铜缆，除必须符合对所有产品的要求的标准外，还必须符合 EN50167，EN50168 对三类线缆的其他技术要求，以满足中速网络应用的需求。

4）设备间子系统。

- 数据主配线间及各 IDF 分配线间全部采用标准 19in 机柜安装配线架及相应的网络设备，内备风扇、电源及门锁并应考虑以后网络设备的放置，机柜数量按照现有设备计算并有一定预留为宜。机柜内网络设备全部采用 UPS 电源供电。
- IDF 分配线间与水平子系统连接的配线架采用 6 类模块式配线架来管理水平数据铜缆信息点。应根据数据信息点的数量配备原厂管理区六类 RJ45 铜缆跳线，长度尺寸适合。
- IDF 分配线间内与语音垂直主干相连接的语音配线架必须是 19in 机架式配线架，以便于在标准的 19in 机柜内安装。而语音配线架模块要求采用标准的 RJ45 口语音模块，并配有足够的安装背板，以方便用同一条数据 RJ45 跳线完成终端信息点数据与语音功能的转换，从而实现终端信息点数据、语音一体化的功能要求。
- 光纤采用 19in 机柜式 24 口光纤配线架，可以端接多芯光纤。光纤接头及相应的耦合器应采用先进的高性能，低衰耗，高密度型小型光纤接头，并配置适宜长度的 SC – SC 头的原厂光纤跳线。实现配线管理，使用颜色编码，易于追踪和跳线。

5）管理子系统。楼层配线间管理子系统由各层分设的楼层配线系统及主机房中的主配线系统构成，负责楼层内及信息通道的统一管理。主要由跳线面板、跳线管理器、跳线、光缆端接面板、机柜（或机架）等组成。

（5）其他。

1）无线上网系统覆盖整个建筑。

2）综合布线的电缆采用金属线槽或钢管敷设时，线槽或钢管应保持连续的电气连接，并在两端应有良好的接地。

3）当电缆从建筑物外面进入建筑物时，电缆的金属护套或光缆的金属件均应有良好的接地。

4）信息网络中心应做辅助等电位联结。

7. 有线电视系统及自办电视节目

（1）在四层设置卫星电视机房，对建筑内的有线电视实施管理与控制。

（2）有线电视系统及自办电视节目主要用于召开全体大会、传达重要会议的会议精神，以及集体业务学习等任务，对自办节目源设置监控设施。

（3）有线电视线路由市政网络引入。设置卫星接收系统，接收卫星电视节目。有线电视节目和卫星电视节目经调制后，经电视信号干线系统传送至每个电视输出口处，使获得技术规范所要求的电平信号，达到满意的收视效果。系统设备包括卫星接收天线、功分器、接收机、解密器、制式转换器、前置放大器、频道放大器、频道转换器、有源混合器、供电单元、宽带放大器、分配器、分支器、终端电阻等。

（4）根据有线电视现状和全国有线电视的双向网络发展趋势，有线电视系统采用 860MHz 双向邻频传输方式，采用集中分配形式，终端电平为（69±6）dB，图像质量达到国家四级标准。系统要具有扩展为多功能网络的功能。

在建筑的重要办公室、会议室、餐厅、接待大厅等地方配置点位，以便大楼内部工作管理人员和外来人员都能根据不同的需要收看有线电视节目，保证整个大楼在信息方面的开放性和先进性。同时楼内部的一些消息和通告的发布或者是内部一些宣传、组织、展览以及娱乐性节目都可以以自办节目的形式通过有线网络传播到达整个大楼。

（5）系统带宽及频段设置。为了适应有线电视综合信息网的最新发展，根据 GY/T 106 的带宽划分标准，采用 5～862MHz 邻频双向传输技术，频带划分采用低分割配置，上行频带为 5～65MHz，下行频带为 87～862MHz，下行频道容量为 80 个 PAL – D 制式模拟电视频道，上行频段反向传输数据电话及其他综合业务。

（6）节目源。节目源共约 42 套，由市政有线电视节目和自办节目两部分组成。有线电视节目取自市有线电视台对外输送的全套有线电视节目，自办节目是作为调度中心的自办频道及行政会议之用。有线电视系统的节目源包括有线电视台共约 40 套节目和自办节目 2 套，并设置节目源监控设施。

（7）系统根据用户情况采用分配 – 分支 – 分配方式。

（8）其他。

1）卫星天线设有接闪杆保护，并应有两个不同方向与建筑物的接闪带相连接，以确保接地可靠安全。卫星天线基座应将其中的两个支脚对准卫星承受最大风力的方向，并设置防坠落措施。

2）天线馈线必须通过天线避雷器后，方与前端设备相连接。

3）所有放大器外壳均应接地，且放大器的交流输入/输出端接有电涌保护器。

4）建筑内布线应全部采用金属管，并与放大器箱、分支分配器箱、接线箱、用户终端暗盒等采用焊接连接。

5）前端箱电源一般采用交流 220V，由靠近前端箱的照明配电箱以专用回路供给，供电电压波动超过范围时，应设电源自动稳压装置。

6）建筑物内有线电视系统的同轴电缆的屏蔽层、金属套管、设备箱（或器件）的外露可导电部分均应互联并接地。

7）天线接闪杆的接地点，在电气上应可靠地连成一体，从竖杆的不同方向各引下一根接地线至接地装置。采用联合接地，接地电阻不应大于 1Ω。

8）电视前端室应做辅助等电位联结。

8. 会议系统

（1）扩音系统。在会议厅舞台前侧考虑设计全音域专业扬声器和辅助音箱，既作为补充后区声场，还可作为主席台返听使用。另外，在会议厅听众区上方考虑设计吸顶扬声器，并均匀分布，作为后区辅助的扩声音箱。此扬声器应是专门用于在室内高质量地播放讲话，高低频的声压都有很好的集束性。因此使语言有很高的清晰度，并且把扬声器安装呈块状分布，目的是有助于声音的定位。吸顶扬声器会较好解决多功能厅的声场均匀度，增强现场真实感。此扬声器主要是配合前区扩声音箱，补充后区扩声所需的响度及清晰度，这样的音箱布局的优点主要是让声音均匀分布到整个会场，同时避免声音反馈而引起的话筒啸叫声。大型扬声器系统单独固定，避免扬声器系统工作时引起墙面和吊顶产生共振。

（2）视频会议系统。该系统通过会议系统主机将会议过程实现统一管理，可实现主席优先发言控制、会议表决等功能，会议系统的控制管理模式可以设置为自动或手动，当设置为手动模式时，会议代表发言时需要在代表机上提前申请，当前一位与会者发言完毕后才可以继续，或由主席授权发言，而且作为会议主席可以实现优先功能，切断其他代表的发言。

（3）中央控制系统。在会议室中，可以考虑设计采用无线触摸屏。可以让用户在会议厅的各个方位对系统进行控制，增强操作的灵活性，配置有线触摸屏给主控制室方便切换。可以考虑设计调光器和强电控制器，分别对窗帘、灯光、音视频设备的控制以及通过网卡可以为将来系统的升级与外部设备的联动做好准备，增强系统的扩展性。

（4）会议系统具备与火灾自动报警系统联动的功能。

9. 信息发布及大屏幕显示系统

（1）信息显示系统由一楼大厅的全彩 LED 大屏幕显示系统和大楼主出入口上方的室外单色 LED 显示屏组成。全彩 LED 大屏的显示面积约为 3m×5m，用于显示电视画面或宣传画面；单色 LED 显示屏的面积约为 0.5m×6m，用于显示欢迎辞和标语等文字信息。

（2）系统主要包括显示屏体、控制主机及通信系统、计算机及外设、系统软件。

（3）显示系统为 DVI 同步显示系统，DVI 同步即 DVI 显示器上的内容可完全同步地在大屏上显示，这种结构的显示屏由播出机、控制板、屏体等组成。

10. 无线信号增强系统

（1）为了避免手机信号出现网络拥塞情况以及由于建筑结构复杂，无线信号难以穿透，室内易出现覆盖的盲区，手机用户不能及时打进或接进电话。安装无线信号增强系统以解决移动通信覆盖问题，同时也可增加无线信道容量。

（2）无线信号增强系统对地下层、地上层及电梯轿厢等处进行覆盖。

（3）系统设立微蜂窝和近端机，安装在地下一层电信机房内。

（4）采用以弱电井为中心，分层覆盖的方式，将主要设备安装在弱电井内。

11. 背景音乐及公共广播系统

（1）系统概述：

1）公共广播系统应具有背景音乐广播、日常各种业务广播及消防广播的功能要求，消防广播需满足消防规范的要求。

2）应急广播功能作为火灾报警及联动系统在紧急状态下用以指挥、疏散人群的广播设施。该功能要求扩声系统能达到需要的声场强度，以保证在紧急情况发生时，可以利用其提供足以使建筑物内可能涉及的区域的人群能清晰地听到警报、疏导的语音。

3）背景音乐的主要作用是掩盖噪声并创造一种轻松和谐的听觉气氛，无明显声源方向性，且音量适宜，不影响人群正常交谈，能优化环境。背景音乐（BGM）要能把记录在磁带、唱片等上的 BGM 节目，经过 BGM 重放设备（磁带录放机、激光唱机、数字语音播放器等）使其输出并分配到各个广播区域的扬声器，实现音乐重放。背景音乐为单声道音乐，音源的位置隐蔽，使人们不易感觉音源的位置。该功能要求扩声系统的声场强度以不影响相近人群讲话为原则。

4）除上述功能外，公共广播系统更要起到业务宣讲、播放通知、寻人广播、局部区域在紧急情况下广播疏散等作用。

5）背景音乐广播、业务广播与消防火灾应急广播共用一套扩声系统。

6）公共广播系统设计时，充分考虑到其先进性、系统性、完整性及简洁的操作。

7）紧急广播具有最高级别的优先权，紧急广播系统备用电源的连续供电时间为 90min，与消防疏散指示标志照明备用电源的连续供电时间一致，紧急广播的信噪比应等于或大于 12dB。公共广播系统可以在手动或警报信号触发的 10s 内，向相关广播区播放警示信号（含警笛）、警报语音或实时指挥语声。

（2）系统总体功能要求。

1）系统采用整合式紧急公共广播系统，日常一般运作为一个背景广播系统和一个通用广播系统，备有一系列面板单元可供选择，以配合个别的操作或组装需要，而其有关的数组器材需提供最佳化的高质素运作。在紧急情况下，此公共广播系统提供最佳的广播灵活性，可允许来自消防警报系统的信号自动启动，或手动操作。

2）系统应配有智慧型远距离遥控话筒，可根据项目实际运营需要，任意将广播区域设定组合。数字式遥控话筒可被设定 20 组之任意输出区域的组合，以单键式选区。除了组合播放外，作个别区域播放也可。内藏 PCM 音源，可产生 4 种不同的音乐铃，用于话筒广播前后使用，作为提示音和结束音。功能键（F1、F2）可设定成用手动播放音乐铃，或启动喇叭等外部机器的功能。全部的操作可用 LCD 对显示加以援助。智慧化遥控话筒可用于远距离广播，建议设于消防中心或主管人员办公室。

3）广播系统应能至少提供以下音源：

- 五碟 CD 播放机 1 台，用于日常音乐和语音信息播放。
- 专业双卡座放音机 1 台，用于日常信息播放和录制。
- 在控制室和主管人员办公室各设置 1 台遥控话筒。
- 根据功能要求和防火分区的划分，广播系统按照楼层分区。

4）在控制室和主管人员办公室应设置数字式遥控话筒，话筒上面应有楼层、区域选择开关，可任意选择广播的区域及楼层，以应对不同的需求。

（3）扬声器要求。扬声器的布置，严格按照规范设计，根据不同场所，选择相适应的型号、规格的扬声器；按不同的环境噪声要求，确定扬声器的功率和数量。保证在有 BGM 的区域，其播放范围内最远点的播放声压级大于或等于 70dB 或背景噪声 15dB。消防广播则要求任何部位到最近的一个扬声器的步行距离不超过 12m，每个扬声器的额定功率不小于 3W。根据项目的实际情况，在有吊顶的地方选用高品质 12cm 吸顶扬声器，无吊顶的地方选用 12cm 壁挂音箱，大厅需选用宽音域两分频吸顶扬声器。

（4）系统设计原则要求。

1）传输方式。系统的输出功率馈送方式采用有线广播传送方式。

2）对线路衰耗要求。在公共广播系统中，从功放设备的输出至线路上最远的用户扬声器间的线路衰耗应符合以下要求：

- 业务广播不应大于 2dB（1kHz 时）。
- 服务性广播不应大于 1 dB（1kHz 时）。
- 采用定压输出的馈电线路，输出电压采用 100V。
- 传输线缆的选择。服务性广播线路宜采用铜芯多芯电缆或铜芯塑料绞合线。其他广播线路宜采用铜芯塑料绞合线。各种节目信号线应采用屏蔽线。火灾应急广播线路应采用燃烧性能 B_1 级的铜芯电线电缆。

12. 建筑设备管理系统

（1）建筑设备监控系统监控室（与中央控制室共室）设在地下一层。

（2）变配电所设置独立的变配电管理系统，预留与建筑设备监控系统联网的网关接口。

（3）系统结构。

1）建筑设备监控系统采用全开放式系统，在满足高度智能化和系统资源共享技术要求的同时，又要满足系统升级换代、系统扩展和可替换性的要求。

2）建筑设备监控系统的设计应遵循分散控制、集中管理、信息资源共享的基本思想。

采用分布式计算机监控技术，计算机网络通信技术完成。系统必须为管理层和监控层两级网络结构的系统。

（4）管理层网络。

1）管理层网络采用 Ethernet 技术构建，以 10M/100MBPS 的数据传输速度，支持 TCP/IP 传输协议，能方便容易地与建筑物中相关系统，以及独立设置的建筑设备监控系统或设备之间以开放的数据通信标准进行通信，实现系统的中央监控管理功能，跨系统联动及系统集成。

2）监控中心的任何一台或者全部 BAS 工作站/服务器停止工作不会影响监控层现场控制器和设备的正常运行，也不应中断其所在地局域网络通信控制和其他工作站。

（5）监控层网络。

1）监控层网络采用 Lonwork 或者 BACnet 方式实现。

2）为了确保系统的稳定性和安全性，监控层网络仅允许采用一级现场总线的结构；现场控制器不得进行二级子网扩展，而且要求只对控制器所在楼层的控制对象实施监控，以避免故障发生时的大面积联锁反应和减少损失及影响面。

3）监控层由现场控制器完成实时性的控制和调节功能，任意一台现场控制器的故障或者中止运行，不得影响系统内其他部分控制器及其受控设备的正常运行，或者影响全部或者局部的网络通信功能。

4）如采用 Lonworks 总线型的监控层网络，其总线通信协议必须符合 Lonworks 标准，以便使系统具有良好的开放性和自由拓扑的能力，便于日后系统的升级和更新，现场总线上所有控制器须具备 Lonmark 认证标志。

（6）中央监控管理中心。

1）建筑设备管理系统对相关的设备实行信息共享的综合管理。建筑设备监控室对大楼内各机电设备的运行、安全、能源使用状况及节能等实现综合监测和管理。建筑设备自动监控系统管理员在建筑设备监控室屏幕上可直接看到所有关联设备的网络结构和物理布局，能保证操作权限管理和监测内容的直观性。

2）建筑设备管理系统支持开放式系统技术，应具备系统自诊断和故障部件自动隔离、自动唤醒、故障报警及自动监控功能，应具备参数超限报警和执行保护动作的功能，并反馈其动作信号。建筑设备管理系统与其他建筑智能化系统关联时，应配置与其他建筑智能化系统的通信接口。建筑设备管理系统应建立信息数据库，并应具备根据需要形成运行记录的功能。

3）建筑设备监控系统自身的通信标准应满足当今世界最流行的开放协议，以实现与安防、消防等专项系统间的通信联网，联动控制和实现信息资源共享的要求。

4）软件采用动态中文图形界面，软件平台的选择应运行稳定可靠。能快速进行信息检索，并对监控点参数进行查询、修改、控制等。

5）系统应能及时反映故障的部位，记录和打印发生事件的时间、地点和故障现象，故障报警自动恢复，且能提供故障排除的方法和措施。与其他系统配合，根据故障级别，能够自动完成向不同级别管理人员发送故障报警信息，并根据管理要求将维修内容发送给相关人员。系统应该能够进行设备故障的智能预测，制订维护计划。

6）对上述所有设备工作状态、运行参数、运行记录、报警记录等作模拟趋势实时显示、打印报表、存档，并定期打印各种汇总报告。

（7）纳入建筑设备监控系统的机电设备。

1）冷热源系统和其他动力机房监控。

2）空调与通风系统。

3）变配电系统监测。

4）给排水系统的监控。

5）照明系统。

6）室外环境参数监测。

7）电梯系统监视。

8）泛光照明及航空指示灯系统。

9）重要楼层环境控制系统。

10）其他系统。

（8）冷冻站系统监控功能要求。

1）自动检测冷却水供、回水温度。

2）自动检测冷冻水供、回水温度及压力。

3）根据冷冻水供、回水压力，自动控制冷冻水供、回水间旁通阀的开度，以保证整个系统的压力平衡。

4）自动检测冷却水泵、冷冻水泵的运行状态，故障报警。

5）自动检测冷却塔的运行状态，故障报警，手自动状态，自动控制冷却塔启停。

6）自动监控补水泵的状态、故障报警。

7）通过冷水机组控制系统的通信接口，自动检测并显示机组运行参数，监视其运行状态，故障报警。

（9）空调机组监控功能要求。

1）自动检测各机组的送、回风温度和湿度。

2）自动检测其初中效过滤器压差状态，实现过滤器阻塞报警。

3）自动检测各机组热盘管回水温度，以实现防冻保护。

4）根据送、回风湿度及设定值自动调节电动二通调节阀的开度，以保证送风湿度，满足房间湿度的要求。

5）根据送、回风温度及设定值，自动调节冷/热盘管回水管上的电动二通水阀的开度，从而保证送风温度，以满足相应房间温度的要求。

6）自动检测机组各机组送、排风机运行状态，并控制其启停，多台启动延迟，避免电力波动。

7）根据新、回风温度及设定值，自动调节新、回风阀的开度，控制其新风量，最大限度地利用回风，以节约能源。

8）可实现手/自动转换。

9）故障报警。

10）可通过中央管理工作站对其进行远程配置、控制、管理。

（10）新风机组监控功能要求。

1）自动检测各机组的送风温度和湿度。

2）自动检测其过滤器压差状态，实现过滤器阻塞报警。

3）自动检测各机组冷/热盘管回水温度，以实现防冻保护。

4）根据送风温度及设定值，自动调节冷/热盘管回水管上的电动二通水阀的开度，从而保证送风温度，以满足相应房间温度的要求。

5）自动检测机组各机组送风机运行状态，并控制其启停。

6）当机组停止运行时，所有阀门处于关闭状态。

7）可实现手/自动转换。

8）故障报警。

9）可通过中央管理工作站对其进行远动配置、控制、管理。

（11）排风机监控功能要求。

1）监测风机的运行状态，并控制其启停。

2）可实现手/自动转换。

3）故障报警。

4）部分风机需与风阀联动控制。

5）停车场的送、排风机可通过检测二氧化碳浓度自动启停。

6）记录时间，维护保养，显示、打印运行参数报告及动态控制流程图。

7）可通过中央管理工作站对其进行远动配置、控制、管理。

（12）给排水系统监控功能要求。

1）自动检测污水池或水箱的高、低水位液位状态。

2）自动检测水泵的运行状态。

3）故障报警。

4）可通过中央管理工作站对其进行远动配置、管理。

（13）照明系统监控功能要求。设有智能照明系统，BA 通过网关与其连接。

（14）变配电系统监控功能要求。高低压配电监控自成一个独立的控制系统，BAS 系统对以上信息和参数的监测通过网关与其系统连接来获得。

（15）建筑设备监控系统监控点数共计为 2596 控制点，其中（AI＝771 点、AO＝49 点、DI＝1324 点、DO＝452 点）。建筑设备监控点统计见表 4－5。

表 4－5 建筑设备监控点统计

序号	DDC 编号	用电设备组名称	控制点统计				合计
			AI	A0	DI	DO	
1	B3D1	冷水机房	27	9	68	40	160
		EAF－B3－8	0	0	2	1	

续表

序号	DDC 编号	用电设备组名称	控制点统计				合计
			AI	A0	DI	DO	
1	B3D1	废水泵	0	0	2	1	160
		PAU－B3－6	1	2	6	1	
2	B3D2	EAF－B3－4	0	0	2	1	18
		废水泵	0	0	2	1	
		冷却塔变频补水泵	2	0	0	0	
		PAU－B3－1	1	2	6	1	
3	B3D3	EAF－B3－5	0	0	2	1	20
		PAU－B3－2	1	1	9	2	
		生活给水变频泵	1	0	0	0	
		废水泵	0	0	2	1	
4	B3D4	废水泵	0	0	2	1	19
		PAU－B3－3	1	1	9	2	
		EAF－B3－6	0	0	2	1	
5	B3D5	废水泵	0	0	2	1	17
		中水给水变频泵	1	0	0	0	
		EAF－B3－7	0	0	2	1	
		PAU－B3－5	1	2	6	1	
6	B3D6	PAU－B3－4	1	2	6	1	13
		废水泵	0	0	2	1	
7	B3D7	废水泵	0	0	2	1	6
		EAF－B3－3	0	0	2	1	
8	B3D8	EAF－B3－2	0	0	2	1	6
		废水泵	0	0	2	1	
9	B3D9	废水泵（3 处）	0	0	2	1	15
		雨水泵	0	0	2	1	
		FAF－B3－1	0	0	2	1	
10	B3D10	废水泵（7 处）	0	0	14	7	24
		EAF－B3－1	0	0	2	1	
11	B3D11	FAF－B3－1	0	0	2	1	35
		废水泵（4 处）	0	0	8	4	
		PAU－B2－8	1	2	6	1	
		PAU－B2－10	1	2	6	1	
12	B3D12	FAF－B3－1	0	0	2	1	9
		废水泵（2 处）	0	0	2	1	
13	B2D1	FAF－B2－1	0	0	2	1	3

续表

序号	DDC 编号	用电设备组名称	控制点统计				合计
			AI	A0	DI	DO	
14	B2D2	FAF－B2－3	0	0	2	1	3
15	B2D3	EAF－B2－1	0	0	2	1	3
16	B2D4	FAF－B2－4	0	0	2	1	3
17	B2D5	EAF－B2－2	0	0	2	1	3
18	B2D6	EAF－B2－3	0	0	2	1	3
19	B2D7	FAF－B2－2	0	0	2	1	3
20	B1D1	EAF－B1－5	0	0	2	1	6
		EAF－B1－4	0	0	2	1	
21	B1D2	FAF－B1－2	0	0	2	1	3
22	B1D3	EAF－B1－1	0	0	2	1	3
23	B1D4	FAF－B1－1	0	0	2	1	3
24	B1D5	EAF－B1－2	0	0	2	1	3
25	B1D6	PAU－B1－1	2	1	12	3	18
26	B1D7	EAF－B1－3	0	0	2	1	6
		FAF－B1－3	0	0	2	1	
27	B1D8	PAU－B1－2	1	2	6	1	10
28	B1D9	AHU－B1－1	7	3	12	1	23
29	B1D10	PAU－B1－3	2	1	12	3	36
		EAF－B1－4	0	0	2	1	
		PAU－B1－4	2	1	10	2	
30	1D1	PAU－F1－1	14	0	19	6	39
31	1D2	PAU－F1－2	14	0	19	6	39
32	1D3	PAU－F1－3	14	0	19	6	39
33	1D4	PAU－F1－4	14	0	19	6	39
34	2D1	PAU－F2－1	14	0	19	6	39
35	2D2	PAU－F2－2	14	0	19	6	39
36	2D3	AHU－F2－1	7	5	6	1	19
37	3D1	PAU－F3－1	14	0	19	6	39
38	3D2	PAU－F3－2	14	0	19	6	39
39	3D3	PAU－F3－3	14	0	19	6	39
		EAF－F4－1－EAF－F4－8	0	0	16	8	105
		冷却塔	2	8	24	8	
40	3D4	AHU－F3－1	7	5	6	1	19

续表

序号	DDC 编号	用电设备组名称	控制点统计				合计
			AI	A0	DI	DO	
41	4D11-13D1	PAU-F4-1-PAU-F13-1	140	0	190	60	390
	14D1	PAU-F14-1	14	0	19	6	57
		EAF-F14-1-EAF-F14-6	0	0	12	6	
42	15D1-26D1	PAU-F15-1-PAU-F26-1	168	0	228	72	468
	27D1	PAU-F27-1-PAU-F27-4	56	0	76	24	198
		EAF-F27-1-EAF-F27-14	0	0	28	14	
43	28D1-40D1	PAU-F28-1-PAU-F40-1	182	0	247	78	507
44	41D1	PAU-F41-1	14	0	19	6	47
		测温点	2	0	0	0	
		EAF-R2-1	0	0	2	1	
		EAF-R2-2	0	0	2	1	
合计			771	49	1324	452	2596

（16）系统的硬件配置要求。

1）中央控制中心是建筑设备监控系统的监控和管理中心，是整个系统的核心。投标商应提供中央管理中心的整套设备，软件和相关附件。设置文件服务器，安装标准数据库。

2）中央处理机采用高性能、高可靠性的双服务器在线热备份形式。如主机停止工作，系统将立即自动切换到备用机无间断运行。

3）中央处理机将保留整个系统的全部数据（设备状态、历史记录及报告数据）。

4）中央处理机的软件同时具有数据库管理，通信管理、接口管理、资料存入、拷贝和报告生成等功能，可全图形化操作。

5）中央处理机应配有一警报器和所有相关警报处理程序，如监测、认可、复原打印和声音报警。

6）警报的发生和复原应被记录在警报历史记录内，包括日期、设备识别记号、设备名称、警报名称和事件。警报历史档案至少可容纳 10 000 条记录。

7）采样数据、运行记录至少保留两年，并实行月报和年报。

8）应用程序的输入，设置、修改和存储。

9）各类参数的设定和修改。

10）资料和报警的显示和打印。

11）显示整个建筑设备监控系统的运行和监控操作。

12）硬件采用 2 台机架式服务器，配置应不低于 CPU 至少 2.8GB、硬盘 160GB、内存大于或等于 512M、DVD-R，必须具备防静电功能。软件必须有图标点击或者功能键，一般快速地调阅所需要的设备信息、图形。报警位置、数据位置和操作位置采取可点击图标方式。

13）现场控制器（DDC）直接数字控制器。

• DDC 为智能型设备，具有直接数字控制和程序逻辑控制功能，具有联网协同工作的功能，可脱离中央操作站独立执行控制任务，其内置必要的软件程序。

• 采用模块化结构，具有可扩展性和方便联网的功能。其输入/输出点应采用通用输入输出形式，为了能灵活配置，满足控制需求根据现场情况可能变化的特点。

• 故障时能自动旁路脱离网络，不至影响整个网络的正常工作，故障排除后能自动投入运行。连接于同一段网络的多台 DDC 能进行点对点的通信，分别执行不同的任务或同一任务的不同程序段，不需通过上一级处理器。

• 每个 DDC 都有连接手提电脑所需的接口，具有随时随地编程、现场设置、读取或修改参数的能力，还可以通过网络访问在网络上的任何 DDC。

• 具有断电后自启动功能，在停电时可以保存随机存储器的内容和全部硬件存储器，电力恢复时可再次自动启动。应提供可使用至少 3h 的备用电池。

• 能对其附属的外围设备状况进行定期监测与诊断。

14）DDC 性能要求：

• DDC 自身应具有掉电、通信中断、误操作等保护功能。

• DDC 的平均无故障时间 MTBF 要求达到 10 万 h 以上。

• 如果选用系统的现场监控层总线为以太网，则 DDC 必须自带以太网 RJ45 接口。

• DDC 应按受控设备的监控点数、设备分布和工况合理配置；DDC 不得作为二级现场网络控制器控制就地或者远程扩展模块。

• DDC 间不需任何形式的管理站而能够直接通信，每个 DDC 均自带 CPU，可不依赖主机、网络控制器或者上位机独立工作。

15）前端设备，包括传感器、执行器和控制阀等。

（17）系统软件配置。

1）操作系统（可支持至少多个分站同时运行）。

2）基于 MS SQL Server 的标准数据库。

3）中央控制中心监控软件。

4）容量 3000 点以上的 OPC 接口。

5）Web 浏览和操作功能。

（18）系统软件的基本要求。

1）多用户操作：系统作为一个多用户系统，应至少支持 4 个用户和工作站的操作，即有 4 个操作人员权限可以同时在不同工作站登录系统进行查看、检索和操作。

2）数据库：系统应将历史数据存放于 SQL Server 数据库中。

3）系统软件支持 Web（本地和远程）浏览和系统操作。系统应支持至少 4 个操作人员同时通过 Web 浏览器查看系统实时状态信息以及历史数据库中的历史信息。

4）承包商提供的系统和报价必须已包括 MS SQL Server 标准数据库的配置和不少于 3000 点的 OPC 接口选项，以便向第三方系统开放和共享有关数据库信息。

5）建筑设备监控系统的数据库必须与 IBMS 智能楼宇集成管理系统兼容或者采用同一种数据库管理系统。

6）建筑设备监控系统操作软件支持服务器双机热备冗余，一旦硬件发生冗余切换，本系统必须相应自动切换和在备份服务器上投入运行。

7）用户界面必须全面汉化，具备多窗口功能和动态动画图形显示，且操作直观，简便。

8）与相关系统间通信联网与联动控制：

• 建筑设备监控系统与其他子系统应能实现系统间相关监测信息的传递和由这些信息而引起的联动控制。承包商必须承诺提供并且注明联网所需的通信接口标准、通信协议、接口软件、测试软件、数据转换等相关设备和其他相关的硬件和软件，并必须负责提供系统的接线、调试和开通。

• 建筑设备监控系统数据库与建筑设备集成管理系统（IBMS）数据库之间应具备相关信息双向通信或者共享。

• 地下机动车库的排风设备联动的一氧化碳浓度监测装置。

• 建筑设备管理系统应具有电加热器与送风机联锁、电加热器无风断电、超温断电保护及报警装置的监控功能，并具有对相应风机系统延时运行后再停机的监控功能。

（19）建筑能效监管系统。建筑能效监管主机设置于各个建筑物业管理室。系统可对冷热源系统、供暖通风和空气调节、给水排水、供配电、照明、电梯等建筑设备进行能耗监测。根据建筑物业管理的要求及基于对建筑设备运行能耗信息化监管的需求，应能对建筑的用能环节进行相应适度调控及供能配置适时调整。

1）实时监测空调冷源供冷水负荷（瞬时、平均、最大、最小），计算累计用量，费用核算。

2）实时监测自来水/中水供水流量（瞬时、平均、最大、最小），计算累计用量，费用核算。

3）根据管理需要，设置计量热表，计算租户累计用量，费用核算。

4）根据管理需要，设置电量计量，计算租户累计用量，费用核算。

5）实现对采集的建筑能耗数据进行分析、比对和智能化的处理。对经过数据处理后的分类、分项能耗数据进行分析、汇总和整合，通过静态表格和动态图表方式将能耗数据展示出来，为节能运行、节能改造、信息服务和制定政策提供信息服务。

（20）电梯监控系统。

1）电梯监控系统是一个相对独立的子系统，纳入设备监控管理系统进行集成。

2）电梯现场控制装置应具有标准接口（如 RS485、RS232 等）。

3）在安防消防室设电梯监控管理主机，显示电梯的运行状态。

4）监控系统配合运营，启动和关闭相关区域的电梯；接收消防与安防信息，及时采取应急措施。

5）系统自动监测各电梯运行状态，紧急情况或故障时自动报警和记录，自动统计电梯工作时间，定时维修。

6）电梯对讲电话主机及对讲电话分机由电梯中标方成套提供，要求满足工程管理需要。

7）电梯轿厢内设暗藏式对讲机，对讲总机设在消防控制室，用于紧急对讲。

（21）电力监控系统。电力监控系统是一个相对独立的子系统，电能监测中采用的分项计量仪表具有远传通信功能，纳入设备监控管理系统进行集成。

1）系统采用分散、分层、分布式结构设计，整个系统分为现场监控层、通信管理层和系统管理层，工作电源全部由 UPS 提供。

2）10kV 开关柜。采用微机保护测控装置对高压进线回路的断路器状态、失电压跳闸故障、过电流故障、单相接地故障遥信；对高压出线回路的断路器状态、过电流故障、单相接地故障遥信；对高压联络回路的断路器状态、过电流故障遥信；对高压进线回路的三相电压、三相电流、零序电流、有功功率、无功功率、功率因数、频率等参数，高压联络及高压出线回路的三相电流进行遥测；对高压进线回路采取延时速断、过电流、零序、欠电压保护；对高压联络回路采取速断、过电流保护；对高压出线回路采取速断、过电流、零序、变压器超温跳闸保护。

3）变压器。高温报警，对变压器冷却风机工作状态、变压器故障报警状态遥信。

4）低压开关柜。对进线、母联回路和出线回路的三相电压、电流、有功功率、无功功率、功率因数、频率、谐波进行遥测；对电容器出线的电流、电压、功率因数、温度遥测；对低压进线回路的进线开关状态、故障状态、电操储能状态、准备合闸就绪、保护跳闸类型遥信；对低压母联回路的进线开关状态、过电流故障遥信；对低压出线回路的分合闸状态、开关故障状态遥信；对电容器出线回路的投切步数、故障报警遥信。

5）直流系统。提供系统的各种运行参数：充电模块输出电压及电流、母线电压及电流、电池组的电压及电流、母线对地绝缘电阻；监视各个充电模块工作状态、馈线回路状态、熔断器或断路器状态、电池组工作状态、母线对地绝缘状态、交流电源状态；提供各种保护信息：输入过电压报警、输入欠电压报警、输出过电压报警、输出低电压报警。

（22）智能照明系统。

1）智能照明系统基于智能化专网设置。各区域智能照明系统网关接口模块接入智能化网络。并视运行管理需要纳入建筑设备监控系统进行集成。

2）采用完全分布式集散控制系统，集中监控，分区实现程序控制（分层、分区域、分性质、分功能），对灯光美观要求较高的会议室、报告厅、门厅、外立面、绿化带等，需要设置调光控制功能。

3）照明监控系统接收消防与安防信息，采取灯光应急措施。

13. 安防系统

（1）视频安防监控系统。

1）在地下一层设置安防监控室（与消防控制室共室）。安全防范管理平台具有集成管理、信息管理、用户管理、设备管理、联动控制、日志管理、数据统计等功能。安防监控室具有防止非正常进入的安全防护措施及对外的通信功能，且应预留向上级接处警中心报警的通信接口。

2）总体技术要求：

● 安防监控室采用专用回路供电，安全防范系统应按其负荷等级供电。安防监控室具有防止非正常进入的安全防护措施及对外的通信功能，且应预留向上级接处警中心报警的通信接口。

- 视频安防系统、防盗报警系统须集成到统一的保安监控系统集成管理平台上，两个子系统分别作为保安监控管理系统中的一个子模块，从而能在统一的集成管理平台下形成一个整体，互相配合，联合动作，方便管理，可在 IBMS 系统集成里面体现。

- 通过建筑物模型图、楼层平面图和智能建筑电子地图可选择待操作的监控点设备，对视频监控系统进行快捷操作。保安监控系统集成管理平台可以接受其他应用系统的报警信号或请求信息控制视频监控系统完成相应的切换画面或预置位等动作。以预防和处置突发事件为核心，实现视频安防监控系统的应急联动和辅助分析决策，及时预警和掌控大厦内各种可疑现象、突发事件的发生。可以对数字视频监控设备进行远程管理、参数设置及调试。

- 安防监控室内配置数字矩阵主机、拼接显示大屏、全维度操控键盘；录像存储等后台设备放置于设备区域。

- 安全防范系统应具有防破坏的报警功能；安全防范系统的线缆应敷设在导管或电缆槽盒内。

3）视频安防系统、防盗报警系统须提供其通信协议，以实现系统的集成、联动控制和对管理软件的二次开发。

4）视频监控系统包括前端设备（摄像机）、传输设备、处理/控制设备和记录/显示设备四部分。系统结构采取全数字模式，对监控室（与消防控制室合用）内、监控室出入口等部位设置视频监控装置，进行有效地视频探测与监视，图像显示、记录与回放。回放帧数为 25 帧，存储天数不少于 30 天，视频编码格式采用 H.265 压缩格式。

5）矩阵切换和数字视频网络虚拟交换/切换模式的系统应具有系统信息存储功能，在供电中断或关机后，对所有编程信息和时间信息均应保持。监视图像信息和声音信息具有原始完整性，系统记录的图像信息应包括图像编号/地址、记录时的时间和日期。闭路监视电视系统每路存储的图像分辨率必须不低于 352×288。

6）在集成管理计算机上，可实时监视视频监控系统主机的运行状态、摄像机的位置、状态与图像信号等；与出入口控制、入侵报警等子系统之间实现联动控制，并以图像方式实时向管理者发出警示信息，直至管理者做出反应；保安监控系统集成管理计算机上，操作者可操控权限内的任何一台摄像机或观察权限内的显示画面，还可利用鼠标在电子地图上对电视监控系统进行快速操作。

7）管理系统能对现场设备进行手动控制、自动控制及各项设计控制（包括对云台、镜头进行直接控制等），进行运行方式的设定和工作参数的修改，且提供分级的操作权限管理，保证系统的安全。管理软件须具有联动功能，任意子系统的报警均能按预设的功能实现与其他子系统的联动控制。

8）系统须具有方便的数据备份和恢复功能，须提供完善的数据维护工具，除了备份数据外，即使在数据库遭到意外破坏时，仍可以利用修复功能恢复，还可定时自动备份报警数据。

9）摄像机设置。

- 在主要通道、主要出入口、公共区域、大厅、重点部门等处设固定镜头彩转黑低照度半球摄像机。

- 地下车库出入口及内部设置彩转黑、低照度筒机摄像机。

- 扶梯上下端口处设置固定镜头彩转黑、低照度半球摄像机。
- 生活饮用水水箱间、给水泵房设置固定镜头彩转黑、低照度半球摄像机。
- 垂直电梯轿厢内设电梯专用模拟摄像机加视频服务器方式，并配置视频抗干扰器，以保证图像质量。摄像机像素要求为1080P。
- 室外设置室外一体化彩色枪机。
- 视频监控摄像机的探测灵敏度应与监控区域的环境最低照度相适应。
- 视频监控装置采集的图像应能清晰显示关注目标的活动情况。
- 视频监控装置采集的图像应能清晰显示行人出入口处进出行人的体貌特征和车辆出入口处通行车辆的号牌。
- 视频监控装置采集的图像应能清晰显示监控区域内人员、物品、车辆的通行、活动情况。

10）摄像机选型及主要技术参数见表4-6。

表4-6   摄像机选型及主要技术参数

类型	规格	分辨率	最低照度	成像色彩	设置位置	防护等级
固定镜头彩转黑、低照度半球摄像机	网络	1920×1080	彩色：0.001lx；黑白：0.0001lx；	彩色或黑白（红外补光）	主要通道、主要出入口、公共区域、大厅、重点部门等	IP54
彩转黑低照度筒机摄像机	网络	1920×1080	彩色：0.01lx；黑白：0.001lx	彩色或黑白（红外补光）	地下车库	IP54
室外一体化彩色枪机	网络	1920×1080	彩色：0.01lx；黑白：0.001lx	彩色或黑白（红外补光）	室外	IP67

11）系统电源采用UPS电源，市电停电情况下，系统保证持续工作不小于24h。

12）系统须具有方便的数据备份和恢复功能，须提供完善的数据维护工具，除了备份数据外，即使在数据库遭到意外破坏时，仍可以利用修复功能恢复，还可定时自动备份报警数据。

（2）入侵报警系统。

1）系统设置。

- 系统由前端设备（探测器、紧急报警装置）、传输设备、处理/控制/管理设备（报警控制主机、控制键盘、接口）和显示/记录四个部分构成。
- 系统采用红外微波双监探头、红外对射、紧急按钮等安装在一些需重点保护的部位进行室内防盗。将整个大厦设计为封闭的保护区域，在各主要出入口、主要通道、机房等设置传感器，检测非法闯入。
- 系统在楼内重要部位，如生活水泵房、重要设备机房等处设置红外双鉴探测器，在除大厅入口外的外墙上设置红外对射报警器。
- 在无障碍卫生间、无障碍电梯厅等处设置手动报警按钮，并在无障碍卫生间门口设置声光报警器。
- 在安保室设置入侵报警系统主机，主机接入大楼安防网，入侵报警系统主机引出报警总线至各个报警防区模块。

2）各报警探测器与视频安防监控系统通过软件联动，当防盗探头动作时，监控主机通过联动模块启动相应的摄像机、监视器。

3）系统高度集成，把闭路监控、通道管理、紧急报警、探头报警等功能作为整体来考虑。对于不同的防范区域应采用不同的探测和报警装置，并实现各种探测报警装置在统一的管理平台上进行相关的联动控制。在系统管理主机上可通过软件设置实时显示报警地点、时间以及处理报警的方案，可随时查询报警记录，自动生成报表，可打印输出。

4）高灵敏度的探测器获得的入侵报警信号传送到安防监控室，同时报警信号以声、光、电等的方式显示，并在管理主机上显示报警区域，使值班人员能及时、准确、形象地获得突发事故的信息，以便及时采取有力措施。报警监控室接收到来自各报警控制器发出来的报警信号，同时与闭路电视监控系统等相关系统联动。报警信号一经确认，系统就能通过电话网或其他通信方式自动向公安部门报警监控中心报警。

5）主要设备技术参数（要求不低于以下参数）。

• 报警主机：报警主机可以连接的防区至少有 128 个防区。具有良好扩展性，可根据需要进行扩展。系统中所有防区都可以通过密码报警键盘进行布防/撤防。支持 5 级以上的密码级别。时间表控制功能，可以实现时间表实时控制功能。

• 红外微波双鉴探测器：采用具有灵敏度均匀一致的光学系统，以解决被探测主体近大远小的误差。具备温度补偿，以降低在高温下的误报。自适应微波系统，避免引起误报。加电/定时自检保证探测器正常工作。可根据环境进行灵敏度等的调整。具有常闭防拆开关。探测范围不小于 $11m \times 11m$。

6）紧急报警装置设置为不可撤防状态，具有防止误触发措施、触发报警自锁与人工复位功能。

7）在设防状态下，探测到非法入侵行为时显示报警发生的部位，多路报警时可依次显示报警发生的部位，并在现场与安保室发出声光报警信号，报警信号保持直到手动复位，但不能自动复位，报警信号应无丢失。

8）在布防状态下，系统不得有漏报；在撤防状态下，系统不对探测器的报警状态做出响应。

9）发生下列任何情况时报警控制设备应发出声光报警，报警信号能够保持手动复报警信号应无丢失。

10）在设防或撤防状态下，当入侵探测器机壳被打开、或报警控制器机盖被打开时报警信号传输线被断路或短路，或电源线被切断，或主备电源发生故障时，系统具有报警、故障、被破坏、操作等信息的显示记录功能，记录信息包括事件发生时间、地点、性质等，记录信息不能更改。

11）系统可手自动布防与撤防，按照时间在全部防区进行任意布撤防，布撤防状态有明显不同的显示。

12）系统具有自检功能，无漏报，避免误报，系统报警响应时间小于或等于 2s。系统断电时可保存以往的运行参数，再恢复供电后系统不需设置既能恢复原有工作状态。系统中所有器件、设备均由承包商负责成套供货、安装、调试，并协助建设方通过当地安防办的验收。

13）如系统供电暂时中断，恢复供电后，不须设置即能恢复系统原有工作状态。

14）入侵探测设备具有对攀爬、翻越、挖凿、穿越等一种或多种入侵行为的探测能力。

15）入侵探测器和控制指示设备具有防拆报警功能。

16）当报警信号传输线缆断路或短路、探测器电源线被切断时，控制指示设备能发出报警信号。

17）系统具有参数设置和用户权限设置功能：具有设防、撤防、旁路、胁迫报警等功能；能对入侵、紧急、防拆、故障等报警信号准确指示；能对操作、报警和警情处理等事件进行记录，且不可更改；单控制器系统报警响应时间不超过 2s。

18）备用电源保证系统正常工作时间不少于 8h。

（3）门禁/一卡通系统。根据办公大楼的管理要求，拟设计、安装一套使用方便、功能全面、安全可靠和管理高效的一卡通智能管理系统。员工每人将持有一张感应卡，根据所获得的授权，在有效期限内可开启指定的门锁进入实施门禁控制的办公场所；在考勤机上读卡，实现员工考勤；在餐厅和职工消费合作社（如果有）实现刷卡消费；在图书室实现图书借阅和图纸查询；在停车场实现泊车；完成保安巡更功能等。

1）总体要求。

• 所有应用均使用同一张卡，实现门禁、考勤、消费、巡更（保安）、图书借阅查询、停车场管理、紧急疏散人员统计等功能。

• 系统设计原则。

➢ 系统的先进性：所选用的软件及硬件产品均为世界知名品牌，并在各自领域处于领先水平，主控设备及配套设备在国内外都具有许多典型案例。

➢ 系统高度集成化：能够支持并具备报警功能，可以与报警、消防、监控等系统进行联动。

➢ 系统的模块化：要求系统的软、硬件结构为模块化，各功能模块之间可实现数据共享，而各子系统模块又实现各自不同的管理功能因此各模块之间是相互独立又相互联系的。

➢ 系统可采用多种技术方式实现门禁系统管理：门禁系统的控制器可同时连接和自动识别不同类型读卡器，还支持生物识别技术。

➢ 系统的扩展性：系统采用主从模块结构，采用总线的通信方式，并可实现多路总线通信模式。便于今后系统的扩展需要。

➢ 在线式维护：由于门禁管理系统具有其特殊性，使得系统的工作不能停顿。要求系统的维护必须是在线式的，即在系统不停止工作的情况下，可以更换单元的备件。

2）考勤需求。考勤读卡器设置点：在一层大厅两侧、主电梯入口处及其他必要地点设置考勤点。

• 满足 2000 人考勤需求。

• 能设计多个班次，并设定排班表。

• 能按不同条件索引，生成考勤结果，如日报表、周报表、月报表、只显示迟到、缺勤、早退等非正常考勤记录的报表等。

• 具有处理请假手续，加班确认和补打卡时间功能。

• 提供与员工工资系统的接口功能。

• 提供系统备份等维护功能。

- 根据用户要求，可随时对系统进行必要的修改。

3）门禁需求。设置门禁的场所：各楼层通道，一层出口；办公室；设备机房；财务室、会议室等。其中领导办公室为 IC 卡门禁＋指纹识别双重控制模式，并具备室内无线开门功能。起隔离疏导作用出入口控制设施满足紧急情况下人员疏散的要求。

- 通道门采用磁力锁，断电开启；房间门采用阴极锁，断电闭合。
- 设计、供应、安装、接线、试验和试运行一套完整的智能卡门禁系统。
- 断电开启的出入口控制点应配置备用电源，并应确保执行装置正常工作时间不少于 48h。
- 系统所有主要设备在可能情况下应为同一厂商生产的产品。
- 系统包括读卡器、现场控制器、系统控制器及电脑式中央监控系统。
- 通过员工输入的密码及智能卡再转换成电信号送到控制器中，同时根据来自控制器的信号，完成开锁、闭锁等工作。
- 智能卡处理器应为门禁系统的一部分，所有资料能反映于综合门禁系统中。
- 发生火警，所有疏散通道上的门禁自动开放。

4）电动门锁：

- 设置门禁读卡器之处均需安装置电动门锁。电动门锁需适合安装在门框上，需附有电动锁舌片，重形门闩和榫眼。
- 门锁应由不超过人体安全电压的直流电操作，不论电力的供应状况如何，门锁应可以手动打开，从外面的利用钥匙打开，从里面的利用把手，或用门闩踏板器。如果是双向安装读卡器，无须手动或按钮开门，在订货前，需呈交门锁样本以作审批。门锁应由智能卡控制系统控制或由人手按钮操作。
- 在无电力供应的情况下，消防门和通道门必须保持开启。
- 被控制的门锁信号及有关门磁信号须输送回有关及总信号监控显示器。

5）多种操作和控制方式：

- 正常方式：持卡人将有效卡给读卡机确认即可，不必输入密码。
- 保安方式：持卡人将有效卡给读卡器阅读之后，还需输入个人密码，可进入。一进一出制，进入后一定要读卡出来，再可以进入。
- 未锁方式：选用常开锁，在这种状态下，出入门永远打开的，不需使用于便可进入。
- 锁定方式：选用常闭锁，这种状态下，出入门永远是闭锁的。
- 报警监控：系统对非法使用（强行进入、破坏读卡器、多次非法读卡等）进行报警。
- 威逼监控：当持卡人被非法入侵者威逼使用读卡器，持卡人可按正常操作程序使用有效卡。只需在键入密码时，在有效密码最后一位加上预设数字，可开门同时发出警报。

6）设备要求：

- 设备包括读卡器、现场控制单元、门禁系统控制器、中央控制软件系统及资料库、系统用户终端。
- 系统使用双介质控制方式，即使用者用智能卡识别与密码相配合。
- 对来访者需作登记，并提供有使用期限及使用次数可进入的智能卡。
- 对没有关好的门及非法开门可及时报警，并通过保安系统通知保安部门处理，此外，可对所有出入事件，报警事件、故障事件等保持完整的记录。

- 有实现一卡通功能，可作在线巡更、内部考勤功能等。
- 系统能给出员工级别，限定的地方出入，提供有层次的设备。
- 所有通道门禁系统设置双向读卡器刷卡通过。
- 为了保障系统整体安全性，降低系统风险，每台门禁控制器或者 CPU 所控制的门数不超过 16 个。
- 系统在 Windows10 Server 等平台下运作，操作员可对系统的运行状况一目了然，方便维护系统的各种资料库，改变运行参数，实施控制操作。对于不同安防等级的通道，不同用途的附件，需要对出入进行控制、监视、记录和生成各类报表以供查询分析。
- 门禁管理控制主机还可以通过 API 与 IBMS 系统集成，以及与视频监控系统和防盗报警系统进行联网，实现整个安全防范系统的综合管理与联动控制。当火灾信号发出后，自动打开相应防火分区安全疏散通道的电子锁，方便人员疏散。
- 门禁系统控制器之间的连接采用以太网为通信总线。
- 门禁控制器之间的通信满足 Peer-to-Peer 点对点通信要求，可以跨不同控制器间防止反传。
- 现场控制器支持硬件和电源冗余配置，中央工作站软件也支持冗余配置，控制器与中央工作站之间可以采用以太网、RS232 和 RS422 的通信方式。
- 当员工报失时，智能卡系统可记录及储存遗失卡者的资料，令其他使用者不能通过系统进出。
- 提供"防潜回"的功能，当员工通过智能卡系统后，不能再次进入，除非用者离开后，消除进入的资料方可再次进入。
- 系统通过门禁读卡器，允许具有权限的持卡人进入指定区域，对指定区域撤防/布防，可提供输出控制。
- 通过"设备分区"功能可实现不同操作员的数据库分区浏览。所有设备都须与系统设置相匹配，尽可能由同一厂商生产，所有设备须完全适用在恰当的地点。智能读卡器能为使用者提供输入个人密码及非接触式智能卡方式来核对身份。控制器与读卡器间以星形方式相连接，采用专用加密协议，更有效地提高了系统安全性出门按钮和门磁可以直接与读卡器相连接，从而节约布线现场控制器；门禁控制器可以联机使用，也可以脱机使用。采用 RS485（半双工）或者 RS422（全双工）独立总线结构，不得与其他系统（比如电脑网络）直接发生关联，从而避免来自其他系统的人为入侵以及不可预见干扰。"FLASH"存储技术可在已有通信路径上远程接收操作系统和应用程序，不需要停机即可远程对固件进行升级；热插拔接口板模块，即插即用。根据距离、施工合理性等因素，设计总线位置与数量，必须考虑日后增加门禁数量的可扩充性。总线必须具备链路保护功能，当任一总线意外中断时，可以在完全不干扰大厦工作的情况下，仅在总控室就可以再次接通所有断开的设备，进行一切正常操作。利用节假日时间方可进行原总线修复。卡控制及监视器：门禁系统在 Windows10 Server 同一平台下运作，监视及控制所有员工的出入情况，并能储存所有事故报警的记录及资料。处理事件的容量可达 100 000 个。系统设计：系统软件是基于 SQLSERVER 数据库的门禁管理系统，它由服务器软件和客户端软件构成。此外，管理用户可以通过 Web 从门禁系统产生各种不同的报表。主机将不会受阻于即时运作，所有即时控制为每个区域或控制器的责任。资料交换及开放，系统软件允许卡资讯以 ASCII、Excel、ACCESS、OLE 等形式传入或输出。门禁系统中心服务器在本地小范围内通过 RS422 汇流排连接区域控制器。门禁系统中心服务器在本地大范围内通过局域网连接区域控制器。门禁系统服务器与用户卡系统服务器通过 TCP/IP 协定在 Ethernet 上传输、交换资料。门禁系统资料库采用关系型数据库，资料库格式与用户卡系统资料库格式相同，门禁系统通过专门制作符合用户要求的资料库界面提取卡资料，并自动生成门禁系统卡资料库资料。用户中心系统生成关键资讯通过资料界面送入门禁系统生成自己可用的资讯，对本系统加以控制。许可权由用户一次性产生，并跟随部门变更。门禁系统应是完整的保安报警系统，具有丰富的报警输入和联动功能，报警输入和联动输出的配置关系由中央报警管理软件管理和执行。报警系统和门禁系统共用一个控制器，门禁控制器只需增加"即插即用"的数字输入板和数字输出板后，就可以实现报警系统的基本功能。区域控制器的读卡器容量可以根据用户的需要进行扩展，但每台门禁控制主机所管理的读卡器不超过 16 台。在系统运行的情况下，任何时间从任何系统工作站远程对控制器软件的在线升级。

（4）停车场管理系统。

1）系统构成与主要技术功能。停车场安全管理系统设计根据车辆进出停车场的安全管理要求，选择适当类型的识读、控制与执行装置，具备对进出的车辆进行识别、通行控制和信息记录等功能并符合下列规定：

- 系统能通过对车辆的识读做出能否通行的指示。
- 执行装置具有防砸车功能。
- 执行装置具有在紧急状态下人工开启的功能。

2）停车场管理系统采用影像全鉴别系统，对进出的内部车辆采用车辆影像对比方式，防止盗车；外部车辆采用临时出票机方式。系统应具备：

- 入口车位显示。
- 出入口及场内通道的行车指示。
- 车位引导。
- 车辆自动识别。
- 出入口挡车器的自动控制。
- 自动计费及收费金额显示。
- 多个出入口的联网与管理。
- 分层停车场的车辆统计与车位显示。
- 出入挡车器被破坏（有非法闯入）报警。
- 非法打开收银箱报警。

3）停车场管理系统的安全防范自成网络，独立运行，可在停车场内设置独立的视频监视系统或报警系统；也可与安全技术防范系统的视频控制系统、入侵报警系统联动。所设置的视频监控系统或报警系统，在监控室进行集中管理与联网监控。

4）车辆出入管理系统。

• 停车场分为庭院停车场和地下室内停车场，共设置 2 套 1 进 1 出的停车场管理系统。庭院停车场供临时外来人员使用，地下室内停车场供员工、常驻外来人员和公司车辆使用。两个停车场都应预留收费功能。系统通过采用车牌识别方式识别车辆，实行车牌识别方式不停车进出车库。

• 停车库管理系统与消防联动系统联动（在停车库管理系统控制电脑上通过软件实现），当发生火灾时，各道闸打开、挡车栏杆升起。

（5）消费需求。

1）使用方便，只需简单进行刷卡就可以完成消费。

2）采用高可靠行业公认的内置电池存储芯片，保证数据的可靠存储。

3）通信加密和严格验证，杜绝了通信过程中的数据丢失。

4）具有 LED 显示，显示应扣金额，卡中余额。

5）卡上金额密码由最终用户第一次启用系统时自行设定，保证资金的独立和安全性。

6）卡片数据严格加密，非本系统所发的卡杜绝使用，外人无法复制和修改卡片数据，保证系统的安全性。

7）定额消费和不定额消费方式可切换。

8）可设定每次最高消费限额。

9）通过键盘既可以查询累计消费次数、累计消费额等信息。

10）具有挂失、换卡等功能，卡片补办时卡上的金额不会丢失，仍可正常消费。

11）系统详细记录有每次消费的消费时间、金额等信息。

12）可脱机或联网使用。

13）系统支持补贴发放和方便的自助充值功能。

14）操作软件简明、功能强大，可以按部门、按人、按天、按消费窗口或早中晚时段统计分析消费记录及出报表。

（6）巡更（保安）需求。建筑内的夜晚值班人员可以利用设置在大楼各处的门禁/一卡通系统读卡器作为巡更点；在系统中增加专用巡更软件，以随机自动生成巡更路线；并以值班人员的身份卡（或专用卡）作为钥匙卡，实现离线式巡更功能。基本要求如下：

1）巡更系统采用离线式，由系统自动生成，或由使用人员自行设定巡更路线。

2）在重要区域、通道和部门设置读卡设备，按照指定线路和时间巡更。

3）系统具备控制级别设定、身份识别、巡更地点、线路和时间记录。

4）巡更系统采用离线巡更的方式，需至少按照 30 个巡更点设计并配置相关设备。

14. 机房工程

（1）机房设计必须满足当前各项需求，又要适应未来快速增长的发展需求，因此必须是高质量的、高安全可靠、灵活的、开发的。

（2）机房的环境条件应符合下列要求：

1）对环境要求较高的机房其空气含尘浓度，在静态条件下测试，每升空气中灰尘颗粒最大直径大于或等于 $0.5\mu m$ 时的灰尘颗粒数，应小于 1.8×10^4 粒。

2）机房内的噪声，在系统停机状况下，在操作员位置测量应小于 68dB（A）。

3）机房内敷设活动地板时，应符合现行国家标准《计算机房用活动地板技术条件》的要求。

4）采取有效的防止漫溢和渗漏的措施。地面或门槛应高出本层楼地面，其标高差值不小于 0.15m，同时采取防水淹、防潮、防啮齿动物等的措施。

（3）机房接地应符合下列规定：

1）机房接地装置的设置应满足人身安全、设备安全及系统正常运行的要求。

2）机房的功能接地、保护接地、防雷接地等各种接地宜共用接地网，接地电阻按其中最小值确定。

3）机房内应做等电位联结，并设置等电位联结端子箱。对于工作频率较低（小于 1MHz）且设备数量较少的机房，可采用 S 型接地方式；对于工作频率较高（大于 10MHz）且设备台数较多的机房，可采用 M 型接地方式。

4）各系统的接地应采用单点接地并宜采取等电位联结措施。

5）当各系统共用接地网时，宜将各系统分别采用接地导体与接地网连接。

6）防雷与接地应满足标准 GB 50057 和 GB 50343 规定。

7）电信间应设接地母线和接地端子。

（4）机房防静电设计：

1）机房地面及工作面的静电泄漏电阻，应符合国家标准《计算机机房用活动地板技术条件》的规定。机房内绝缘体的静电电位不应大于 1kV。

2）机房内采用的活动地板可由钢、铝或其他有足够机械强度的难燃材料制成。活动地板表面应是导静电的，严禁暴露金属部分。单元活动地板的系统电阻应符合国家标准《计算机机房用活动地板技术条件》的规定。

3）在中心机房内采用直流接地网工作地布局，这种直流工作地在中心机房内的布局方式是做信号基准电位网，即接地网。2.5mm×30mm 铜带的在中心机房活动地板下或走线架上（上走线）纵横组成 1200mm×1200mm 的网格。其交叉点做电气连接。各设备的逻辑接地采用纺织铜线以最短的距离与网直接连接（最好是焊接在网上），由于整个中心机房地面有一个接地网，网上任何一点都是等效电位基准点，即在中心机房内地板下或走线架上形成一个等效电位面。

（5）UPS 设备。

1）中央机房采用 120kW（参考）双机冗余并联运行 UPS 系统。

2）当市电中断后 UPS 可维持满负荷半小时的正常供电，此期间电力由相应容量蓄电池放电逆变获得，此间即应启动柴油发电机，替续断电后的电力供给，以确保在线工作设备不间断运行。空调、照明、防湿不考虑用 UPS 供电，但应考虑断市电后 UPS 仍供给机房内应急照明及机房区内消防监控，灭火设备的用电。

3）UPS 运行环境为 0～40℃，在小于 25℃ 时过载能力为 110%以上，蓄电池工作环境为 15～25℃，相对湿度 90%以下均能正常工作。

（6）供配电系统。

1）机房的设备供电应按设备总用电量的 20%～25%进行预留。机房电源系统按 220kW

设计，留一定的冗余量，为以后扩容作充分考虑。机房主进线由大楼配电房单独引进形成独立主回路，以免受大楼大功率用电设备的影响，保证机房用电设备的稳定运行。

2）中心机房内设计两个配电柜，一个是总配电柜，另一个是 UPS 专用配电柜。总配电柜主要供 UPS 输入和机房其他市电用电设备使用。总配电柜内设总开关，并设置转换装置，为双路供电或发电机组供电预留接口，下设 UPS 输入开关。UPS 专用配电柜对服务器、交换机、PC 等计算机网络设备和建筑智能化系统供电。

3）为防止设备用电时的相互干扰及用电时的安全性，因此，主要设备采用一组设备一个开关控制。所有的回路均采用单回路单开关的形式供电。设备用线径均以设备用电的 2～3 倍设计。配电柜内所用空气开关、电器满足计算机系统的电压、电流的要求，所设计的供电路数能提供主机和外部设备的使用，并考虑到设备的扩容。

4）总配电柜中设计三个指示灯指示三相电源的开断。三个电压表和一个万能转换开关可随时检查三相电压的平衡情况，每相连接一个电流表，共三个电流表以检测工作时的各相电流及平衡状况。

5）根据国家对机房的标准要求，机房供电应为三相五线制，380/220V，其中一线为保护接地（指大型设备的外壳接地，不锈钢、棚、壁、地、支架和电线金属管保护接地）。机房照明供电以及维修用电，由独立市电系统供电。应急照明由 UPS 提供电源。电源的总控制点设在配电柜内，以便于开关设备的统一管理及维护。

6）机房区域的主电源应由动力配电房总配电屏沿竖井桥架引进独立主回路。配电柜到各设备的电源线路均为暗敷设，主线布通过金属桥架保护，到各设备的支线穿金属钢管布设，金属钢管与金属桥架之间的连接用锁母紧固，镀锌钢管的出入线口加绝缘护口保护电源线缆绝缘层被破坏。

7）机房内强电布线应严格与弱电分开，距离应隔 30cm 以上，且应有金属屏蔽和接地措施。机房区域全铺抗静电地板，机房内设备的电源线路，全部通过地板下敷设。

8）天棚内线路采用铜芯线穿镀锌管敷设。分线处用 86mm×86mm 金属接线盒分接，顶上所有金属管都用专用接地线网状连接，最后汇接至交流保护地。钢管的连接处进行焊接，两头做密封处理，建筑物内的孔洞也做密封处理，以达到防鼠的目的。

（7）照明系统。

计算机房照明质量标准的选择，不仅会影响计算机操作人员和软硬件维修人员的工作效率和身健康，而且会影响计算机的可靠运行。机房照度为 500lx（距活动地板 0.8m 处）；其他辅助功能间照度不小于 300lx；疏散指示灯、安全出口标志灯照度大于 1lx；主机房及办公区灯具选用双管或三管嵌入式 LED 灯，功率因数为 0.9 以上。灯具光管与灯盘相配可产生柔和的效果，不会产生眩光。应急备用照明灯具为适当位置的 LED 灯，由 UPS 电源供电。根据规定，计算机房必须具备应急照明系统，照度要求不低于 50lx。应急照明系统由 UPS 供电，机房区每个灯具设一只应急备用照明灯管，消防通道设疏散指示灯。

（8）机房漏水检测。

1）为避免机房内部漏水对计算机设备的危害，设置机房漏水检测系统。漏水检测探头安装在机房发生漏水（渗水）概率较大的地方，如精密空调区域、外墙根等。

2）漏水检测装置应具有监控的检测方式，并对任何异常情况进行自动报警。

九、防雷与接地设计

（1）若建筑雷击大地的年平均密度为 1.784［次/（km²·a）］，建筑物等效面积为 0.137km²，建筑物年预计雷击次数为 0.489 次/年，故建筑物按二类防雷建筑物设防。

（2）电子信息系统雷电环境的风险评估。

1）电子信息系统因雷击损坏可接受的最大年平均雷击次数 N_C 的确定。

2）C_1 为信息系统所在建筑物材料结构因子取 1.0，C_2 信息系统重要程度因子，等电位联结和接地以及屏蔽措施较完善的设备 C_2 取 2.5；C_3 电子信息系统设备耐冲击类型和抗冲击过电压能力因子 C_3 取 0.5；C_4 电子信息系统设备所在雷电防护区（LPZ）的因子，设备在 LPZ1 区内时，取 1.0；C_5 为电子信息系统发生雷击事故的后果因子，信息系统业务不允许中断，中断后会产生严重后果时，取 2.0；C_6 表示区域雷暴等级因子，取 1。

3）$N_C = 0.0192$（次/a）。

（3）建筑物及入户设施年预计雷击次数（N）的计算。

1）入户设施的截收面积：高压埋地电源电缆（至现场变电所）为 0.05km²，低压埋地电源电缆为 1km²，埋地信号线为 1km²。

2）建筑物及入户设施年预计雷击次数（N）的计算：$N = 1.202$ 次/a。

3）防雷装置拦截效率 E 的计算式 $E = 0.984$，故本工程电子信息设备雷电防护等级定为 A 级。

（4）采用共用接地装置，要求接地电阻小于 1Ω。

（5）低压配电接地形式采用 TN-S 系统，其中性线和保护地线在接地点后要严格分开。凡正常不带电而当绝缘破坏有可能出现电压的一切电气设备的金属外壳、穿线钢管、电缆外皮、支架等金属外壳均应可靠接地。

（6）建筑物内实施保护等电位联结。

（7）弱电机房及各种输送可燃气体、易燃液体的金属工艺设备、容器和管道，以及安装在易燃、易爆环境的风管必须设置静电防护措施。

十、建筑电气消防系统

1. 消防系统的组成

（1）火灾自动报警系统。

（2）消防联动控制系统。

（3）紧急广播系统。

（4）消防直通对讲电话系统。

（5）电梯监视控制系统。

（6）应急照明系统。

（7）电气火灾监视与控制系统。

（8）消防电源监控系统。

（9）余压监控系统。

（10）防火门监控系统。

2. 消防控制室

本建筑物为一类防火建筑。在地下一层设置消防控制室，对建筑内的消防设备进行探测监视和控制。消防控制室应采取防水淹、防潮、防啮齿动物等的措施。消防控制室内分别设有火灾报警控制主机、计算机图文系统、联动控制台、CRT 显示器、打印机、紧急广播设备、消防专用电话主机、电梯监控盘及 UPS 电源设备等。

3. 火灾自动报警系统设置

（1）采用集中报警控制管理方式，火灾自动报警系统按总线形式设计。消防控制室具有高度集中的权力，负责整个系统的控制、管理和协调任务，所有报警数据均要汇集到消防报警控制主机，所有联动指令均要由消防报警控制主机监视和控制。

（2）消防控制室可接收感烟、感温、可燃气体探测器的火灾报警信号，水流指示器、检修阀、压力报警阀、手动报警按钮、消火栓按钮、消防水池（水箱）水位等的动作信号，随时传送其当前状态信号。

（3）火灾自动报警系统设有火灾声光报警器，在确认火灾后启动建筑内火灾自动报警系统应能同时启动和停止所有火灾声警报器工作的所有火灾声光警报器。火灾声光报警器由火灾报警控制器或消防联动控制器控制。火灾声光警报器设置在每个楼层的楼梯口、消防电梯前室、建筑内部拐角等处。每个报警区域内应均匀设置火灾警报器，其声压级不小于 60dB；在环境噪声大于 60dB 的场所，其声压级应大于背景噪声 15dB。

（4）系统具有自动和手动两种联动控制方式，并能方便地实现工作方式转换，在自动方式下，由预先编制的应用程序按照联动逻辑关系实现对消防联动设备的控制，逻辑关系包括"或"和"与"的联动关系。在手动方式下，由消防控制室人员通过手动开关实现对消防设备的分别控制，联动控制设备上的手动动作信号必须在消防报警控制主机、计算机图文系统及其楼层显示盘上显示。

（5）系统采用二总线结构智能网络型，所有信息反馈到消防控制室，在消防控制室可进行配置、编程、参数设定、监控及信息的汇总和存储、事故分析、报表打印。

（6）设备和软件组成高智能消防报警控制系统。该系统必须具有报警响应周期短、误报率低、维修简便、自动化程度高、故障自动检测，配置方便，任一台火灾报警控制器所连接的火灾探测器、手动火灾报警按钮和模块等设备总数和地址总数均不超过 3200 个，单回路路线长度不超过 2000m，其中每一总线回路连接设备的总数不宜超过 200 个地址，且留有不少于额定容量 10%的余量；任一台消防联动控制器地址总数或火灾报警控制器（联动型）所控制的各类模块总数和不超过 1600 个，每一联动总线回路连接设备的总数不宜超过 100 个。系统总线上设置总线短路隔离器，每只总线短路隔离器保护的火灾探测器、手动火灾报警按钮和模块等消防设备的总数不超过 32 个；总线穿越防火分区时，在穿越处设置总线短路隔离器。除消防控制室内设置的控制器外，每台控制器直接控制的火灾探测器、手动报警按钮和模块等设备不跨越避难层。

（7）在电气设计方面，保证电子元器件的长期稳定正常工作，能清除内部、外部各种干扰信号带来的不良影响，有足够的过载保护能力。

（8）系统设备（消防报警控制器和图文电脑系统）的操作界面直观，符合人们的心理和习惯思维方式。菜单结构设计思路清晰，易于理解，操作程序符合人的自然习惯。信息检索速度快，提示清楚，操作方便，避免误导操作者。消防报警控制器和图文电脑系统整个操作过程必须是中文或中英文对照。

（9）要做到防火、阻燃和防止由于设备内部原因造成的不安全因素，具有防雷措施和良好的接地。

（10）火灾探测器的选择原则。

1）对火灾初期有阴燃阶段，产生大量的烟和少量的热，很少或没有火焰辐射的场所，选择感烟探测器，如办公室、餐厅等。

2）对火灾发展迅速，可产生大量热、烟和火焰辐射的场所，选择感温探测器，如燃气表间、厨房等。

3）对使用可燃气体或可燃液体蒸汽的场所，选择可燃气体探测器，如燃气表间、厨房等。

4）所有的探测器具有报警地址，探测器的选择及设置部位符合《火灾自动报警系统设计规范》（GB 50116）的要求。

（11）手动报警按钮的设置。每个防火分区至少设置一个手动火灾报警按钮。从一个防火分区内的任何位置到最邻近的一个手动火灾报警按钮的距离，不大于30m。手动火灾报警按钮设置在公共活动场所的出入口处。所有手动报警按钮都有报警地址，并有动作指示灯。在所有手动报警按钮上或旁边设电话插孔。

（12）在消火栓箱内设消火栓报警按钮。当按动消火栓报警按钮时，火灾自动报警系统可显示启泵按钮的位置。

（13）各层楼梯间设有火灾声光显示装置，当某一楼层发生火灾时，该楼层的显示灯点亮并闪烁。

（14）在首层消防楼梯间前室附近设置楼层显示复示盘。

（15）消防控制室应预留向上级消防监控中心报警的通信接口。火灾自动报警系统中控制与显示类设备的主电源应直接与消防电源连接，不应使用电源插头。

4. 消防联动控制系统

在消防控制室设置联动控制台，控制方式分为自动控制和手动控制两种。通过联动控制台，可以实现对消火栓、自动喷洒灭火系统、防烟、排烟、正压送风系统的监视和控制，火灾发生时手动切断一般照明及空调机组、通风机、动力电源。

（1）消火栓泵及转输泵的控制。

1）根据水专业的区域划分：27层（避难层）以下为低区，27层及以上为高区。低区的消火栓泵设在地下一层消防水泵房；高区的消火栓泵设在27层消防水泵房，高区消防转输泵设在地下一层消防水泵房。当低区发生火灾时，启动低区消火栓泵，低区依靠27层设备层的稳压泵维持系统的压力。当高区发生火灾时，首先启动设于高区消火栓泵，再启动传输泵，依靠屋顶的消火栓稳压泵，维持系统压力。

2）联动控制方式，由消火栓系统主出水管上设置的低压压力开关、消防水箱出水管上设置的流量开关或报警阀压力开关等信号作为触发信号，直接控制启动消火栓泵，联动控制不受消防联动控制器处于自动或手动状态影响。消火栓按钮的动作信号作为报警信号及启动消火栓泵的联动触发信号，由消防联动控制器联动控制消火栓泵的启动。

3）手动控制方式，将消火栓泵及转输泵的控制箱（柜）的启动、停止按钮用专用线路直接连接至设置在消防控制室内的消防联动控制器的手动控制盘，并直接手动控制消火栓泵及转输泵的启动、停止。

4）消火栓泵及转输泵的动作信号反馈至消防联动控制器。

5）消防水泵控制柜设置手动机械启泵功能，并保证在控制柜内的控制线路发生故障时由有管理权限的人员在紧急时启动消防水泵。机械应急启动时，以确保在消防水泵在报警后5.0min 内正常工作。

6）消防水池和所有水箱的水位应能就地和在消防控制室显示，消防水池应设置高低水位报警装置。

（2）自动喷洒泵及转输泵的控制。

1）低区自动喷洒泵设在地下一层消防水泵房，稳压泵设在 27 层消防水泵房。高区消火栓泵设在 27 层消防水泵房，转输泵设在地下一层消防水泵房，稳压泵设在屋顶水箱间。当低区发生火灾时，启动低区喷洒泵，依靠低区喷淋稳压泵，维持系统压力。当高区发生火灾时，首先启动高区喷洒泵，再启动转输泵；依靠高区喷淋稳压泵，维持系统压力。

2）联动控制方式，由湿式报警阀压力开关的动作信号作为触发信号，直接控制启动喷洒泵，联动控制不受消防联动控制器处于自动或手动状态影响。稳压泵由气压罐连接管道上的压力控制器控制，使系统压力维持在工作压力，当压力下降 0.05MPa 时，稳压泵启动。当压力再继续下降 0.03MPa 时，一台自喷加压泵启动，同时稳压泵停止。

3）手动控制方式，将喷洒泵及转输泵的控制箱（柜）的启动、停止按钮用专用线路直接连接至设置在消防控制室内的消防联动控制器的手动控制盘，并直接手动控制喷洒泵及转输泵的启动、停止。

4）水流指示器、信号阀、压力开关、喷洒泵的启动和停止的动作信号反馈至消防联动控制器。消防专用水池的最低水位报警信号送至消防控制室，在联控台上显示。

5）消防水泵控制柜设置手动机械启泵功能，并保证在控制柜内的控制线路发生故障时由有管理权限的人员在紧急时启动消防水泵。机械应急启动时，确保在消防水泵在报警后5.0min 内正常工作。

（3）防烟、排烟系统的控制。

1）防烟系统由加压送风口所在防火分区内的两只独立的火灾探测器或一只火灾探测器与一只手动报警按钮的报警信号，作为送风口开启和加压送风机启动的联动触发信号，并由消防联动控制器联动控制相关层前室等需要加压送风场所的加压送风口开启和加压送风机启动。

2）防烟系统由同一防火分区内且位于电动挡烟垂壁附近的两只独立的感烟探测器的报警信号，作为电动挡烟垂壁降落的联动触发信号，并由消防联动控制器联动控制电动挡烟垂壁的降落。

3）排烟系统由同一防烟分区内的两只独立的火灾探测器的报警信号，作为排烟口、排烟窗或排烟阀开启的联动触发信号，并由消防联动控制器联动控制排烟口、排烟窗或排烟阀的开启，同时停止该防烟分区的空气调节系统。

4）防烟系统、排烟系统的手动控制方式，能在消防控制室内的消防联动控制器上手动控制送风口、电动挡烟垂壁、排烟口、排烟窗、排烟阀的开启或关闭及防烟风机、排烟风机等设备的启动或停止，消防控制室内的消防联动控制器可控制防烟、排烟风机的启动、停止。

5）送风口、排烟口、排烟窗或排烟阀开启和关闭的动作信号，防烟、排烟风机启动和停止及电动防火阀关闭的动作信号，均反馈至消防联动控制器。

6）排烟风机管道上设置的 280℃排烟防火阀在关闭后直接联动控制风机停止，联锁关闭补风机，排烟防火阀及风机的动作信号反馈至消防联动控制器。

7）楼梯间的顶部设置的常闭式应急排烟窗，具有手动和联动开启功能。

（4）防火卷帘门的控制。

1）用于防火分隔的防火卷帘控制：当感烟（温）探测器报警，卷帘下降一步落下到底，并将信号送至消防控制室。卷帘门设熔片装置及断电后的手动装置。

2）防火卷帘的关闭信号送至消防控制室。

（5）对气体灭火系统的控制。由火灾探测器联动时，当两路探测器均动作时，有 30s 可调延时，在延时时间内能自动关闭防火门，停止空调系统。在报警、喷射各阶段有声光报警信号。待灭火后，打开阀门及风机进行排风。所有的步骤均返回至消防控制室显示。

（6）其他。

1）消防控制室可对消火栓泵、自动喷淋泵、正压送风机、排烟风机等通过模块进行自动控制还可在联消防联动控制器手动控制，消火栓泵、自动喷淋泵还可在联动控制台上通过硬线手动控制，并接收其反馈信号。所有排烟阀、排烟口、280℃防火阀、具有联动机组的70℃防火阀、正压送风阀、正压送风口的状态信号送至消防控制室显示。

2）电源管理：本工程部分低压出线回路及各层主开关设有分励脱扣器。当发生火灾时，消防控制室可根据火灾情况自动切断火灾区的正常照明及空调机组、回风机、排风机电源。并可通过消防直通电话通知变配电所，切断其他与消防无关的电源。

3）当发生火灾时，自动关闭总煤气进气阀门。

4）火灾自动报警系统各设备之间应具有兼容的通信接口和通信协议。

（7）消防紧急广播系统。

1）在消防控制室设置消防广播机柜，机组采用定压式输出。并设置火灾应急广播备用扩音机，其容量大于火灾时需同时广播的范围内火灾应急广播扬声器最大容量总和的1.5倍。

2）地下泵房、冷冻机房等处设置号角式 15W 扬声器，其他场所设置 3W 扬声器，在环境噪声大于 60dB 的场所设置的扬声器，在其播放范围内最远点的播放声压级高于背景噪声15dB。其数量能保证从一个防火分区的任何部位到最近一个扬声器的距离不大于 25m。走道内最后一个扬声器至走道末端的距离不小于 12.5m。

3）消防紧急广播按建筑层分路，每层一路。当发生火灾时，消防控制室值班人员自动或手动进行全楼火灾广播，及时指挥疏导人员撤离火灾现场。

4）消防控制室能监控用于火灾应急广播时的扩音机的工作状态，并具有遥控开启扩音机和采用传声器播音的功能。

5）若将平时背景音乐广播与消防紧急广播合用，在火灾自动报警平面中的背景音乐广播及线路，按背景音乐广播平面布置的消防紧急广播扬声器和线路进行施工，但消防紧急广播扬声器和线路满足《火灾自动报警系统设计规范》要求，并征得消防主管部门的认可。

（8）消防通信系统。消防专用电话网络为独立的消防通信系统。在消防控制室内设置消防直通对讲电话总机，除在各层的手动报警按钮处设置消防对讲电话插孔外，在避难层、变配电室、水泵房、电梯机房、冷冻机房、防排烟机房、建筑设备监控室等处设置消防直通对讲电话分机。在消防电梯轿厢内部设置专用消防对讲电话终端设备。另外，在消防控制室还设置 119 专用报警电话。

（9）电梯监视控制系统。

1）在消防电梯轿厢内部设置视频监控系统的终端设备。

2）在消防控制室设置电梯监控盘，除显示各电梯运行状态、层数显示外，还设置正常、故障、开门、关门等状态显示。

3）火灾发生时，根据火灾情况及场所，由消防控制室电梯监控盘发出指令，指挥电梯按消防程序运行：对全部或任意一台电梯进行对讲，说明改变运行程序的原因。消防电梯应能自动迫降至首层，除消防电梯保持运行外，其余普通电梯均强制返回一层并开门，降首后切除电源。

4）火灾指令开关采用钥匙型开关，由消防控制室负责火灾时的电梯控制。

5）在消防电梯的首层入口处，设置明显的标识和供消防救援人员专用的操作按钮。

（10）余压监控系统。由余压监控器、余压控制器、余压探测器等配接组成系统，实现 24h 监视余压值和动态控制余压值在规范符合的范围内。余压监控器安装在消防控制室。

（11）消防应急照明和疏散指示系统。

1）采用集中电源集中控制型消防疏散指示灯系统，灯具电压等级为 DC 36V，控制方式为集中控制。系统主机位于消防控制室。所有疏散指示灯经由附设于总控制屏或集中控制型消防灯具控制器（分机）内的应急自备电源装置（EPS）提供工作电源，并内置蓄电池作为备用电源，蓄电池的持续供电时间大于 1.5h。

2）建筑内疏散照明的地面最低水平照度应符合下列规定：

- 疏散楼梯间、疏散楼梯间的前室或合用前室、避难走道及其前室、避难层、避难间、消防专用通道，不应低于 10.0lx。
- 疏散走道、人员密集的场所，不应低于 3.0lx。
- 其他场所，不应低于 1.0lx。

3）系统输入及输出回路中不装设剩余电流动作保护器，消防应急照明回路严禁接入消防应急照明系统以外的开关装置、电源插座及其他负载。

（12）电气火灾监视与控制系统。为能准确监控电气线路的故障和异常状态，能发现电气火灾的隐患，及时报警提醒人员去消除这些隐患，本工程设置电气火灾监视与控制系统，对建筑中易发生火灾的电气线路进行全面监视和控制，系统由电气火灾探测器、测温式电气火灾监控探测器和电气火灾监控设备组成。

（13）消防电源监控系统。为保证消防设备电源可靠性，通过检测消防设备电源的电压、电流、开关状态等有关设备电源信息，从而判断电源设备是否有断路、短路、过电压、欠电压、缺相、错相以及过电流（过载）等故障信息并实时报警、记录的监控系统，从而可以有效避免在火灾发生时，消防设备由于电源故障而无法正常工作的危急情况，最大限度地保障消防联动系统的可靠性。

（14）防火门监控系统。为保证防火门充分发挥其隔离作用，在火灾发生时，迅速隔离火源，有效控制火势范围，为扑救火灾及人员的疏散逃生创造良好条件，本工程设置防火门监控系统。对防火门的工作状态进行 24h 实时自动巡检，对处于非正常状态的防火门给出报警提示。在发生火情时，该监控系统自动关闭防火门，为火灾救援和人员疏散赢得宝贵时间。

（15）消防控制室接地。采用共用接地装置时，接地电阻值不大于 1Ω。

十一、线路敷设

（1）线路敷设原则。

1）选择布线系统的敷设方法应根据建筑物构造、环境特征、使用要求、用电设备分布等敷设条件及所选用电线或电缆的类型等因素综合确定。

2）布线系统的选择和敷设，应避免因环境温度、外部热源、浸水、灰尘聚集及腐蚀性或污染物质存在等外部影响对布线系统带来的损害，并应防止在敷设和使用过程中因受撞击、振动、电线或电缆自重和建筑物的变形等各种机械应力作用而带来的损害。

3）布线用各种电缆、电缆桥架、金属线槽及封闭式母线在穿越防火分区楼板、隔墙时，其空隙应按建筑构件原有防火等级采用不燃烧材料填塞密实。

4）在电缆托盘上可以无间距敷设电缆，电缆在托盘内横断面的填充率：电力电缆不应大于 40%；控制电缆不应大于 50%。

5）封闭母线长度每 25m 或通过建筑伸缩缝、沉降缝时宜增加温度补偿节（膨胀节）。

6）穿金属导管或金属线槽的交流线路，应将同一回路的所有相导体和中性导体穿于同一根导管或金属线槽内。

7）明敷于潮湿场所或埋地敷设的金属导管，应采用管壁厚度不小于 2mm 的厚壁钢导管。明敷或暗敷于干燥场所的金属导管可采用管壁厚度不小于 1.5mm 的电线管。

8）三根及以上绝缘电线穿于同一根导管时，其总截面积（包括外护层）不应超过导管内截面积的 40%。

9）不同回路的线路不应穿于同一根金属导管内，但下列情况可以除外：

- 电压为 50V 及以下的回路。
- 同一设备或同一联动系统设备的电力回路和无防干扰要求的控制回路。
- 同一照明灯具的几个回路。

（2）高压电缆选用 ZRYJV–8.7/15kV 交联聚氯乙烯绝缘、聚氯乙烯护套铜质电力电缆。

（3）变配电所配出线路至末端配电点电压降损失按不大于 5%计算。

（4）普通低压出线电缆选用干线采用选用燃烧性能 B_1 级、产烟毒性为 t_0 级、燃烧滴落物/微粒等级为 d_0 级电缆。应急母线出线选用燃烧性能为 A 级电力电缆。

（5）避难层（间）明敷的电线和电缆应选择燃烧性能不低于 B_1 级、产烟毒性为 t_0 级、燃烧滴落物/微粒等级为 d_0 级的电线和 A 级电缆。

（6）控制线采用燃烧性能 B_1 级的铜芯控制电缆，与消防有关的控制线采用燃烧性能 A 级的铜芯控制电缆。

（7）当消防有关的管线穿镀锌钢管（SC）明敷吊顶内时应刷防火涂料（耐火极限 1h）。

（8）主要电力、照明配电干线沿地下一层电缆线槽引至各电气小间，支线穿钢管敷设。

十二、无障碍设计

（1）在无障碍卫生间、无障碍电梯厅等处设置手动报警按钮，并在无障碍卫生间门口设置声光报警器。

1）无障碍电梯的候梯厅的手动报警按钮的中心距地面高度应为 0.9m；并设置电梯运行显示装置和抵达声音信号。

2）无障碍电梯设呼叫按钮，高度为 0.9m。

3）无障碍厕位底距地 0.5m、0.9m 分别设置报警按钮，门外底距地 2.5m 设置声光报警器。

4）无障碍服务设施内供使用者操控的照明、设备、设施的开关和调控面板应易于识别，距地面高度应为 0.9m。

（2）公共场所中的网络通信设备部件应符合下列规定：

1）低位电话、低位个人自助终端和低位台面计算机应符合《建筑与市政工程无障碍通用规范》（GB 55019—2021）第 3.6.4 条的规定。

2）每 1 组公用电话中，应至少设 1 部低位电话，听筒线长度不应小于 600mm；应至少设 1 部电话具备免提对话、音量放大和助听耦合的功能。

3）每 1 组个人自助终端中，应至少设 1 部低位个人自助终端；应至少设 1 部具备视觉和听觉两种信息传递方式的个人自助终端。

4）供公众使用的计算机中，应至少提供 1 台低位台面计算机；应至少提供 1 台具备读屏软件和支持屏幕放大功能的计算机；应至少提供 1 台具备语音输入功能的计算机；支持可替换键盘的计算机不应少于 20%。

十三、抗震设计

（1）设计原则。电气、消防及通信设施的抗震设防烈度为 8 度。电气抗震设计以保证地震时或地震后需要运行的电力保障系统、消防系统和应急通信系统运行安全，避免次生灾害，避免人员伤亡为原则。

（2）建筑的附属电气设备，不应设置在可能致使其功能障碍等二次灾害的部位，地震下需要连续工作的电气设备，应设置在建筑结构地震反应较小的部位，其自身及与结构主体的连接。

（3）变压器的安装设计满足装有滚轮的变压器就位后，将滚轮用能拆卸的制动部件固定。变压器的支承面宜适当加宽，并设置防止其移动和倾倒的限位器。

（4）柴油发电机组的安装设计设备与基础之间、设备与减振装置之间的地脚螺栓能承受水平地震力和垂直地震力。

（5）配电箱（柜）、通信设备的安装设计交流配电屏、直流配电屏、整流器屏、交流不间断电源、油机控制屏、转换屏、并机屏及其他电源设备，同列相邻设备侧壁间至少有二点用不小于 M10 螺栓紧固，设备底脚采用膨胀螺栓与地面加固。

（6）设防地震下需要连续工作的附属电气设备，照明和应急电源、消防系统等相应支架应设置在建筑结构地震反应小的部位。

（7）电梯的设计满足电梯包括其机械、控制器的连接和支承满足水平地震作用及地震相对位移的要求；垂直电梯宜具有地震探测功能，地震时电梯能够自动就近平层并停运。

（8）设在建筑物屋顶上的共用天线等电气设备，设置防止因地震导致设备损坏后部件坠落伤人的安全防护措施。

（9）应急广播系统预置地震广播模式。

（10）由于地震力的影响可能会产生电气火灾等引起的次生灾害的电气线路，以及地震后需要保持电气消防系统、应急通信系统、电力保障系统等电路连续性的电气链路按照《建筑机电工程抗震设计规范》（GB 50981）安装抗震支吊架。

1）内径不小于 60mm 的电气配管和重力不小于 150N/m 的电缆桥架/槽盒、母线槽须设置抗震支吊架。

2）水平管线的侧向和纵向抗震支吊架间距及抗震节点布置应根据《建筑与市政工程抗震通用规范》（GB 55002）和《建筑机电工程抗震设计规范》（GB 50981）的要求设置。

十四、电气节能和环保设计

（1）变配电所设置在地下一层，位置在建筑物中部，其下方为冷冻机房，使变配电所深入负荷中心，变压器运行在经济区。

（2）合理分配电能，变配电所内 1 号和 2 号变压器为专供空调冷冻系统负荷，冬季可退出运行。

（3）合理选择电缆、导线截面，减少电能损耗。

（4）所有电气设备采用低损耗的产品，变压器采用低损耗、低噪声的 SCBH17 产品。选用交流接触器的吸持功率低于现行《交流接触器能效限定值及能效等级》（GB 21518）规定的节能评价值。建筑设备使用的电动机、交流接触器、照明产品采用能效等级达到 2级（及以上）的节能型产品。电动机变频调速控制装置等谐波源较大设备，在就地设置谐波抑制装置。

（5）电动压缩式冷水机组电动机的供电方式低压供电。

（6）各房间、场所的照明功率密度限值（LPD）按照高于现行《建筑节能与可再生能源利用通用规范》（GB 55015）规定的限值设计，见表 4-7。建筑夜景照明本项目的室外夜景照明光污染的限制符合现行《室外照明干扰光限制规范》（GB/T 35626）和现行《城市夜景照明设计规范》（JGJ/T 163）的规定。

表 4-7　　　　　　　　　　　场所的照明功率密度限值

房间或场所	照度标准值/lx	照明功率密度限值/（W/m²）
普通办公室、会议室	300	≤6.5
高档办公室、设计室	500	≤9.5
服务大厅	300	≤8.0

（7）采用智能灯光控制系统。有天然采光的场所，建筑的走廊、楼梯间、门厅、电梯厅及停车库照明应能够根据照明需求进行节能控制；大型公共建筑的公用照明区域应采取分区、分组及调节照度的节能控制措施。

（8）本工程采用低压集中自动补偿方式，并配备谐波电抗器组合，作为谐波抑制措施，避免高次谐波电流与电力电容发生谐振，影响系统设备可靠运行，治理后的谐波水平满足 GB/T 14549 的要求。

（9）谐波含量符合《电磁兼容　限制　第 1 部分：谐波电流发射限制》（GB 17625.1—2022）规定的 C 类照明设备的谐波电流限制。

（10）按建筑应按功能区域设置电能计量，照明插座、空调、电力、特殊用电分项进行电能监测与计量。

1）电能监测中采用的分项计量仪表具有远传通信功能。

2）分项计量系统中使用的电能仪表的精度等级不低于 1.0 级。

3）分项计量系统中使用的电流互感器的精度等级不低于 0.5 级。

（11）设置建筑设备监控系统，对建筑物内的设备实现节能控制。

（12）设置用电能耗监测与计量系统，进行能效分析和管理。

（13）电力系统碳排放计算。每年运行预计耗电 $7000 \times 10^3 kW \cdot h/$年，EF 电为碳排因子，取 0.7355，每年电力系统产生碳排放量约为 $5154 \times 10^3 kg\ CO_2$，其中照明系统产生碳排放量约为 $1490 \times 10^3 kg\ CO_2$，电梯系统产生碳排放量约为 $579 \times 10^3 kg\ CO_2$。

十五、绿色建筑电气设计

（1）绿色建筑是在建筑的全寿命周期内，最大限度地节约资源（节能、节地、节水、节材），保护环境和减少污染，为人们提供健康、适用和高效的使用空间，与自然和谐共生的建筑。绿色设计，又称生态设计、面向环境的设计，考虑环境的设计等，是指利用产品全寿命过程相关的各类信息（技术信息、环境信息、经济信息），采用并行设计等各种先进的设计理论和方法，使设计出的产品除了满足功能、质量、成本等一般要求外，还应该具有对环境的负面影响小、资源利用率高等良好的环境协调特性。

（2）绿色设计电气技术措施。

1）安全耐久。

- 本项目采用 10kV 电缆埋地引入，场地红线内无电磁辐射标。

- 首层大堂预留插座电源可用于应急救护。

- 采取人车分流措施，步行和自行车交通系统有充足照明，照明标准值不低于《城市道路照明设计标准》（CJJ 45）的规定。

- 配电系统导线、电缆的导体材料采用铜芯。

2）健康舒适。照明数量与质量应符合现行《建筑照明设计标准》（GB/T 50034）的规定；人员长期停留的场所采用符合现行《灯和灯系统的光生物安全性》（GB/T 20145）规定的无危险类照明产品的要求；选用 LED 照明产品的光输出波形的波动深度满足现行《LED 室内照明应用技术要求》（GB/T 31831）的规定。

3）生活便利。

- 设置新能源汽车充电基础设施的安装条件，设置比例达到 25%，满足规划配建指标要求。

- 设置建筑设备监控系统，设备管理系统的设置满足《建筑设备监控系统工程技术规范》（JGJ/T 334）的要求。

- 根据现行《智能建筑设计标准》（GB 50314）的规定设置合理、完善的信息网络系统，包括安全防范系统、设备监控管理系统、信息网络系统。

- 设置分类、分级用能自动远传计量系统，且设置能源管理系统实现对建筑能耗的监测、数据分析和管理等功能。

- 人员密集房间及 30%的人员长期停留（包含 24h 机房值班室等）设置 PM10、PM2.5 空气质量监测系统，在每个热区中设置 CO_2 监测仪，在感应到 CO_2 浓度超过设定值 10% 时向建筑自动化系统发出警报。对 CO_2、PM2.5、PM10 分别进行定时连续测量、显示、记录和数据传输，监测系统对污染物浓度的读数时间间隔不得长于 10min，且具有存储至少一年的监测数据和实时显示等功能。

- 具有照明控制、安全报警、环境监测、设备控制三种以上类型的服务功能；具有远程监控功能；服务系统预留协议接口，可与所在的智慧城市（城区、社区）平台对接。

4）资源节约。

- 主要功能房间的照明功率密度值低于现行国家标准《建筑节能与可再生能源利用通用规范》（GB 55015）规定的限值。公共区域的照明系统实现分区、定时、感应等节能控制；采光区域的照明控制独立于其他区域的照明控制，感应等节能自熄频繁开关控制的场所选用 LED 灯具。

- 对建筑冷热源、输配系统、照明等各部分能耗独立进行分项计量并满足 LEED 高阶计量要求，包含对建筑的电、气、热设置能耗计量系统和能源管理系统，冷热源、输配系统、照明等各部分能耗独立进行分项计量。

- 采用节能电梯，并采取电梯群控、扶梯自动启停等节能控制措施。

- 主要功能房间的照明功率密度值不高于现行《建筑节能与可再生能源利用通用规范》（GB 55015）规定的限值；照明产品满足现行《室内照明用 LED 产品能效限定值及能效等级》（GB 30255）、《普通照明用荧光灯能效限定值及能效等级》（GB 19044）等照明产品的节能评价值二级能效要求，三相配电变压器满足现行《电力变压器能效限定值及能效等级》（GB 20052）的节能评价值二级能效的要求。

- 在建筑屋面设置太阳能电池方阵，采用并网型太阳能发电系统，太阳能发电能力为

100kW，预计年发电总量 109 500kW·h。

5）环境宜居。

• 室外夜景照明光污染的限制符合现行《室外照明干扰光限制规范》（GB/T 35626）和现行《城市夜景照明设计规范》（JGJ/T 163）的规定。

• 对室内的二氧化碳浓度进行数据采集、分析，并与通风系统联动，实现室内污染物浓度超标实时报警，并与通风系统联动。

• 地下车库设置与排风设备联动的一氧化碳浓度监测装置。

• 噪声控制。电力变压器、柴油发电机房的降噪措施为选取低噪声变压器。

第三节　某办公建筑主要电气设备选型

一、10kV 中置式金属铠装封闭开关柜

1. 环境要求

安装场所为户内安装。海拔小于或等于 1000m；环境温度为 −5℃～+40℃；日温差为 25℃；相对湿度小于等于 85%（25℃）；抗震能力要求承受地震烈度 8 度。

2. 系统参数

额定电压为 12kV，运行电压为 10kV，工频耐压为 42kV/min，雷电冲击电压为 75kV（全波峰值），额定频率为 50Hz，中性点接地方式为低电阻接地。

3. 主要技术参数及性能

（1）额定电压 12kV。额定电流：进线柜 630A、馈线柜 630A、主母线 1250A；短时耐受电流为 25kA，额定开断电流（有效值）为 25kA/3s；额定频率为 50Hz；额定短路开断电流（有效值）为 25kA；额定关合电流（峰值）为 63kA；额定短路耐受电流为 25kA/3s；一次母线动稳定电流（峰值）为 63kA。

（2）柜体及开关设备绝缘。对地、相间及普通断口工频耐压值为 42kV；隔离断口间的绝缘工频耐压值为 48kV；对地、相间及普通断口冲击耐压值（峰值）为 75kV；隔离断口间的绝缘冲击耐压值（峰值）为 75kV；柜内各组件的温升不超过该组件相应标准的规定；分、合闸机构和辅助回路的额定电压为直流 110V。

4. 柜内主要设备的技术参数

（1）真空断路器（VCB）。额定电压为 12kV；工作电压为 10kV；额定电流为 630A；额定频率为 50Hz；雷电冲击耐受电压（相对地）为 75kV；主回路工频耐受电压（相间）为 42kV/min；辅助回路工频耐受电压为 2kV；额定开断电流（有效值）为 25kA/3s；额定关合电流（峰值）：63kA；额定动稳定电流（峰值）为 63kA；额定热稳定电流（有效值）为 25kA/3s；额定短路开断电流开断次数大于或等于 50 次/25kA；电冲击电压为 75kV（1.2/50μs）；最小载流值小于或等于 5A；动机构类型为弹簧储能操动机构；手动操作程序为 O−0.3s−CO−180s−CO；储能时间（最大）为 8s；操作电压为 DC 110V；操作电流小于 3.3A；合闸时间为 55～67ms。分闸时间为 33～45ms；燃弧时间小于或等于 15ms（50Hz）；开断时间为 48～60ms；真空度

10^{-7} 托，终止真空度 10^{-4} 托（瓷质真空管）；机械寿命为不小于 30 000 次。电气寿命为额定电流下允许开断次数 20 000 次，额定短路开断电流下允许开断 100 次。合闸线圈在 110%～65%额定电压（直流 110V）能可靠动作，跳闸线圈在 120%～65%额定电压应可靠动作，分合闸线圈不动作范围 0～30%U_e。机械寿命为 30 000 次。备用辅助接点 2 个常开，2 个常闭；保证运行寿命大于 25 年；弹跳时间小于 3ms。

　　智能型真空断路器采用断路器内置式 6 点测温，无线通信方式。真空断路器应具备机械特性监测，可实现行程、动作速度、动作时间在线监测功能，提供断路器机构健康状态，并能够提供诊断参考依据。后台监管平台可根据运行电流确认合理运行温度，自动报警；根据机械特性监测数据分析断路器机械部件工作状况；建立开关设备健康状况档案，为设备失效预测提供了在线诊断和分析的依据，以减小非预期性故障停电概率。

　　（2）电流互感器，形式为环氧浇注式；额定电压为 12kV；额定电流变比见设计文件，应满足供电方案要求；二次侧电流为 5A；热稳定电流为 25kA/3s。动稳定电流为 63kA。工频耐压为 42kV/min；冲击耐压为 75kV；缘体局部放电不大于 10pC；准确等级：线圈 1 为 0.5 级；线圈 2 为 5P10 级；额定负荷详见设计文件。

　　（3）电压互感器，形式为环氧浇注式、三绕组式。额定电压因数为 $2V_n/\sqrt{3}$，8h。额定变比为 10/0.1kV。工频耐压为 42kV/min。冲击耐压为 75kV。绝缘体局部放电不大于 10pC。准确等级为 0.5、3P 级。额定输出按继电保护及测量设计容量定。

　　（4）熔断器（保护 PT），形式为 RN2－10。额定电压为 12kV。额定电流为 0.5A。额定开断电流为 25kA。

　　（5）过电压吸收器还是过电压保护。一端硬连接，一端软连接。类型为金属氧化物。额定电压（有效值）为 10.5kV；保护器持续运行电压（有效值）为 12.7kV；工频放电电压（不小于）为 23.2kV（峰值）；直流 1mA 参考电压（不小于）为 22.5kV（峰值）；1.2μs/50s 冲击放电电压及残压（不大于）为 33.8kV（峰值）；500A 操作冲击电流残压（不大于）为 33.8kV（峰值）。5kA 操作冲击电流残压（不大于）为 40kV（峰值）；2000μs 方波冲击电流为 400A；安全净距离（不小于）为 130mm。沿面爬电距离（不小于）为 250mm；最小相间距离为 150mm；外绝缘材质为硅聚合物。

　　（6）接地开关。形式为手动隔离开关。额定电压为 12kV，热稳定电流为 25kA/3s，动稳定电流（峰值）为 63kA；关合电流（峰值）为 63kA，最大关合电流为 63kA 允许关合 2 次，手动操作有联锁。

　　（7）加热除湿器。形式能自动投入或切除。额定电压为 AC 110V，额定频率为 50Hz，消耗功率为 2×150W。开关柜安装指针式广角度测量、带最大指针仪表，或电子数字仪表。

　　（8）继电保护要求。采用综合保护继电器。生产厂商提供对于继电保护运行所必需的所有配件、辅助设备、备品备件、专用工具。保护装置应采用微机型构成，并应有 CPU 实现保护功能。保护装置的额定值：额定交流电流为 5A；额定交流电压相电压为 $100/\sqrt{3}$ V，线电压为 100V；额定频率为 50Hz；额定直流电源电压为 110V。保护装置的功率消耗：每个保护装置每相交流电流回路功耗小于 1V·A，每个保护装置每相交流电压回路功耗小于 3V·A，每个保护装置的直流功耗不大于 50W。耐受过电压的能力，保护装置应具有耐受过电压能力。互感器的二次回路故障：如果继电保护用的交流电压回路断电或短路，电流互感器的二次回路开路，保护不应不正确动作，同时应闭锁保护并发出告警信号；验部件或连接片以便在运行中能分别断开，防止引起误动。应保证保护装置的元件和部件的质量，装置中任一元件损坏时，在正常运行期间，装置不应发生误跳闸。继电保护设备之间的信号传送：各保护装置之间，保护装置设备之间的联系应由继电器的无压接点（或光电耦合）来连接，出口继电器接点的绝缘强度试验为 AC 2000V，历时 1min。跳闸显示，如果保护动作使断路器跳闸，则所使断路器跳闸的保护动作信号应显示出来，并应自保持，直到手动复归。连续监视与自检和自复位功能：装置的主要电路应有经常的监视，回路不正常时，应能发出告警信号。装置应具有自检功能。抗干扰，在干扰作用下，装置不应误动和拒动。各种保护动能动作及装置异常、直流电源消失、保护启动等情况均应设（如发光二极管）监视回路，并应有信号接点输出。

辅助回路电压，控制回路为 DC 110V，保护回路为 DC 110V，信号回路为 DC 110V。在上述数值的 80%～120%范围内，各种电气设备动作均准确可靠。断路器的合闸回路在上述数值的 85%～110%范围内能关合额定关合电流。75%～110%范围内能在无负荷情况下关合。断路器的分闸回路在上述数值的 65%～120%范围内能可靠地分闸。隔离开关的分合闸回路在上述标准值的 85%～110%时能顺利分合。所有电子设备和继电器在高次谐波电压畸变率不大于 8%的条件下能正常运行。

（9）继电保护配置。10kV 线路保护：安装在 10kV 线路断路器开关柜内，具有电流速断保护、定时限过电流保护、零序过电流保护和接地选线，保护装置应配备断路器操作部分的接口。10kV 母联间隔单元保护：安装在 10kV 母联断路器开关柜内，具有电流速断保护、定时限过电流保护、母分充电保护，保护装置应配备断路器操作部分的接口。10kV－PT 间隔单元保护：安装 10kV－PT 开关柜内，具有 PT 电压并列保护、过电压保护和低电压保护、低频减载、PT 断线判别。装置的参数要求，电流、电压的精确测量和整定范围：电流为 0.4～50A，级差小于或等于 0.1A；电压为 4～150V，级差小于或等于 1V。时间整定范围为 0～80s，级差 0.1s。装置机箱应组柜安装。配合断路器的操作继电器：操作继电器应有跳合闸回路、防跳回路、跳闸和合闸位置继电器等，除装置内部需要的接点而外，位置继电器还应引出两副以上接点。保护装置显示与通信：本地显示为字母数字显示，远程通信接口，接入站内通信网络，向上层提供报告。

继电保护技术要求，保护值的整定应能从柜的正面方便而可靠地改变继电保护的定值。暂态电流的影响，保护装置不应受输电线路的分布电容、谐波电流、变压器涌流的影响而发生误动。直流电源的影响，110V 直流电压，其电压变化范围在 80%～115%时，保护装置应能正确动作。直流电源的波纹系数小于 5%时，装置应能正确动作。当直流电源，包括直流—直流变换器在投入或切除时，保护不应有不正确动作。在直流电源切换期间或直流回路断线或接地故障期间（分布电容和附加电容值为 0.5～1.0μF），保护不应误动作。

继电保护功能要求，线路在空载、轻载、满载条件下，在保护范围内发生金属或非金属性的各种故障时，保护应能正确动作。对保护范围外故障的反应。在保护区外发生金属或非金属故障时，保护不应误动作。区外故障切除，区外故障转换，故障功率突然倒向及系统操作情况下，保护不应误动作。被保护线路在各种运行条件下进行各种倒闸操作时，保护装置不得误发跳闸命令。断路器动作时的反应。当手动合闸于故障线路上时，保护应能三相跳闸。当全相或非全相振荡时。无故障时应可靠闭锁保护装置。如发生区外故障或系统操作，装置应不动作。如果本线路发生故障，允许有短延时加速切除故障。对经过渡电阻性故障的保护。成套保护装置应有容许 100Ω 过渡电阻的能力。跳闸及合闸出口接点。装置应有 2 副跳闸接点。保护出口均应带有压板。信号接点，三相跳闸接点（带自保持）、装置动作（带自保护）、直流电源消失、装置故障、交流电压消失、装置动作（远动信号）、事件记录信号（包括：三相跳闸、装置动作）。装置的参数要求：交流变换元件精确工作范围（10%误差）。相电压 0.5～80V（有效值）；电流回路 0.5～100A。自动投入装置：变电所进线失电压设 10kV 母联开关自动投入装置。

5. 结构及组成

（1）开关柜采用进口敷铝锌钢板制造，应提供敷铝锌钢板的品牌及生产商及其产品样本、其他技术文件。开关柜本体和断路器拥有独立的知识产权。应提供相关的证明文件。开关柜采用户内金属铠装移开式结构，由柜体和手车两部分组成，断路器手车采用中置式，具有工作、试验、隔离、接地（仅对进线开关柜）四个位置。手车可以被轻易地拉出或插入。开关选用真空断路器安装在手车上。开关柜满足五防要求：防止带负荷拉手车、防止误分/误合断路器、防止接地开关处在闭合位置时关合断路器、防止在带电时误合接地开关、防止误入带电隔室等功能。开关柜内设置专用的继电器小室来安装智能型微机综合保护/监控单元。防护等级：IP40，断路器柜门打开时 IP20。

（2）开关柜结构。开关柜在结构上保证正常运行、监视和维护工作能安全方便地进行。维护工作包括元件的检修和试验，故障的寻找和处理。对于额定参数及结构相同而需要替代的元件能互换。开关柜采用均匀电场和复合绝缘措施。开关柜用钢板分隔成手车室、母线室、电缆室和低压室四部分。分隔用的钢板具有足够的机械强度，以保证每个室内的元件在发生故障时不影响相邻设备。任何可移开部件与固定部分的接触，在正常使用条件下，特别是在短路时，不会由于电动力的作用而被意外地分开。外壳用钢板制成，其结构、材料具有足够的机械强度。开关柜内的空气能顺利流动，以防止冷空气在柜内的凝结，同时在故障时使其他有害气体逸出。门是外壳的一部分，断路器手车在开关柜内的工作位置、试验位置时，门均可关闭。为了保证门的可靠接地，门与柜体之间用铜编织导线连接。泄压窗，为了防止内部各故障或内部短路故障产生的压力对柜内设备的损坏，开关柜在顶部设置泄压窗。对于开关柜的手车室、母线室、电缆室的泄压窗应分开。隔板由金属制成并接地。活门由金属制成并接地。当手车处于试验位置或移开位置时活门会把带电静触头自动罩起来并接地，同时可以考虑加挂锁，加搭勾等安全措施以确保维护、检查时的人身安全。隔离插头和接地开关。隔离插头或接地开关的操作位置能判定，并能达到下列条件之一：隔离断口是可见的；可抽出部件相对于固定部分的位置是清晰可见的，并且对应于完全接通和完全断开的位置具有标志；隔离插头或接地开关的位置由可靠的指示器显示。

（3）母线室。主导体外套热缩材料绝缘，为了加强母线室的绝缘水平，母线的形状应使其电场较均匀，所有主母线和分支母线应采用铜排及复合绝缘措施。同时为了尽量避免由于各种原因而引起的母线间的短路，母线应采用必要的绝缘措施。各开关柜间的母线室应用绝缘隔板和绝缘套管隔离。各段母线按长期允许载流量选择，能承受相当于连接在母线最大等级的断路器关合电流所产生的电动力，母线室母线为绝缘母线，母线的接头应镀银。母线与支母线有标相别的识标。接地主母线的最小截面按规范和供电部门要求。

（4）电缆室。电缆室内，设置电缆接线槽，电缆头的螺栓被屏蔽在槽内，以防止尖端放电。并设电缆进线孔洞封堵板，使电缆室达到标书要求的防护等级。

（5）测量仪表、继电保护装置及二次回路，测量仪表、综合保护监控装置单元放在低压室内，可采用柜面安装及柜内安装两种形式。具体安装形式在加工订货时确定。测量仪表及综合保护监控装置与高压带电部分保持足够的安全距离，保证在高压带电部分不停电情况下进行工作时人员不致触及运行的高压导电体。开关柜的结构上考虑有可靠的防振动措施，不因高压开关柜中断路器在正常操作及故障动作时产生的振动而影响测量仪表、综合保护监控装置的正常工作及性能。柜内的二次连接导线采用多股软铜绝缘线，端子排接线板及固定螺栓均为铜质材料制成，标志应正确、完整、清楚、牢固。当测量仪表及综合保护监控装置的二次回路接线以插头与高压开关柜中其他组件的二次回路相连接时，其插头及插座接触可靠，并有锁紧设施。次回路中的低压熔断器、端子和其他辅助元件，均有可靠的防护措施，使运行维护人员不会触及导电体。二次回路导线使用铜导线，其电流回路截面不小于 2.5mm^2 电压回路不小于 1.5mm^2。

（6）接地。沿高压开关柜的整个排列长度延伸方向设铜质的接地导体，其电流密度在规定的接地故障时不超过 200A/mm^2，最小截面不小于 30mm^2，该接地导体设有与接地网相连的固定的连接线端子，并有明显的接地标志。高压开关柜的金属骨架及其安装于柜内的高压电器的金属支架也有符合技术条件的接地，并且与专门的接地体连接牢固。主回路中凡能与其他部分隔离的每一个部件都能接地。在正常情况下可抽件中应接地的金属部件，在试验或隔离位置、处于隔离断口规定的条件下以及当辅助回路未完全断开的任一中间位置时，均能保持良好的接地连接。每一高压开关柜之间的专用接地导体均相互连接，并通过专用端子连接牢固。

（7）联锁。为了安全和便于操作，在金属封闭开关设备的不同元件之间设联锁。仅当断路器处在分闸位置时，可移开部件才可以抽出或插入。只有当断路器在工作位置、断开位置、移开位置、试验位置才可以进行操作。断路器在任何位置都可以分闸。辅助回路若未接通，在工作位置断路器不能合闸。接地隔离开关采用可靠的联锁措施，以保证只有当与它相关的断路器处于分闸位置时，才能进行操作。只有当接地隔离开关处于分闸位置时，相应断路器才可以进行操作。接地隔离开关与断路器之间装设电气联锁，以防止当接地开关处于合闸位置时，电缆进线送电。进线及母联断路器的联锁原则：两路进线断路器及母联断路器在任何条件下，只允许其中两路处于合闸状态，避免两路进线断路器及母联断路器并列运行。切投装置采取手动投切方式，正常运行方式为两路进线断路器投入运行，母联断路器开断，当某一条进线因电源故障失压时（非下游侧故障引起），将延时跳开进线断路器，由进线断路器跳闸位置信号启动母联合闸继电器，手动合上母联断路器恢复送电。进线电源恢复正常后采取手动操作方式切换回到正常运行方式。

（8）设备外形尺寸：开关柜（宽×深×高见设计文件）一次电缆入口的开孔位置在柜的后部。一次电缆的数量为预留双电缆，开关柜的电缆室，接线端子等相关结构、器件应能满足电缆接线的要求。一次电缆开孔的大小及位置能根据最终用户的要求修改。操作用小车配2台。开关柜上设有高压带电显示装置（柜前、柜后）高压柜为下进下出型。

二、10kV/0.4kV 非晶合金干式变压器

变压器选用 SCBH17 真空树脂浇注式，高低压模具采用软膜结构，高压侧线圈采用带绕、线绕或箔绕，低压侧线圈采用箔绕。

1. 环境条件

（1）最高环境温度为＋40℃。

（2）最低环境温度为－25℃。

（3）户内相对湿度：日平均值≤95%，月平均值≤90%。

（4）耐地震能力。地面水平加速度 0.2g，垂直加速度 0.1g 同时作用。采用共振、正弦、拍波试验方法；激振 5 次，每次 5 波，每次间隔 2s。安全系数不小于 1.67。

（5）安装位置：户内。

（6）海拔小于 1000m。

（7）额定频率为 50Hz。

2. 温度额定值

当周围空气的平均温度为 30℃，最高温度为 40℃，变压器在全标称容量下运行时，平均温升不应超过 100K。

3. 变压器冷却和额定容量

（1）冷却方式（AN/AF）。

（2）通过强制通风冷却，可增加 40%的允许满载自冷额定值，长期连续运行。

（3）变压器的额定容量见设计文件。

4. 系统参数

高压侧，额定电压为最高工作电压为 12kV。额定频率为 50Hz。接地系统为低电阻接地。全容量时，分接电压为一次正常分接头电压±2×2.5%。分接头只能在变压器断电的情况下进行调节并且穿过变压器的侧面容易接近。绝缘水平，LI75AC35//LI0AC3，即一次侧电压设备最高电压（有效值）额定短时工频耐受电压（有效值）35kV；额定雷电冲击电压（全波峰值）75kV。

低压侧，额定电压为 0.4/0.23kV。额定频率为 50Hz。接地系统为 TN-S。额定短时工频耐受电压（有效值）3kV；额定雷电冲击电压（全波峰值）见设计文件；阻抗见设计文件。

变压器损耗、阻抗电压及空载电流等参数见表 4-8。

表 4-8　　　　　　　　变压器损耗、阻抗电压及空载电流等参数

容量/kV·A	2000	1600	1250	800	630	200
空载损耗/kW	≤0.85	≤0.645	≤0.55	≤0.41	≤0.36	≤0.17
负载损耗/kW（120℃时）	≤13.005	≤10.555	≤8.72	≤6.265	≤5.29	≤2.275
空载电流（%）	0.2	0.2	0.2	0.3	0.3	0.4
短路阻抗（%）	6	6	6	6	4	4

5. 噪声水平

变压器噪声水平见表 4-9。

表 4-9　　　　　　　　变 压 器 噪 声 水 平

变压器容量/kV·A	2000	1600	1250	800	630	200
噪声水平/dB	≤75	≤72	≤71	≤69	≤66	≤60

6. 绝缘水平

LI75AC35//LI0AC3。

7. 绝缘耐热等级

绝缘等级为 F 级。

8. 过载能力

每 24h 于额定 kV·A 容量连续运行，可过载 20%，长期运行，并提供 100%～300%的过载曲线（自然风冷 20%，强制风冷 40%）。

9. 局放水平

在相间施加 $1.8U_r$ 的预加电压、时间 30s 后，将电压降至 $1.3U_r$ 继续试验 3min 的放电量小于 10pC（U_r 即为额定电压，20kV 等级 U_r 为 $24/\sqrt{3}$ kV）。

10. 结构

（1）绕组：

1）高压绕组：铜导线。低压绕组：优质铜箔。

2）绕组应不吸潮，适于在 100%相对湿度，温度从 −25℃～+40℃下长久存放和运行，并能够不经过干燥处理就可以通电。

3）高压线圈应分别浇注成硬式的、同轴的、管筒式结构。线圈应在真空下裹上玻璃纤维。浸渍树脂应没有气孔。线圈应由铸件底部的支撑件和吸热膨胀/缩小的线圈填充块支撑。

4）低压线圈在全宽度上应为片状，绕组应完全绕在浸渍树脂内并烘干，绕组端部密封。

5）在高、低压绕组之间不应有刚性的机械连接。

（2）铁心。

1）变压器铁心材料应选用优质非晶合金薄带，非晶带材厚度 $\delta \geq 26\mu m$，非晶带材饱和磁通密度 $B_s \geq 1.6T$。并提供非晶合金带材厚度/质量等级和相关证明材料。

2）铁心由一定长度的非晶带材卷绕、搭接形成的开口铁心。多层带材形成一叠，每叠

搭接成阶梯形错开。搭接端面、侧面用固封胶封住，以增强搭接面强度，防止以后运行过程中铁心碎屑掉出。铁心为三相三柱形结构或者为四框五柱式结构。铁心采用悬挂式，不得受力。胶黏剂涂布应可靠，附着力应满足在后续制造过程不得开裂、脱落的要求。

3）铁心外部不应有非晶碎片。

4）铁心应通过一个柔性的接地条接到框架上，并易观察到。

（3）端子。

1）一次（高压）端子，与中压真空开关连接采用电缆。电缆由顶部引入。变压器须设有内接无负载分接头，−5%、−2.5%、0、2.5%、5%调整电压端子。

2）二次（低压）端子，应预留低压铜母线由侧部连接的安装位置。母排应为镀镍或锻锡铜排。低压铜排应引至外壳侧出线口，使用铜编织带软连接与低压柜搭接。同时提供铜排规格及接口详图。

（4）外壳。

1）外壳应为户内通风型。

2）变压器外壳尺寸见设计文件。投标方应保证到货设备外壳尺寸与设计图纸一致。

3）变压器外壳保护级别应不低于 IP20。所有外壳都应为镀锌钢板或冷轧钢板喷塑制成，颜色统一为国际色标编号 RAL7032。每套外壳的前后板均可手动开启，便于连接高压分接头及与电缆连接。顶板处并有开孔，以便穿进电缆。侧板则须与低压配电屏供应商协调及提供侧板开孔，以便低压母线的接驳。

4）底座应允许用千斤顶顶起、滚动或滑动。顶起垫片应与外壳平齐。

11. 附件

（1）风机冷却设备。

1）提供三相绕组温度指示器，带风机控制触点以及报警触点。

2）终端接线设在终端盒内。

3）提供手动断开自动转换开关，具有如下功能：手动：风机持续运行；自动：风机运行（通过温度传感器/控制器）。

（2）温控装置功能。

1）控制风机自动启停。

2）温控装置须安装在活动门上，方便维修。

3）就地显示变压器绕组温度。

4）提供高温报警和超高温跳闸信号。

5）通过 RS485 通信接口（Modbus 协议）与电力监控系统连接，提供各种信号和实时温度测量值。

6）每台变压器的温度传感器需采用两种型号，PT100 和 PTC。当其中一种型号出现高温信号时只报警不跳闸，当两种型号同时出现超高温信号时发出跳闸信号。

（3）变压器内照明。变压器壳顶内两侧各设置一盏 LED 灯，外设开关。

（4）风机、温控装置、照明电源采用交流 220V、单相，由变压器外部引入一路电源，禁止由变压器二次侧直接引入。

（5）提供带有标准间距孔的铜接地垫片，并连接到变压器高、低压终端的支柱上。

（6）铭牌。在每台设备上应装有一个标识铭牌，详细说明见电气标识。额定铭牌包括变压器的连接方式、额定值、阻抗，以及基于额定允许温升下的过载能力，标明一次和二次电压。

（7）接地端子。

（8）双向滚轮或滑橇。

（9）起重环。

（10）保护。变压器须配备绕组温度监视装置，按本规范书所述提供连续温度变量监测信号和跳闸信号。

（11）变压器安全防护罩壳门应具有挂牌/上锁功能，并配置联锁开关，此开关信号引入对应高压开关柜，发出报警信号，但不跳闸，并上传至 Power SCADA 系统。同时，该信号还应单独引至本变电所内 Power SCADA 系统子站，并就地报警。

（12）所有不需现场安装的螺栓，在工厂安装就位后，均需做红色位置标识线，以备现场检查。

三、低压柴油发电机组

1. 运行环境条件

海拔小于 1000m。地震条件，地震烈度不大于 8 度。最高气温为 45℃。最低气温为 - 10℃。最大相对湿度为 90%（25℃）。安装地点为室内。

2. 负荷属性

电阻类；电动机类（交流异步电动机）；晶闸管整流滤波器类；UPS 类。

3. 柴油发动机

发动机必须适用于 A2 级轻型油做燃料、水冷、四冲程、直接喷射、涡轮增压，发动机的额定容量与发电机运转的额定容量相配合。发动机额定转速为 1500r/min，其正常旋转方向为逆时针旋转。装设调速稳速装置及超速调闸机构。冷却系统为强制闭式循环水冷，对于机组，为便于吊装、安装、降噪以及机房布局的灵活性，建议供应商优先提供分体式散热器。发动机应采用独立的进气中冷却器系统。发动机水套安装由恒温控制器控制的电加热器。保持水温 20℃左右或按照制造厂商建议温度。当发动机投入运转后，加热器应立即被切断，控制屏上设有手动控制通断的开关。发动机必须具备以下最低限度的状态指示：油压、油温、发动机温度、运行时数、转速、电池电压。机组必须采用电喷技术，排放标准符合国三标准（不允许采用非电喷形式，仅依靠尾气处理来达到国三标准的要求）。

4. 发电机

发电机为交流同步发电机，额定输出电压 AC 230V/400V、50Hz，额定转速（1500r/min）。发电机励磁系统应包括负载调节模块。发电机的绝缘等级为 H 级。发电机的防护等级为 IP22。发电机在一定的三相对称负载上，其中任何一相再加 20%额定相功率的电阻性负载，且任一相的负载电流不超过额定值时，应能正常工作 1h，线电压的最大值、最小值与三相线电压平均值之差不超过三相线电压平均值的 10%。

发电机与柴油机相匹配，在现场现有条件下，即以 12h 为周期，可在 110%额定负载运行 1h，而发电机不超过升温限度。发电机的设计必须注意抑制谐波以消除不正常波形及可能的高频干扰、感应效应，或中性线运行电流达至干扰电话或通信的程度。发电机必须承担某一相电流大于其他二相达 60%的不平衡负荷。发电机应能承受高于同步值 20%的超速运转。发电机必须内设由恒温器控制的加热器，由控制屏上的手动开关控制通断，当发电机运行时必须将加热器切断。发电机必须承受在其输出端短路达 3s 的短路电流而不致损坏。

5. 控制屏

发电机组的控制屏为落地安装或安装在发电机的顶部，并能承受机械、电气、振动、电和热应力以及在正常运行情况下可能遭受的湿度影响。应配有保护装置以避免控制电路短路所引起的后果。

控制屏至少应包括下列设备，装设 4 级空气断路器，带有可调节的发电机过电流保护装置，接地保护和逆功率继电器，控制和指示器。断路器的容量须与发动机容量相配合。按钮：发动机起动按钮；发动机停止按钮；系统复位按钮；用以模拟主电源故障的按钮。红色报警指示灯。空气断路器事故跳闸（含发电机过电流、供电母线短路、断相、电压过高、失电压等故障）；冷却水温高；机油温度高；油压力过高；机油压力过低；机油压力低；发动机超速；三次起动失败；电池系统故障等。运行指示灯。空气断路器的闭合；发动机自动控制运行；电池放电；空气断路器断开；发动机手动控制运行；发电机带负载运行；主电源供电正常；空气断路器主回路正常。其他控制设备。自动/手动控制转换开关；指示灯试验按钮；音响警报信号和信号解除开关；发动机和发电机加热器手动控制隔离开关；电压预调装置；频率预调装置；发动机起步控制；电子同步调节器；固态自动电压调整器；电池充电器及其附属装置；按照系统要求遥测，遥控信号指示等所必需的继电器和干触点等。

6. 机组的其他技术要求

（1）机组的遥控、遥信和遥测功能。机组应能通过继电器干触点实现下列遥控、遥信功能：遥控开机、遥控关机；遥控输入条件，由遥控设备给出触点正常时开路，遥控时闭合，触点电流为 1A，触点接通时间为 300～500s；遥信内容：市电中断和机组故障时，充电整流器故障等，其输出条件：供方设备应提供继电器干触点，以上状态发生时，触点应闭合。

机组提供 RS232 和 RS422/RS485 通信接口，这两个接口均能实现下列遥控、遥信、遥测功能。遥控：紧急停机、ATS 转换、遥开、遥关机组。遥信：工作方式（自动/手动）、自动转换开关 ATS 状态、过电压、欠电压、过载、油压低、水温高、频率（转速）高、启动失败、启动电池电压低、油位低报警、市电中断、机组工作、机组故障、充电整流器故障等。遥测：三相电压、三相电流、输出功率、输出频率、水温、油压、启动电池电压。

（2）机组与机组电源之间、机组电源与市电电源之间应有可靠的电气和机械联锁。设备应有抑制无线干扰措施。

（3）机组的减振和抗振，应设有良好的专用弹簧减振装置，消除发电机组的振动和钢化传导的 98%，满载运行时，其最大振幅不大于 0.5mm；机组设有良好的抗振装置，满足工程耐地震 8 度烈度的要求。

（4）要求安装消声降噪装置，机组的排烟、供油设施及回油管线均应符合国家及北京地区环保部门的噪声强度要求；距离机组 1m 处小于 105dB。

（5）应注明可使用和最合适的油料标号及其冬季防冻措施。机组冷却系统需加耐腐措施。整个机组系统不能有漏水、漏油、漏气等现象。机组的可靠性：机组累计运行时间不超过大修期（25 000h），平均故障间隔不低于 2000h。

（6）机组的电气性能指标。

额定电压：AC 230V/400V（负载电压 AC 220V/380V）三相四线，机组在 95%～100% 额定电压时，必须达到下列电气性能指标：

电压要求，稳态电压调整率小于或等于 2.5%；瞬态电压调整率为 20%～−15%；恢复时间小于或等于 1.0s 频率要求，额定频率为 50Hz；稳态频率调整率小于或等于 3%；瞬态频率调整值小于或等于 ±10%。恢复时间小于或等于 ±6s；波动率小于或等于 ±0.25%；功率因数为 0.8 滞后；额定转速为 1500r/min。机组在额定情况下，从空载到满载的变化不大于额定电压的 ±2%。机组空载电压的调节范围为额定电压的 95%～105%。

（7）机组的启动和停机。机组采用直流 24V 高能铅酸电池启动，启动电源和控制电源共用一组蓄电池组；机组可以手动启动、停车，亦可自动启动停车；机组能在需方环境中以额定功率连续运行。

（8）机组的自动控制功能。机组应能实现自动启动、自动切换、自动停机、自动保护等各种控制功能：

1）自动启动。市电停止、缺相、电压超出范围（400V：−15%～10%）或频率超出范围（50Hz±5%）时延时 0～10s（可调）机组自动启动。启动的成功率不小于 99%。机组允许连续三次启动。二次启动之间间歇为 5s，如三次启动失败，则启动程序须被闭锁并发出声光报警信号，闭锁状态直至手动复归为止。

2）自动投入：15s 内能完成从启动、输出正常电压到自动接入额定负载运行。

3）自动撤出、自动停机：市电恢复达 30～60s（可调）后，自动将负载换回市电，机组继续运行空转运行，经冷却延时约 5min 自动停机。

4）自动保护和报警。

• 发电机发生轻微故障（如冷却水温过高、机油温度过高、机油压力低、过负荷、三次启动失败、启动电池容量过低等），发出声光报警，并允许手动停车。

• 发电机发生严重故障（如冷却水温过高、机油温度过高、机油压力过低、超速、电压过低或过高等）使发电机处于预定的危险阶段时，应立即自动停车，并发出声光报警信号。

• 发电机在过电流、供电母线短路、断相、电压过高及失电压时，立即自动跳闸，并发出声光报警，所有声光报警信号和解除开关必须接至控制屏上。

（9）自动对启动蓄电池充电。机组具有自动计时的功能。

四、抽屉式低压开关柜

1. 环境条件

安装场所为户内安装。海拔小于或等于 1000m，环境温度为 −5℃～40℃，日温差为 25℃，相对湿度小于或等于 85%（25℃）。抗震能力要求承受地震烈度 8 度，即水平

加速度为 $0.3g$（正弦波 3 周），垂直加速度为 $0.15g$（正弦波 3 周），安全系数大于或等于 1.67。

2. 系统参数

为保证用电设备安全、连续正常使用，要求提供的低压开关柜应满足其环境条件并且技术先进、生产工艺成熟可靠、结构紧凑、便于安装和维护。要求投标商对所提供设备的要求：正确的设计、坚固的机械、电气结构、所用材料具有足够的强度，并具有合格的质量且无缺陷。

接地形式为 TN－S；系统电压为交流 0.38/0.22kV；额定绝缘电压为 1kV；耐压水平为 8kV；额定频率为 50Hz；各种电气设备回路电压，电气设备的控制、保护、信号回路电压 DC 110V。在上述数值的 80%～120% 范围内，各种电气设备动作应准确可靠。断路器的合闸电压在上述数值的 85%～110% 范围内能关合额定关合电流。在上述数值的 75%～110% 范围内能在无负荷情况下关合。断路器的并联跳闸电压在上述数值的 70%～110% 范围内能可靠地分闸。所有电子设备和继电器在高次谐波电压畸变率不大于 8% 的条件下能正常运行。

3. 主要技术参数

水平母线最大工作电流为 5000A、4000A、2500A；水平母线短时耐受电流（1s）为 50kA；水平母线短时峰值电流为 105kA；垂直母线最大工作电流按开关整定电流加大一级配置；垂直母线短路峰值电流为 125kA；热稳定电流为 80kA/s；动稳定电流为 176kA（峰值）；额定分散系数为 0.6～0.85。

4. 主要技术性能

电气间隙为 10mm；爬电距离为 12mm。耐压水平为 2.5kV，50Hz，1min；外壳防护等级为 IP40。温升符合 GB 7251.1—2013 中 9.2 的规定，连接外部绝缘导线的端子不大于 70K；母线固定连接处（铜－铜）不大于 50K。操作手柄，金属的不大于 15K，绝缘材料的不大于 25K。可接触的外壳和覆板，金属表面不大于 30K，绝缘表面不大于 40K。开关柜可设置双主母线。

5. 开关柜结构

（1）开关柜结构的基本骨架为组合装配式结构，柜体外壳应采用高质量的冷轧钢板，全部框架、隔板及功能单元采用高质量敷铝锌钢板，加工后剪切口应具有较强的自愈能力，不应发生腐蚀或生锈现象，柜体的金属结构件需经过耐腐处理。

（2）开关柜应有足够的机械强度，以保证元件安装后及操作时无摇晃、不变形。

（3）开关柜内的每个柜体分隔为三室，即水平母线隔室、功能单元室及电缆室。室与室之间用整块高强度阻燃环保塑料功能板相互隔开，采用高质量的整块功能板，母线室应能方便地装设水平分母线。

（4）低压开关柜内零部件尺寸、隔室尺寸，均实行模数化。

（5）开关柜的结构设计应满足受建筑布置及其他因素影响对柜体的特殊要求。

（6）开关柜的进出线可采用电缆或封闭母线槽，出线位置上、下进出，并能适当调整。

（7）抽屉：变电所低压开关柜内主开关及大容量出线开关（大于或等于 250A）采用固

定式样接线，抽出式开关；其他回路采用抽屉式开关。插接件要满足回路电流需要。

（8）抽屉单元带有导轨和推进机构，设有运行、试验和分离位置，且有定位机构。同类型抽屉具有互换性，一旦发生故障，可在系统供电情况下更换故障开关，迅速恢复供电。

（9）功能单元有可靠的机械联锁，通过操作手柄控制，具有明显的运行、试验、抽出和隔离位置，并配有相应的符合标志，为加强安全防范，操作手柄与开关采用同一厂家产品。

（10）外接导线端子，端子应能适用于连接随额定电流而定的最小至最大截面积的铜导线和电缆。接线用的有效空间允许连接规定材料的外接导线和线芯分开的多芯电缆，导线不应承受影响其寿命的应力。

（11）电缆入口、盖板等应设计成在电缆正确安装好后，能够达到所规定的防触电措施和防护等级。

（12）保护性接地。低压开关柜内要设有独立的 PE 接地保护系统，并且贯穿整个装置，PE 线的材料采用铜排，要能与低压开关柜柜体、接地保护导体通过螺钉可靠连接。低压开关柜底板、框架和金属外壳等外露导体部件通过直接、相互有效的连接，或通过由保护导体完成的相互有效的连接以确保保护电路的连续性。低压开关柜的固定抽出开关及抽屉的金属外壳与低压开关柜的框架通过专用部件进行直接、相互有效的连接，以确保保护电路的连续性。保护导体应能承受装置的运输、安装时所受的机械应力和在单相接地短路事故中所产生的应力和热应力，其保护电路的连续性不能破坏。保护接地端子设置在容易接近之处，当罩壳或任何其他可拆卸的部件移去时，其位置应能保证电路与接地极或保护导体之间的连接。保护接地端子的标识应能清楚而永久性地识别。

（13）柜内母线及绝缘导线敷设。低压开关柜内的主母线和配电母线均为四芯母线，材料应选用铜材料做成，其相对电导率不小于 99%。低压开关柜内导线应为阻燃型产品，除了必须承载的电流外，还应满足低压开关柜所承受的动稳定要求和热稳定要求、敷设方法、绝缘类型以及所连接的元件种类等因素的要求。母线采用绝缘支持件进行固定以保证母线与其他部件之间的距离不变，母线支持件应能承受装置的额定短时耐受电流和额定峰值耐受电流所产生的机械应力和热应力的冲击。母线之间的连接要保证有足够的持久的接触压力，但不应使母线产生永久变形。柜内所有的绝缘导线应为阻燃型耐热铜质多股绞线，柜内一般配线应用 1.5mm^2 以上的绝缘导线（电流回路为 2.5mm^2 以上），可动部分的过渡应柔软，并能承受住挠曲而不致疲劳损坏。绝缘导线的额定电压至少应同相应电路的额定电压相一致，绝缘导线不应支靠在不同电位的裸带电部件和带有尖角的边缘上，应使用线夹固定在骨架或支架上，最好敷设在引线槽内。

（14）低压开关柜门、喷漆及颜色。低压开关柜门应开启灵活，开启角度不小于 90°。紧固连接应牢固、可靠，所有紧固件均应有耐腐镀层或涂层，紧固连接有防松脱措施。所有低压开关柜的颜色在设计联络期间决定。

（15）柜内母线和导线的颜色和排列。低压开关柜内保护导体的颜色必须采用黄绿双色。当保护导体是绝缘的单芯导线时，也应采用这种颜色并且最贯穿导线的全长。黄绿双色导线除作保护导体的识别外不允许有任何其他用途。外部保护导体的接线端应标上接地符号，但是当外部保护导体与能明显识别的带有黄绿双色的内部保护导体连接时，不要求用此符号。低压开关柜内母线的相序排列从装置正面观察应符合表 4–10 的排列。

表 4–10　　　　　　　　　　　　　　低压开关柜内母线的相序排列

类别		水平排列	垂直排列
交流	L1 相	上	左
	L2 相	中	中
	L3 相	下	右
	中性线 中性保护线	最下	最右

（16）人机界面。低压开关柜的抽屉功能单元应有明显的三个标志，即连接位置、试验位置和分离位置，各个位置应有明显的文字符号标识。低压开关柜的面板上应设有红灯和绿灯，并分别表示断路器/接触器的合、分闸位置；低压开关柜的面板上设置必要的测量表计；低压开关柜内相同规格的功能单元应具有互换性，即使在出线端短路事故发生后，其互换性也不应被破坏。

（17）接口要求低压开关柜卖方（以下简称柜厂）与降压变压器卖方（以下简称变压器厂）的接口。变压器 0.4kV 低压侧的母排直接进入 0.4kV 进线柜与主开关母排连接。

6. 低压开关柜内部件

（1）为了确保操作程序以及维护时的人身安全，装置都应具备机械联锁。对于固定式部件的连接，只能在成套设备断电的情况下进行接线和断开。

（2）无功补偿采用自愈式（干式无油）低电压金属并联电容器。分组电容器的投切不得发生振荡，投切一组电容器引起的所在相母线电压变动不宜超过 2.5%。电容器装置应有过电压保护，每组电容器回路中应有限制合闸涌流的措施。电容器的外壳防护等级不低于 IP40。电容器采用固定安装方式。无功率补偿柜中每一单元应有 3min 内 $\sqrt{2}\,U_n$ 的峰值电压放电到75V 或以下的放电器件。在放电器件和单元之间不得有开关、熔断器或其他隔离装置。电容器单元的金属外壳上应有一个能够承担故障电流的连接头。

（3）测量仪表及继电保护装置。低压开关柜面设置必要的测量表计、控制按钮和灯光信号。测量仪表及继电保护装置与带电部分保持足够的安全距离，否则应采取可靠的防护措施，以保证在带电部分不停电的情况下进行工作时，人员不致触及运行的导电体。测量仪表及继电保护装置应有可靠的耐腐措施，不因低压开关柜内的断路器的正常工作及故障动作电流的产生的振动而影响它的正常工作及性能。二次回路导线应有足够的截面，以保证互感器的准确度。低压开关柜测量仪表及保护装置配置见表 4–11～表 4–13。

表 4–11　　　　　　　　　　　　　　低压开关柜测量表计设置

项目	电流	电压	有功功率	功率因数	有功功率
0.4kV 进线	√	√	√	√	√
0.4kV 母联	√				
0.4kV 馈线	√				

续表

项目	电流	电压	有功功率	功率因数	有功功率
三级负荷总开关	√				√
照明及预留回路	√				√
电容补偿柜	√			√	

表 4-12 仪 表 测 量 准 确 度

项目	仪表准确度
	1.0
有功功率表	√
无功功率表	√

表 4-13 低压开关柜保护装置设置

项目	瞬时短路保护	短延时短路保护	长延时保护	接地保护
0.4kV 进线	√	√	√	√
0.4kV 母联	√	√		
0.4kV 馈线	√		√	
电容补偿柜	√			

低压开关柜内上、下级空气断路器的安一秒特性曲线应有大于 2 级的配合级差。

7. 控制回路要求

进线断路器、母联断路器设电动操作机构。进线断路器、母联断路器设置自动投入装置，分别设"手动/所内自动/远动"转换开关。进线断路器、母联断路器之间要实现联锁，保证在任何情况下不得三台开关同时处于合闸状态（母线故障及两段母线无电情况下，不允许母联自动投入）。当转换开关处于"所内自动"位置时，两进线断路器与母联断路器之间的自投自复功能由设于母联柜的一台 PLC 完成，该 PLC 设 40 个输入点 32 个输出点，并带有 RS485 通信口，协议采用国际上通用的通信协议。当转换开关处于"远动"位置时，控制中心通过该 PLC 完成母联开关的投入切除功能。母联开关还应设一个电源"投入/切除"的转换开关，只有当开关处于投入位置时母联开关才能合闸。

8. 低压开关柜排列及出线方式

变电所的变压器与低压开关同在一个房间，两者相邻布置。变电所低压开关柜双列对面布置时，以变压器为基准向一侧对称布置，母线联络采用密集母线。出线方式：上进、下出。

9. 主要元器件及零部件

（1）所有元器件应选择高质量产品。为便于开关电器的上下级保护配合和方便管理，低压开关柜内的框架开关、塑壳开关应选用同一体系的产品。

（2）为便于电气设备的维修、维护，开关电器的连接方式应满足以下要求：

1）抽出式低压断路器应使装置小室门在断路器开断状态下方可打开，抽出断路器。

2）插入式断路器拔出后，设备小室不得有带电体外露。

3）抽屉式组件，功能小室内的断路器及其他电器连同抽屉一同抽出（主回路与二次回路均可断开）。

（3）低压交流框架式断路器应满足下列主要技术要求。满足系统电压、电流、频率以及分断能力的性能要求。极限分断能力为 36～100kA/400～415V 范围内，$I_{cs}=I_{cu}$。框架式断路器控制单元应采用 DC 110V 控制电源。功能包括：可调整长延时保护、可调整短延时保护、可调整瞬时脱扣及零序保护。短延时保护和接地保护应具有区域选择性闭锁功能，还应具有电流测量、故障显示和自检功能。有宽阔的电流和时间调节范围：长延时，0.4～1.0I_r，3～144s；短延时，1.5～10I_r，0.1～0.4s；短路瞬时，1.5～10I_r；接地，0.2～1.0I_r，0.1～0.4s。断路器应为模块化结构设计，方便断路器功能的扩充而无需改变断路器结构和低压开关柜的结构。具有故障诊断功能，可快速确定故障类型，以最短时间隔离开受故障影响的范围。断路器应为抗湿热型产品。低压交流框架断路器的电气技术性能及参数见表 4-14，厂家提供的开关电器技术参数不应低于表 4-14 中的数据。

表 4-14　低压交流框架式断路器的电气技术性能及参数

框架等级额定电流/A		800	1000	1250	1600	2000	2500	3200	4000	5000
额定电流/A		800	1000	1250	1600	2000	2500	3200	4000	5000
额定工作电压/V		690								
额定绝缘电压/V		1000								
冲击耐缘电压/V		8000								
极数		进线开关、母联开关、出线开关：3 极								
额定极限短路分断能力/kA		65	65	65	65	75	75	75	75	100
额定运行短路分断能力 AC 50Hz O-CO-CO/kA		65	65	65	65	75	75	75	75	100
额定短时耐受电流/kA 峰值		143	143	143	143	165	165	165	165	220
额定短时耐受电流/kA（1s）		50	50	50	50	75	75	75	75	100
分断时间/ms		25～70								
合闸时间/ms		60～80								
机械寿命/（CO 循环）×1000 次	有维护	20	20	20	20	15	15	15	10	10
免维护电气寿命/（CO 循环）×1000 次		10	10	10	10	9	8	4	3	3
安装形式		固定、抽出式								
应配部件	电动操作机构	√								
	辅助开关	√								
	闭锁装置	√								

（4）低压交流塑壳式断路器应满足下列主要技术要求：满足系统电压、电流、频率以及分断能力的性能水平要求。塑壳式断路器分段能力为 35～65kA/400～415kV 范围内，$I_{cs}=I_{cu}$。断路器应为模块化结构设计，安装方便，并可在不拆卸塑断路器外壳的情况下加装各种附件（如分励脱扣器、辅助触头、报警触头）而无需改变断路器结构和低压开关柜

结构，断路器无飞弧。当采用固定抽出式安装时，其二次回路亦应具有插接式连接装置。塑壳断路器应为抗湿热型产品。低压交流塑壳断路器的电气技术性能及参数见表 4-15。

表 4-15　　　　　低压交流塑壳断路器的电气技术性能及参数

额定电流/A		100	160	250	400	630
额定工作电压/V		380/220				
额定绝缘电压/V		690				
极数		进线开关、出线开关：3 极				
额定/极限短路分断能力/kA		35	35	35	35	35
		65	65	65	65	65
使用寿命（次）×1000	机械	15	15	15	15	15
	电气	8	8	8	7	5
可配附件	分励脱扣器			√	√	√
	辅助触点	√	√	√	√	√
	报警触头	√	√			√
安装形式		固定式、抽出式				

注：变压器容量 2000kV•A 采用额定极限分断能力为 65kA 的塑壳断路器。塑壳式断路器保护功能应包括长延时保护、瞬时脱扣。塑壳式断路器额定电流为 250A 及以上时采用电子脱扣器。

10. 智能低压开关柜

（1）应配有相应的数字化监控管理平台或软件及通信组件，并开放通信协议。

（2）低压开关柜内应配置独立智能以太网关，柜间实现 TCP/IP 以太网通信，保证数据高速可靠传输，简化设备接线。

（3）每台低压开关柜应具备独立的二维码标识，粘贴在开关柜柜门上，通过手机软件扫描二维码之后，在手机软件上应提供包括开关柜运行参数，开关柜内的生产、设计图纸，以及关键器件的使用手册等产品资料。

（4）每个抽屉应配有抽屉接插件温度管理模块，直接针对低压开关柜最容易温升异常的抽屉接插件进行温度监测，同时还可以对抽屉的环境温度进行监测；温度超过设定值时应发出告警信息。

（5）框架断路器电子控制单元可测量显示电流、电压、功率、电能、频率、相序、功率因数，并具有谐波测量功能；具有触头磨损、机械寿命的测量功能。

（6）塑壳断路器的电子控制单元可以测量电流、电压、功率、频率、电量等参数，并具有谐波检测功能；断路器具有触头磨损、机械寿命、电气寿命的测量功能。

（7）智能监控软件。

1）实现高、中、低压一体化监测控制管理平台。

2）电能质量检测功能，实现供电质量的持续监测。

3）断路器的老化分析和管理，实现开关设备的预防性维护；能耗的持续监测、分析和管理，实现能源利用效率的提升。

4）报警和故障快速定位，实现故障的隔离、诊断和预防性维护；提供灵活的趋势分析和显示工具。

5）自嵌防/反病毒软件，实现系统的安全运行。

五、电容器补偿柜

1. 无功补偿控制器

应满足系统电压、电流、频率的性能要求，控制物理量应优选复合型。控制器输出接点容量不应小于被控对象的要求。控制器在使用中的紧固件和调整件均应有锁紧措施，保证使用过程中不会因振动而松动。控制器外壳应有足够的机械强度，应承受使用和搬运过程中受到的机械力。外壳防护等级为 IP40。当控制器采用金属外壳时，应提供接地端子，并应设有明显的接地标识。控制器电源及电压模拟量输入端应设有短路保护器件，在发生内部故障时，该保护应可靠动作。

控制器绝缘电阻、绝缘试验电压应满足相应的规程、规范要求。控制器应具有投入及切除门限设定值、延时设定值的设置功能，对可按设定程序投切的控制器应具有投切程序控制功能，面板功能键操作应具有容错功能，面板设置应具有硬件或软件门锁功能。控制器应具有工作电源显示、超前、滞后显示，输出回路工作状态显示，过电压保护显示。控制器输出回路动作应具有延时及过电压加速动作功能。控制器应具有自动循环投切或设定程序投切功能，不能过补偿，具有自动和手动操作功能。控制器应能自检和复归，在每次接通电源时进行自检复归输出回路。控制器应能测量 400V 系统的谐波分量。控制器应具有投切振荡闭锁功能，采取防止投切振荡的措施，使分组电容器的投切不得发生谐振。控制器应具有存储功能，所有已编程参数和方式存储在非易失记忆体内。控制器闭锁报警功能，在系统电压大于107%标称值时闭锁控制器投入回路；控制器内容发生故障时，闭锁输出回路并报警；执行回路异常时，闭锁输出回路并报警。控制器应具有掉电释放功能，电源掉电 40ms 后系统将自动切断所有电容器。控制器掉电复位延迟时间为 40s。

2. 电容器、接触器和热继电器

无功补偿柜内的电容器采用自愈式（干式无油）低电压金属并联电容器，额定电压为440V，额定绝缘电压不低于 480V；电容量容许偏差为 −5%～10%，损耗（包括放电电阻）不大于 0.5W/kV；电容器应允许过电压 10%，可以在 135%额定电流下稳定工作。无功补偿柜内采用电容器专用接触器，电抗器要采用与电容器配套的产品。

3. 柜内其他元器件

柜内导线、导线颜色、指示灯、按钮、插接件、走线槽等均应符合国家或行业的有关标准。接线端子应适合连接硬、软铜导线，并保证维持适合于电器元件和电路的额定电源、短路电流强度所需要的接触压力。控制柜面板配置的测量表计，满负荷时测量值应在量程的2/3 左右，指针式仪表误差不大于 1.5%，数字表应采用四位半表，出线电流表应满足设备启动时的过电流要求。

六、控制箱、配电箱

1. 环境条件

安装场所为户内安装。海拔小于或等于 1000m。环境温度为 −5℃～+40℃；日温差为 25℃。相对湿度小于或等于 85%（25℃）。抗震能力要求承受地震烈度 8 度，即：水平加速度为 0.3g；垂直加速度为 0.15g；安全系数大于 1.67。电源：AC 220/380V，50Hz。

2. 配电箱技术要求

（1）产品（包括所选用的主要器件）必须符合中国电工产品认证委员会的安全认证要求，其电气设备上应带有安全认证保证；必须符合国家现行技术标准的规定，并应提供合格证书等。

（2）元器件应采用国家有关标准的定型产品。主要元器件（断路器、接触器、热继电器）采用优质品牌。

（3）（柜）体的钢板厚度不应小于 2.0mm；箱体的尺寸应参考设计图纸标明的尺寸，并标出箱体的实际尺寸。

（4）箱体颜色应按合同及业主提供的色标生产，箱体采用喷塑。

（5）配电箱柜必须有铭牌。

（6）配电箱柜的内部接线应排列整齐、清晰和美观，绑扎成束或敷于专用塑料槽内卡在安装架上；配线应考虑足够的余量。所选用的导线、尼龙扎带、塑料线槽等均为阻燃型。

（7）电箱柜门内侧必须贴有电气系统图，采用透明胶布防水密封。

（8）明装箱均应有专用接地螺栓，各箱、柜等均设二层板，保证操作安全，板上对应操作机构加标记块；配电箱柜的金属部分包括电器的安装（支架）和电器的金属外壳等均应有良好的接地；箱（柜）位置应明显、易操作的地方设置不可拆卸的接地螺栓，并设置"⏚"标志。暗装配电箱在右上角预留 40mm×4mm 镀锌扁钢作为进出电管接地用，长度不小于 10cm。配电箱（柜）的盖、门，覆板等处装有电器并可开启时应用裸铜软线与接地螺栓可靠连接。

（9）中性线母排和接地母排的电流容量必须经过计算且足够大；配电箱柜的盖、门、覆板等处装有电器并是开启的，均应以裸铜软线与接地的金属架构可靠连接并有防松装置。箱（柜）的过门线为 RV 软线，并外套缠绕管。配电箱（柜）内电气开关下方宜设标识（牌），标明出线开关所控支路的名称或编号，并标明电器规格。箱内电器元件的上方标志该元件的文字符号，各电路的导线端头也应标志相应的文字符号。所有的文字符号应与提供的线路图、系统图上的文字符号一致。箱、柜内元件质量、认证标识准确，安装固定可靠，接线正确、牢固；外接端子质量、外接导线预留空间、箱柜内配线的规格与颜色、电气间隙及爬电距离应符合规范规定。

（10）柜下部接线端子距地高度不得小于 300mm，避免电缆导线连接用的有效空间过小；装有超安全电压的电器设备的柜门、盖、覆板必须与保护电路可靠连接；柜内保护导体颜色应符合规定；支撑固定导体的绝缘子（瓷瓶）外表釉面不得有裂纹或缺损；配电箱（柜）上装有计量仪表、互感器及继电器时其二次配线应使用铜芯绝缘软线。电流回路导线截面采用 2.5mm^2 铜线，电压回路导线截面 1.5mm^2 铜线。接到活动门处的二次线必须采用铜芯多股软线，并在活动轴两侧留出余量后卡固。电器安装板后的配线须排列整齐，绑扎成束或敷于专用塑料线槽内，并卡固在板后或柜内安装架处。配线应留有适当余度。配电箱（柜）内与电器元件连接的导线如为多芯铜软线时，须盘圈后涮锡或压铜线鼻子；如为多芯铜线时，须采用套管线鼻压接。与电能表连接的导线须用单股铜芯导线。导线穿过铁制安装板面时需在铁板处加装橡皮或塑料护圈，以保护导线绝缘外皮完好。对于配电箱（柜）所装各种开关及断路器，当处于断开状态时，可动部分不得带电。垂直安装时，应上端接电源下端接负荷；水平安装时，左端接电源右端接负荷（面对配电装置）。所有的配电箱必须按进、出电缆条数截面设计母排、电缆卡固位置、电缆安装空间及进出线位置。箱（柜）内内电气干线用硬母线（考虑加热塑套）。出线断路器应与电气干线单独连接，不得采用导线套接。采用 TN-S 系统供电，PE 线不得断开。在配电箱（柜）内应设置 N、PE 母线或端子板（排），N、PE 母排上的螺钉采用内六角螺钉，PE、N 线经端子板配出。PE、N 线端子采用方铜端子。配电箱（柜）内端子板排列位置应与熔断器、断路器位置相对应。

（11）配电箱（柜）内的铜母线应有彩色分相标识，按表 4-16 规定布置。

表 4-16　　　　　　　　配电箱（柜）内的铜母线彩色分相标识规定

相别	色标	母线安装位置		
		垂直安装	水平安装	引下线
L1	黄	上	后（内）	左
L2	绿	中	中	中
L3	红	下	前（外）	右
N	淡蓝	最下	最外	最右
PE	绿/黄			

（12）配电箱不需预留活动板和敲落孔。配电箱柜为过路箱时，则需配 π 接铜排，并做好电气防护，依据进线电缆截面，预留足够的接线空间。

（13）安装在水泵房、屋面等潮湿和露天场所必须按要求，采取相应的耐腐蚀措施。

（14）各箱柜的接线端子必须满足系统图上所标线型的安装要求，而不是完全按照电流的大小来选择（前提是必须满足电流的要求）。

（15）各箱柜的二次线与一次线应严格分开，不得混在一起，配电箱一次线电气连线与电气元件连接处带电裸露部分不得超过 1mm，且电线切口平整，线口处需加分色分相彩色护套，护口齐整，布线平直整齐。配电箱内电气元件一次接线各电接点只准压接单根线，多根线需配汇流排。配电箱内电气元件控制回路各端子压接点不得超过两根线。二次线应按控制原理图做好标记，其中双电源互投箱应实现手动及自动（自投不自复）两种功能。

（16）消防联动控制箱及纳入建筑设备管理系统的按设计二次原理图预留联动接口。

（17）配电箱（柜）内的电源指示灯应接在总开关前侧。

（18）根据各配电箱（柜）系统图及竖向系统图及所提供的系统图上的电缆规格型号考虑电源接线方式，配电箱柜设置过路箱时，则需配 π 接铜排与箱柜形成统一整体，铜排需做热塑处理，并做好电气防护，双电源加隔板。依据进线电缆截面，预留足够的接线空间。配电柜需考虑电缆上进上出同时考虑下部也有进线。

3. 低压电器元件

（1）低压交流塑壳式断路器（MCCB）主要技术要求。

塑壳式断路器满足系统电压、电流、频率以及分断能力的性能水平要求；塑壳式断路器分段能力为 50kA，400V，$I_{cs}=I_{cu}$；断路器应安装方便，并可在不拆卸塑断路器外壳的情况下加装各种附件（如分励脱扣器、辅助触头、报警触头）而无需改变断路器结构和低压开关柜结构；断路器无飞弧；当采用固定抽出式安装时，其二次回路亦应具有插接式连接装置；塑壳断路器应为抗湿热型产品；低压交流塑壳断路器的电气技术性能及参数见表 4-17。

表 4-17　　　　　　　　　低压交流塑壳断路器的电气技术性能及参数

额定电流/A		100	160	250	400	630
额定工作电压/V		380/220				
额定绝缘电压/V		690				
极数		进线开关、出线开关：3 极				
额定/极限短路分断能力/kA		50	50	50	50	50
使用寿命（次）×1000	机械	15	15	15	15	15
	电气	8	8	8	7	5
可配附件	分励脱扣器			√	√	√
	辅助触点	√	√	√	√	√
	报警触头	√	√	√	√	√
安装形式		固定式、抽出式				

注：1. 塑壳式断路器保护功能应包括长延时保护、瞬时脱扣。

　　2. 塑壳式断路器采用电子脱扣器。

（2）微型断路器（MCB）主要技术要求，断路器寿命不得低于 20 000 次。工作环境温度为 -25℃～55℃，分断能力不得低于 10kA。用于照明配电回路微型断路器额定电流倍数应大于 5；用于电动机配电回路微型断路器额定电流倍数应大于 10。单相断路器须用于单相电路。三相电路须使用三极断路器，且须联锁，使一相超载或故障时，可以同时切断断路器各相。断路器操作机构须为自动脱扣，其设计应保证负载触头在故障时不会保持闭合位置。采用一体化金属独立机芯，阻燃热固外壳材料。采用有 CPI 指示，确保主触头分合位置指示的正确性。上下进线均可，可接铜线和汇流排。

（3）剩余电流保护器主要技术要求。剩余电流保护器须为二极或四极，由电流操作装于一个完整密封的模制盒内。跳闸机构须为自动脱扣，使断路器在接地故障时不会保持闭合位置。跳闸装置不得利用电子放大器或整流器。采用过载、短路保护及漏电一体的剩余电流保护器。需内附可试验自动漏电跳闸的试验装置并需装设防止漏电跳闸后的重合装置。

（4）自动转换开关电器（ATSE）主要技术要求。ATSE 的开关主体应满足污染等级Ⅲ级

（工业级）的要求，开关本体和控制器组件均由统一生产厂家提供以确保其可靠性。采用电磁瞬间驱动的一体化结构的 PC 级产品。ATSE 为四极，配有智能控制器，并且各种参数均在现场调试设定。ATSE 的使用类别应与负载特性相一致，无感或微感负载采用 AC–31B 级产品；电动机负载采用 AC–33B 级产品。ATSE 应经 EMC 检验，能抗电源电压闪变、瞬变等干扰。RS485 通信接口，可与上位机通信进行监控，可实现遥控、遥测、遥信、遥调功能。

应能承受回路的预期短路电流。控制器必须面板安装，不用拆主体开关就可以更换控制器。具有电源、电源投入显示。触头系统按分断多次电弧要求设计，并能够保证长期耐氧化性、耐腐蚀性。可电动和手动操作，并带可卸式手动操作手柄，以便应急时使用。

（5）熔断器和隔离开关主要技术要求。额定电压为 400V，额定绝缘电压为 800V。有熔断器和隔离开关为连续工作制时，使用类型 AC–23A。除在图上另有指定外，熔断器最小须具有 35kA 额定熔断短路电流值。所有带电部分应在前方完全屏蔽。熔断器和隔离开关须为全封闭型，适用于表面安装。外壳和门须用镀锌钢板制成，涂以高质量焙漆，其颜色由制造厂商规定。门上须装有防尘垫并配以弹珠锁或其他相同经批准的锁。整个外壳须符合 IP41。在熔断器和隔离开关的门和开关之操作机构间，须有机械联锁。当开关位于"合"时，门不能打开；反之，当开关的门打开时，须不可能合上开关。除非为了试验，在开关内解除机械联锁，在开着门的情况下合上开关。熔断器和隔离开关须配有机械合/分指示器，和半凸出或可伸缩性的操作手柄。须提供在合或分位置上挂锁装置。熔断器须装备有足够力量的加速弹簧及拐臂作用以保证速合和速分动作而与手柄之操作速度无关，并应能在故障时闭合并保持在闭合位置甚至在弹簧断裂的情况下仍可操作。所有触头均须镀银以使工作可靠。熔断器开关和开关按规定须为三极附有中性线连接片，三极带中性线开关，带有中性连接片的双极或单极。中性线连接片须可在熔断器开关之前面进行拆开。所有熔断器开关和隔离开关须清楚加上标识牌，并附有黄、绿、红的相别和淡蓝色的中性线颜色标记。每个熔断器和隔离开关须有接地端子。短时耐受电流不得小于 $12I_e$，1s。机械寿命为 10 000 次。

（6）接触器主要技术要求。额定绝缘电压为 1000V。额定脉冲电压为 8kV。保护等级为本体应达到 IP20。设备允许环境温度为 –40℃～70℃ 运行在 U_1。安装方式：允许与正常垂直安装平面呈 ±30℃ 无降落，应可和断路器插接安装。额定绝缘电压为 1000V，额定最高工作电压为 690V。机械寿命为 50Hz 线圈，达到 1000 万次；电气寿命为大于 80 万次。接触器本身应至少能够达到独立四常开、四常闭的辅助触点。对 100A 以上接触器应能快速更换线圈和触点。接触器应采用模块化结构，使之方便加入辅助触点。

（7）热继电器主要技术要求。

保护等级，防直接手指接触 IP2X。设备周围环境温度：正常工作为 –25℃～55℃；工作极限在 –40℃～70℃；额定绝缘电压为 690V；脱扣等级为 10A。重新复位：通过继电器前部转换开关选择，该开关可锁住并封闭，热继电器应具备脱扣指示器，并有测试功能。

（8）电涌保护器主要技术要求。

1）电涌保护器能抑制感应雷或其他原因在供电系统产生的电涌过电压和过电流，使被保护设备始终处于安全状态；外壳应具有脱扣报警和熔断指示等故障报警功能，防护等级应满足 IP20，具有热插拔功能。

2）采用标准 35mm 导轨安装方式。

3）第一级 SPD 主要技术参数应满足：

- 标称放电电流 I_n（10/350μs）：80kA。
- 最大冲击电流 I_{imp}（10/350μs）：20kA。
- 保护水平 U_P（10/350μs）：2.5kV。
- 额定工作电压 U_n：AC 380V。
- 最大持续工作电压 U_c：AC 440V。
- 响应时间 t_A：25 ns。

4）第二级 SPD 主要技术参数应满足：

- 标称放电电流 I_n（8/20μs）：40kA。
- 最大放电电流 I_{max}（8/20μs）：40kA。
- 保护水平 U_P（8/20μs）：2kV。
- 额定工作电压 U_n：AC 380V。
- 最大持续工作电压 U_c：AC 440V。
- 响应时间 t_A：25ns。

5）第三级 SPD 主要技术参数应满足：

- 标称放电电流 I_n（8/20μs）：5kA。
- 最大放电电流 I_{max}（8/20μs）：20kA。
- 保护水平 U_P（8/20μs）：1.2kV。
- 额定工作电压 U_n：AC 380V。
- 最大持续工作电压 U_c：AC 440V。
- 响应时间 t_A：25ns。

6）为了有效降低残压，提高响应速度，方便安装，节省空间和成本，选用后备保护型电源电涌保护器。配合的 SPD 实验等级分类：

Ⅰ类：电涌耐受能力 I_{imp} 为 25kA；分断能力 I_{sc} 为 100kA。

Ⅱ类：电涌耐受能力 I_{imp} 为 65kA；分断能力 I_{sc} 为 50kA。

Ⅲ类：电涌耐受能力 I_{imp} 为 20kA；分断能力 I_{sc} 为 25kA。

7）电涌保护器应通过 GB 18802.1—2011《低压电涌保护器（SPD） 第 1 部分：低压配电系统的电涌保护器 性能要求和试验方法》的形式试验，并提供形式试验报告。

第四节 某办公建筑初步设计图纸

一、某办公建筑初步设计图纸目录

某办公建筑初步设计图纸目录见表 4-18。

表 4-18   某办公建筑初步设计图纸目录

序号	图号	图纸名称	备注
1	电初-1	电气图例	图 4-1
2	电初-2	电信图例	图 4-2
3	电初-3	文字符号、标注方式及灯具表	图 4-3
4	电初-4	电气主要设备表	图 4-4
5	电初-5	电气总平面	图 4-5
6	电初-6	供电系统主接线图	图 4-6
7	电初-7	高压供电系统图	图 4-7
8	电初-8	低压配电系统图	图 4-8
9	电初-9	电力供电干线系统图	图 4-9
10	电初-10	照明供电干线系统图	图 4-10
11	电初-11	强弱电小间及智能化机房布置图	图 4-11
12	电初-12	接地干线系统图	图 4-12
13	电初-13	外部防雷示意图	图 4-13
14	电初-14	智能化集成云平台总体架构图	图 4-14
15	电初-15	计算机网络总拓扑结构图	图 4-15
16	电初-16	集成系统控制域数据流向图	图 4-16
17	电初-17	公共网络拓扑结构图	图 4-17
18	电初-18	集成系统信息域数据流向图	图 4-18
19	电初-19	物业及设施管理系统结构图	图 4-19
20	电初-20	公共网及干线布线系统图	图 4-20
21	电初-21	安防设备管理网及干线布线系统图	图 4-21
22	电初-22	建筑设备管理网及干线布线系统图	图 4-22
23	电初-23	视频安防监控系统图	图 4-23
24	电初-24	出入口控制系统图	图 4-24
25	电初-25	入侵报警系统图	图 4-25
26	电初-26	停车场管理系统图	图 4-26
27	电初-27	建筑设备监控系统图	图 4-27
28	电初-28	建筑设备监控系统控制原理图	图 4-28
29	电初-29	能耗监测系统图	图 4-29
30	电初-30	智能灯光控制系统图	图 4-30
31	电初-31	电力系统监控原理图	图 4-31
32	电初-32	背景音乐及公共广播系统图	图 4-32
33	电初-33	会议室扩声与会议系统图	图 4-33
34	电初-34	有线电视系统图	图 4-34
35	电初-35	火灾自动报警及联动系统图	图 4-35
36	电初-36	电气火灾监控系统图	图 4-36
37	电初-37	消防设施电源监控系统图	图 4-37
38	电初-38	防火门监控系统图	图 4-38
39	电初-39	余压监控系统图	图 4-39
40	电初-40	应急照明疏散指示系统图	图 4-40
41	电初-41	变配电所平面图	图 4-41
42	电初-42	变配电所剖面图	图 4-42
43	电初-43	柴油发电机房平面图和剖面图	图 4-43

注：初步设计图纸目录中列举的初步设计图纸仅是实际工程部分初步设计图纸。

二、某办公建筑初步设计图纸

1. 电气图例（见图 4-1）

序号	符号	说明	备注	序号	符号	说明	备注
1		变压器		27	Wh Pmax	带最大需量记录器的电能表	
2		电压互感器		28		照明配电箱	
3		电流互感器		29		应急照明配电箱	
4		避雷器		30		动力配电箱	
5		断路器		31		电源自动切换箱	
6		隔离开关		32		控制箱	
7		负荷开关		33		断路器箱	
8		熔断器式刀开关		34		电表箱	
9		熔断器式负荷开关		35		变压器箱	
10		带剩余电保护器的低压断路器		36		按钮（箱）	
11		接触器		37		电磁阀	
12		热继电器		38		电动阀	
13		继电器		39		风机盘管	
14	I>	过电流继电器		40		风机盘管控制开关	
15		定时限过电流继电器		41		轴流风机（扇）	
16		反时限过电流继电器		42		风扇	
17	A	电流表		43		自耦变压器启动装置	
18	V	电压表		44		变频调速装置	
19	SV	电压表转换开关		45		安全型单相五孔插座 250V 10A	距地 0.3m
20	W	功率表		46	R	安全型三孔防溅插座（热宝）250V 10A	距地 0.5m
21	var	无功功率表		47	H	安全型防溅单相五孔插座 250V 10A	距地 1.5m
22	cosφ	功率因数表		48	⊙M	洗漱盆感应龙头电源防水接线盒	距地 0.5m
23	M	多功能电力仪表		49	⊙X	小便池感应龙头电源防水接线盒	距地 1.1m
24	Wh	电能表		50	⊙	接线盒	
25	varh	无功电能表		51		电动窗帘接线盒	距地 2.8m
26	Wh Pmax	带最大需量指示器的电能表		52		三相四孔插座	

图 4-1　电气图例（一）

序号	符号	说明	备注	序号	符号	说明	备注
53		双极双控开关 250V 6A		69		单管条形 LED 灯 16W（LED）	
54		单极开关 250V 6A		70		双管条形 LED 灯 2×16W（LED）	
55		双极开关 250V 6A		71		三管条形 LED 灯 2×16W（LED）	
56		三极开关 250V 6A		72		壁装单管条形 LED 灯 16W（LED）	
57		防溅型单极开关 250V 6A		73		座灯，带防护罩 1×YU18W（Ra≥80）	距地 2.6m
58		防溅型双极开关 250V 6A		74		应急照明灯 1×3W（36V，LED），持续供电时间不小于1.5h（集中控制型集中电源A型消防灯具，色温不低于2700K）	
59		防溅型三极开关 250V 6A		75		应急照明灯 1×5W（36V，LED），持续供电时间不小于1.5h（集中控制型集中电源A型消防灯具，色温不低于2700K）	
60		智能照明现场面板		76		疏散指示灯 1W（36V，LED），持续供电时间不小于1.5h（集中控制型集中电源A型消防灯具，色温不低于2700K）	
61		红外感应开关		77		楼层指示灯 1W（36V，LED），持续供电时间不小于1.5h（集中控制型集中电源A型消防灯具，色温不低于2700K）	
62		调光器		78		出口标志灯 1W（36V，LED），持续供电时间不小于1.5h（集中控制型集中电源A型消防灯具，色温不低于2700K）	
63		泛光灯		79		安全出口标志灯 1W（36V，LED），持续供电时间不小于1.5h（集中控制型集中电源A型消防灯具，色温不低于2700K）	
64		航空障碍灯		80		航空障碍灯	
65		防潮密闭灯 1×10W（LED）	吸顶	81		导线引向	
66		筒灯 1×10W（LED）	吸顶	82		接地检测点	
67		壁灯 1×10W（LED）	距地 2.6m	83	MEB	总等电位联结端子箱	
68		LED 安全灯 15W（36V，LED）	吸顶	84	SEB	辅助等电位联结端子箱	

图 4-1　电气图例（二）

2. 电信图例（见图4-2）

序号	符号	说明	备注	序号	符号	说明	备注
1	⑤	感烟探测器		40		二分配器	系统图
2	SI	隔离模块		41		三分配器	系统图
3		地址感温探测器		42		四分配器	系统图
4		煤气探测器		43		放大器（双向）	系统图
5		地址手动报警器（带电话插孔）		44		均衡器	系统图
6	Y	消火栓按钮（带指示灯）		45		接地电阻	系统图
7	M	监视模块		46		背景音乐兼紧急广播扬声器（3W）	
8	C	控制模块		47		背景音乐音量调节器	
9		声光报警装置		48		号角式扬声器（15W）	
10	L	水流指示器		49	监控模块	电气火灾监控模块	系统图
11		水流指示器前阀门		50	⊙	按钮	
12	B	湿式报警阀		51		电铃	
13	P	信号阀		52		信息显示屏	
14	Φ SE	自动排烟口（BSD）（24V 常闭阀）		53		槽盒	
15	⊘ z	正压送风口（SD）（24V 常闭阀）		54		引上下线路	
16	Φ 70℃	防火调节阀（FDD）（70℃熔断）		55	TP	语音信息插座	平面图
17	Φ 280℃ SE	防火调节阀（SFD）（280℃熔断）		56	TD	数据信息插座	平面图
18	Φ 280℃	防火排烟阀（280℃常闭阀）		57	2TO	数据语音双口插座	平面图
19	⊘ y	排烟阀（常闭阀）		58		数据信息插座（X）	系统图
20	Fi	复示盘					
21	⋀	红外对射探测器发射器		59		语音信息插座（Y）	系统图
22	▲	红外对射探测器接收器					
23	BFM	常闭防火门监控模块		60		直通对讲电话	系统图
24	C	门磁开关					
25		信息网络交接箱		61		紧急广播机	系统图
26	HUB	网络集成器					
27	LIU	光纤互连单元		62		联动台	系统图
28		固定镜头彩转黑低照度半球摄像机					
29		彩转黑低照度筒机摄像机		63		打印机	系统图
30	IP	室外一体化彩色枪机					
31		监视器		64		卫星天线	系统图
32	DT	电梯					
33		巡更点		65	HT	无障碍卫生间标识灯	距地 2.5m 壁装
34	ICU	门禁读卡器		66	88	无障碍卫生间声光报警自带 24V 变压器	距地 2.5m 壁装
35	NQ	门禁电控锁		67	◎	求助呼叫按钮	
36	S	门禁门磁开关		68	RD	综合弱电箱	
37	◎	门禁出门按钮		69		被动红外/微波双技术探测器	
38		二分支器	系统图	70		暖通专业计量表	
39		一分支器	系统图	71		远传水表	

图 4-2　电信图例

3. 文字符号、标注方式及灯具表（见图 4-3）

				文字符号					
符号	说明	符号	说明		符号	说明	符号	说明	
导线敷设方式的标注					灯具安装方式的标注				
SC	穿焊接钢管敷设	CT	用电缆桥架敷设		Ch	链吊式	R	嵌入式	
TC	穿电线管敷设	SR	用槽盒敷设		P	管吊式	CR	顶棚内安装	
RC	穿水煤气管敷设				W	壁装式	T	台上安装	
					S	吸顶式	BR	墙壁内安装	
导线敷设部位的标注					HM	座装式			
BC	暗敷设在梁内	FC	暗敷设在地面或地板内		导线的标注				
CLC	暗敷设在柱内	CC	暗敷设在屋面或顶板内		WP	电力干线	W	电力分支线	
WC	暗敷设在墙内	ACC	暗敷设在不能进入的吊顶内		WL	常用照明干线	W	常用照明分支线	
					WEL	应急照明干线	WE	应急照明分支线	

			标注方式					
序号	名称	符号	说明	序号	名称	符号	说明	
1	用电设备	$\dfrac{A}{B}$	A—设备编号 B—额定功率 [kW/（kV·A）]	3	灯具	$A-B\dfrac{C\times D}{E}F$	A—灯数 B—灯具型号或编号 C—灯泡数 D—灯泡功率 E—安装高度（m） F—安装方式	
2	配电箱	（1）ABC （2）ABC/D	（1）平面图 （2）系统图 A—层号 B—设备代号 C—设备编号 D—功率 [kW/（kV·A）]					

			灯具表						
编号	图例	灯具容量	安装方式	备注	编号	图例	灯具容量	安装方式	备注
A1		1×18W	吸顶、壁装、吊装		E1		1W	壁装、吊装	
A2		2×18W	吸顶、壁装、吊装		E2		3W	吸顶	
A3		3×18W	吸顶、嵌入式		E3		5W	吸顶	
B		18W	壁装		F		10W	吸顶	
C		10W	吸顶		G		10W	壁装	
D		10W	吸顶		H		15W/36V	吸顶	

图 4-3　文字符号、标注方式及灯具表

4. 电气主要设备表（见图4-4）

序号	设备名称	规格型号	数量	单位	备注	序号	设备名称	规格型号	数量	单位	备注
1	高压开关柜	H.V.switchgear-12	16	台		31	数据点		2416	个	
2	直流信号屏	65A·h/110V	1	套		32	语音点		2416	个	
3	干式变压器	2000kV·A（10/0.4kV）	6	台	SCBH17	33	门禁点位		74	套	
4	低压电容补偿柜	L.V.switchgear	12	台		34	报警点		7	个	
5	低压开关柜	L.V.switchgear	68	台		35	解码器		1	套	
6	动力配电柜	非标	60	台		36	卫星接收天线		1	套	
7	动力控制箱	非标	120	台		37	电视前端设备		1	套	
8	双电源互投箱	非标	60	个		38	一分支器		103	个	
9	照明配电箱	非标	140	个		39	二分支器		44	个	
10	应急照明配电箱	非标	68	个		40	二分配器		3	个	
11	EPS电源	3kW	68	个		41	四分配器		70	个	
12	封闭绝缘母线	630A	200	m		42	放大器（双向）		3	个	
13	出口指示灯	8W	500	个		43	均衡器		3	个	
14	诱导灯	8W	900	个		44	接地电阻		96	个	
15	数据采集盘		13	台		45	电视主干线	SYKV-75-9	若干	米	
16	火灾报警控制器（联动型）		2	台		46	电视分支线	SYKV-75-5	若干	米	
17	火灾报警控制器		2	台		47	两技术复合型探测器		98	个	
18	CRT显示器	19in	1	台		48	电梯摄像机		9	套	
19	地址感烟探测器		2150	台		49	固定镜头彩转黑低照度半球摄像机		359	套	
20	地址感温探测器		1600	台		50	彩转黑低照度筒机摄像机		14	套	
21	可燃气体探测器		35	台		51	室外一体化彩色枪机		12	套	
22	手动报警器		480	台		52	硬盘	8TB	2	套	
23	楼层灯光显示器		120	台		53	46寸液晶拼接屏单元		12	台	
24	监视模块		1520	台		54	背景功率放大器	500W	5	台	
25	控制模块		620	台		55	背景音量调节器		98	个	
26	紧急广播机	2500W	1	台		56	提前放电接闪杆		1	套	
27	紧急广播扬声器	3W	627	台		57	电缆、槽盒		若干	m	
28	紧急广播号角	15W	78	台		58	电线、管材		若干	m	
29	消防对讲电话主机	80门	1	套		59					
30	复示盘		46	台		60					

图4-4 电气主要设备表

5. 电气总平面（见图 4-5）

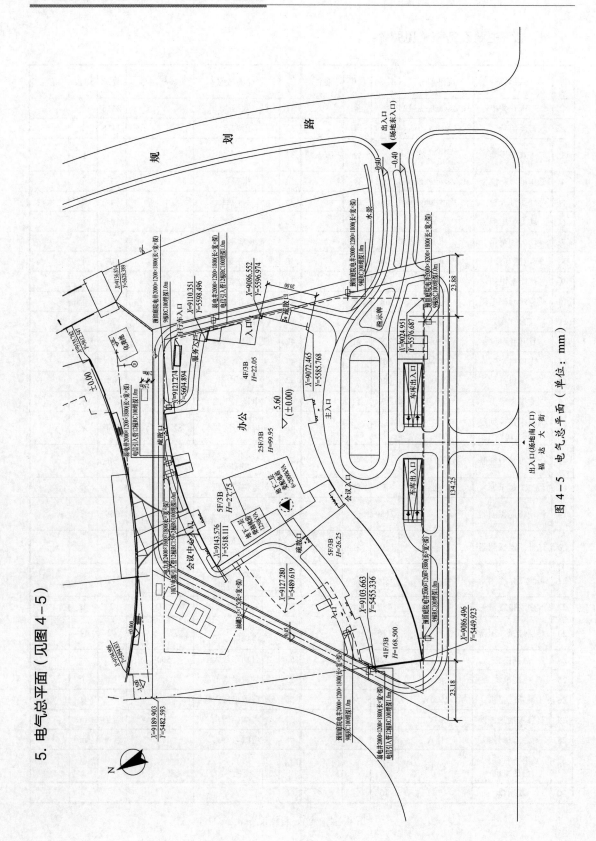

图 4-5　电气总平面（单位：mm）

6. 供电系统主接线图（见图 4-6）

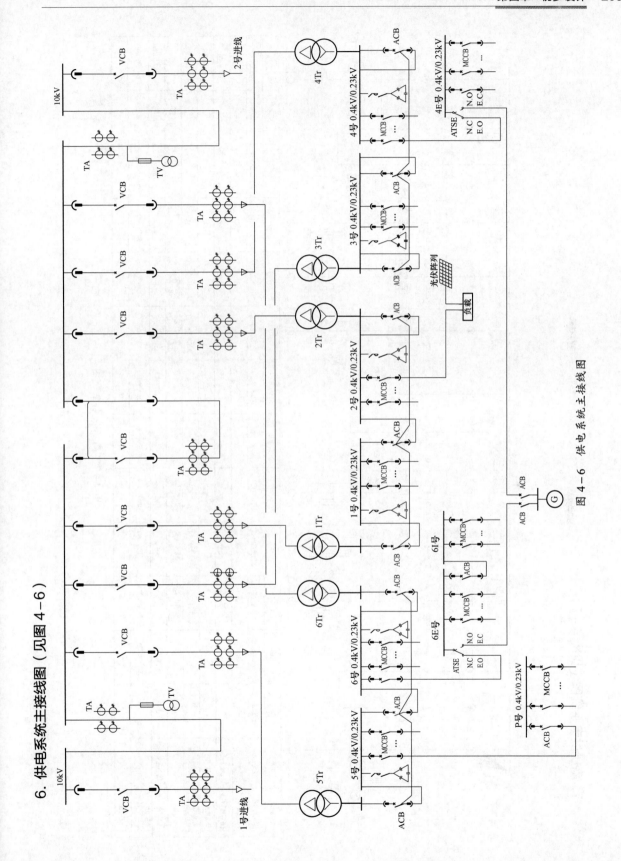

图 4-6 供电系统主接线图

7. 高压供电系统图（见图 4－7）

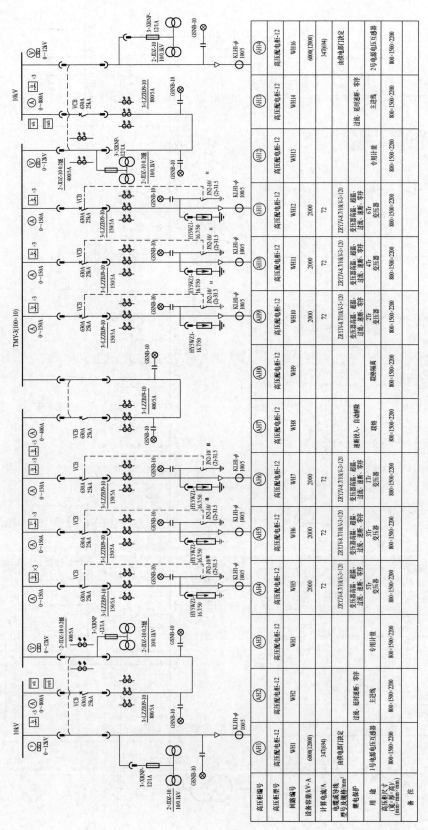

图 4－7 高压供电系统图

高压柜编号	AH1	AH2	AH3	AH4	AH5	AH6	AH7	AH8	AH9	AH10	AH11	AH12	AH13	AH14
高压柜型号	高压配电柜-12	高压配电柜-12	高压配电柜-12	高压配电柜-12	高压配电柜-12	高压配电柜-12	高压配电柜-12	高压配电柜-12	高压配电柜-12	高压配电柜-12	高压配电柜-12	高压配电柜-12	高压配电柜-12	高压配电柜-12
回路编号	WH1	WH2	WH3	WH5	WH6	WH7	WH8	WH9	WH10	WH11	WH12	WH13	WH14	WH16
设备容量/kV·A	6000(2000)			2000	2000	2000			2000	2000	2000			6000(2000)
计算电流/A	347(694)			72	72	72			72	72	72			347(694)
电缆或导线型号及规格/mm²	由供电部门设定			ZRYJV-8.7/10kV-3×120	ZRYJV-8.7/10kV-3×120	ZRYJV-8.7/10kV-3×120			ZRYJV-8.7/10kV-3×120	ZRYJV-8.7/10kV-3×120	ZRYJV-8.7/10kV-3×120			由供电部门设定
继电保护		过流、延时速断、零序	专用计量	变压器重荷、超温、过流、速断、零序	变压器重荷、超温、过流、速断、零序	变压器重荷、超温、过流、速断、零序	联络	联络隔离		变压器重荷、超温、过流、速断、零序	变压器重荷、超温、过流、速断、零序	专用计量	过流、延时速断、零序	
用途	1号电源电压互感器	主进线		5T变压器	3T变压器	1T变压器	速断投入、自动隔离	联络隔离		2T变压器	6T变压器		主进线	2号电源电压互感器
高压柜尺寸（宽×厚×高）/(mm×mm×mm)	800×1500×2200	800×1500×2200	800×1500×2200	800×1500×2200	800×1500×2200	800×1500×2200	800×1500×2200	800×1500×2200	800×1500×2200	800×1500×2200	800×1500×2200	800×1500×2200	800×1500×2200	800×1500×2200
备注														

8. 低压配电系统图（见图 4-8）

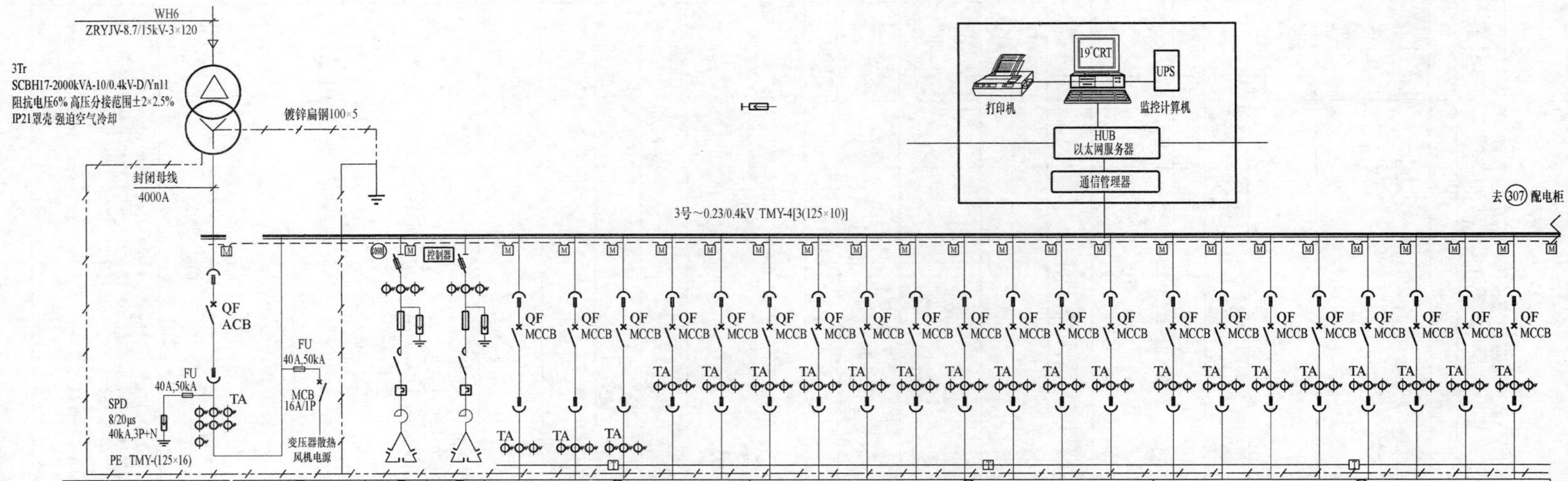

图中主要文字标注：

WH6
ZRYJV-8.7/15kV-3·120

3Tr
SCBH17-2000kVA-10/0.4kV-D,Yn11
阻抗电压6%　高压分接范围±2×2.5%
IP21 设强迫风机空气冷却

封闭母线 4000A
镀锌扁钢100·5
QF ACB
SPD 8/20μs 40kA,3P+N
FU 40A,50kA
PE TMY-4(125×16)
FU 40A,50kA
MCB 16A/1P
变压器预热 风机电源
3号-0.23/0.4kV TMY-4[3(125·10)]
去3D7配电柜

UPS　19'CRT　打印机
HUB　以太网服务器　通信管理器　监控计算机

开关柜型号	低压配电柜	低压配电柜		低压配电柜				低压配电柜								低压配电柜							
配电柜回路编号	进线	300kVAR	300kVAR	WP301	WP302	WP303	WP304	WP305	WP306	WP307	WP308	WP309	WP310	WP311	WP312	WP313	WP314	WP315	WP316	WP317	WP318	WP319	WP320	WP321
设备容量 kW(kV·A)	1820	300kVAR	300kVAR	200	200	200			50	15	40	60	15	80			40	30	99	87	54	85		
需要系数	0.55			0.6	0.6	0.8			0.90	0.90	0.90	0.90	0.90	1			0.90	0.90	0.90	0.90	0.90	1		
功率因数 cosφ	0.95			0.8	0.8	0.8			0.90	0.90	0.90	0.90	0.90	1			0.90	0.90	0.90	0.90	0.90	0.90		
计算负荷 kW	935			120	120	160			50	15	40	60	15	80			40	30	99	87	54	85		
计算电流 A	1492	454	454	227	227	303			84	25	68	101	25	135			67	50	166	146	90	143		
断路器整定时额定电流 Ir/A	4000			400	400	400	250	250	250	160	160	250	160	250	250	250	250	250	250	250	160	250	250	250
空气断路器 长延时 IR/A	3300			300	300	350	200	200	125	80	80	160	80	200	200	200	125	125	200	200	125	200	200	200
电流 瞬动 Iset/A 0.4s	16000			3000	3000	3500	2000	2000	1250	800	800	1600	800	2000	2000	2000	1250	1250	2000	2000	1250	2000	2000	2000
额定极限短路分断能力 Icu/kA	65			65	65	65	65	65	65	65	65	65	65	65	65	65	65	65	65	65	65	65	65	65
额定运行短路分断能力 Ics/kA	65			65	65	65	65	65	65	65	65	65	65	65	65	65	65	65	65	65	65	65	65	65
额定短时耐受电流 Icw/kA	50																							
参考型号																								
电流互感器变比 /5	4000	800	800	400	400	400	200	200	150	100	100	100	100	200			150	150	150	250	150	250	200	200
电缆型号·规格				WDZ-BI-YJY-4×185+1×95	2×WDZ-BI-YJY-4×185+1×95	2×WDZ-BI-YJY 3×95+2×50			WDZ-BI-YJY-4×50+1×25	WDZ-BI-YJY-4×25+1×16	WDZ-BI-YJY-4×25+1×16	WDZ-BI-YJY-4×70+1×35	WDZ-BI-YJY-4×25+1×16	WDZ-BI-YJY-4×95+1×50			BTTZ-4(1H50)	BTTZ-4(1H50)	BTTZ-4(1H95)	BTTZ-4(1H95)	BTTZ-4(1H50)	BTTZ-4(1H95)		
供电范围	进线	电容器（成套设备）		BIAPECHI	BIAPECHI	文创厂			BIATBDS	4×TDS	BIATWL	BIATDH	BIATBA	BIATAF			BIALEXF							
用途				厨房	厨房	文创厂			变电所	电视机房	网络机房	通信机房	设备监控安装调试室	安装调试室			消防控制室	应急照明	应急照明	应急照明	应急照明	应急照明		
备注						WP417备用	备用	备用							备用	备用							备用	备用
小室高度																								
柜体尺寸（宽×高×厚）(mm·mm·mm)	1000·2200·1000	1000·2200·1000	1000·2200·1000	600·2200·1000				600·2200·1000								600·2200·1000								

图 4-8　低压配电系统图

9. 电力供电干线系统图（见图 4−9）

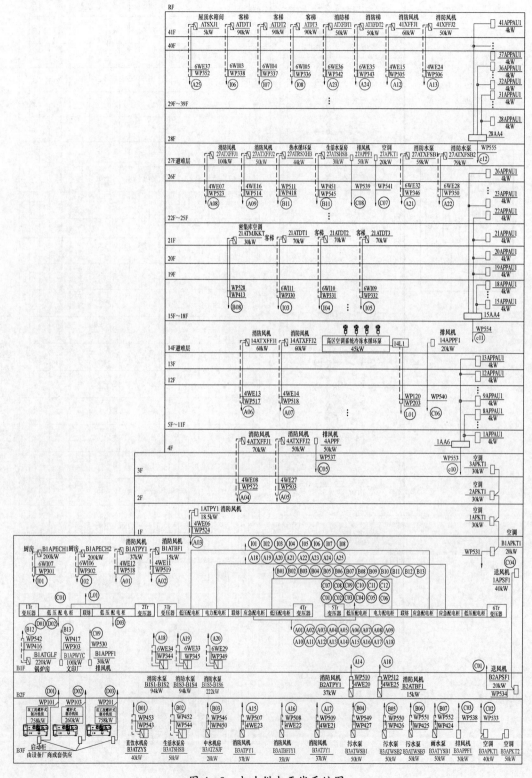

图 4−9　电力供电干线系统图

10. 照明供电干线系统图（见图4-10）

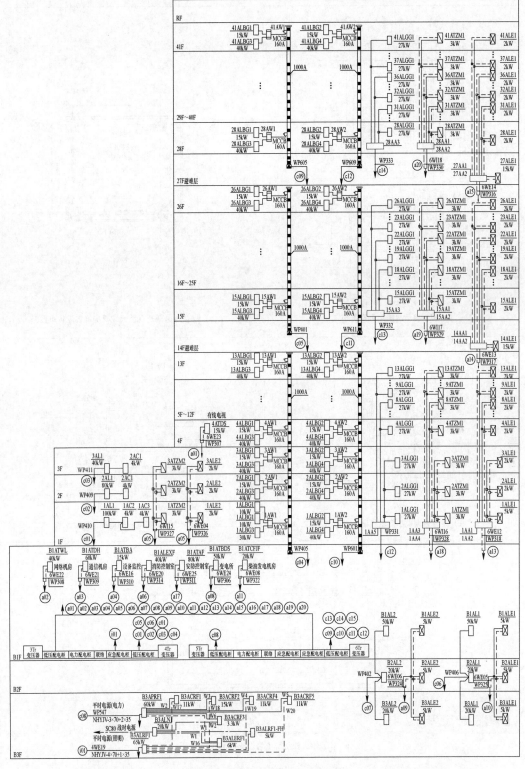

图 4-10 照明供电干线系统图

11. 强弱电小间及智能化机房布置图（见图4-11）

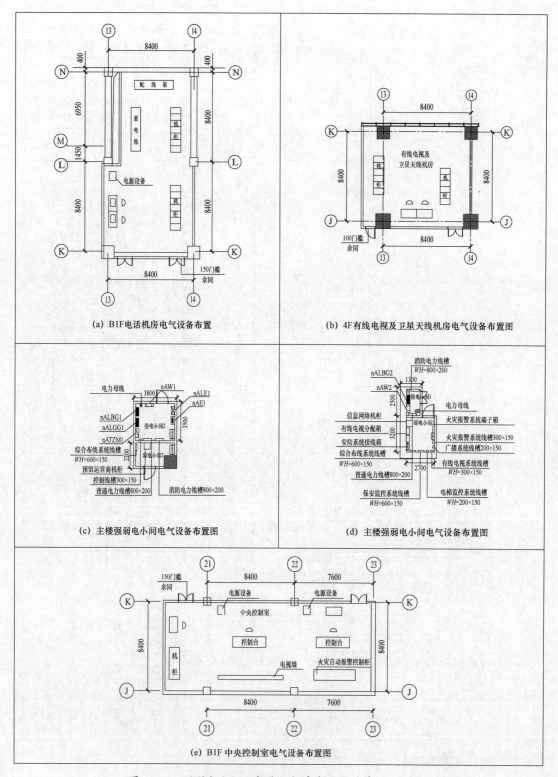

(a) B1F电话机房电气设备布置

(b) 4F有线电视及卫星天线机房电气设备布置图

(c) 主楼强弱电小间电气设备布置图

(d) 主楼强弱电小间电气设备布置图

(e) B1F中央控制室电气设备布置图

图4-11 强弱电小间及智能化机房布置图（单位：mm）

12. 接地干线系统图（见图 4-12）

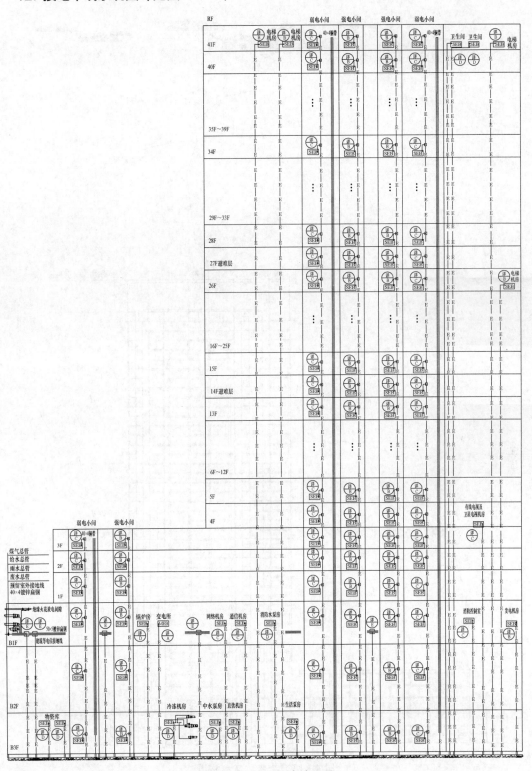

图 4-12　接地干线系统图

13. 外部防雷示意图（见图4−13）

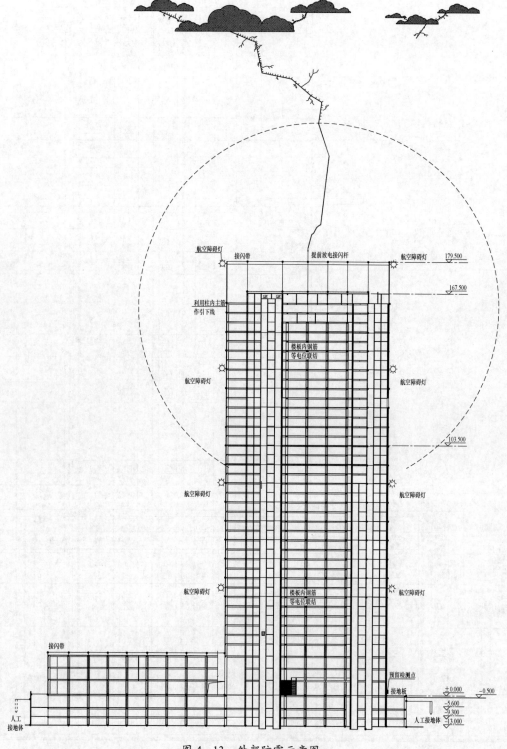

图4−13　外部防雷示意图

14. 智能化集成云平台总体架构图（见图 4–14）

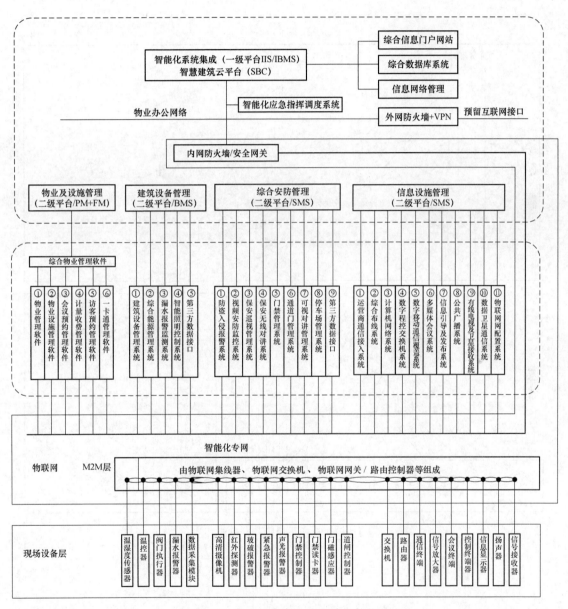

图 4–14　智能化集成云平台总体架构图

15. 计算机网络总拓扑结构图（见图 4-15）

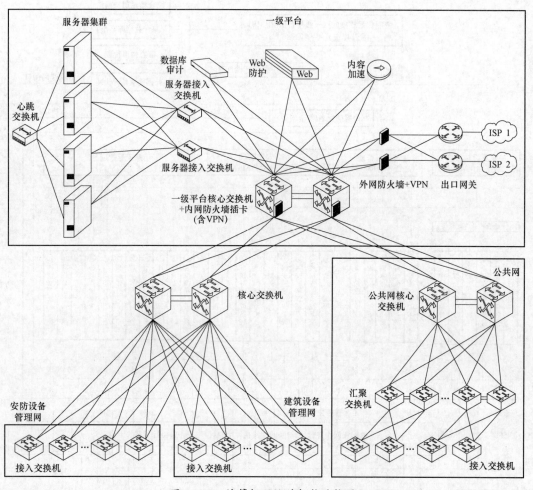

图 4-15   计算机网络总拓扑结构图

16. 集成系统控制域数据流向图（见图 4－16）

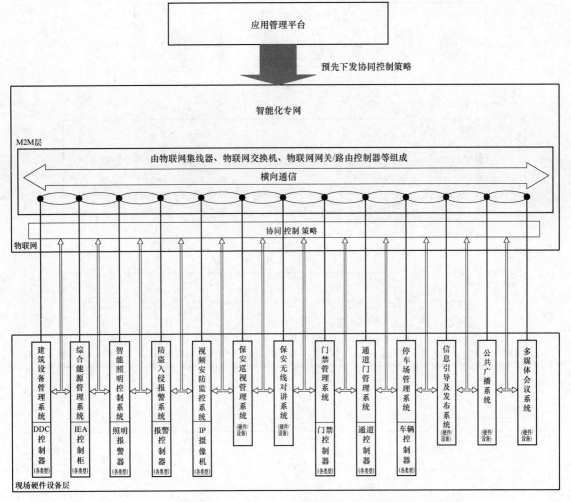

图 4－16　集成系统控制域数据流向图

17. 公共网络拓扑结构图（见图4-17）

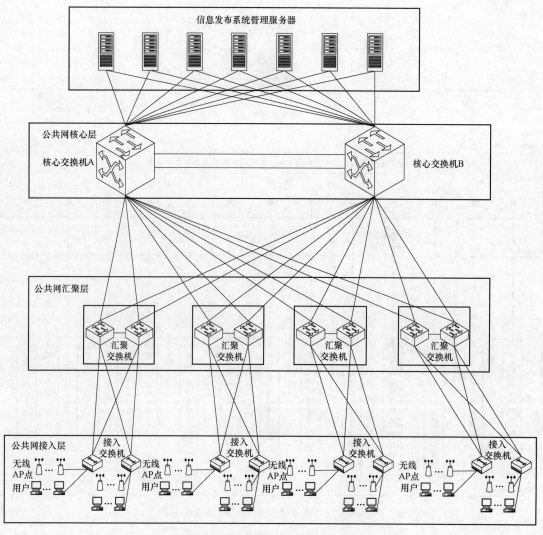

图4-17　公共网络拓扑结构图

18. 集成系统信息域数据流向图（见图4-18）

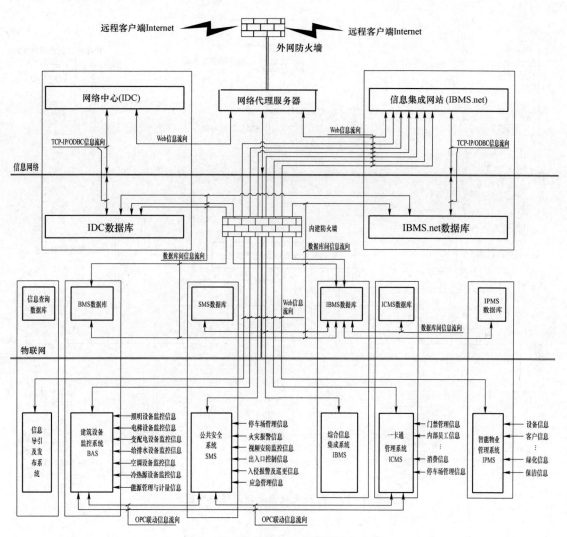

图4-18　集成系统信息域数据流向图

19. 物业及设施管理系统结构图（见图4-19）

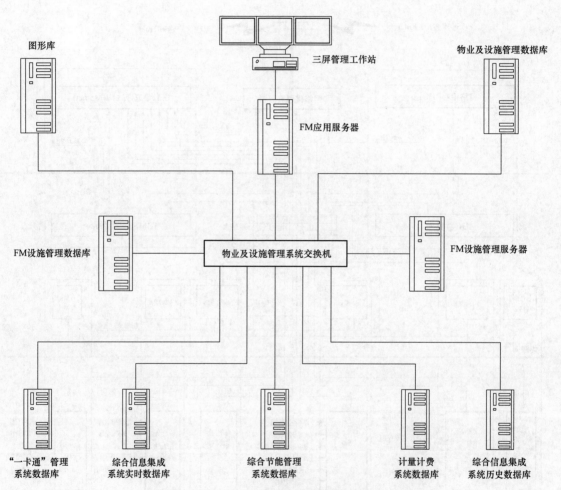

图 4-19 物业及设施管理系统结构图

20. 公共网及干线布线系统图（见图 4-20）

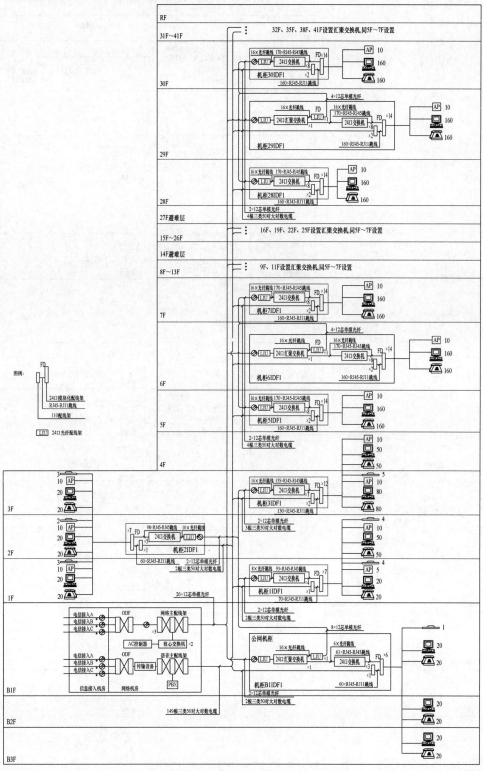

图 4-20　公共网及干线布线系统图

21. 安防设备管理网及干线布线系统图（见图4-21）

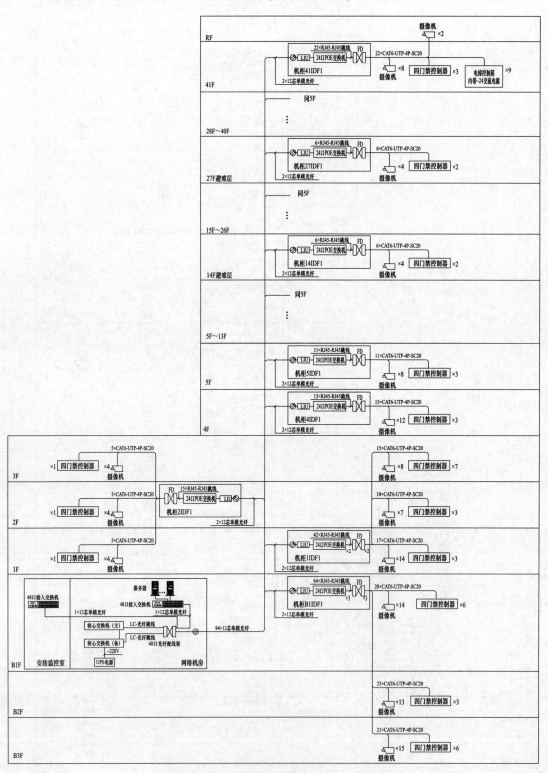

图 4-21　安防设备管理网及干线布线系统图

22. 建筑设备管理网及干线布线系统图（见图4-22）

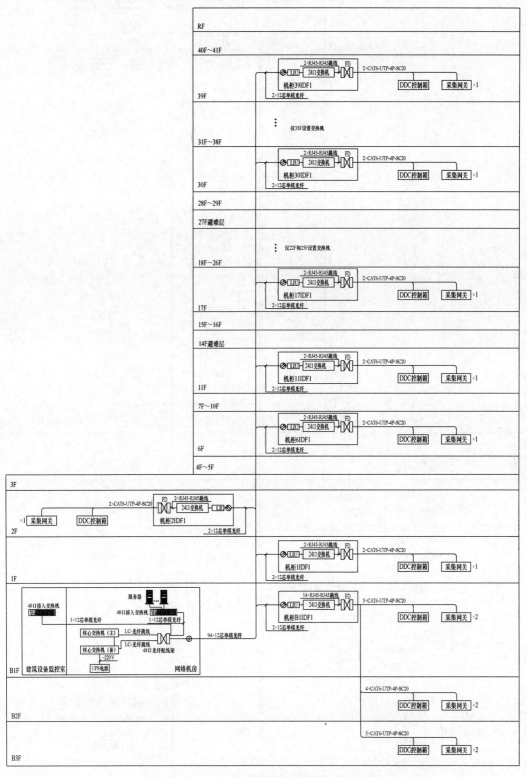

图4-22 建筑设备管理网及干线布线系统图

23. 视频安防监控系统图（见图4-23）

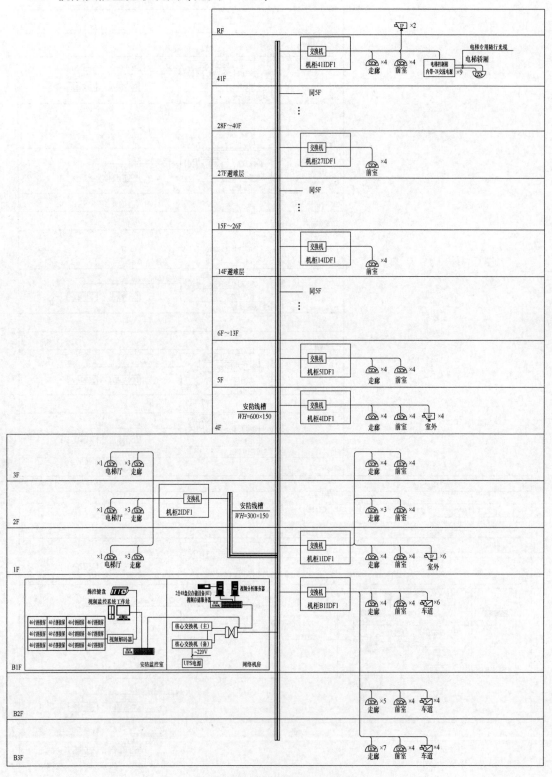

图4-23 视频安防监控系统图

24. 出入口控制系统图（见图4-24）

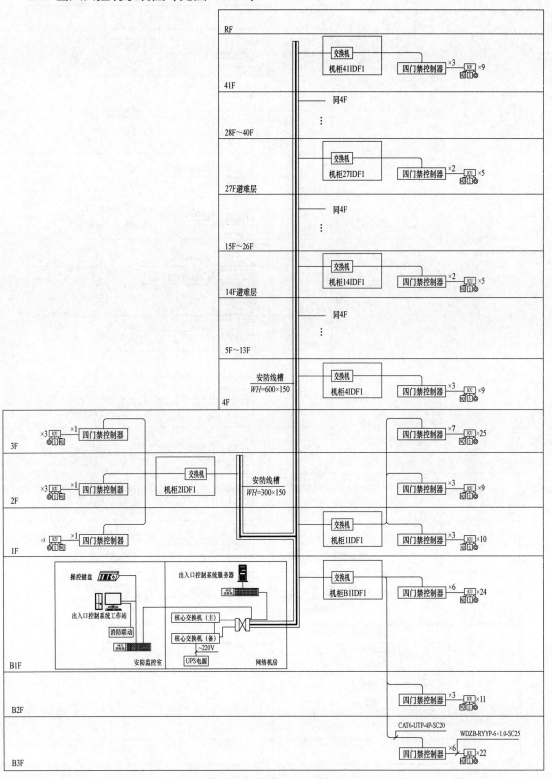

图 4-24 出入口控制系统图

25. 入侵报警系统图（见图4-25）

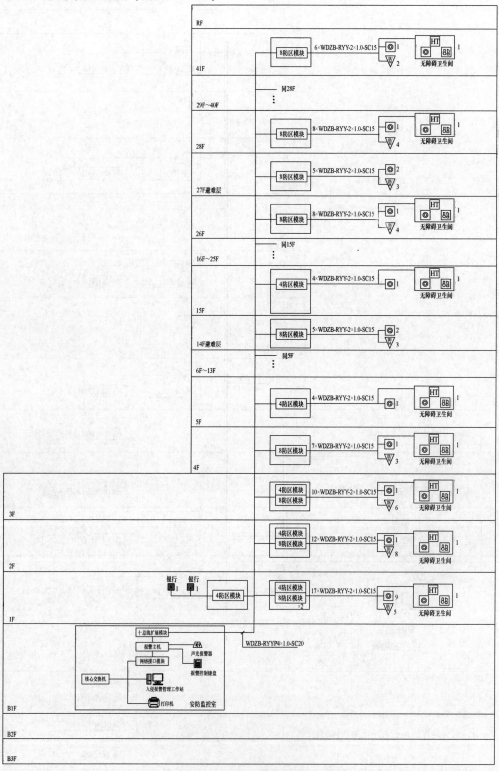

图 4-25 入侵报警系统图

26. 停车场管理系统图（见图 4-26）

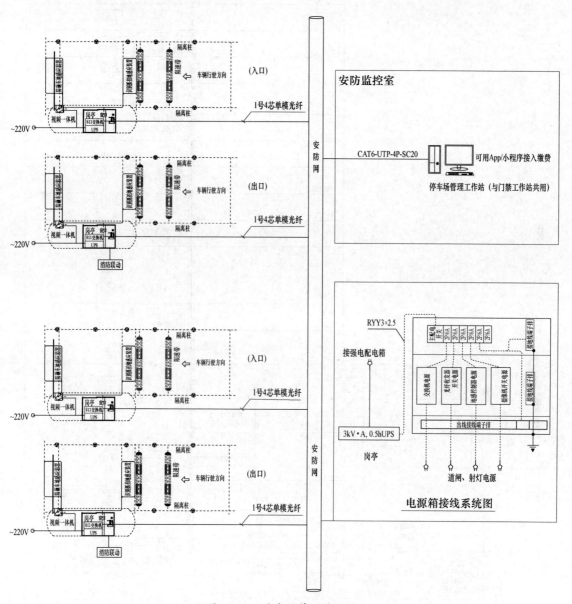

图 4-26　停车场管理系统图

说明：1—停车场管理系统采用纯车牌识别。

2—停车场岗亭供电由强电负责，从就近的双电源配电箱接入岗亭内的 UPS，UPS 为 3kV·A，后备 0.5h 电池。

3—岗亭安全岛预埋 PVC25 排水管作为岗亭安装空调冷凝水排放。

4—直接对外地库道闸设置全高栅栏杆闸杆，同时做好进出设备空隙之间的隔离措施。

27. 建筑设备监控系统图（见图4-27）

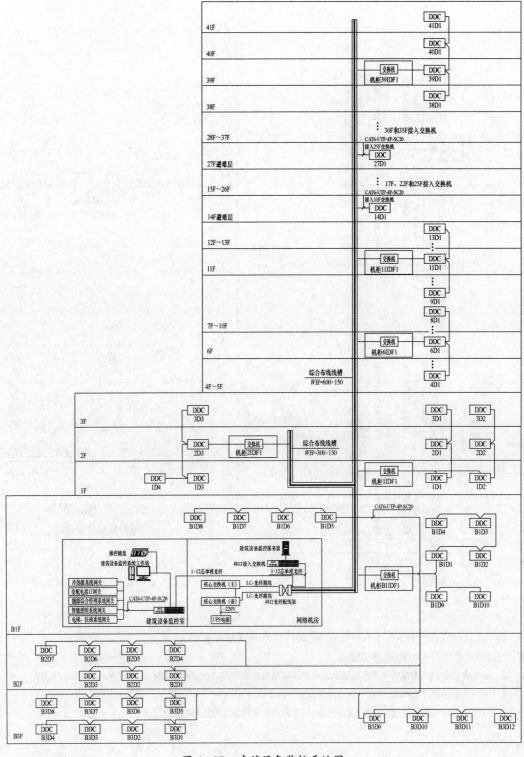

图4-27　建筑设备监控系统图

28. 建筑设备监控系统控制原理图（见图 4-28）

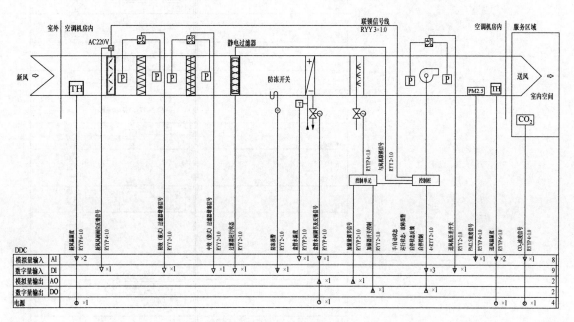

新风处理机组监控原理图

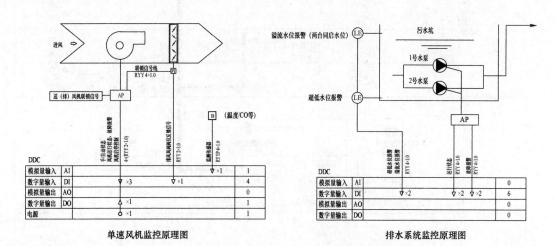

单速风机监控原理图   排水系统监控原理图

图 4-28　建筑设备监控系统控制原理图

29. 能耗监测系统图（见图 4-29）

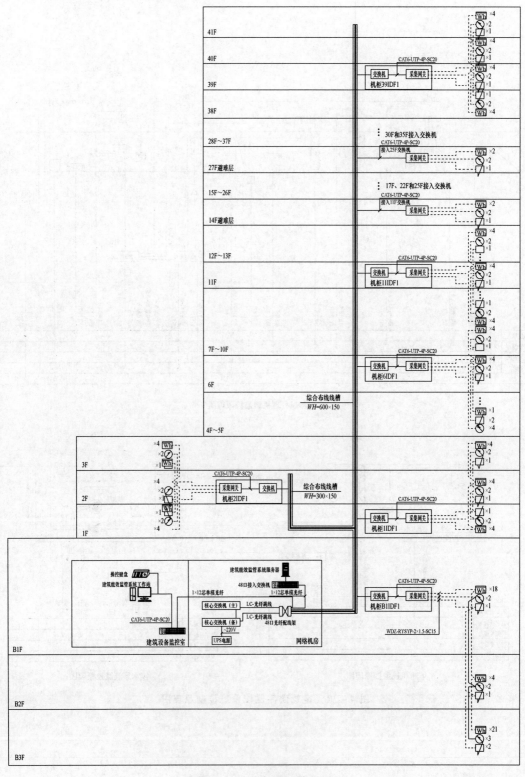

图 4-29　能耗监测系统图

30. 智能灯光控制系统图（见图4-30）

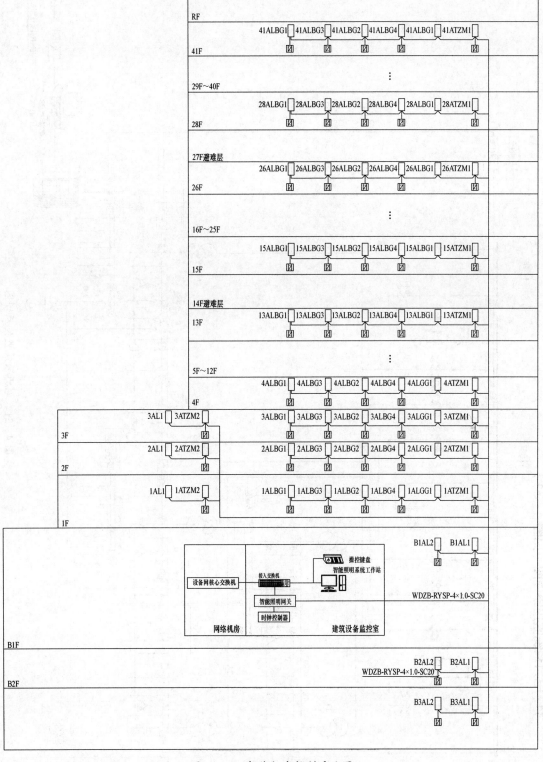

图4-30 智能灯光控制系统图

31. 电力系统监控原理图（见图 4-31）

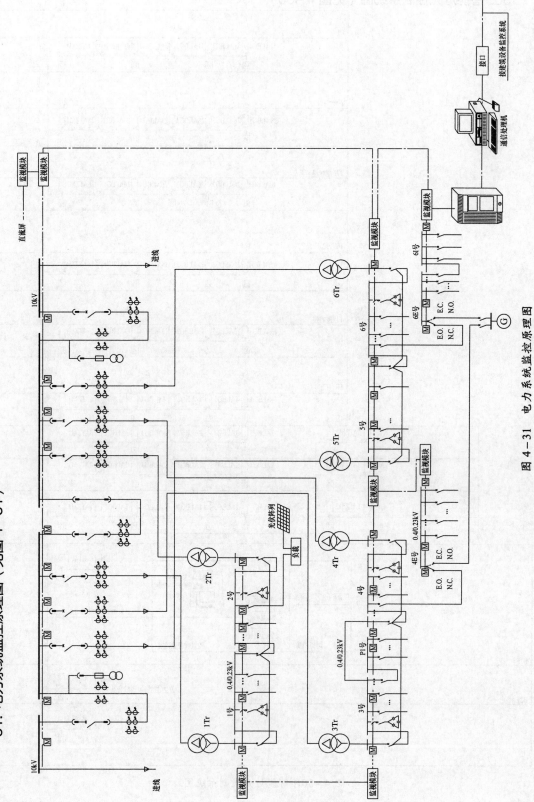

图 4-31　电力系统监控原理图

32. 背景音乐及公共广播系统图（见图4-32）

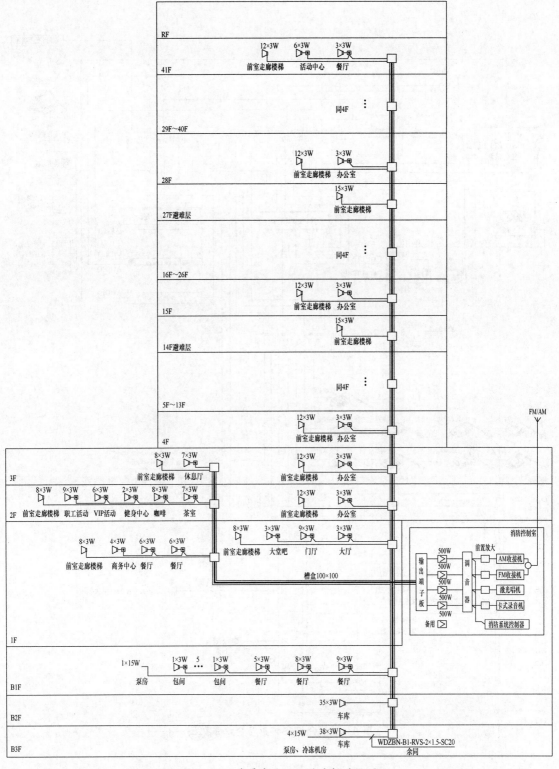

图4-32 背景音乐及公共广播系统图

33. 会议室扩声与会议系统图（见图 4-33）

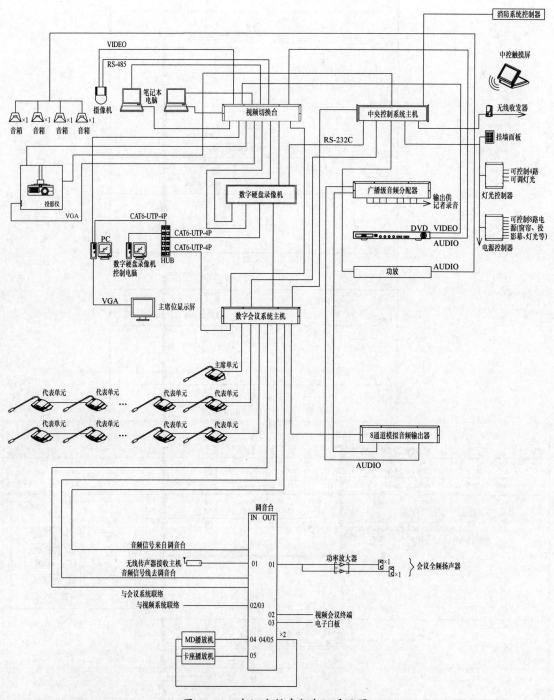

图 4-33 会议室扩声与会议系统图

34. 有线电视系统图（见图4-34）

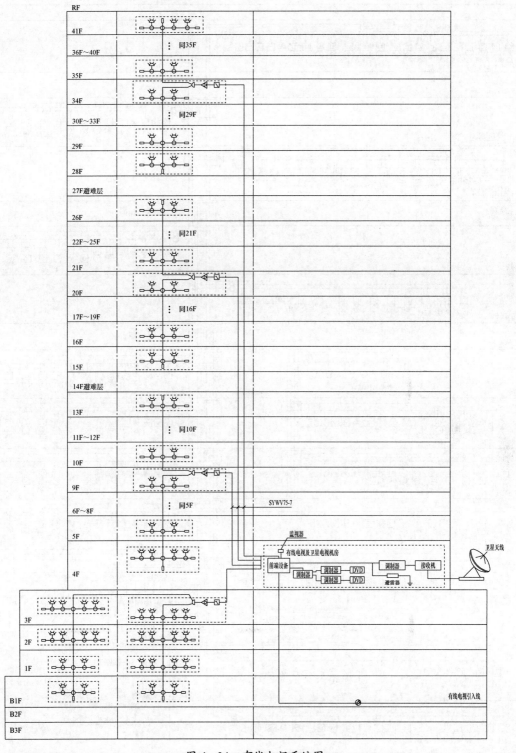

图4-34 有线电视系统图

35. 火灾自动报警及联动系统图（见图 4-35）

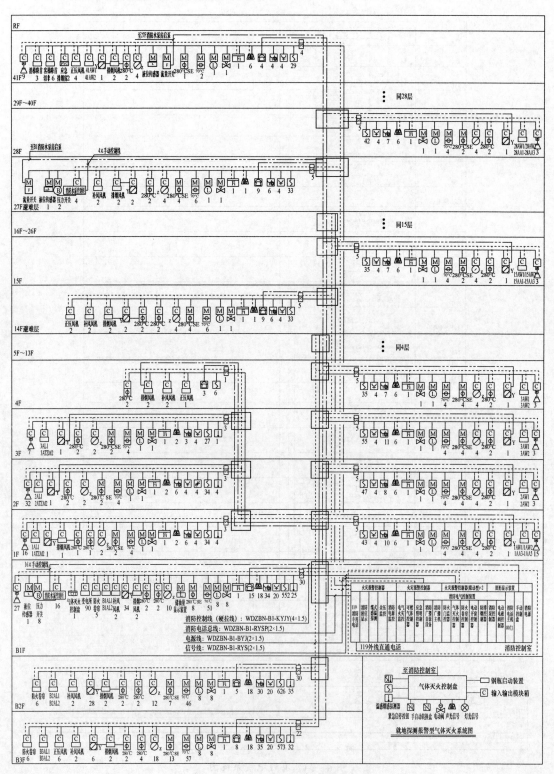

图 4-35　火灾自动报警及联动系统图

36. 电气火灾监控系统图（见图4-36）

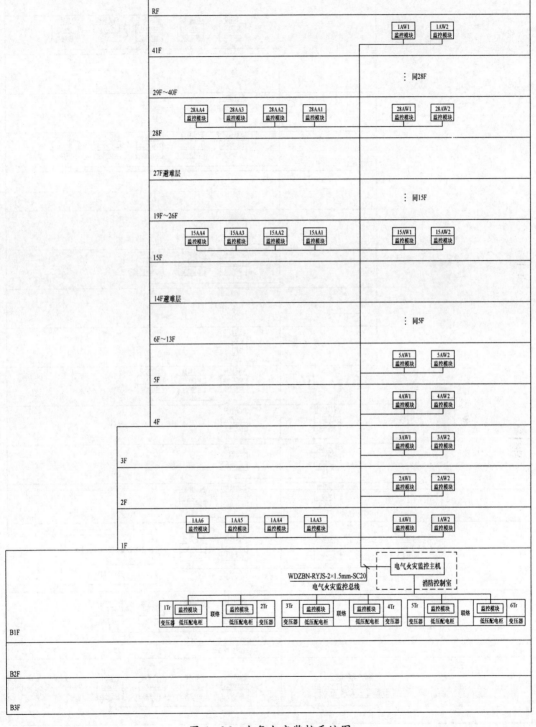

图4-36　电气火灾监控系统图

37. 消防设施电源监控系统图（见图 4–37）

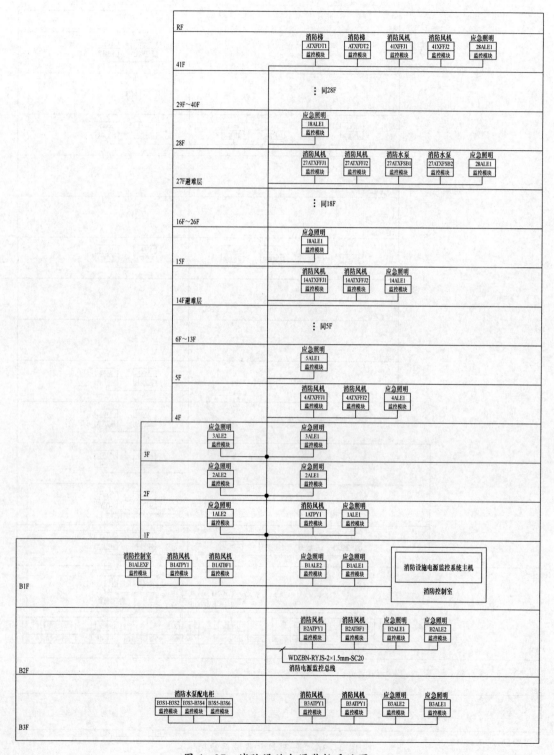

图 4–37　消防设施电源监控系统图

38. 防火门监控系统图（见图4-38）

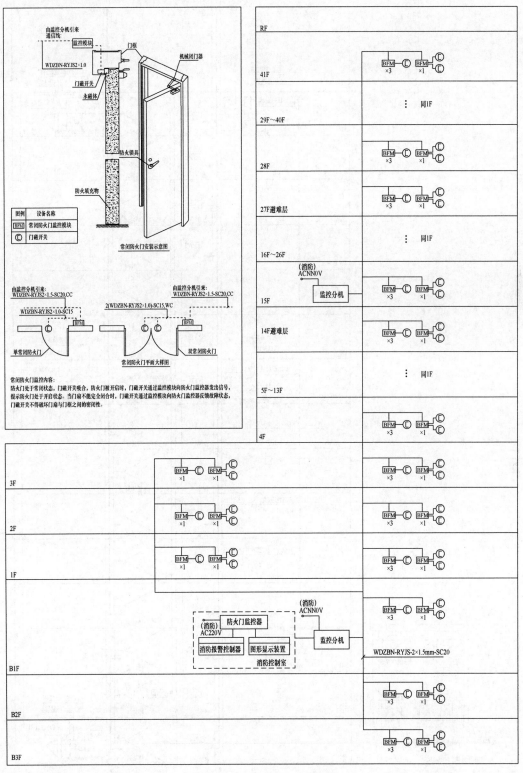

图4-38 防火门监控系统图

39. 余压监控系统图（见图 4-39）

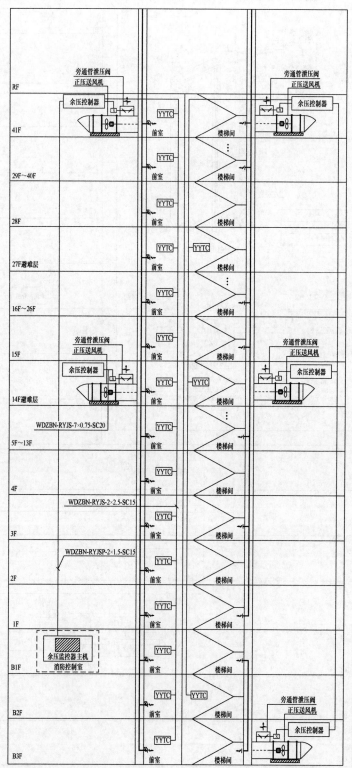

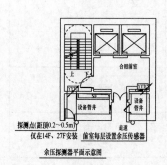

图 4-39   余压监控系统图

40. 应急照明疏散指示系统图（见图4-40）

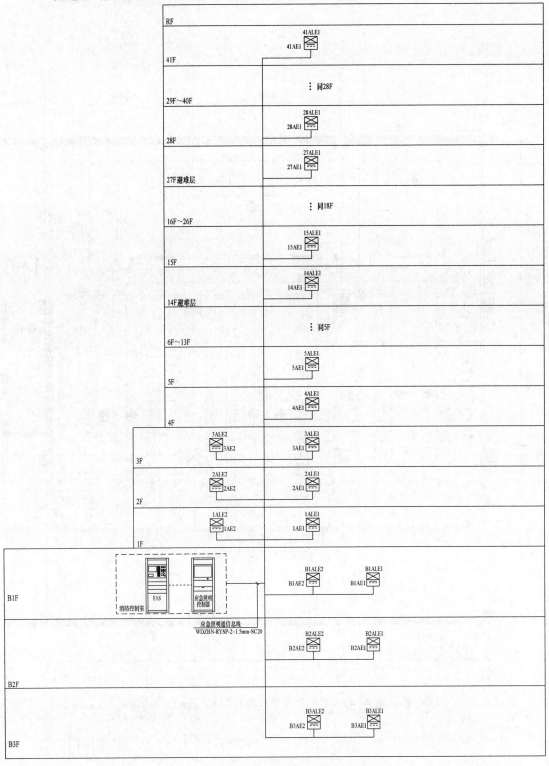

图4-40　应急照明疏散指示系统图

41. 变配电所平面图（见图 4-41）

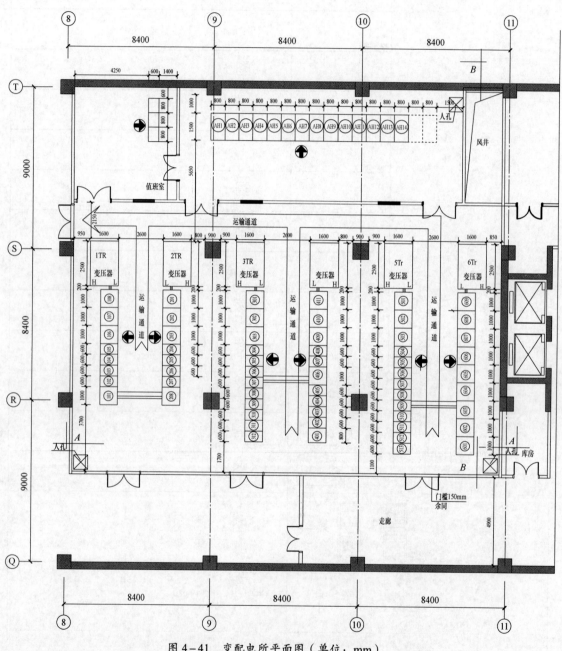

图 4-41　变配电所平面图（单位：mm）

42. 变配电所剖面图（见图4-42）

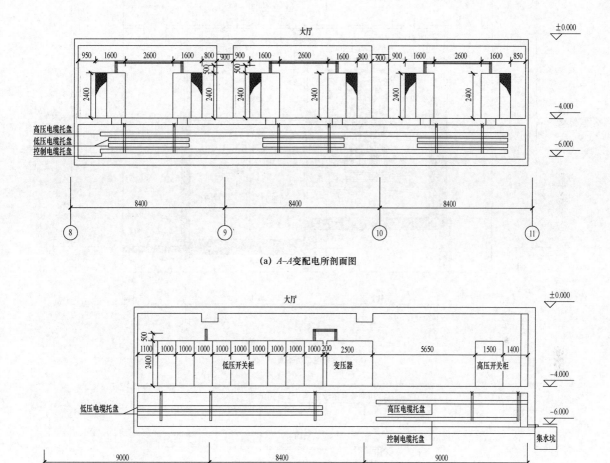

(a) A-A变配电所剖面图

(b) B-B变配电所剖面图

图 4-42 变配电所剖面图（单位：mm）

43. 柴油发电机房的平面图和剖面图（见图4-43）

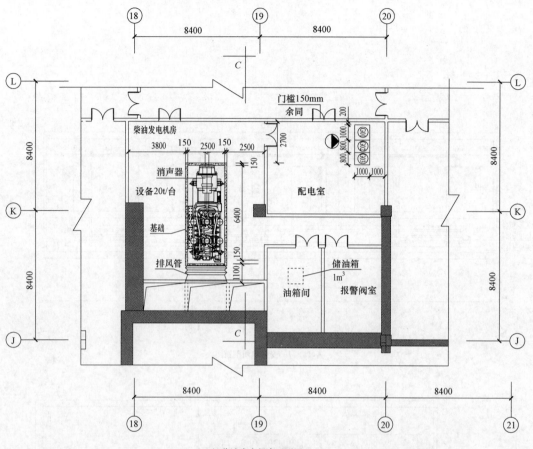

(a) 柴油发电机房平面图

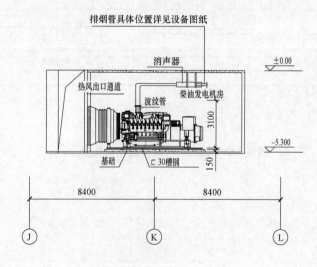

(b) C-C剖面

图4-43　柴油发电机房的平面图和剖面图（单位：mm）

小　结

　　初步设计文件应完整、准确、可靠，设计方案论证应充分，积极采用先进技术，同时必须考虑经济效益、成本核算、用户满意度等因素，契合建筑"安全、优质、高效、低耗"的要求，实现工程的最优配置，计算成果应可靠准确，并能够实施。必须保证工程低碳环保等方面的要求，因地制宜正确选用国家、行业和地方建筑标准设计，做到各专业设计的平衡与协调，并满足初步设计审批的需要，为后续的设计和施工阶段提供了坚实的基础。

05

第五章　施工图设计

Practice of Architectural Design Based on General Codes-
Building Electrical and Intelligent Systems

第一节 设计文件编制要求

一、建筑电气施工图设计文件编制原则

（1）施工图设计文件，应满足设备材料采购、非标准设备制作和施工的需要。对于将项目分别发包给几个设计单位或实施设计分包的情况，设计文件相互关联处的深度应满足各承包或分包单位设计的需要。

（2）在设计中宜因地制宜正确选用国家、行业和地方建筑标准设计，并在设计文件的图纸目录或设计说明中注明所应用图集的名称。重复利用其他工程的图纸时，应详细了解原图利用的条件和内容，并做必要的核算和修改，以满足新设计项目的需要。

（3）设计单位在设计文件中选用的建筑材料、建筑构配件和设备，应当注明规格、性能等技术指标，其质量要求必须符合国家规范和标准要求。

（4）民用建筑工程一般应分为方案设计、初步设计和施工图设计三个阶段。对于技术要求相对简单的民用建筑工程，当有关主管部门在初步设计阶段没有审查要求，且合同中没有做初步设计的约定，可在方案设计审批后直接进入施工图设计。

（5）当设计合同对设计文件编制深度另有要求时，设计文件编制深度应满足设计合同的要求。

二、建筑电气施工图设计文件编制内容

在施工图设计阶段，建筑电气专业设计文件图纸部分应包括图纸目录、设计说明、设计图、主要设备表，电气计算部分出计算书。图纸目录应分别以系统图、平面图等按图纸序号排列，先列新绘制图纸，后列选用的重复利用图和标准图。

1. 建筑电气施工图设计说明

（1）工程概况。初步（或方案）设计审批定案的主要指标。

（2）设计依据。

1）工程概况：应说明建筑类别、性质、面积、层数、高度、结构类型等。

2）建设单位提供的有关部门（如供电部门、消防部门、通信部门、公安部门等）认定的工程设计资料，建设单位设计任务书及设计要求。

3）相关专业提供给本专业的工程设计资料。

4）设计所执行的主要法规和所采用的主要标准（包括标准的名称、编号、年号和版本号）。

（3）设计范围。

（4）设计内容（应包括建筑电气各系统的主要指标）。

（5）各系统的施工要求和注意事项（包括线路选型、敷设方式及设备安装等）。

（6）设备主要技术要求（亦可附在相应图纸上）。

（7）防雷及接地保护等其他系统有关内容（亦可附在相应图纸上）。

（8）电气节能及环保措施。

（9）绿色建筑电气设计。

1）绿色建筑设计目标。

2）建筑电气设计采用的绿色建筑技术措施。

3）建筑电气设计所达到的绿色建筑技术指标。

（10）与相关专业的技术接口要求。

（11）智能化设计。

1）智能化系统设计概况。

2）智能化各系统的供电、防雷及接地等要求。

3）智能化各系统与其他专业设计的分工界面、接口条件。

（12）智能化专项设计。

1）工程概况：应将经初步（或方案）设计审批定案的主要指标录入。

2）设计依据：已批准的初步设计文件（注明文号或说明）。

3）设计内容：应包括智能化系统及各子系统的用途、结构、功能、功能、设计原则、系统控制点表、系统及主要设备的性能指标。

4）各系统的施工要求和注意事项（包括布线、设备安装等）。

5）设备主要技术要求及控制精度要求（亦可附在相应图纸上）。

6）防雷、接地及安全措施等要求（亦可附在相应图纸上）。

7）节能及环保措施。

8）与相关专业及市政相关部门的技术接口要求及专业分工界面说明。

9）各分系统间联动控制和信号传输的设计要求。

10）对承包商深化设计图纸的审核要求。

11）凡不能用图示表达的施工要求，均应以设计说明表述。

12）有特殊需要说明的可集中或分列在有关图纸上。

（13）其他专项设计、深化设计。

1）其他专项设计、深化设计概况。

2）建筑电气与其他专项、深化设计的分工界面及接口要求。

2. 图纸

（1）图例符号（应包括设备选型、规格及安装等信息）。

（2）电气总平面图（仅有单体设计时，可无此项内容）。

1）标注建筑物、构筑物名称或编号、层数或标高、道路、地形等高线和用户的安装容量。

2）标注变、配电站的位置和编号；变压器的台数和容量；发电机的台数和容量；室外配电箱的编号和型号；室外照明灯具的规格、型号和容量。

3）架空线路应标注：线路规格及走向，回路编号，杆位编号，挡数、档距、杆高、拉线、重复接地、接闪器等（附标准图集选择表）。

4）电缆线路应标注：线路走向、回路编号、敷设方式、人（手）孔型号、位置。

5）比例、指北针。

6）图中未表达清楚的内容可随图做补充说明。

（3）变、配电站设计图。

1）高、低压配电系统图（一次线路图）。图中应标明变压器、发电机的型号、规格；母线的型号、规格；标明开关、断路器、互感器、继电器、电工仪表（包括计量仪表）等的型号、规格和整定值（此部分也可标注在图中表格中）。图下方表格应标注：开关柜编号、开关柜型号、回路编号、设备容量、计算电流、导体型号及规格、敷设方法、用户名称、二次原理图方案号，（当选用分隔式开关柜时，可增加小室高度或模数等相应栏目）。

2）平、剖面图。按比例绘制变压器、发电机、开关柜、控制柜、直流及信号柜、补偿柜、支架、地沟、接地装置等平面布置、安装尺寸等，以及变、配电站的典型剖面，当选用标准图时，应标注标准图编号、页次；标注进出线回路编号、敷设安装方法，图纸应有设备明细表、主要轴线、尺寸、标高、比例。

3）继电保护及信号原理图。继电保护及信号二次原理方案号，宜选用标准图、通用图。当需要对所选用标准图或通用图进行修改时，仅需绘制修改部分并说明修改要求。控制柜、直流电源及信号柜、操作电源均应选用标准产品，图中标示相关产品型号、规格和要求。

4）配电干线系统图。以建筑物、构筑物为单位，自电源点开始至终端配电箱止，按设备所处相应楼层绘制，应包括变、配电站变压器的编号、容量，发电机的编号、容量，各处终端配电箱的编号、容量，自电源点引出回路编号。

5）相应图纸说明。图中表述不清楚的内容，可随图做相应说明。

（4）配电、照明设计图。

1）配电箱（或控制箱）系统图，应标注配电箱的编号、型号，进线回路编号；标注各元器件的型号、规格和整定值；配出回路编号、导线型号规格、负荷名称等（对于单相负荷应标明相别），对有控制要求的回路应提供控制原理图或控制要求；当数量较少时，上述配电箱（或控制箱）系统内容在平面图上标注完整的，可不单独出配电箱（或控制箱）系统图。

2）配电平面图应包括建筑门窗、墙体、轴线、主要尺寸、房间名称、工艺设备编号及容量；布置配电箱、控制箱，并注明编号；绘制线路始、终位置（包括控制线路），标注回路编号、敷设方式（需强调时）；凡需专项设计场所，其配电和控制设计图随专项设计，但配电平面图上应相应标注预留的配电箱，并标注预留容量；图纸应有比例。

3）照明平面图应包括建筑门窗、墙体、轴线、主要尺寸、标注房间名称、绘制配电箱、灯具、开关、插座、线路等平面布置，标明配电箱编号，干线、分支线回路编号；凡需二次装修部位，其照明平面图及配电箱系统图由二次装修设计，但配电或照明平面图上应相应标注预留的照明配电箱，并标注预留容量；图纸应有比例。

4）图中表述不清楚的，可随图做相应说明。

（5）建筑设备控制原理图。

1）建筑电气设备控制原理图，有标准图集的可直接标注图集方案号或者页次。

• 控制原理图应注明设备明细表。

- 选用标准图集时若有不同处应做说明。

2）建筑设备监控系统及系统集成设计图。

- 建筑设备监控系统框图，绘制 DDC 站址。
- 随图说明相关建筑设备监控（测）要求、点数，DDC 站位置。

（6）防雷、接地及安全设计图。

1）绘制建筑物顶层平面，应有主要轴线号、尺寸、标高、标注接闪杆、接闪器、引下线位置。注明材料型号规格、所涉及的标准图编号、页次，图纸应标注比例。

2）绘制接地平面图（可与防雷顶层平面重合），绘制接地线、接地极、测试点、断接卡等的平面位置，标明材料的型号、规格、相对尺寸等及涉及的标准图编号、页次，图纸应标注比例。

3）当利用建筑物（或构筑物）钢筋混凝土内的钢筋作为防雷接闪器、引下线、接地装置时，应标注连接方式，接地电阻测试点，预埋件位置及敷设方式，注明所涉及的标准图的编号、页次。

4）随图说明可包括：防雷类别和采取的防雷措施（包括防侧击雷、防雷击电磁脉冲、防高电位引入）；接地装置形式、接地极材料要求、敷设要求、接地电阻值要求；当利用桩基、基础内钢筋作接地极时，应采取的措施。

5）除防雷接地外的其他电气系统的工作或安全接地的要求（如电源接地形式、直流接地、等电位等），如果采用共用接地装置，应在接地平面图中叙述清楚，交代不清楚的应绘制相应图纸。

（7）建筑电气消防系统。

1）火灾自动报警系统设计图。

- 火灾自动报警及消防联动控制系统图、施工说明、报警及联动控制要求。
- 各层平面图，应包括设备及器件布点、连线，线路型号、规格及敷设要求。

2）电气火灾监控系统。

- 应绘制系统图，以及各监测点的名称、位置等。
- 电气火灾探测器绘制并标注在配电箱系统图上。
- 在平面图上应标注或说明监控线路的型号、规格及敷设要求。

3）消防设备电源监控系统。

- 应绘制系统图，以及各监测点的名称、位置等。
- 一次部分绘制并标注在配电箱系统图上。
- 在平面图上应标注或说明监控线路的型号、规格及敷设要求。

4）防火门监控系统。

- 应绘制系统图，以及各监测点的名称、位置等。
- 在平面图上应标注或说明监控线路的型号、规格及敷设要求。

5）消防应急广播。

- 消防应急广播系统图、施工说明。
- 各层平面图，应包括设备及器件的布点、连线，线路的型号、规格及敷设要求。

（8）智能化各系统设计。

1）智能化各系统及其子系统的系统框图。

2）智能化各系统及其子系统的干线桥架走向平面图。

3）智能化各系统及其子系统竖井布置分布图。

（9）智能化专项设计。

1）图例。注明主要设备的图例、名称、数量和安装要求。注明线型的图例、名称、规格、配套设备名称和敷设要求。

2）主要设备及材料表。分子系统注明主要设备及材料的名称、规格、单位和数量。

3）智能化总平面图。标注建筑物、构筑物的名称或编号、层数或标高、道路、地形等高线和用户的安装容量；标注各建筑进线间及总配线间的位置、编号；室外前端设备位置、规格以及安装方式说明等；室外设备应注明设备的安装、通信、防雷、防水及供电要求，宜提供安装详图；室外立杆应注明杆位的编号、杆高、壁厚、杆件形式、拉线、重复接地、避雷器等（附标准图集选择表），宜提供安装详图；室外线缆应注明数量、类型、线路走向、敷设方式、人（手）孔规格、位置、编号及引用详图；室外线管应注明管径、埋设深度或敷设的标高，标注管道长度；比例、指北针；图中未表达清楚的内容可附图做统一说明。

4）设计图纸。系统图应表达系统结构、主要设备的数量和类型、设备之间的连接方式、线缆类型及规格、图例；平面图应包括设备位置、线缆数量、线缆管槽路由、线型、管槽规格、敷设方式、图例；图中应表示出轴线号、管槽距、管槽尺寸、设计地面标高、管槽标高（标注管槽底）、管材、接口形式、管道平面示意图，并标出交叉管槽的尺寸、位置、标高；纵断面图比例宜为竖向 1:50 或 1:100，横向 1:500（或与平面图的比例一致）。对平面管槽复杂的位置，应绘制管槽横断面图。在平面图上不能完全表达设计意图以及做法复杂容易引起施工误解时，应绘制做法详图，包括设备安装详图、机房安装详图等。图中表达不清楚的内容，可随图做相应说明或补充其他图表。

5）系统预算。确定各子系统主要设备材料清单；确定各子系统预算，包括单位、主要性能参数、数量和系统造价。

6）智能化集成管理系统设计图。系统图、集成形式及要求；各系统联动要求、接口形式要求、通信协议要求；通信网络系统设计图。根据工程性质、功能和近远期用户需求确定电话系统形式，当设置电话交换机时，确定电话机房的位置、电话中继线数量及配套相关专业技术要求；传输线缆选择及敷设要求；中继线路引入位置和方式的确定；通信接入机房外线接入预埋管、手（人）孔图；防雷接地、工作接地方式及接地电阻要求。计算机网络系统设计图。系统图应确定组网方式、网络出口、网络互联及网络安全要求。对于建筑群项目，应提供各单体系统联网的要求；信息中心配置要求；注明主要设备的图例、名称、规格、单位、数量和安装要求。平面图应确定交换机的安装位置、类型及数量。

7）布线系统设计图。根据建设工程项目的性质、功能和近期需求、远期发展确定布线系统的组成以及设置标准；系统图、平面图；确定布线系统的结构体系、配线设备类型，传输线缆的选择和敷设要求。

8）有线电视及卫星电视接收系统设计图。根据建设工程项目的性质、功能和近期需求、远期发展确定有线电视及卫星电视接收系统的组成及设置标准；系统图、平面图；确定有线电视及卫星电视接收系统组成，传输线缆的选择和敷设要求；确定卫星接收天线的位置、数量、基座类型及做法；确定接收卫星的名称及卫星接收节目，确定有线电视节目源。

9）公共广播系统设计图。根据建设工程项目的性质、功能和近期需求、远期发展确定系统设置标准；系统图、平面图；确定公共广播的声学要求、音源设置要求及末端扬声器的设置原则；确定末端设备规格，传输线缆的选择和敷设要求。

10）信息导引及发布系统设计图。根据建设工程项目的性质、功能和近期需求、远期发展确定系统功能、信息发布屏类型和位置；系统图、平面图；确定末端设备规格，传输线缆的选择和敷设要求；设备安装详图。

11）会议系统设计图。根据建设工程项目的性质、功能和近期需求、远期发展，确定会议系统建设标准和系统功能；系统图、平面图；确定末端设备规格，传输线缆的选择和敷设要求。

12）时钟系统设计图。根据建设工程项目的性质、功能和近期需求、远期发展确定子钟位置和形式；系统图、平面图；确定末端设备规格，传输线缆的选择和敷设要求。

13）专业工作业务系统设计图。根据建设工程项目的性质、功能和近期需求、远期发展确定专业工作业务系统类型和功能；系统图、平面图；确定末端设备规格，传输线缆的选择和敷设要求。

14）物业运营管理系统设计图。根据建设项目的性质、功能和管理模式确定系统功能和软件架构图。

15）智能卡应用系统设计图。根据建设项目性质、功能和管理模式确定智能卡应用范围和一卡通功能及系统图，确定网络结构、卡片类型。

16）建筑设备管理系统设计图。系统图、平面图、监控原理图、监控点表。系统图应体现控制器与被控设备之间的连接方式及控制关系，平面图应体现控制器位置、线缆敷设要求，绘至控制器止；监控原理图有标准图集的可直接标注图集方案号或者页次，应体现被控设备的工艺要求、应说明监测点及控制点的名称和类型，应明确控制逻辑要求，应注明设备明细表，外接端子表；监控点表应体现监控点的位置、名称、类型、数量以及控制器的配置方式；监控系统模拟屏的布局图；图中表达不清楚的内容，可随图做相应说明；应满足电气、供排水、暖通等专业对控制工艺的要求。

17）安全技术防范系统设计图。根据建设工程的性质、规模确定风险等级、系统架构、组成及功能要求；确定安全防范区域的划分原则及设防方法；系统图、设计说明、平面图、不间断电源配电图；确定机房位置、机房设备平面布局，确定控制台、显示屏详图；传输线缆选择及敷设要求；确定视频安防监控、入侵报警、出入口管理、访客管理、对讲、车库管理、电子巡查等系统设备位置、数量及类型；确定视频安防监控系统的图像分辨率、存储时间及存储容量；图中表达不清楚的内容，可随图做相应说明；应满足电气、给排水、暖通等专业对控制工艺的要求。注明主要设备的图例、名称、规格、单位、数量和安装要求。

18）机房工程设计图。说明智能化主机房（主要为消防控制室、安防监控室、信息中心设备机房、通信接入设备机房、弱电间)的设置位置、面积、机房等级要求及智能化系统设置的位置;说明机房装修、消防、配电、不间断电源、空调通风、防雷接地、漏水监测、机房监控要求;绘制机房设备布置图、机房装修平面、立面及剖面图,屏幕墙及控制台详图,配电系统(含不间断电源)及平面图,防雷接地系统及布置图,漏水监测系统及布置图、机房监控系统及布置图、综合布线系统及平面图;图例说明;注明主要设备的名称、规格、单位、数量和安装要求。

19)其他系统设计图。根据建设工程项目的性质、功能和近期需求、远期发展确定专业工作业务系统的类型和功能;系统图、设计说明、平面图;确定末端设备规格,传输线缆的选择和敷设要求;图例说明应注明主要设备的名称、规格、单位、数量和安装要求。

20)设备清单。分子系统编制设备清单;清单编制内容应包括序号、设备名称、主要技术参数、单位、数量及单价。

21)技术需求书。应包含工程概述、设计依据、设计原则、建设目标以及系统设计等内容;系统设计应分系统阐述,包含系统概述、系统功能、系统结构、布点原则、主要设备性能参数等内容。

3. 主要设备表

注明主要设备的名称、型号、规格、单位和数量。

4. 计算书

施工图设计阶段的计算书,计算内容同初步设计要求。

5. 装配式建筑设计电气专项内容

(1)明确装配式建筑电气设备的设计原则及依据。

(2)对预埋在建筑预制墙及现浇墙内的电气预埋箱、盒、孔洞、沟槽及管线等要有做法标注及详细定位。

(3)预埋管、线、盒及预留孔洞、沟槽及电气构件间的连接做法。

(4)墙内预留电气设备时的隔声及防火措施:设备管线穿过预制构件部位采取相应的防水、防火、隔声、保温等措施。

采用预制结构柱内钢筋作为防雷引下线时,应绘制预制结构柱内防雷引下线间连接大样,标注所采用防雷引下线钢筋、连接件规格以及详细做法。

三、电气施工图设计专业配合与设计验证

1. 施工图电气设计与相关专业配合输入表(见表5-1)

表 5-1　　　　　　　　　　　施工图电气设计与相关专业配合输入表

提出专业	电气设计输入具体内容
建筑	建设单位委托设计内容、初步设计审查意见表和审定通知书、建筑物位置、规模、性质、用途、标准、建筑高度、层高、建筑面积等主要技术参数和指标、建筑使用年限、耐火等级、抗震级别、建筑材料等;人防工程,防化等级、战时用途等;总平面位置,建筑平、立、剖面图及尺寸(承重墙、填充墙)及建筑做法;吊顶平面图及吊顶高度、做法、楼板厚度及做法;二次装修部位平面图;防火分区平面图,卷帘门、防火门形式及位置、各防火分区疏散方向;沉降缝、伸缩缝的位置;各设备机房、竖井的位置、尺寸;室内外高差(标高)、周边环境、地下室外墙及基础防水做法、污水坑位置;电梯类型(普通电梯或消防电梯;有机房电梯或无机房电梯)

续表

提出专业	电气设计输入具体内容
结构	柱子、圈梁、基础等主要的尺寸及构造形式；梁、板、柱、墙布置图及楼板厚度；护坡桩、铆钎形式；基础板形式；剪力墙、承重墙布置图；伸缩缝、沉降缝位置
给排水	各种水泵、冷却塔设备布置图及工艺编号、设备名称、型号、外形尺寸、电动机型号、设备电压、用电容量及控制要求等；电动阀的容量、位置及控制要求；水力报警阀、水流指示器、检修阀、消火栓的位置及控制要求。 各种水箱、水池的位置、液位计的型号、位置及控制要求；变频调速水泵的容量、控制柜位置及控制要求。 各场所的消防灭火形式及控制要求；消火栓箱的位置布置图
通风与空调	所有用电设备（含控制设备、送风阀、排烟阀、温湿度控制点、电动阀、电磁阀、电压等级及相数、风机盘管、诱导风机、风幕、分体空调等）的平面位置并标出设备的编（代）号、电功率及控制要求；电采暖用电容量、位置（包括地热电缆、电暖器等）；电动排烟口、正压送风口、电动阀的位置及其所对应的风机及控制要求；各用电设备的控制要求（包括排风机、送风机、补风机、空调机组、新风机组、排烟风机、正压送风机等）；锅炉房的设备布置、用电量及控制要求等

2. 施工图电气设计与相关专业配合输出表（见表 5–2）

表 5–2　　　　　　　　　　施工图电气设计与相关专业配合输出表

接收专业	电气设计输入具体内容
建筑	变电所的位置、房间划分、尺寸标高及设备布置图；变电所地沟或夹层平面布置图；柴油发电机房的平面布置图及剖面图，储油间位置及防火要求；变配电设备预埋件；电气通路上留洞位置、尺寸、标高；特殊场所的维护通道（马道、爬梯等）；各电气设备机房的建筑做法及对环境的要求；电气竖井的建筑做法要求；设备运输通道的要求（包括吊装孔、吊钩等）；控制室和配电间的位置、尺寸、层高、建筑做法及对环境的要求；总平面中人孔、手孔位置、尺寸
结构	地沟、夹层的位置及结构做法；剪力墙留洞位置、尺寸；进出线留洞位置、尺寸；防雷引下线、接地及等电位联结位置；机房、竖井预留的楼板孔洞的位置及尺寸；变电所及各弱电机房荷载要求；设备基础、吊装及运输通道的荷载要求；微波天线、卫星天线的位置及荷载与风荷载的要求；利用结构钢筋的规格、位置及要求
给排水	变电所及电气用房的用水、排水及消防要求；水泵房配电控制室的位置、面积；柴油发电机房用水要求
通风与空调	冷冻机房控制室位置面积及对环境、消防的要求；空调机房、风机房控制箱的位置；空调机房、冷冻机房电缆桥架的位置、高度；对空调有要求的房间内的发热设备用电容量（如变压器、电动机、照明设备等）；各电气设备机房对环境温、湿度的要求；柴油发电机容量；室内储油间、室外储油库的储油容量；主要电气设备的发热量
概、预算	设计说明及主要设备材料表；电气系统图及平面图

3. 电气施工图设计文件验证内容（见表 5–3）

表 5–3　　　　　　　　　　电气施工图设计文件验证内容

类别	项目	验证岗位			验证内容	备注
		审定	审核	校对		
设计说明	设计依据	●	●	●	建筑的类别、性质、结构类型、面积、层数、高度等；引入有关政府主管部门认定的工程设计资料，如供电方案、消防批文、初步设计批文等；采用的设计标准应与工程相适应，并为现行有效版本；关注外埠工程地方规定	
			●	●	相关专业提供给本专业的资料	
	设计分工	●	●	●	电气系统的设计内容	
			●	●	明确设计分工界别；市政管网的接入	

续表

类别	项目	验证岗位			验证内容	备注
		审定	审核	校对		
设计说明	变、配、发电系统	●	●	●	变、配、发电站和光伏发电的位置、数量、容量；负荷容量统计；高、低压供电系统接线形式及运行方式，备用电源的用电负荷不应接入应急电源供电回路；明确电能计量方式；明确柴油发电机的启动条件，储油量低位报警或显示；电力变压器的能效水平应高于能效限定值或能效等级3级的要求	
			●	●	明确无功补偿方式和补偿后的参数指标要求；高压柜、变压器、低压柜进出线方式	
	电力系统	●	●	●	确定电气设备供配电方式	
			●	●	合理配置水泵、风机等设备控制及启动装置；明确线路敷设方式、导线选择要求	
	照明系统	●	●	●	明确照明种类、照度标准、照明设计计算、主要场所功率密度限值应符合GB 55015规定；明确应急疏散照明的照度、电源形式、灯具配置、线路选择、控制方式、持续时间，消防应急照明回路严禁接入消防应急照明系统以外的开关装置、电源插座及其他负载。疏散照明和疏散指示标志灯安装高度在2.5m及以下时，应采用安全特低电压供电，埋地灯具防护等级不应低于IP67	
			●	●	明确光源、照明控制方式、灯具及附件的选择；明确照度均匀度、统一眩光值要求；明确灯具的安装方式、接地要求。照明灯具的安装高度在2.5m及以下，应设置剩余电流动作保护电器作为附加防护；明确线路的敷设方式、导线选择要求	
		●	●	●	室外灯具防护等级不应低于IP54，水下灯具的防护等级不应低于IP68，室外照明配电终端回路还应设置剩余电流动作保护电器作为附加防护。室外照明采用泛光照明时，应控制投射范围，散射到被照面之外的溢散光不应超过20%；确定照明线路的选择及敷设	
	线路敷设		●	●	明确缆线敷设原则；确定电缆桥架、线槽及配管的相关要求，导管和电缆槽盒内配电电线的总截面面积不应超过导管或电缆槽盒内截面面积的40%；电缆槽盒内控制线缆的总截面面积不应超过电缆槽盒内截面面积的50%	
	防雷接地		●	●	计算建筑年预计雷击次数；确定防直击雷、侧击雷、雷击电磁脉冲、高电位侵入的措施；明确总等电位、辅助等电位的设置；明确防雷击电磁脉冲和防高电位侵入、防接触电压和跨步电压的措施	
			●	●	明确接闪器、引下线、接地装置，接地装置采用不同材料时，应考虑电化学腐蚀的影响，不得利用输送可燃液体、可燃气体或爆炸性气体的金属管道作为电气设备的保护接地导体（PE）和接地极	
	电气消防系统	●	●	●	明确系统组成；确定消防控制室的设置位置，消防控制室应预留向上级消防监控中心报警的通信接口；消防主电源、备用电源供给方式，接地电阻要求	
			●	●	火灾自动报警系统各设备之间应具有兼容的通信接口和通信协议；确定各场所的火灾探测器种类设置；确定消防联动设备的联动控制要求；明确火灾紧急广播的设置原则，功放容量，与背景音乐的关系；明确电气火灾报警系统设置；确定线缆的选择、敷设方式	
	智能化系统		●	●	信息接入系统应明确；在公共信息网络已实现光纤传输的地区，信息设施工程必须采用光纤到用户或光纤到用户单元的方式建设；有线电视系统终端输出电平应满足用户接收设备对输入电平的要求	
			●	●	安防监控室应具有防止非正常进入的安全防护措施及对外的通信功能，且应预留向上级接处警中心报警的通信接口；视频监控摄像机的探测灵敏度应适应监控区域的环境最低照度；出入口控制系统、停车库（场）管理系统应能接收消防联动控制信号，并应具有解除门禁控制的功能；确定各系统末端点位的设置原则；确定与相关专业的接口要求；明确智能化系统机房土建、结构、设备及电气条件需求	
			●	●	确定各系统机房的位置；明确各系统的组成及网络结构	

类别	项目	验证岗位			验证内容	备注
		审定	审核	校对		
设计说明	电气设备选型	●	●	●	明确主要电气设备技术要求、环境等特殊要求	
	电气节能	●	●	●	明确拟采用的电气系统节能措施；确定节能产品；明确提高电能质量措施	
	绿色建筑设计	●	●	●	绿色建筑电气设计目标；绿色建筑电气设计措施及相关指标	
	主要设备表	●	●	●	列出主要设备的名称、型号、规格、单位和数量，有无淘汰产品，电力变压器、电动机、交流接触器和照明产品的能效水平应高于能效限定值或能效等级3级的要求	
图纸	图纸目录		●	●	图号和图名与图签一致性	
		●		●	会签栏、图签栏内容是否符合要求	
	图例符号		●	●	参照国标图例，列出工程采用的相关图例	
	总平面	●	●	●	明确市政电源和通信管线的接入位置、接入方式和标高，不得布置热力管道和输送可燃气体或可燃液体管道	
			●	●	标明变电所、弱电机房等位置；线缆型号规格及数量、回路编号和标高；管线穿过道路、广场下方的保护措施；室外照明灯具供电与接地	
	高压供电系统图	●	●	●	确定各元器件的型号规格、母线规格；进户断路器应具有过负荷和短路电流延时速断保护功能，配电断路器应具有过负荷和短路电流速断保护功能；隔离开关与相应的断路器、接地开关之间应采取闭锁措施；确定各出线回路变压器容量	
			●	●	确定开关柜的编号、型号、回路号、二次原理图方案号和电缆型号规格；确定操作、控制、信号电源形式和容量；仪表配备应齐全，规格型号应准确；电器的选择应与开关柜的成套性相符合	
	继电保护及信号原理图	●	●	●	继电保护及控制、信号功能要求应正确，选用标准图或通用图的方案应与一次系统要求匹配	
			●	●	明确控制柜、直流电源及信号柜、操作电源选用产品	
	低压配电系统图	●	●	●	低压一次接线图应满足安全、可靠、管理等系统需求；确定各元器件的型号规格、母线规格；确定设备的容量、计算电流、开关框架电流、额定电流、整定电流、电缆规格等参数；对于因过负荷引起断电而造成更大损失的供电回路，过负荷保护应作用于信号报警，不应切断电源	
			●	●	确定断路器需要的附件，如分励脱扣器、失压脱扣器；注明无功补偿要求；各出线回路编号与配电干线图、平面图一致；注明双电源供电回路主用和备用；电流互感器的数量和变比应合理，应与电流表、电能表匹配	
	变配电所平面布置图	●	●	●	注明高压柜、变压器、低压柜、直流信号屏、柴油发电机的布置图及尺寸标注；地面或门槛应高出本层楼地面，其标高差值不应小于0.10m，设在地下层时不应小于0.15m；不应有变形缝穿越，不应设在经常积水场所的直接下一层；变电所直接通向建筑物内非变电所区域的出入口门，应为甲级防火门并应向外开启；应留有设备运输通道；配电室、电容器室长度大于7m时，应至少设置两个出入口；当成排布置的电气装置长度大于6m时，电气装置后面的通道应至少设置两个出口；当低压电气装置后面通道的两个出口之间距离大于15m时，尚应增加出口；标注各设备之间、设备与墙、设备与柱的间距；变电所的电缆夹层、电缆沟和电缆室应采取防水、排水措施	
			●	●	标示房间层高、地沟位置及标高、电缆夹层位置及标高；变配电室上层或相邻是否有用水点；变配电室是否靠近振动场所；变配电室是否有非相关管线穿越；低压母线、桥架进出关柜的安装做法、与开关柜的尺寸关系应满足要求；平面标注的剖切位置应与剖面图一致，表达正确	

续表

类别	项目	验证岗位			验证内容	备注
		审定	审核	校对		
图纸	柴油发电机房		●	●	注明油箱间、控制室、报警阀间等附属房间的划分	
		●	●	●	注明发电机组的定位尺寸标注清晰,配电控制柜、桥架、母线等设备布置;柴油发电机房位置应满足进风、排风、排烟、运输等要求	
			●	●	注明发电机房的接地线布置,各接地线的材质和规格应满足系统校验要求	
	电力、照明配电干线图	●			配电干线的敷设应考虑线路压降、安装维护等要求	
			●	●	注明桥架、线槽、母线的应注明规格、定位尺寸、安装高度、安装方式及回路编号;确定电源引入方向及位置;配电干线系统图中电源至各终端箱之间的配电方式应表达正确清晰;配电干线系统图中电源侧设备容量和数量、各级系统中配电箱(柜)的容量数量以及相关的编号等表达应完整;电动机的启动方式应合理;开关、断路器(或熔断器)等的规格、整定值标注应齐全;标注配出回路编号、相序标注、线缆型号规格、配管规格等;标注配电箱的编号、型号、箱体参考尺寸、安装方式	
	电力平面图	●	●	●	注明桥架、线槽、母线的应注明规格、定位尺寸、安装高度、安装方式及回路编号,导管和电缆槽盒内配电电线的总截面面积不应超过导管或电缆槽盒内截面面积的40%;电力配电箱相关标注应与配电系统图一致;注明用电设备的编号、容量等	
			●	●	注明导线穿管规格、材料,敷设方式	
	照明平面图		●	●	建筑的走廊、楼梯间、门厅、电梯厅及停车库照明应能够根据照明需求进行节能控制;有天然采光的场所,大型公共建筑的公用照明区域应采取分区、分组及调节照度的节能控制措施;疏散指示标志灯的安装位置、间距、方向以及安装高度应符合规定;疏散楼梯间、疏散楼梯间的前室或合用前室、避难走道及其前室、避难层、避难间、消防专用通道,不应低于10.0lx;疏散走道、人员密集的场所,不应低于3.0lx,其他场所,不应低于1.0lx。建筑景观照明应设置平时、一般节日及重大节日多种控制模式	
			●	●	照明配电箱相关标注应与配电系统图一致;消防控制室、消防水泵房、自备发电机房、配电室、防排烟机房以及发生火灾时仍需正常工作的消防设备房应设置备用照明,其作业面的最低照度不应低于正常照明的照度;灯具的规格型号、安装方式、安装高度及光源数量应标注清楚,安装在人员密集场所的吊装灯具玻璃罩,应采取防止玻璃破碎向下溅落的措施;每一单相分支回路所接光源数量、插座数量应满足要求;照明开关位置、所控光源数量、分组应合理;照明配电及控制线路导线数量应准确,与管径相适宜;注明导线穿管规格、材料,敷设方式	
	接地系统	●	●	●	明确系统接地线连接关系	
			●	●	注明接地线选用材质和规格、接地端子箱的位置	
	防雷及接地平面		●	●	明确接闪器的规格和布置要求	
		●	●	●	明确金属屋面的防雷措施;明确高出屋面的金属构件与防雷装置的连接要求;明确防侧击雷的措施;明确防接触电压和跨步电压的措施;各种输送可燃气体、易燃液体的金属工艺设备、容器和管道,以及安装在易燃、易爆环境的风管必须设置静电防护措施;不得利用输送可燃液体、可燃气体或爆炸性气体的金属管道作为电气设备的保护接地导体(PE)和接地极	
			●	●	注明防雷引下线的数量和距离要求;明确接地线、接地极的规格和平面位置以及测试点的布置,接地电阻限值要求;明确防直击雷的人工接地体在建筑物出入口或人行道处的处理措施;明确低压用户电源进线位置及保护接地的措施;明确等电位联结的要求和做法;明确弱电系统机房的接地线的布置、规格、材质以及与接地装置的连接做法	
	控制原理图		●	●	应满足设备动作和保护、控制联锁要求	
			●	●	选用标准图或通用图的方案应与一次系统要求匹配	

类别	项目	验证岗位			验证内容	备注
		审定	审核	校对		
图纸	智能化系统	●	●	●	标注系统主要技术指标、系统配置标准；建筑面积不低于 20 000m² 且采用集中空调的公共建筑，应设置建筑设备监控系统，建筑设备管理系统应建立信息数据库；地下机动车库应设置与排风设备联动的 CO 浓度监测装置；建筑设备管理系统应具有电加热器与送风机联锁、电加热器无风断电、超温断电保护及报警装置的监控功能；安防监控室应采用专用回路供电；出入口控制系统、停车库（场）管理系统应能接收消防联动控制信号，并应具有解除门禁控制的功能；建筑设备监控系统绘制监控点表，注明监控点数量、受控设备位置、监控类型等；有线电视和卫星电视接收系统明确与卫星信号、自办节目信号等的系统关系，自设前端的用户应设置节目源监控设施；安全技术防范系统明确与火灾报警及联动控制系统等的接口关系；广播、扩声、会议系统明确与消防系统联动控制关系；会议系统和会议同声传译系统应具备与火灾自动报警系统联动的功能	
			●	●	表达各相关系统的集成关系；表示水平竖向的布线通道关系；明确线槽、配管规格应与线缆数量；明确电子信息系统的防雷措施；注明接入系统与机房的设置位置	
	智能化平面		●	●	公共移动通信信号应覆盖至建筑物的地下公共空间、客梯轿厢内；公共建筑自动扶梯上下端口处，应设视频监控摄像机；标明室外线；路走向、预留管道数量、电缆型号及规格、敷设方式；系统类信号线路敷设的桥架或线槽应齐全，与管网综合设计统筹规划布置；智能化各子系统接地点布置、接地装置及接地线做法，以及与建筑物综合接地装置的连接要求，与接地系统图标注对应；各层平面图应包括设备定位、编号、安装要求，缆线型号、穿管规格、敷设方式，线槽规格及安装高度等，电缆槽盒内线缆的总截面面积不应超过电缆槽盒内截面面积的 50%；采用地面线槽、网络地板敷设方式时，应核对与土建专业配合的预留条件	
	火灾报警及联动系统图	●	●	●	标注消防水泵等联动设备的硬拉线	
		●	●	●	注明应急广播及功放容量、备用功放容量等中控设备	
			●	●	火灾探测器与平面图的设置应一致；每只总线短路隔离器保护的火灾探测器、手动火灾报警按钮和模块等设备的总数不应大于 32 点。总线在穿越防火分区处应设置总线短路隔离器；标注电梯、消防电梯控制；明确消防专用电话的设置。消防控制室内应设置消防专用电话总机和可直接报火警的外线电话，消防专用电话网络应为独立的消防通信系统；明确强起应急照明、强切非消防电源的控制关系；明确消防联动设备控制要求及接口界面；联动控制模块严禁设置在配电柜（箱）内，一个报警区域内的模块不应控制其他报警区域的设备；火灾自动报警系统传输线路和控制线路选型应满足要求	
	火灾报警及联动平面	●		●	探测器安装位置应满足探测要求；消防专用电话、扬声器、消火栓按钮、手动报警按钮、火灾警报装置安装高度、间距应满足要求；联动装置应有连通电气信号控制管线布置到位；消防广播设备应按防火分区和不同功能区布置；传输线路和控制线路的型号、敷设方式、防火保护措施应满足要求	
计算书	负荷计算	●	●	●	应满足变压器选型、应急电源和备用电源设备选型的要求；应满足无功功率补偿计算要求；应满足电缆选择稳态运行要求；太阳能光伏发电系统装机容量和年发电总量；电力系统碳排放计算	验证计算公式、计算参数正确性
	短路电流计算	●	●	●	满足电气设备选型要求，为继电保护选择性及灵敏度校验提供依据	
	防雷计算	●	●	●	提供年预计雷击次数计算结果、雷击风险评估计算结果	
	照明计算	●	●	●	提供照度值计算结果、照明功率密度值计算结果	
	电压损失计算	●	●	●	满足校核配电导体的选择提供依据	

第二节 某办公建筑施工图设计说明

一、总论

1. 使用说明

（1）基本原则。

1）施工图设计说明是施工图设计文件的一部分，是工程招投标与施工的重要依据。施工单位应结合施工图设计图纸、合同约定、建设方要求以及其他相关技术文件共同阅读。施工单位应全面理解设计的总体意图与目的，贯彻执行各项技术要求，同时应充分了解其他协作施工单位的技术做法、标准与要求，以利施工的总体配合与协调。

2）施工图设计说明表述了电气工程师施工图设计的主要技术性能标准，提出了相应的施工要求，施工单位应按照相关要求选用适合的材料、工艺和技术。

3）施工单位在各自承担的施工深化/翻样详图和工程施工中，应全面满足本设计说明、施工图设计图纸及其他相关设计文件的各项性能标准要求。

4）施工图设计说明所注明的性能标准为施工单位所应遵守的最低标准。

5）设计单位不指定生产商、供应商。建设方应根据《中华人民共和国招标投标法》、项目的建设程序，以及设计文件所提供的规格、型号、性能技术指标等参数，招标选择相应产品的生产商、供应商。

（2）定义。以下定义适用于本施工图设计说明：

1）施工图设计文件。合同要求所涉及的设计说明、设计图纸、主要设备表、计算书（不属于必须交付的设计文件）。

2）施工图设计说明。即本文件。

3）施工图设计图纸。由电气工程师根据建设方使用要求，依据国家、地方相关规范和标准绘制的用于工程施工的设计图纸。此设计图纸在正式交付施工前，已按照国家、地方相关要求，完成相关施工图设计审查。此设计图纸须由设计单位正式签字、加盖相应印章后提交建设方，交付工程施工。

4）设计变更通知单。根据国家、地方工程资料管理规程、办法的相关规定，在工程建设过程中，根据建设方要求或经建设方批准认可，一般由设计单位提出的针对原设计文件部分内容的深化、调整或修改文件。应由建设单位、设计单位、监理单位、施工单位盖章后方可正式生效。

5）图纸会审记录。根据建设方和工程建设的要求，在正式施工前，由建设方或工程监理单位组织的，设计单位就包括监理、施工单位提出的图纸问题及意见在内的问题进行交底，由施工单位进行汇总、整理，形成图纸会审记录。应由建设、监理、设计、施工四方签字盖章后方可正式生效。

6）工程洽商记录。根据国家、地方工程资料管理规程、办法的相关规定，在工程建设过程中，为妥善解决现场施工问题，一般由施工单位提出而进行的针对原设计文件部分内容的修改文件。应由建设、设计、监理、施工四方签字盖章后方可正式生效。

7）施工深化/翻样详图。由施工单位根据相关合同约定，依据国家、地方、行业相关规范、规定、标准，以及设计图纸和设计说明的各项要求，全面满足制造、加工、安装、工艺等各项技术标准和要求的技术图纸。其中，应包括但不限于用于制造、组装、安装和固定的各类平面图、立面图、剖面图以及必要的多比例大样详图，应体现工程所有要素的制造、生产和安装，施工所需的必要信息，并体现设计意图。在制造、加工、施工前，施工深化/翻样详图应提交电气工程师审核确认。

8）竣工图。工程竣工验收后，真实反映建设工程项目施工结果的图样。一般需由施工单位绘制完成并加盖公章，应由编制单位负责准确、全面地反映施工过程中对施工图的修改、变更情况。

9）检验机构。能胜任的独立机构，政府部门或相关机构，对现场施工是否与本设计说明的各项技术要求相一致进行验证。

10）检测机构。能胜任的、经授权、认证的独立检测实体或相关机构，提供合适的检测设备、检测环境和独立的检测结果，用于验证现场施工是否与电气工程师设计意图相符合。检测机构应被建设方、电气工程师认可。

（3）知识产权与保密条款。

1）除工程设计合同另有约定外，工程设计文件的知识产权属于设计单位，未经书面认可，其他各方不得将工程设计文件转让、出卖或用于其他工程。

2）在工程设计、建设过程中，根据施工图设计图纸及设计说明相关要求，在电气工程师指导下，利用设计单位物质技术条件所完成的发明创造或技术成果，其知识产权属于设计单位。在施工及相关施工投标之前已经存在的标准的产品和设计除外。

3）在施工中，任何归设计方所有的技术、经营、管理信息，包括各项专有技术信息、各类专用做法，将被视为商业秘密，未经设计单位书面同意，不得以任何形式公开。未经设计单位事先同意，不得出版任何与此工程、建筑或构造相关的图纸、草图或照片。

4）其他相关知识产权的内容，以《著作权法》《专利法》《商标法》和《工程勘察设计咨询业知识产权保护与管理导则》等我国相关法律、法规及部门规章的规定为准。

2. 施工图设计图纸的基本说明与要求

（1）施工图设计图纸的使用要求。

1）施工图设计图纸应配合本设计说明共同使用。针对其中的设计图示或相关技术标准说明，如果有疑问，相关施工单位必须与设计人员技术沟通后，由设计人员提供书面确认后实施。

2）根据合同中相关设计范围约定，施工图设计图纸中部分内容尚需施工单位等完成必要的施工深化/翻样详图。施工图设计图纸中给出了一般方案，仍可能没有涵盖所有情况。

3）相关施工单位应提供施工深化/翻样图和技术信息，完成必要的细节设计，以表明符合施工图设计图纸和设计说明的各项技术要求，并履行规定的审批程序。

4）施工单位应注意对施工图设计图纸中所有与电气相关尺寸的现场核实（包括对先前工程的校核），确定工程中所有关键尺寸。现场测量应为后期的工程实施提供充足的时间，以保证完成必要的工程校正，使各项工程在给定误差范围内满足所需的精确度。

（2）施工图等效文件。在施工前、施工过程中，由工程设计人员书面确认、签章后出具的各类设计图纸、技术要求等，如"设计变更通知单""图纸会审记录""工程变更洽商记录"均为施工图等效文件。

3. 对施工单位的要求

（1）法定条例。施工单位应严格遵守国家、地方、行业的所有相关施工操作、材料、设备与工艺的各类规范、标准、工程建设条例、安全规则和其他任何适用于施工、安装的要求、规则、规定，以及所有相关的法令、法规和其他适用于工程设计和施工的强制性条文。

（2）设计文件要求。应满足施工图设计图纸及本设计说明的各项技术要求，任何未经设计人员书面确认的修改都将不被接受。施工单位如对其中技术信息存有疑问，或根据现场情况和相关技术条件、标准而确实无法达到设计文件的规定时，必须与设计人员沟通并得到相应的书面确认后方可实施。任何未经设计协调、确认而不满足设计文件要求的做法将不被接受。

（3）施工深化/翻样详图。

1）为保证工程完成后的最终质量和使用要求，在建设方和设计单位认为必要的情况下，按照相关设计要求，施工单位需对其中部分工程进行必要的施工深化，提供相关施工深化/翻样详图。

2）施工深化/翻样详图图纸应是基于现场实际情况完成，必须完成对先前工程的实测与检验，并已与各个专业系统设计界面进行了协调一致。相关图纸必须得到设计人员书面确认方可实施。

3）电气工程师对施工深化/翻样详图所进行的审核，并不免除相关施工单位对施工深化/翻样详图的责任，以及施工单位履行现场协调（包括必要的先前工程检验、现场尺寸校核等）的责任。

4）经建设方、设计单位确定的施工深化/翻样详图应封存，并作为最终施工验收的依据之一。

5）相关施工单位应保证施工深化/翻样详图图纸满足法律、法规、规范及相关设计文件的要求，应及时报送设计单位审查并获得批准，必要的审查程序与周期不能成为工程延期的理由。

（4）质量控制。

1）施工单位应依据相关施工规范、标准，并依据施工图设计图纸及本设计说明相关技术要求，制定相应的质量控制体系与实施技术细则与办法，现场施工质量控制应为施工单位责任。

2）施工单位应依据相关施工规范、标准，并依据施工图设计图纸及本设计说明相关技术要求，严格控制现场施工及设备安装误差，误差不能累积。非允许误差将不被接受。

3）各施工单位除完成合同规定的所承担工程外，应与所有相关工程（包括本专业工程，以及与其他各专业工程之间）进行准确协调，并应在各自施工深化/翻样详图中明确所有设计界面条件的细节，阐明工程邻接项目的兼容性。任何未经设计协调、确认而不满足设计文件要求的做法将不被接受。

4）施工单位应负责实施所有规定的检验与测试。应履行国家、地方、行业等相关规范、规定、标准、程序的要求，完成并提供必要的由相关检验机构、检测机构出具的各类检验、检测报告。

（5）设备加工订货技术要求。

1）为保证工程完成后的最终质量和视觉效果，对于工程材料、产品的选用，施工单位均应根据设计文件的有关技术要求，提供拟采用材料、产品的样品、样本，并征询建设方、设计单位的意见。经建设方、设计单位确定的材料和产品的样品、样板等应封存并作为最终施工验收的依据。

2）由于被选用材料、产品的具体技术因素而产生的相关施工要求，不被看做额外的设计要求。

（6）加工订货技术要求。

1）所有设备、材料的供应和施工，必须符合下列各机关、部门（包括但不仅限于）所发的最新的法定职责、条例、规范、规格、标准、施工准则和业务条例：

- 规划和自然资源委员会。
- 环境保护局。
- 卫生防疫站。
- 自来水公司及节水办事处。
- 煤气公司。
- 电信局。
- 电力公司。
- 技术监督局。
- 安全局。
- 交通局。
- 地震局。
- 气象局。
- 人防办公室（或民防局）。
- 中华人民共和国住房和城乡建设部。

2）当上述标准或当地部门的特别要求，在技术要求上与设计订货技术要求所规定的发生抵触时，承包单位必须向建设方或其指定代表及电气工程师反映，要遵从哪个准则，由电气工程师给出决定。

- 工程所用材料要有产品合格证，特殊材料必须由国家主管部门认可的检测机构出具检测合格报告或认证书。
- 实行生产许可证和强制认证的产品，要有许可证编号和强制性产品认证标志（3C）。
- 实施进网许可证制度的产品要出具工业和信息化部颁发的进网许可证。
- 高压开关柜要具有与招标设备同型号由国家权威机构出具的试验或检测报告、产品鉴定证书；低压开关柜须提供3C认证证书、与招标设备同型号由国家权威机构出具的试验或检测报告等。

● EPS 系统、UPS 系统气体放电灯等所有非线性设备，其谐波参数须满足 GB/T 14549、GB 17625.1 等国家相关标准。

● 计算机信息系统安全专用产品必须具有公安部计算机管理监察部门审批颁发的"计算机信息系统安全专用产品销售许可证"；特殊行业有其他规定时，还要遵守行业相关规定。

● 火灾自动报警系统设备要选择符合国家有关标准的产品。

● 设备招标所确定的设备和材料的规格、性能等技术指标不低于设计图纸的技术参数要求，所有设备确定厂家后均需建设方、施工方、设计方、监理方四方进行技术交底。

（7）样品与样板。

1）根据施工图设计图纸及本设计说明的各项技术要求，在施工前和过程中，结合建设方要求，施工单位需对部分建筑材料、机电产品、做法等提供样品，原则上相关样品在得到建设方和设计单位确认后方可实施。

2）将审查样品的电气性能及其视觉特征，如颜色、质地或其他特性。

3）当涉及有外观要求的构件，包括部分直接外露于有装修要求区域的各类机电设备时，建筑师需参与审查相关样品。

4）样品在经各方确认后，要保管备件以便校核。

5）对部分工程在正式施工前，按照相关要求，在电气设备、灯具或电气小间桥架等批量安装前做样板，经各方确认后再全面施工。

6）施工安全控制。

7）施工单位、工程监理及其他与安全施工有关的单位要当遵守《建设工程安全生产管理条例》《危险性较大的分部分项工程安全管理规定》《住房城乡建设部办公厅关于实施〈危险性较大的分部分项工程安全管理规定〉有关问题的通知》及其他有关安全施工的法律、法规、规章、规程，保证建设工程安全生产，并依法承担建设工程安全生产责任。

8）结合工程条件和技术要求，在保障施工作业人员安全、防范生产安全事故方面提出指导意见和措施建议，各项施工安全保障措施的制定、组织、管理、实施应为施工单位责任。

9）施工单位要在其资质等级许可的范围内承揽工程，全面负责相应的安全生产、施工工作。应当建立安全生产责任制度、教育培训制度，制定安全生产规章制度和操作规程，保证安全生产条件和资金投入，对所承担工程进行定期和专项安全检查并记录。

10）工程建设中所有施工作业均必须符合国家、地方、行业现行相关安全施工的各项规范、标准、规程、规定的要求，结合工程的具体条件和要求，在物体打击、高处坠落、机械伤害、起重伤害、冒顶片帮、车辆伤害、中毒和窒息、坍塌、触电、爆炸、爆破、透水、淹溺、灼烫等各方面采取充分安全保障措施。

11）施工单位应当遵守有关环境保护法律、法规的规定，在施工现场采取措施，防止或者减少粉尘、废气、废水、固定废物、噪声、振动和施工照明对人和环境的危害和污染。

12）施工过程中的产品加工、生产、使用、储存、经营和运输等环节存在有毒、易燃、易爆等特殊情况的，要按现行国家标准的有关规定，根据其规定的危险场所分类，保持安全距离，严格遵守相关安全防护和施工工艺要求。

13）施工单位对因建设工程施工可能造成损害的毗邻建筑物、构筑物和地下管线等，应当采取专项防护措施。

14）施工单位要根据相关法律、法规、规范、标准等规定以及工程条件和技术要求，结合施工方案等对可能影响施工安全的分部分项工程，制定相应实施措施，编制完成危险性较大的分部分项工程（以下简称"危大工程"）清单。在危大工程施工前编制专项施工方案，以保障工程周边环境安全和工程施工安全，并负责按照审查通过的危大工程专项施工方案落实各项安全保障措施。超过一定规模的危大工程（以下简称"超危大工程"），施工单位应当组织召开专家论证会对专项施工方案进行论证。因规划调整、设计变更等原因确需调整专项施工方案的，修改后的专项施工方案应当重新审核和论证。

15）危大工程专项施工方案应根据相关技术要求，在相关专项技术、工艺以及专用材料、设备、产品供应方的专业技术人员指导下完成。

16）按照规定需进行第三方监测的危大工程，应由具有相应资质的单位进行监测，发现异常时，应及时向建设、设计、施工、监理单位报告，由相关单位采取相应处治措施。

17）按照规定需验收的危大工程，施工单位、监理单位应组织勘察、设计和监测单位等相关人员进行验收，验收合格后，方可进入下一道工序。

二、工程概况、设计范围、设计依据及设计基本原则

1. 工程概况
参见第三章第二节中的工程概况内容。

2. 设计范围
参见第三章第二节中的设计范围内容。

3. 设计依据
（1）设计资料。

1）建设单位提供的设计任务书、设计要求及相关的技术咨询文件。

2）经相关方主管部门批准的工程初步设计文件。

3）建设方对初步设计的确认函。

4）政府主管部门的批准文件。

5）建设方提供的任务书或工艺流程要求，建设方和设计单位的相关重要文件、会议纪要。

6）建筑专业提供的作业图。

7）给排水、暖通空调专业提供的资料。

8）设计深度。按照住房和城乡建设部《建筑工程设计文件编制深度规定》（2016年版）的规定执行。

（2）执行的主要设计规范与标准。参见第四章第二节设计依据。

（3）设计环境参数。参见第四章第二节中的设计环境参数。

4. 设计基本原则
电气各系统设计应遵循国家有关方针、政策，针对建筑的特点，以长期安全可靠的供电为基础，并保证所有的操作和维修活动均能安全和方便地进行，做到安全适用、技术先进、经济合理，以保证电气可靠性、灵活性和安全性。

三、供配电系统

1. 供电电源及供电措施

（1）负荷分级。用电负荷分级见第三章第二节中的负荷分级。特级负荷的设备容量为2558kW。一级负荷的设备容量为 310kW，二级负荷为 2276kW，三级负荷的设备容量为2316kW。总设备容量为 10 257kW。具体负荷统计见表5-4。

表 5-4　　　　　　　　　　　　　负 荷 统 计

序号	负荷性质	设备名称	设备容量/kW			备注
			运行设备	备用设备	合计	
1	照明	普通照明	3300	1000		
		应急照明	620	620		
		小计	3920	1620		
2	电力	冷冻机	1776			
		冷却水泵、冷却塔	867	867		
		空调机组	500			
		厨房	400	400		
		小计	3543	1267		
3	电力（计费）	生活水泵	80	80		
		排水泵、雨水泵	280	280		
		电梯（客梯）	480	480		
		消防电梯	100	100		
		消防风机、消防排水泵	1050	1050		
		消防水泵	548	548		
		小计	2538	2538		
4	UPS 供电	信息中心电力	240	240		
5	其他		16			
6	总计		10 257	5665		

（2）供电措施。

1）供电措施参见第三章第二节供电措施。

2）特级负荷、一级负荷采用二路电源末端互投方式供电。

3）供电电压见第四章第二节中的供电电压。

（3）应急电源。设置一台 1250kW 低压柴油发电机组，作为应急电源。应急电源的消防供电回路采用专用线路连接至专用母线段。

1）当2路 10kV 电源均失电时，须起动柴油发电机，起动信号送至柴油发电机房，信号延时 0～10s（可调）自动启动柴油发电机组，柴油发电机组 15s 内达到额定转速、电压、频率后，投入额定负载运行。柴油发电机的相序，必须与原供电系统的相序一致。当市电恢复 30～60s（可调）后，自动恢复市电供电，柴油发电机组经冷却延时后，自动停机。

2）设置低压柴油发电机组为消防负荷和重要负荷供电，消防负荷设置专用回路，火灾时自动切除非消防负荷。

3）柴油发电机房内设置储油间，燃油储存量不应大于 $1m^3$。柴油发电机组储油箱外壳设置油量液位显示，箱内设置液位传感器，将储油量低位报警信号传送到消防控制室图形显示装置。储油间采用耐火极限不低于 3.00h 的防火隔墙与发电机间分隔。柴油机的排烟管、柴油机房的通风管、与储油间无关的电气线路等，不应穿过储油间。

4）柴油管道在设备间内及进入建筑物前，应分别设置具有自动和手动关闭功能的切断阀。

（4）分布式电源系统。

1）在建筑屋面设置太阳能电池方阵，采用并网型太阳能发电系统，太阳能发电能力为 100kW，预计年发电总量 109 500kW·h。

2）光伏系统运行模式为自发自用。接入并网点在用户侧，并网处设置并网控制装置，并设置专用标识和提示性文字符号。

3）光伏系统中的电气设备均装设短路保护和接地故障保护装置，系统设置计量装置、防逆流和防孤岛效应保护。

4）光伏组件采用多晶硅，转化效率不低于 18%，其设计使用寿命高于 25 年。

5）光伏系统组件、汇流箱、逆变器等装置均在外壳上标识"当心触电"三角形警告标志，标志符合《电气安全标志》（GB/T 29481—2013）规定。光伏系统组件周围水平距离 1m 以外设置高度不低于 1.2m 的 IP2X 级遮拦或外护物，避免非专业人员触碰。

6）设置光伏发电监控系统，对光伏系统的发电量、光伏组件背板表面温度、室外温度、太阳总辐照量等参数进行实时监测。系统具有数据采集、汇总存储和查询分析等功能，全部数据上传至本项目能源管理系统中。

2. 电气负荷计算及变压器选择。

（1）电气总设备容量为 10 257kW，计算容量为 5576kW。设置两台 2000kV·A 户内型干式变压器，供空调冷冻系统负荷，冬季可退出运行。设置四台 2000kV·A 户内型干式变压器，供其他负荷用电。整个工程总装机容量为 12 000kV·A。电气负荷计算见表 5-5。

表 5-5　　　　　　　　　　电 气 负 荷 计 算 表

名称	设备容量/kW	需要系数 K_c	$\cos\varphi$	$\tan\varphi$	计算负荷/kW			
					P_{js}/kW	Q_{js}/kvar	S_{js}/kV·A	I_{js}/A
$1T_r$ 变压器	1342	0.9	0.8		1275	1122		
补偿容量/kV·A						-600		
补偿后合计			0.95		1147	371	1206	1827
变压器损耗					12	60		
总计					1159	431		
备注	变压器容量 2000kV·A 平时负荷率为 60%，当另一台变压器故障，特级、一级、二级负荷负荷率为 89%							

续表

名称	设备容量/kW	需要系数 K_c	$\cos\varphi$	$\tan\varphi$	计算负荷/kW			
					P_{js}/kW	Q_{js}/kvar	S_{js}/kV·A	I_{js}/A
2T_r 变压器	1301	0.9	0.8		1236	991		
补偿容量/kV·A						−580		
补偿后合计			0.95		1112	362	1169	1772
变压器损耗					12	59		
总计					1124	421		
备注	变压器容量 2000kV·A 平时负荷率为59%，当另一台变压器故障，特级、一级、二级负荷的负荷率为89%							
3T_r 变压器	1820	0.7	0.78		1274	1022		
补偿容量/kV·A						−580		
补偿后合计			0.95		1146	391	1211	1836
变压器损耗					12	61		
总计					1158	452		
备注	变压器容量 2000kV·A 平时负荷率为61%，当另一台变压器故障，特级、一级、二级负荷的负荷率为87%							
4T_r 变压器	1894	0.70	0.79		1325	1063		
补偿容量/kV·A						−600		
补偿后合计			0.95		1193	410	1261	1912
变压器损耗					13	63		
总计					1206	473		
备注	变压器容量 2000kV·A 平时负荷率为63%，当另一台变压器故障，特级、一级、二级负荷的负荷率为87%							
5T_r 变压器	1960	0.48	0.79		1372	1064		
补偿容量/kV·A						−600		
补偿后合计			0.95		1234	411	1301	1972
变压器损耗					13	65		
总计					1247	476		
备注	变压器容量 2000kV·A 平时负荷率为65%，当另一台变压器故障，特级、一级、二级负荷的负荷率为92%							
6T_r 变压器	1940	0.7	0.79		1358	1053		

续表

名称	设备容量/kW	需要系数 K_c	$\cos\varphi$	$\tan\varphi$	计算负荷/kW			
					P_{js}/kW	Q_{js}/kvar	S_{js}/kV·A	I_{js}/A
补偿容量/kV·A						−600		
补偿后合计			0.95		1222	401	1286	1949
变压器损耗					13	64		
总计					1236	465		
备注	变压器容量 2000kV·A 平时负荷率为 64%，当另一台变压器故障，特级、一级、二级负荷的负荷率为 92%							

（2）变压器的接线方式。由于单相负荷及电子镇流器较多，需要限制三次谐波含量，提高单相短路电流值，以确保低压单相接地保护装置的灵敏度时，故采用 Dyn11 的接线方式的三相变压器供电。

3. 短路电流的计算

（1）短路电流的计算条件。

1）系统短路容量取值 350MV·A。

2）电缆输电线路截面积为 240mm²。

（2）变压器处高、低压侧短路电流的计算。当按电源引自 1km 的 110kV 变电站，变压器 10kV 侧三相短路电流为 17.2kA。2000kV·A 变压器 0.4kV 侧三相短路电流为 33.4kA。当按电源引自 2km 的 110kV 变电站，变压器 10kV 侧三相短路电流为 15.5kA。2000kV·A 变压器 0.4kV 侧三相短路电流为 33.3kA。

四、变电所与柴油发电机房

（1）在地下一层设一变电所，变电所下设电缆夹层，值班室内设置模拟显示屏。在地下一层设置柴油发电机房。

（2）变电所与柴油发电机房对有关专业要求：

1）变电所与柴油发电机房内标高高出本层楼地面 0.15m。变电所的电缆夹层和电缆室应采取防水、排水措施。

2）变电所内与柴油发电机房没有与其无关的管道和线路通过，变电所内没有变形缝穿越。

3）柴油发动机房设置 1 个日用储油间，储油量按 1m³ 配置。柴油管道在设备间内及进入建筑物前，分别设置具有自动和手动关闭功能的切断阀。

4）变电所设置空调系统。夏季的排风温度不高于 45℃，进风和排风的温差不大于 15℃。

5）变电所与柴油发电机房设置火灾自动报警系统及灭火装置。

6）变电所与柴油发电机房通向相邻房间或过道的门为甲级防火门。

7）变电所内墙为抹灰刷白，地面为防滑地砖。

8）变电所内采取屏蔽、降噪等措施。柴油发电机房的进、排风道，需进行降噪处理，环境噪声昼间不大于 55dB（A），夜间不大于 45dB（A）。

五、高压供电系统设计

（1）高压供电系统设计参见第四章第二节中的高压供电系统。

（2）10kV 系统中性点接地方式为小电流接地。

（3）真空断路器选用电磁（或弹簧储能）操作机构，操作电源采用 110V 镍镉电池柜（100AH）作为直流操作、继电保护及信号电源。10kV 配电设备采用中置式开关柜，高压开关柜采用下进线、下出线方式，并具有"五防"功能。

（4）继电保护：

1）10kV 进线断路器具有过负荷和短路电流延时速断保护功能。

2）10kV 母联采用过电流保护、速断保护。

3）10kV 馈线采用过电流保护、速断保护、单相接地（速断灵敏度不满足要求时宜增加差动保护）、变压器高温报警、变压器超温跳闸。

（5）计量。在每路 10kV 进线设置总计量装置。在变压器低压侧主进处加装电能表。电能计量用互感器的准确度等级按下列要求选择：

1）0.5 级的有功电能表和 0.5 级的专用电能计量仪表选用 0.2 级的互感器。1.0 级的有功电能表和 1.0 级的专用电能计量仪表、2.0 级计费用的有功电能表及 2.0 级无功电能表选用 0.5 级电流互感器。

2）常规仪表的准确度等级按下列原则选择：

- 交流回路的仪表（谐波测量仪表除外）不低于 2.5 级。
- 直流回路的仪表不低于 1.5 级。
- 电量变送器输出侧的仪表不低于 1.0 级。

3）规仪表配用的互感器的准确度等级按下列原则选择：

- 1.5 级及 2.5 级的常规测量仪表配用不低于 1.0 级的互感器；非重要回路的 2.5 级电流表，可使用 3.0 级电流互感器。
- 电量变送器配用不低于 0.5 级的电流互感器，电量变送器的准确度等级不低于 0.5 级。

六、低压配电系统设计

（1）低压配电系统设计参见第四章第二节中的低压配电系统。

（2）功率因数补偿。功率因数补偿设计参见第四章第二节中的功率因数补偿。

（3）低压主断路器采用过载长延时、短延时保护，短路短延时保护的动作时间为 0.4s。母联断路器采用过载长延时、短延时保护，短路短延时保护的动作时间为 0.2s；馈出线断路器采用过载长延时、短路瞬动保护。

七、电力监控系统

1. 10kV 系统监控功能

（1）监视 10kV 配电柜所有进线、出线和联络的断路器状态。

（2）所有进线三相电压、频率。

（3）监视 10kV 配电柜所有进线、出线和联络三相电流、功率因数、有功功率、无功功率、有功电能、无功电能等。

2. 变压器监控功能

（1）超温报警。

（2）温度。

3. 低压配电系统监控功能

（1）监视低压配电柜所有进线、出线和联络的断路器状态。

（2）所有进线三相电压、频率。

（3）监视低压配电柜所有进线、出线和联络三相电流、功率因数、有功功率、无功功率、有功电能、无功电能等。

（4）统计断路器操作次数。

八、电力系统

（1）电力系统设计参见第四章第二节中的电力系统。

（2）交流电动机设有短路保护和接地故障保护。当交流电动机反转会引起危险时，应设置防反转的安全措施。对于功率大于 3kW 的电动机，需要设置急停按钮时，急停按钮应设置在被控用电设备附近便于操作和观察处，且不得自动复位。

（3）主要配电干线沿地下二层电缆线槽引至各电气小间，支线穿钢管敷设。普通干线采用选择燃烧性能 B_1 级及以上、产烟毒性为 t_0 级、燃烧滴落物/微粒等级为 d_0 级的电线和电缆。消防线缆采用燃烧性能 A 级电缆。消防用电设备的配电线路满足火灾时连续供电的需要，其敷设符合下列规定：

1）暗敷设时，穿管并敷设在不燃烧体结构内且保护层厚度不小于 30mm。

2）明敷设时，穿有防火保护的金属管或有防火保护的封闭式金属线槽。

（4）小于或等于 30kW 的电动机采用直接起动方式。30kW 以上电动机采用降压起动方式（带变频控制的除外）。

（5）自动控制。

1）凡由火灾自动报警系统、建筑设备监控系统遥控的设备，除设有火灾自动报警系统、建筑设备监控系统自动控制外，还设置就地控制。

2）生活泵变频控制、污水泵等采用水位自控、超高水位报警。

3）消防水泵、喷淋水泵、排烟风机、正压风机等平时就地检测控制，火灾时通过火灾报警及联动控制系统自动控制。消防用电设备的过载保护装置（热继电器、空气断路器等）只报警，不跳闸。

4）空调机和新风机为就地检测控制，火灾时接收火灾报警信号，切断供电电源。

5）冷冻机组启动柜、防火卷帘门控制箱、变频控制柜等由厂商配套供应控制箱。

6）非消防电源的切除是通过空气断路器的分励脱扣或接触器来实现。

7）消防水泵、喷淋水泵长期处于非运行状态的设备具有巡检功能，并符合下列要求：

● 巡检柜电源采用专用回路供电，当发生火灾时，切除巡检柜电源。

- 设备具有自动和手动巡检功能，其自动巡检周期为 20d。
- 消防泵按消防方式逐台启动运行，每台泵运行时间不少于 2min。
- 设备可以能保证在巡检过程中，有消防信号时，自动退出巡检，进入消防运行状态。
- 巡检中发现故障设有有声、光报警。具有故障记忆功能的设备、记录故障的类型及故障发生的时间等，不少于 5 条故障信息，其显示清晰易懂。
- 采用工频方式巡检的设备，设有防超压的措施。设巡检泄压回路的设备，回路设置安全可靠。
- 采用电动阀门调节给水压力的设备，所使用的电动阀门参与巡检。

九、照明系统

（1）照度标准参见第四章第二节中照度标准。

（2）光源与灯具选择参见第四章第二节中光源与灯具选择。

（3）利用在强电小间内的封闭式插接铜母线配电给各楼层办公用电配电箱（柜），以便于安装、改造和降低能耗。照明、插座分别由不同的支路供电。

（4）安装在人员密集场所的吊装灯具玻璃罩，采取防止玻璃破碎向下溅落的措施。

（5）典型房间照度计算。

1）标准层办公室。0.75m 高工作面上的平均水平照度值大于 500lx，功率密度限值为 13W/m²。为消除明显的光幕反射效应，光源光通量共 5200lm，采用嵌入式低眩光格栅灯，灯具采用高纯度铵铝反射器，镀锌钢板灯体，表面白色静电涂装，效率不低于 70%。标准层办公区房间人工光环境等照度图如图 5-1 所示。标准层办公区房间人工光环境点照度值分布图如图 5-2 所示。

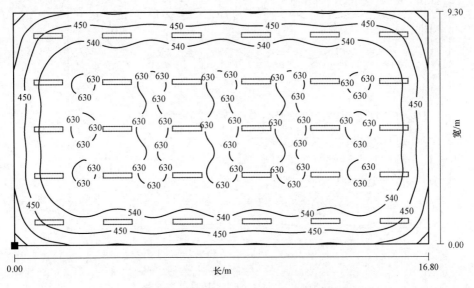

图 5-1 标准层办公区房间人工光环境等照度图

2）会议室。0.75m 高工作面上的平均水平照度值大于 300lx，功率密度限值为 8W/m²。

灯具选型：为消除明显的光幕反射效应，使用光通量 3600lm、4800lm 的光源，灯具采用高纯度铵铝反射器，镀锌钢板灯体，表面白色静电涂装，效率不低于 59%。会议室人工光环境等照度图如图 5-3 所示，会议室人工光环境点照度值分布图如图 5-4 所示。

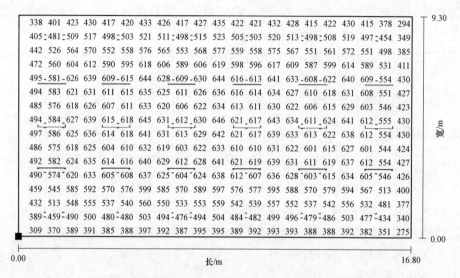

图 5-2　标准层办公区房间人工光环境点照度值分布图

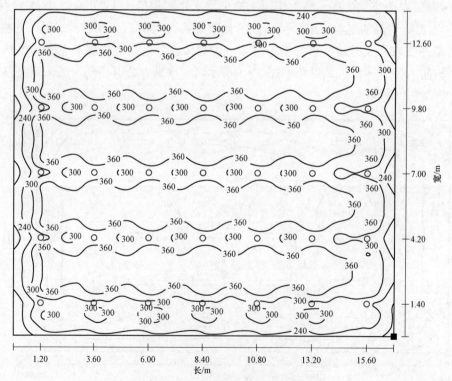

图 5-3　会议室人工光环境等照度图

3）大厅。0.75m 高工作面上的平均水平照度值大于 300lx，功率密度限定为 10W/m²。为消除明显的光幕反射效应，使用 1×70W（光通量共 6400lm）大功率节能荧光筒灯，灯

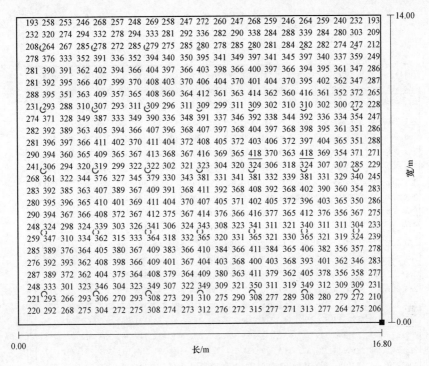

图 5-4 会议室人工光环境点照度值分布图

具采用高纯度铵铝反射器，镀锌钢板灯体，表面白色静电涂装，效率不低于 59%。大厅人工光环境等照度图如图 5-5 所示，大厅人工光环境点照度值分布图如图 5-6 所示。

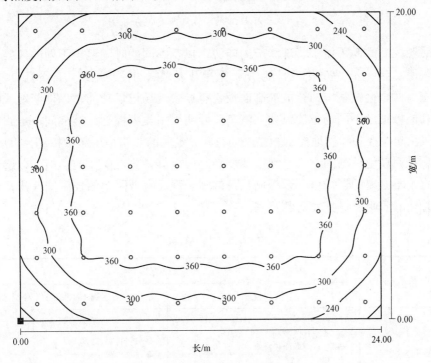

图 5-5 大厅人工光环境等照度图

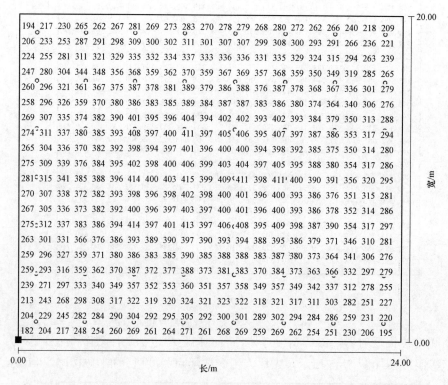

图 5-6　大厅人工光环境点照度值分布图

（6）照明控制。为了便于管理和节约能源，以及不同的时间要求不同的效果。大堂、会议室报告厅、会议室、室外照明等场所，采用智能型照明控制系统，部分灯具考虑调光。在会议室报告厅、会议室中的智能控制面板设有场景现场记忆功能，以便于现场临时修改场景控制功能以适应不同场合的需要。汽车库照明采用集中控制。楼梯间、走廊等公共场所的照明采用集中控制和就地控制相结合的方式。走廊的照明采用集中控制。机房、库房、厨房等场所采用就地控制的方式。现场智能控制面板具备防误操作的功能，以避免在有重要活动时出现不必要的误操作，以提高系统的安全性。室外照明的控制纳入建筑设备监控系统统一管理。照明控制要求见表 5-6。

表 5-6　　　　　　　　　　　　照 明 控 制 要 求

名称	位置分区	控制要求	
		特有控制方式	各区基本（相同的）控制方式
办公区	敞开办公室	◆ 智能开关控制 ◆ 多点现场面板控制 ◆ 365 天时钟管理 ◆ 可采用荧光灯调光控制	◆ 消防信号联动 ◆ 中控室监控 ◆ 与楼控系统集成

续表

名称	位置分区	控制要求	
		特有控制方式	各区基本（相同的）控制方式
办公区	领导办公室	◆ 智能开关控制 ◆ 就地面板控制 ◆ 红外遥控 ◆ 可采用回路调光控制	◆ 可增加各朝向光感探测（光感探测器，与时钟结合完成大楼的智能管理） ◆ 可利用电话控制大楼内的灯光 ◆ 可提供 RS232、RS485、TCP/IP、OPC 等接口与楼控系统连接
辅助区域	会议室报告厅	◆ 多种光源调光控制 ◆ 就地面板控制 ◆ 红外遥控 ◆ 可与电动窗帘、投影幕、投影仪等设备联动 ◆ 可与会议系统联动	
	大堂	◆ 智能开关控制 ◆ 就地面板控制 ◆ 365 天时钟管理 ◆ 可采用调光控制	
	公共区域（走廊、电梯厅等）	◆ 智能开关控制 ◆ 就地面板控制 ◆ 可采用动静控制	
	室外泛光	◆ 智能开关控制 ◆ 可采用调光控制	

（7）照明配电箱。

1）照明配电箱的设置按防火分区布置并深入负荷中心。

2）照明配电终端回路设置短路保护、过负荷保护和接地故障保护。

3）照明配电箱的支线供电半径小于 50m，分支线截面不小于 2.5mm² 铜导线。

4）应急照明的配电线路暗敷设时，穿管并敷设在不燃烧体结构内且保护层厚度大于 30mm，明敷设时，穿有防火保护的金属管或有防火保护的封闭式金属线槽。

5）为保证用电安全，用于移动电器装置的插座的电源均设电磁式剩余电流保护装置（动作电流小于或等于 30mA，动作时间小于 0.1s）。

（8）消防疏散指示灯系统。

1）采用集中电源集中控制型消防疏散指示灯系统，各层走道、拐角及出入口均设置疏散指示灯，停电时自动切换为直流供电，蓄电池的持续供电时间不少于 1.5h。疏散楼梯间、疏散楼梯间的前室或合用前室、避难走道及其前室、避难层、避难间、消防专用通道，疏散照明的地面最低水平照度大于 10.0lx。疏散走道、人员密集的场所，疏散照明的地面最低水平照度大于 3.0lx。消防疏散照明和疏散指示系统能在消防控制室集中控制和状态监视。

2）楼梯间每层设置指示该楼层的显示灯。

3）消防疏散指示灯系统采用消防电源供电。集中电源采用分散设置集中电源，在电气竖井内设置定输出功率不大于 1kW 集中电源。不同的防火分区采用不同配电回路。防烟楼梯间前室及合用前室内设置的灯具由前室所在楼层的配电回路供电。封闭楼梯间、防烟楼梯间采用单独设置配电回路。消防应急照明回路严禁接入消防应急照明系统以外的开关装置、电源插座及其他负载。

4）在电气竖井内设置应急照明控制器防护等级不低于 IP33 的产品，并具有能接收火灾报警控制器或消防联动控制器干接点信号或 DC 24V 信号接口。任一台应急照明控制器直接控制灯具的总数量不大于 3200 个。

5）消防应急照明灯具采用额定输出电压 DC 36V，光源色温不低于 2700K。

6）安装在疏散通道两侧方向标志灯，距地面高度 0.5m，间距小于 10m。

7）人员密集场所的疏散出口、安全出口附近设多信息复合标志灯具。

8）消防疏散指示灯系统的配电线路选择燃烧性能 A 级电线。

（9）夜景照明。

1）设计的基本理念。

• 夜景照明要凸显城市的自然景观及人文景观，表现该城市该地区的特有形象。

• 夜景照明要服从城市景观规划的要求，并体现景观或建筑的总体风格，表现整体的文化底蕴。

• 夜景照明要充分体现美学与照明光学技术的有机结合。

• 充分发挥光的物理特性，各类光源的特性及灯具对光的调整能力，启迪观赏者的照明生理和心理感觉，创造一个优美、舒适的夜景环境。

• 利用先进的通信及自动化技术设计出一系列"场景"，以满足观赏者对不同夜景照明主题的要求。

2）夜景照明基本设计原则。

• 充分了解和发挥光的特性，如光的方向性、光的折射与反射、光的颜色、显色性、亮度等。

• 针对人对照明所产生的生理及心理反应，灵活应用光线会使人的视觉产生优美而良好的效果。

• 根据被照物的性质、特征和要求，合理选择最佳照明方式。

• 既要突出重点，又要兼顾夜景照明的总体效果，并和周围环境照明协调一致。

• 慎重使用彩色光。鉴于彩色光的感情色彩强烈，会不适当地强化和异化夜景照明的主题表现。

• 夜景照明的设置应避免产生眩光及光污染。控制泛光照明投射范围，散射到被照面之外的溢散光不超过 20%。

3）利用投射光束衬托建筑物主体的轮廓，烘托节日气氛。在首层、屋顶层均有景观灯具来满足夜间景观照明。灯具采用 AC 220V 的电压等级。节日照明及室外照明采用集中控制，并根据不同的时间（平时、节假日、庆典日）有不同效果的选择。

4）室外照明配电终端回路应设置剩余电流动作保护电器作为附加防护。室外景观照明的每套灯具的导电部分对地绝缘电阻值大于 2MΩ。

10. 航空障碍物照明

航空障碍物照明参见第四章第二节中航空障碍物照明。

十、智能化系统

1. 智能化系统设计范围

（1）信息化应用系统。

（2）智能化系统系统集成。

（3）通信网络系统。

（4）综合布线系统。

（5）有线电视系统及自办电视节目。

（6）会议系统。

（7）信息发布及大屏幕显示系统。

（8）无线信号增强系统。

（9）背景音乐及公共广播系统。

（10）建筑设备管理系统。

（11）计算机网络系统。

（12）安防系统。

（13）机房工程。

2. 智能化系统设计原则

参见第四章第二节智能化系统设计原则。

3. 信息化应用系统

参见第四章第二节信息化应用系统。

4. 智能化系统系统集成（IBMS）

参见第四章第二节智能化系统系统集成（IBMS）。

5. 通信网络系统

参见第四章第二节通信网络系统。

6. 综合布线系统

（1）综合布线系统参见第四章第二节综合布线系统。

（2）综合布线系统信息点分布见表5-7。

表 5-7　　　　　　　　　　　综合布线系统信息点分布

位置	楼层	面板	数据点	语音	无线点
地下室	B3层	20	20	20	—
	B2层	20	20	20	—
	B1层	20	20	20	—
裙楼	1层	40	40	40	15
	2层	70	70	70	20
	3层	32	100	100	20
塔楼	4层	25	50	50	10
	5~41层	42	160	160	10
总计		1152	6240	6240	135

（3）综合布线系统线缆敷。

1）管路采用地下通信管网时，要符合现行《通信管道工程施工及验收技术规范》（YDJ 39）中的规定。

2）线缆敷设一般要符合下列要求：

- 线缆的布放要自然平直，线缆间不得缠绕、交叉等。
- 线缆不要受到外力的挤压，且与线缆接触的表面要平整、光滑，以免造成线缆的变形与损伤。
- 线缆在布放前两端要贴有标签，以表明起始和终端位置，标签书写要清晰。
- 对绞电缆、光缆及建筑物内其他智能化系统的线缆要分隔布放，且中间无接头。
- 线缆端接后要有余量。在交接间、设备间对绞电缆预留长度，一般为 0.5～1m；工作区为 10～30mm；光缆在设备端预留长度一般为 3～5m，有特殊要求的要按设计要求预留长度。
- 采用牵引方式敷设大对数电缆和光缆时，要制作专用线缆牵引端头。
- 布放光缆时，光缆盘转动要与光缆布放同步，光缆牵引的速度一般为 10m/min。
- 布放线缆的牵引力，应小于线缆允许张力的 80%，对光缆瞬间最大牵引力不应超过光缆允许的张力，主要牵引力应加在光缆的加强芯上。
- 对绞电缆与电力电缆最小净距应符合表 5−8 的规定，对绞电缆与其他管线最小净距应符合表 5−9 的规定。

表 5−8　　对绞电缆与电力电缆最小净距

条件	最小净距/mm		
	小于 2kV·A（～380V）	2～5kV·A（～380V）	大于 5kV·A（～380V）
对绞电缆与电力线平行敷设	130	300	600
有一方在接地的槽道或钢管中	70	150	300
双方均在接地的槽道或钢管中	10	80	150

表 5−9　　对绞电缆与其他管线最小净距

管线种类	平行净距/mm	垂直交叉净距/mm
防雷引下线	1000	300
保护地线	50	20
热力管（不包封）	500	500
热力管（包封）	300	300
给排水管	150	20
煤气管	300	20

3）线缆的弯曲半径应符合下列规定：

- 对绞电缆的弯曲半径应大于电缆外径的 8 倍。
- 主干对绞电缆的弯曲半径应少于电缆半径的 10 倍。
- 光缆的弯曲半径应大于光缆外径的 20 倍。

4）暗管敷设线缆应符合下列规定：

● 敷设管道的两端应有标识。

● 敷设暗管采用钢管，暗管敷设对绞电缆时，管道的截面积利用率应为 25%～30%。

● 地面槽盒采用金属槽盒，槽盒的截面积利用率不超过 40%。

● 采用钢管敷设的管路，避免出现超过 2 个 90°的弯曲（否则应增加过线盒），且弯曲半径大于管径的 6 倍。

5）安装电缆桥架和槽盒敷设线缆要符合下列规定：

● 桥架顶部距顶棚或其他障碍物不小于 300mm。

● 电缆桥架、槽盒内线缆垂直敷设时，在线缆的上端和每间隔 1.5m 处，将线缆固定在桥架内支撑架上；水平敷设时，线缆要顺直，尽量不交叉，进出槽盒部位、转弯处的两侧 300mm 处设置固定点。

● 在水平、垂直桥架和垂直槽盒中敷设线缆时，对线缆进行绑扎。4 对对绞电缆以 24 根为束，25 对或以上主干对绞电缆、光缆及其他电缆要根据线缆的类型、缆径、线缆芯数分束绑扎。绑扎间距不大于 1.5m，绑扣间距要均匀、松紧适度。

● 在竖井内采用明配管、桥架、金属槽盒等方式敷设线缆，要符合以上有关条款要求。竖井内楼板孔洞周边设置 50mm 的防水台，洞口用防火材料封堵严实。

（4）设备安装。

1）机柜安装。按机房平面布置图进行机柜定位，制作基础槽钢并将机柜稳装在槽钢基础上。机柜安装完毕后，垂直度偏差不大于 2mm，水平偏差不大于 2mm；成排距顶部平直度偏差不大于 4mm。机柜上的各种零部件不得脱落或损坏。漆面如有脱落，应予以补漆，各种标识应完整清晰。机柜前面留有 1.5m 操作空间，机柜背面离墙距离不小于 1m，以便于操作和检修。壁挂式箱体底边距地要符合设计要求，若设计无要求，安装高度为 1.4m。在机柜内安装设备时，各设备之间要留有足够的间隙，以确保空气流通，有助于设备的散热。

2）配线架安装。采用下出线方式时，配线架底部位置与电缆线孔相对应。各直列配线架垂直偏差不大于 2mm。接线端子各种标识齐全。

3）各类配线部件安装。各部件要完整无损，安装位置正确，标志齐全。固定螺钉紧固，面板要保持在一个水平面上。

（5）接地要求。安装机柜、配线机柜、配线设备、金属钢管及槽盒接地体的接地电阻值不大于 1Ω，接地导线截面、颜色要符合规范要求。

（6）线缆端接。

1）线缆端接的一般要求如下：

● 线缆在端接前，必须检查标签编号，并按顺序端接。

● 线缆终端处必须卡接牢固、接触良好。

● 线缆终端安装要符合设计和产品厂家安装手册要求。

2）对绞电缆和连接硬件的端接要符合下列要求：

● 使用专用剥线器剥除电缆护套，注意不得刮伤绝缘层，且每对对绞线缆要尽量保持扭绞状态。非扭绞长度对于 5 类线不大于 13mm；4 类线不大于 25mm。对绞线间避免缠绕和交叉。

● 对绞线与 8 位模块式通用插座（RJ45）相连接时，必须先按色标和线对顺序进行卡接，然后采用专用压线工具进行端接。

● 对绞电缆与 RJ45 8 位模块式通用插座的卡接端子连接时，按照先近后远、先下后上的顺序进行卡接。

● 对绞电缆的屏蔽层与插接件终端处屏蔽罩必须可靠接触，线缆屏蔽层与插件屏蔽罩 360°圆周接触，接触长度不小于 10mm。

（7）光缆芯线端接要符合下列要求：

1）光纤熔接处加以保护，使用连接器以便于光纤的跳接。

2）连接盒面板设有标志。

3）光纤跳线的活动连接器在插入适配器之前应进行清洁，所插位置要符合设计要求。

4）光纤熔接的平均损耗值为 0.15dB，最大值为 0.3dB。

（8）各类跳线的端接。

1）各类跳线和插件间的接触应良好，接线无误，标志齐全。跳线选用类型要符合设计要求。

2）各类跳线长度依据现场情况确定，一般对绞电缆不超过 5m，光缆不超过 10m。

7. 有线电视系统及自办电视节目

（1）有线电视系统及自办电视节目参见第四章第二节有线电视系统及自办节目。

（2）有线电视系统分布见表 5－10。

表 5－10　　　　　　　　　　　有 线 电 视 系 统 分 布

位置	楼层	有线电视点（预留数量）	备注
地下室	B1 层	16	竖井预留 4 分支
裙楼	1 层	24	竖井预留 4 分支
	2 层	32	竖井预留 4 分支
	3 层	32	竖井预留 4 分支
塔楼	4 层	16	竖井预留 4 分支
	8～13 层	8	竖井预留 4 分支
	15～26 层	8	竖井预留 4 分支
	28～40 层	8	竖井预留 4 分支
	41 层	12	竖井预留 4 分支
总计		280	

（3）前端设备安装。

1）稳机柜。按机房平面布置图进行机柜定位，制作基础槽钢并将机柜稳装在槽钢基础上。机柜安装完毕，垂直度偏差不大于 2mm，水平偏差不大于 2mm；成排柜顶部平直度不大于 4mm。机柜上的各种零件不得脱落或碰坏。漆面如有脱落应予以补漆，各种标志应完整、清晰。机柜前面留有 1.5m 空间，机柜背面离墙距离不小于 0.8m，以便于操作和检修。

2）设备安装。在机柜上安装设备根据使用功能进行有机的组合排列。使用随机柜配置的螺钉、垫片和弹簧垫片将设备固定在机柜上。每个设备的上下要留有不小于 50mm 的空间，以保证设备的散热，空隙处采用专用空白面板封装。对于非标准机柜安装的设备，可采用标准托盘安装；对于彩色监视器，可采用专用的电视机专用托盘和面板安装。

3）设备布线及标识。机房内通常采用地面槽盒，电缆由机柜底部引入。电缆敷设要顺直，无扭绞；电缆进出槽盒部位、转弯处两侧 300mm 处要设置固定点。按图纸进行机房设备布线。机房供电电源引至净化电源后，再分别供机房内设备使用。机柜背侧各电视电缆和电源线分别布放在机柜的两侧槽盒内，按回路分束绑扎。安装于机柜内的设备标识设备所接收的频道；电缆的两端要留有适当余量，并做永久性标记。

（4）传输部分安装。

1）有源设备（干线放大器、分支干线放大器、延长放大器、分配放大器）的安装。

• 安装位置严格按照施工图纸进行确定。

• 明装。电视电缆需要通过电线杆架空时，野外型放大器吊装在电线杆上或左右 1m 以内的地方，且固定在电缆吊线上，室外型放大采用密封橡皮垫圈防水密封，并采用散热良好的铸铝外壳，外壳的连接面采用网状金属高频屏蔽圈，保证良好接地，插接件要有良好的防水、耐腐蚀性能，最外面采用橡皮套防水。不具备防水条件的放大器及其他器件要安装在防水金属箱内。

• 放大器箱内留有检修电源。

2）电缆敷设。

• 干线电缆的长度根据图纸设计长度进行选配或定做，以避免干线电缆传输过程中的电缆接续。

• 电缆采用穿管敷设时，扫清管路，将电缆和管内预留的带线绑扎在一起，用带线将电缆拉到管道内。

3）分支分配器的安装。分支分配器安装在分支分配器箱内或放大器箱内，并用机螺钉固定在箱内配电板上；箱体尺寸根据箱内设备的数量而定，箱体采用铁制，可装有单扇或双扇箱门，箱体内预留接地螺栓。

（5）用户终端安装。

1）检查修理盒口。检查盒口是否平整。暗盒的外口与墙面齐平；盒子标高符合设计要求，若无要求时，电视用户终端插座距地面为 0.3m。

2）接线压接。首先将盒内电缆剪成 100～150mm 的长度，然后将 25mm 的电缆外绝缘护套剥去，再把外导线铜网打散，编成束，留出 3mm 的绝缘台和 12mm 芯线，将芯线压住端子，用 Ω 卡箍压牢铜网处。

3）固定面板。用户插座的阻抗为 75Ω，用机螺钉将面板固定。

（6）有线电视系统接地。

1）屏蔽层及器件金属接地。为了减少对有线电视系统内器件的干扰（包括高频干扰和交流电干扰）和防止雷击，器件金属外壳要求接地良好，全部连通。

2）金属管路及金属槽盒要进行等电位联结。

8. 会议系统

（1）会议系统参见第四章第二节会议系统。

（2）会议室分布见表5-11。

表5-11 会 议 室 分 布

楼层	会议室名称	数量/间	类型
2层	大会议室	1	满足大、中型国际会议的使用要求
	中会议室	1	满足一般规模的中型会议的培训，及新闻发布使用要求
	小会议室	2	满足小型内部会议
3层	带同传会议室	1	满足中，小型国际会议的使用要求
	贵宾会议室	2	满足小型讨论会议的使用要求
	中会议室	2	满足中型国际范围的演讲、讨论、报告、培训等会议的使用要求
	小会议室	2	满足小型会议
37层	小会议室	1	满足小型会议
38层	小会议室	1	满足小型会议
39层	中会议室	1	满足内部培训会议的使用要求
	小会议室	2	满足小型会议
40层	小会议室	1	满足小型会议

9. 信息发布及大屏幕显示系统

（1）信息发布及大屏幕显示系统参见第四章第二节信息发布及大屏幕显示系统。

（2）信息导引及发布系统信息屏分布见表5-12。

表5-12 信息导引及发布系统信息屏分布

楼层	安装位置	19inLCD	26inLCD	42inLCD	LED	触摸查询一体机
B1层	餐厅门口	—	—	1	—	—
1层	3个大厅	—	—	3	—	—
	屋面花园	—	—	—	1	—
	花园两侧	—	—	—	—	2
	写字楼门厅	—	—	1	—	—
2层	大会议室门口	—	2	—	—	—
	2个小会议室门口	2	—	—	—	—
	大会议厅门口	—	—	2	—	—

续表

楼层	安装位置	19inLCD	26inLCD	42inLCD	LED	触摸查询一体机
3 层	2 个中会议室门口	—	2	—	—	—
	2 个小会议室门口	2	—	—	—	—
	大会议厅门口	—	2	—	—	—
	2 个贵宾会议室门口	—	2	—	—	—
29 层	中餐厅	—	2	—	—	—
总计		4	10	7	1	2

注：1in=2.54cm。

10. 无线信号增强系统

（1）无线信号增强系统参见第四章第二节无线信号增强系统。

（2）无线通信增强系统天线分布见表 5-13。

表 5-13 无线通信增强系统天线分布

楼层	安装区域	天线数量
B3 层	主楼南公共走廊、车库西侧公共区、车库东侧公共区	3
B2 层	主楼南公共走廊、车库西侧公共区、车库东侧公共区	3
B1 层	主楼北公共走廊、车库西侧公共区、车库东侧公共区	3
1 层	主楼南公共走廊、裙楼西侧公共走廊、裙楼东侧公共走廊	3
2 层	主楼北公共走廊、裙楼西侧公共走廊、裙楼东侧公共走廊	3
3 层	主楼南公共走廊、裙楼西侧公共走廊、裙楼东侧公共走廊	3
4~40 层	主楼北公共走廊	1×37
合计		55

11. 背景音乐及公共广播系统

（1）背景音乐及公共广播系统参见第四章第二节背景音乐及公共广播系统。

（2）背景音乐及紧急广播系统扬声器及音量控制器分布见表 5-14。

表 5-14 背景音乐及紧急广播系统扬声器及音量控制器分布

楼层	区域说明	3W 吸顶扬声器	15W 壁挂扬声器	音量控制器
B3 层	地下室	38	4	—
B2 层		35	—	—
B1 层		27	1	8
1 层	裙楼	24	—	3
2 层		40	—	5
3 层		15	—	1

续表

楼层	区域说明	3W 吸顶扬声器	15W 壁挂扬声器	音量控制器
1 层		23	—	3
2 层		15	—	1
3 层		15	—	1
4～13 层		15	—	2
14 层		15	—	0
15～16 层		15	—	2
17～26 层	塔楼	15	—	2
27 层		15	—	0
28 层		15	—	2
29 层		15	—	2
30～36 层		15	—	2
38～40 层		15	—	2
41 层		21	—	2
合计		364	5	98

（3）广播系统分线箱安装。

1）安装箱体面板与建筑装饰面配合严密。严禁采用电焊或电焊将箱体与预埋管口焊接。

2）分线箱安装高度设计有要求时以设计要求为准，设计无要求时，底边距地面不低于1.4m。

3）明装壁挂式分线箱、端子箱或声柱箱时，首先将引线与箱内导线用端子做过渡压接，然后将端子放回接线箱。找准标高进行钻孔，埋入胀管螺栓进行固定。要求箱底与墙面平齐。

4）线管不便于直接敷设到位时，线管出线口与设备接线端子之间，必须采用金属软管连接，不得将线缆直接裸露，金属软管长度不大于 1m。

（4）广播系统线缆敷设。

1）布线缆排列整齐，不拧绞，尽量减少交叉，交叉处粗线在下，细线在上。

2）管内穿线不设有接头，接头必须在盒（箱）处接续。

3）进入机柜后的线缆、需分别进入机架内分槽盒或分别绑扎固定。

4）所敷设的线缆两端必须做标识。

（5）广播系统终端设备安装。

1）扬声器的安装需要符合设计要求，固定要安全可靠，水平和俯、仰角能在设计要求的范围内灵活调整。

2）吊顶内、夹层内利用建筑结构固定扬声器箱支架或吊杆时，必须检查建筑结构的承重能力，征得设计师同意后方可施工；在灯杆等其他物体上悬挂大型扬声器时，也必须根据其承重能力，征得设计师同意后安装。

3）以建筑装饰为掩体安装的扬声器箱，其正面不得直接接触装饰物。

4）具有不同功率和阻抗成套的扬声器，事先按设计要求将所需接用的线间变压的端头焊出引线，剥去 10～15mm 绝缘外皮待用。

（6）机房设备安装。

1）大型机柜采用槽钢基础时，先检查槽钢基础的平直度及尺寸是否满足机柜安装要求。

2）根据机柜底座固定孔距，在基础槽钢上钻孔，用镀锌螺栓将柜体与基础槽钢固定牢固。多台机柜并列时，拉线找直，从一端开始顺序安装，机柜安装需要横平、竖直。

3）机柜上设备安装顺序要符合设计要求，设备面板排列整齐，带轨道的设备要推拉灵活。

4）安装控制台要摆放整齐，安装位置需要符合设计要求。

12. 建筑设备管理系统

（1）建筑设备管理系统参见第四章第二节建筑设备管理。

（2）变电所电力监控系统控制点分布见表 5-15。

表 5-15　　　　　　　　　　变电所电力监控系统控制点分布

用途	监测设备	数量	监测内容					监测设备输入/输出					智能接口	接入系统	
			电压	电流	功率因数	电能	电能质量	DI 断路器状态 合	断	备用	DO 断路器状态 合	断		电力监控	能源管理
电源进线	多功能仪表	2	★	★	★	★	★	★	★	★	★	★	★	★	★
联络	多功能仪表	1	★	★	★	★		★	★	★	★	★		★	
馈线	多功能仪表	12	★	★	★	★		★	★	★	★	★		★	
直流屏	直流监测仪	1											★	★	
高压源进线	多功能仪表	2	★	★	★	★		★	★	★	★	★	★	★	
变压器	温控仪	2											★	★	
直流屏	直流监测仪	1											★	★	
电源进线	多功能仪表	2	★	★	★	★		★	★	★	★	★	★	★	
联络	多功能仪表	1	★	★	★	★		★	★	★	★	★	★	★	
馈线	多功能仪表	72	★	★	★	★		★	★	★	★	★	★	★	
合计								96							

（3）智能照明系统控制点分布见表 5-16。

表 5-16　　　　　　　　　　智能照明系统控制点分布

区域		开关回路	调光回路	窗帘控制	面板	场景
B3 层	停车场	18	—	—	2	—
B2 层	停车场	18	—	—	2	—
	走廊公共区	6	—	—	1	—

续表

区域		开关回路	调光回路	窗帘控制	面板	场景
B1 层	停车场	24	—	—	2	—
首层	贵宾休息	2	4	4	2	2
	入口	2	8	—	1	1
2 层	大会议室	10	20	4	2	1
	中会议室	1	2	2	1	1
	小会议室	2	4	4	2	2
	电梯厅	3	—	—	—	—
	走廊公共区	7	—	—	1	—
3 层	贵宾会议室	2	4	4	2	2
	中会议室	2	4	4	2	2
	贵宾会议室	1	2	2	1	1
	带同传会议室	1	2	2	1	1
	小会议室	2	4	4	2	2
	走廊公共区	7	—	—	1	—
4~36 层	走廊公共区	231	—	—	33	—
	电梯厅	99	—	—	—	—
37 层	会议室	1	2	2	1	1
	电梯厅	3	—	—	—	—
	走廊公共区	7	—	—	1	—
38 层	会议室	1	2	2	1	1
	电梯厅	3	—	—	—	—
	走廊公共区	7	—	—	1	—
39 层	会议室	1	2	2	1	1
	会议室	1	2	2	1	1
	电梯厅	3	—	—	—	—
	走廊公共区	7	—	—	1	—
40 层	会议室	1	2	2	1	1
	电梯厅	3	—	—	—	—
	走廊公共区	7	—	—	1	—
合计		483	64	40	67	20

（4）控制室设备的安装。设备在安装前要进行检验，并满足下列要求：

• 设备外形应完好无损，内外表面漆层应完好。

• 设备外形尺寸、设备内主板及接线端口的型号、规格要满足设计要求，备品、备件齐全。

- 按照图纸连接主机、不间断电源、打印机、网络控制器等设备。
- 设备安装要紧密、牢固，安装用的紧固件要做防锈处理。
- 设备底座需要与设备相符，其上表面要保持水平。

（5）中央控制室及网络控制器等设备的安装要符合下列规定：

1）控制台、网络控制器要按设计要求进行排列，根据柜的固定孔距在基础槽钢上钻孔，安装时从一端开始逐台就位，用螺栓固定，用小线找平找直后再将各螺栓紧固。

2）对引入的电缆或导线进行校线，按图纸要求编号。

3）标志编号与图纸一致，字迹清晰，不易褪色。配线要整齐，避免交叉，固定牢固。

4）交流供电设备的外壳及基础要可靠接地。

5）中央控制室采用联合接地，接地电阻必须按接入设备中要求的最小值确定。

（6）传感器安装。

1）温度、湿度传感器的安装。室内外温度、湿度传感器的安装位置要符合以下要求：温度、湿度传感器要尽可能远离窗、门和出风口位置。并列安装的传感器，距地高度要一致，高度差要不大于 1mm，同一区域内高度差要不大于 5mm。温、湿度传感器要安装在便于调试、维修的地方。

2）温度传感器至现场控制器之间的连接要符合设计要求，要尽量减少因接线引起的误差，对于镍温度传感器的接线电阻值要小于 3Ω 铂温度传感器的接线总电阻值要小于 0.5Ω。

3）风管型温度、湿度传感器的安装要符合下列要求：传感器要安装在风速平稳、能反应温度、湿度变化的位置。风管型温度、湿度传感器要在做风管保温层时完成安装。

4）水管温度传感器安装要符合下列要求：水管温度传感器在暖通水管路完毕后进行安装。水管温度传感器的开孔与焊接工作，必须在工艺管道耐腐、衬里、吹扫和压力试验前进行。水管温度传感器的安装位置要在水流温度变化灵敏和具有代表性的地方，不选择在阀门等阻力件附近和水流流束死角和振动较大的位置。水管型温度传感器安装在管道的侧面或底部。水管型温度传感器不在管道焊缝及其边缘上开孔和焊接。

（7）压力传感器、压差传感器、压差开关的安装。

1）传感器安装在便于调试、维修的位置，通常安装在温度、湿度传感器的上侧。

2）风管型压力传感器、压差传感器在做风管保温层时完成安装。风管型压力传感器、压差传感器要安装在风管的直管段，如果不能安装在直管段，则要避开风管内通风死角和蒸汽排放口的位置。

3）水管型压力传感器、压差传感器要在暖通水管路安装完毕后进行安装，其开孔与焊接工作必须在工艺管道的耐腐、衬里、吹扫和压力试验前进行。水管型压力传感器、压差传感器不能在管道焊缝处及其边缘处开孔及焊接。

4）水管型压力、压差传感器安装在管道底部和水流流束稳定的位置，不安装在阀门附近、水流流束死角和振动较大的位置。

（8）风压压差开关安装。

1）安装压差开关时，将薄膜处于垂直于平面的位置。

2）风压压差开关的安装要在做风管保温层时完成安装。

3）风压压差开关应安装在便于调试、维修的地方。

4）风压压差开关安装完毕后要做密闭处理。

5）风压压差开关的线路要通过软管与压差开关连接。

6）风压压差开关要避开蒸汽排放口。

（9）水流开关安装。

1）水流开关的安装，要与工艺管道预制、安装同时进行。

2）水流开关的开孔与焊接工作，必须在工艺管道的耐腐、衬里、吹扫和压力试验前进行。

3）水流开关应安装在水平管段上，不要安装在垂直管段上。

（10）风机盘管温控器、电风阀的安装。

1）温控开关与其他开关并列安装时，距地面高度要一致。

2）电动阀阀体上箭头的指向要与介质流动方向一致。

3）风机盘管电动阀要安装于风机盘管的回水管上。

4）四管制风机盘管的冷热水管电动阀共用线要为中性线。

13. 安防系统

（1）安防系统参见第四章第二节安防系统。

（2）摄像机分布见表 5-17。

表 5-17　　　　　　　　　　　　摄 像 机 分 布

部位	楼层	电梯摄像机	固定镜头彩转黑、低照度半球摄像机	彩转黑、低照度筒机摄像机	室外一体化彩色枪机
室外	外围	—	—	—	6
地下室	B3 层	—	11	4	—
	B2 层	—	9	4	—
	B1 层	—	8	6	—
裙楼	1 层	9	12	—	—
	2 层		11	—	—
	3 层		12	—	—
塔楼	4 层		8	—	4
	5~13 层		8	—	—
	14 层		4	—	—
	15~26 层		8	—	—
	27 层		4	—	—
	28 层		8	—	—
	29 层		8	—	—

续表

部位	楼层	电梯摄像机	固定镜头彩转黑、低照度半球摄像机	彩转黑、低照度筒机摄像机	室外一体化彩色枪机
塔楼	30～36层		8	—	—
	37层		8	—	—
	38层		8	—	—
	39层		8	—	—
	40层		8	—	—
	顶层		8	—	2
合计		9	359	14	12

（3）出入口控制系统控制点分布见表 5-18。

表 5-18　　　　　　　　　出入口控制系统控制点分布

序号	楼层	门数	门禁控制器	读卡器
1	B3层	22	6	22
2	B2层	11	3	11
3	B2层	24	6	24
4	1层	13	4	13
	2层	12	4	12
5	3层	28	8	28
	4～13层	9	3	9
6	14层	5	2	5
7	15～26层	9	3	9
8	27层	5	2	5
9	28～40层	9	3	9
10	41层	9	3	9
合计		431	143	431

（4）停车场管理系统及通道闸控制点分布见表 5-19。

表 5-19　　　　　　　　停车场管理系统及通道闸控制点分布

序号	名称及位置车库	数量
1	地下二层	1进1出
	通道闸	

序号	名称及位置	数量
1	一层大厅北侧电梯口	2 通道 + 1 残障门
2	一层大厅南侧电梯口	2 通道
3	一层大厅东侧电梯口	2 通道 + 1 残障门
4	三层裙楼与主楼连接处	1 通道

（5）报警系统控制点分布见表 5-20。

表 5-20　　　　　　　　　　　　　报警系统控制点分布

位置	双鉴探测器	紧急按钮	蜂鸣器
1 层	5	10	1
2 层	8	2	1
3 层	6	2	1
4 层	3	2	1
5 层	0	1	1
6～13 层	0	1	1
14 层	3	2	0
15～26 层	0	1	1
27 层	3	2	0
28～40 层	4	2	1
41 层	2	2	1
合计	30	44	39

（6）电频监控系统分线箱的安装。

1）分线箱安装位置要符合设计要求，当设计无要求时，安装高度为底边距地 1.4m。

2）箱体暗装时，箱体板与框架要与建筑物表面配合严密。严禁采用电焊或气焊将箱体与预埋管焊在一起，管入箱要用螺栓固定。

3）明装分线箱时，要先找准标高再钻孔，埋入胀管螺栓固定箱体。首先要求箱体背板与墙面平齐，然后将引线与盒内导线用端子做过渡压接，并放回接线端子箱。

4）解码器箱一般安装在现场摄像机附近。安装在吊顶内时，要预留检修口；室外安装时要有良好的防水性，并做好防雷接地措施。

5）当传输线路超长需用放大器时，放大器箱安装位置要符合设计要求，并具有良好的防水、防尘性。

（7）线缆敷设。

1）布放线缆前要对其进行绝缘测试（光缆、同轴电缆除外），线缆线间和线对地间的绝缘电阻值必须大于 0.5MΩ，测试合格后方可敷设。

2）敷设光缆的长度，要根据施工图选配。

3）布放线缆要排列整齐，顺直不拧绞，尽量减少交叉，交叉处粗线在下，细线在上。电源线要与控制线、视频线分开敷设。

4）管内穿入多根线缆时，线缆间不得拧绞，管内不得有接头，接头必须在线盒（箱）处连接。

5）管内不能直接进入设备接线盒时，线管出线口与设备接线端子之间，必须采用金属软管过渡连接，软管长度不得超过 1m，并不得将线缆直接裸露。

6）线缆与电力线缆平行或交叉敷设时，其间距不得小于 0.3m；与通信线缆平行或交叉敷设时，其间距不得小于 0.1m。

7）进入机柜后的线缆要分槽绑扎固定。

8）敷设线缆时，光缆弯曲半径要不小于光缆外径的 20 倍，光缆的牵引端头要做技术处理，光缆接头的预留长度要不小于 8m；同轴电缆敷设时弯曲半径要大于电缆外径的 15 倍。

9）光缆架设完后，要将余缆端头包扎，盘成圈置于光缆预留盒中，预留盒要固定在杆上。地下光缆引上电杆时，必须采用钢管保护。

10）室外管道光缆在引出地面时，要采用钢管保护。钢管伸出地面要不小于 2.5m，埋入地下要为 0.3～0.5m。

11）引至摄像机终端的线缆要从设备的下部进线，并留有不影响摄像头转动操作的余量，摄像机的 CAT6 网线要穿缠绕管固定，不要使终端摄像机插头承受电缆自重。

12）所敷设线缆两端必须做好标记。屏蔽型控制电缆和同轴电缆的屏蔽层要单端可靠接地。

13）槽盒配线要满足以下要求：

• 同一槽盒内的导线截面积总和不要超过内部截面积的 50%。

• 不同电压、不同回路、不同频率的导线若放在同一槽盒内，中间要加隔板。

• 在穿越建筑物变形缝时，导线要留有补偿余量。

• 接线盒内的导线预留长度要不超过 150mm；盘、箱内的导线预留长度要为其周长的 1/2。

14）监控室内电缆敷设要满足下列要求：

• 采用地槽或墙槽时，电缆要从机架或控制台底部进线，将电缆顺着所盘方向理直，拐弯处要满足电缆曲率半径要求。电缆在弯曲处两侧不大于 30mm 成捆绑扎，根据电缆数量要每隔 100～200mm 绑扎一次。

• 采用活动地板时，电缆在地板下要沿槽盒敷设，且顺直无扭绞。

（8）终端设备安装。

1）终端设备安装操作步骤如下：

• 支、吊架的安装。安装前依据施工图，确定具体安装位置后，将支、吊架安装固定。固定要牢固，并达到承载要求。支架的支撑面要保持水平。

• 云台安装。云台要在支架上稳固固定，且使之位置保持水平。

• 摄像机、护罩的安装。参照设备安装说明书的安装要求，将带镜头的摄像机套装于护罩内，再整体安装在云台上（无云台则直接安装于支、吊架上），安装要牢靠、稳固。

● 解码器安装。解码器要安装在摄像机附近且便于固定和维修处，露天安装时需要做好防雨、防雷措施。

2）摄像机安装前要将摄像机逐个通电，并进行检测和粗调，工作正常后才可安装。安装时要根据设计要求把支（吊）架预先安装到位。

3）固定式摄像机安装前，要先调节好光圈、镜头，再对摄像机进行初装，经通电试看、细调，检查各项功能，观察监视区的覆盖范围和图像质量，符合要求后才可固定。

4）固定式摄像机采用螺栓固定在支架上，摄像机方向的调节有一定范围。

5）摄像机与镜头的选择要相互匹配。固定式摄像机与镜头调试好才可安装。

6）摄像机支架及云台的安装要依据产品技术文件的要求，结合现场实际情况进行安装，固定要安全可靠，方位角和俯仰角及云台的转动起点方向要能在设计要求的范围内灵活调整。

7）摄像机要安装在监视目标附近且不易受外界损伤的地方，安装位置不要影响现场设备运行和人员正常活动。安装高度，室内要距地面 2.5～5m 或吊顶下 0.2m 处，室外要距地面 3.5～10m。

8）电梯内摄像机要安装在电梯轿厢顶部电梯操作的对角处，并能监视电梯内全景。

9）摄像机镜头要顺光源方向监视目标，避免逆光安装。当需要逆光安装时，要降低监视区的对比度。

（9）机房设备安装。

1）电视墙固定在墙上时，要加设支架固定；电视墙落地安装时，其底座要与地面固定。电视墙安装要竖直平稳，垂直度偏差不得超过 1/1000。多个电视墙并排在一起时，面板要在同一平面上，并与基准线平行，前后偏差不大于 2mm，两个机架间缝隙不大于 2mm。安装在电视墙内的设备要固定牢固、端正；电视墙机架上的固定螺钉、垫片和弹簧垫圈均要紧固不得遗漏。

2）控制台安装位置要符合设计要求。控制台安放竖直，台面平整，台内插接件和设备接触要可靠，安装要牢固，内部接线要符合设计要求，无扭曲、脱落现象。

3）监视器要安装在电视墙或控制台上。其安装位置要使屏幕不受外来光直射，当有不可避免的光照时，要加遮光罩遮挡。监视器、矩阵主机、长延时录像机、画面分割器、控制键盘等设备外部可操作部分，要暴露在控制台面板外。

（10）收费管理主机的安装。

1）在安装前对设备进行检验，设备的外形尺寸、内主板及接线端口的型号、规格要符合设计要求，备品配件齐全。

2）按施工图压接主机、不间断电源、打印机、出入口读卡设备间的线缆，线缆压接要准确、可靠。

（11）出入口设备安装。

1）出入口设备采用红外光电式检测车辆出入，安装要符合下列规定：

● 检测设备的安装要按照厂商提供的产品说明书进行。

● 两组检测装置的距离及高度要符合设计要求，如设计无要求时，两组检测装置的距离一般为 1.5m±0.1m，安装高度一般为 0.7m±0.02m。

- 收、发装置要相互对准且光轴上不要有固定的障碍物，接收装置要避免被阳光或强烈灯光直射。

2）读卡机、闸门机的安装。首先要根据设备的安装尺寸制作混凝土基础，并埋入地脚螺栓，然后将设备固定在地脚螺栓上，固定要牢固、平直。

3）满位指示设备安装。在车库入口处可安装满位指示灯，落地式满位指示灯可用地脚螺栓或膨胀螺栓固定于混凝土基座上，壁装式满位指示灯安装高度大于 2.2m。

（12）门禁系统设备箱安装。

1）设备箱的安装位置、高度要符合设计要求，在无设计要求时，应安装于较隐蔽或安全的地方，底边距地为 1.4m。

2）安装设备箱时，箱体框架要紧贴建筑物表面。严禁采用电焊或气焊将箱体与预埋管焊在一起。管入箱要用锁母固定。

3）明装设备箱时，要找准标高，进行钻孔，埋入金属膨胀螺栓进行固定。箱体背板与墙面平齐。

4）控制器箱的交流电源要单独敷设，严禁与信号线或低压直流电源线穿在同一管内。

（13）门禁系统线缆敷设。

1）布放线缆前要对其进行绝缘测试，电线与电缆线间和线对地间的绝缘电阻值必须大于 0.5MΩ，测试合格后方可敷设。

2）布放线缆要排列整齐，不拧绞，尽量减少交叉，交叉处粗线在下，细线在上。

3）管内线缆不得有接头，接头必须在盒（箱）处连接。

4）所敷设的线缆两端必须做好标记。同轴电缆的屏蔽层均需单端可靠接地。

（14）门禁系统终端设备安装。

1）安装电磁锁、电控锁、门磁前，要核对锁具、门磁的规格、型号是否与其安装的位置、标高、门的种类和开关方向相匹配。

2）电磁锁、电控锁、门磁等设备安装时，要预先在门框、门扇对应位置开孔。

3）按设计及产品说明书的接线要求，将盒内甩出的导线与电磁锁、电控锁、门磁等设备接线端子进行压接。

4）电磁锁安装。首先将电磁锁的固定平板和衬板分别安装在门框和门扇上，然后将电磁锁推入固定平板的插槽内，即可用螺钉固定，按图连接导线。

5）在玻璃门的金属门框安装电控锁，一般置于门框的顶部。

6）读卡器、出门按钮等设备的安装位置和标高要符合设计及要求。如果无设计要求，读卡器和出门按钮的安装高度为 1.4m，与门框的水平距离为 100mm。

7）按设计及产品说明书的接线要求，将盒内甩出的导线与读卡器等设备的接线端子进行压接。

8）使用专用螺钉将读卡器固定在暗装预埋盒上，固定要牢固可靠，面板端正，紧贴墙面，四周无缝隙。

14. 机房工程

机房工程参见第四章第二节机房工程。

15. 智能化系统清单

（1）建筑系统集成管理系统清单见表5-21。

表5-21　　　　　　　　　　　　　　建筑系统集成管理系统清单

序号	设备名称	技术性能要求	单位	数量	单价	合价
1	系统服务器	Xeon DP 5504，2G×2146G×2 RAID1，DVD，22'LCD	台	1	□	□□□
2	服务器操作系统	Windows10/Windows2012 Server/Windows2016 Server/Vista/Windows7	套	1	□	□□□
3	数据库软件	Sybase、Oracal 等	套	1	□	□□□
4	杀毒软件		套	1	□	□□□
5	集成系统软件平台		套	1	□	□□□
6	绘图软件		套	1	□	□□□
7	系统联动模块		套	1	□	□□□
8	建筑设备监控系统接口	与第三方系统集成	套	1	□	□□□
9	闭路电视监控系统接口	与第三方系统集成	套	1	□	□□□
10	防盗报警系统接口	与第三方系统集成	套	1	□	□□□
11	门禁系统接口	与第三方系统集成	套	1	□	□□□
12	停车场系统接口	与第三方系统集成	套	1	□	□□□
13	信息发布系统接口	与第三方系统集成	套	1	□	□□□
14	消防报警系统接口	与第三方系统集成	套	1	□	□□□
15	智能照明系统接口	与第三方系统集成	套	1	□	□□□
	总计					□□□

（2）网络交换机系统清单见表5-22。

表5-22　　　　　　　　　　　　网络交换机系统清单

序号	设备名称	技术性能要求	单位	数量	单价	合价
		核心交换机部分				□□□
1	核心交换机	盒式交换机，交换容量大于或等于 2.5Tbit/s；转发性能大于或等于 700Mbit/s；10GE 光接口大于或等于24；40GE 光接口大于或等于6，电源模块配置数量大于或等于2；风扇模块配置数量大于或等于2；端口限速：支持双向带宽限制，实配板卡端口限速粒度小于或等于 8kbit/s；VLAN 特性大于或等于4096	台	4	□	□□□
		万兆光纤 LC 接口模块（1310nm，10km）	个	10	□	□□□
		40G SR 光模块，MPO 接口（850m，OM3 型光纤100m）	个	2	□	□□□
2	防火墙业务板模块		块	2	□	□□□
3	无线控制器业务板模块		块	2	□	□□□
4	光模块	单模模块，10km	个	26	□	□□□

续表

序号	设备名称	技术性能要求	单位	数量	单价	合价
接入交换机部分						□□□
1	48 口接入交换机	盒式交换机；交换容量大于或等于 335Gbit/s；转发性能大于或等于 105Mbit/s；10/100/1000M 电接口数量大于或等于 48；GE/10GE 光接口大于或等于 4；电源模块配置数量大于或等于 2；冗余风扇；端口限速：支持双向带宽限制，实配板卡端口限速粒度小于或等于 16kbit/s；VLAN 特性大于或等于 4096	台	15	□	□□□
2	24 口接入交换机	盒式交换机；交换容量大于或等于 335Gbit/s；转发性能大于或等于 105Mbit/s；10/100/1000M 电接口数量大于或等于 24；GE/10GE 光接口大于或等于 4；电源模块配置数量大于或等于 2；冗余风扇；端口限速：支持双向带宽限制，实配板卡端口限速粒度小于或等于 16kbit/s；VLAN 特性大于或等于 4096	台	7	□	□□□
3	POE 接入交换机	交换容量大于或等于 335Gbit/s；转发性能大于或等于 105Mbit/s；24 个 10/100/1000Base－T 以太网端口；支持 802.3af/at 标准协议的 POE/POE＋供电，要求实际配置 POE/POE＋供电功能；支持二层链路协议、三层路由协议、组播、MPLS 和 QoS 功能；整机 POE 实际可使用功率大于或等于 370W；支持零配置部署，便于迅速运维；配置可插拔的冗余电源；冗余风扇	台		□	
4	光模块	单模模块，10km	个	26	□	□□□
路由器部分						□□□
1	出口路由器	①业务模块插槽数大于或等于 8 个；②交换容量大于或等于 70Tbit/s；③包转发率大于或等于 12Gbit/s；④NAT 最大并发连接数大于或等于 1600 万；⑤内存大于或等于 2GB；⑥整机支持 CPOS 接口大于或等于 4；⑦整机支持 GE 接口大于或等于 32；⑧支持 USB 接口 2 个；⑨支持接口模块热插拔；⑩支持 RIP/RIPng、OSPF/OSPF v3、IS－IS/IS－I	台	1	□	□□□
管理部分						□□□
1	网络管理	①提供基础网管平台（100 设备）；②提供专业无线管理组件；③提供无线 license－管理 50 台 AP 设备	台	1	□	□□□
无线部分						□□□
1	无线 AP	同时支持 802.11a/n/ac/ax 和 802.11b/g/n 工作；支持 AP 零配置上线，由无线控制器下发配置； 支持最大接入用户数大于或等于 256 个；支持 6 空间流，整机速率大于或等于 3.2Gbit/s；大于或等于 2 个 1000Mbit/s（RJ45）支持 MAC 认证、Portal 认证、802.1X 认证、PSK 认证模式，并可支持 MAC＋Portal 混合认证；支持无线入侵检测/防御系统技术（WIDS/WIPS）；支持基于频段的负载均衡，2.4GHz 频段与 5GHz 频段均衡接入，并且支持 5GHz 优先接入；支持本地 DC 电源供电和 PoE 供电两种供电模式	台	18	□	□□□
合计						□□□

（3）综合布线系统清单见表 5－23。

表 5 – 23　　　　　　　　综 合 布 线 系 统 清 单

序号	设备名称	技术性能要求	单位	数量	单价	合价
1	单孔 86 面板	① 自带弹簧门，防水防尘，有可方便的可更换的嵌入式彩色标签条；② 双层结构，螺栓不外露，边角柔性设计；③ 采用热塑料制成，符合 UL 要求，高强度，阻燃级别符合 94V – 0 的要求，UV 耐腐蚀	个	18	☐	☐☐☐
2	双孔 86 面板	① 自带弹簧门，防水防尘，有可方便的可更换的嵌入式彩色标签条；② 双层结构，螺丝不外露，边角柔性设计；③ 采用热塑料制成，符合 UL 要求，高强度，阻燃级别符合 94V – 0 的要求，UV 耐腐蚀	个	582	☐	☐☐☐
3	地插	铜制、材料为纯铜耐氧化	个	180	☐	☐☐☐
4	六类模块	① 指压式免工具安装；② 任选 90°直角或 45°斜插安装；③ UL 94V – 0，耐抗击强冲击；④ KEYSTONE 国际标准类型	个	1182	☐	☐☐☐
5	6 类双绞线	① 23AWG，0.57mm 铜芯线，305m/箱；② CMR 防火外皮，整体外径 6.3mm 以上；③ 内部带十字骨架结构；④ 信产部性能认证	箱	290	☐	☐☐☐
6	12 芯单模室内光纤	ITU – T G.652 D 单模光纤，工作波长为 1310nm 及 1550nm 双窗口波长	m	17 690	☐	☐☐☐
7	3 类 50 对大对数	① 室内结构，支持 3 类语音应用，CMR 防火等级；② 最大直流阻抗：9.38Ω/100m，工作温度范围：–20℃～60℃；③ 每 25 对线缆含撕裂拉索和彩色芯线束，外护套上有连续米标，方便安装	轴	7	☐	☐☐☐
8	3 类 100 对大对数	① 室内结构，支持 3 类语音应用，CMR 防火等级；② 最大直流阻抗：9.38Ω/100m，工作温度范围：–20℃～60℃；③ 每 25 对线缆含撕裂拉索和彩色芯线束，外护套上有连续米标，方便安装	轴	22	☐	☐☐☐
9	六类 24 口快捷式配线架	① 每端口带嵌入式标识条并可以彩色编码；② 每端口带防尘盖设计，后部带理线支架；③ UL 94V – 0，耐抗击强冲击	个	64	☐	☐☐☐
10	理线器	① 单面线缆管理器，带扣入式盖板，提供良好的跳线存储和管理性能；② 可防灰和防刮伤；③ 材质延性好，抗冲击	个	127	☐	☐☐☐
11	110 型 100 对配线架	① 110 机架式配线架，100 对，含背板，标签；② 支持卡接 22～26AWG 规格的芯线；③ 采用阻燃 PVC，材质符合 UL94V – 0 阻燃标准	套	79	☐	☐☐☐
12	24 口光纤配线架	① 抽屉式，黑色 1U 高度；② 含尾纤熔接盘	个	63	☐	☐☐☐
13	单模 SC 耦合器	单模 SC 双工耦合器，采用氧化锆陶瓷芯	个	504	☐	☐☐☐
14	单模 SC 尾纤（1m）	① 符合 OM1 类型 9/125um 单模千兆尾纤；② 双芯，1m 长	条	504	☐	☐☐☐
15	SC – LC 单模光纤跳线（2m）	① 符合 OM1 类型 9/125um 单模千兆光纤；② 双芯 LC – SC 类型，2m	条	168	☐	☐☐☐
16	1 对 110 – RJ45 语音跳线（2m）	① 原厂 1 对 110 – RJ45 类型，长度 2m；② 110 插头带极性，防止反插	条	424	☐	☐☐☐

续表

序号	设备名称	技术性能要求	单位	数量	单价	合价
17	六类数据跳线（2m）	① 24AWG 多股带十字骨架软线制作，兼容T568A/B；② 外护套一次注塑成型制作，减少插头部分应力；③ 插头几何外形符合ＦＣＣ及ＩＥＣ相应规范，8 针模块化插头有 50um 的镀金层	条	758	□	□□□
18	5 对打线工具	110 连接块打线工具，支持同时多对端接	把	2	□	□□□
19	机柜	42HU	个	46	□	□□□
合计						□□□

（4）程控交换机系统清单见表 5–24。

表 5–24 程控交换机系统清单

序号	设备名称	技术性能要求	单位	数量	单价	合价
1	HiPath3800V7.0 主机柜	9 个自由槽	台	1	□	□□□
2	HiPath3800V7.0 副机柜	13 个自由槽	台	1	□	□□□
3	24 路模拟来电显示用户板 SLMAE200	可接 24 个模拟分机	块	12	□	□□□
4	24 路数字用户板 SLMO2	可接 24 个数字分机	块	1	□	□□□
5	60B＋D 数字中继板 DIUN2	可接两条 30B＋D	块	2	□	□□□
6	1B 软件包 DIUN2 LICENSE	1 个语音通道的费用	个	88	□	□□□
7	4 路语音信箱	所有分机都可以留言	台	1	□	□□□
合计						□□□

（5）有线电视系统清单见表 5–25。

表 5–25 有 线 电 视 系 统 清 单

序号	设备名称	技术性能要求	单位	数量	单价	合价
1	卫星接收天线	接收亚太 6 号/3.2m	套	1	□	□□□
2	卫星天线避雷器		个	1	□	□□□
3	高频头		个	1	□	□□□
4	二路功分器	锌合金压铸成型，表面镀镍处理，75Ω，英制 F 型接头，插入损耗低，隔离度高，最大通过电流 0.5A，电压 DC 24V	个	1	□	□□□
5	八路功分器	锌合金压铸成型，表面镀镍处理，75Ω，英制 F 型接头，插入损耗低，隔离度高，最大通过电流 0.5A，电压 DC 24V	个	2	□	□□□

续表

序号	设备名称	技术性能要求	单位	数量	单价	合价
6	卫星接收机	接收亚太 6 号	台	10	□	□□□
7	调制解调器	48～860MHz 范围的全电视频道解调器，可接收标准频道 56 个（CH1～56）和增补频道 43 个（Z1～Z43）	台	11	□	□□□
8	DVD	可播放：DVD/SVCD/VCD/CD/CD－R／－RW/DVD－R/－RDL/－RW/（VIDEO MODE、VR MODE W/CPRM）/DVD＋R/＋RDL/＋RW（VIDEO MODE）。视频制式 NTSC/PAL	台	1	□	□□□
9	16 路混合器	采用全无源结构，对信号非线性指标无任何劣化影响，插入损耗低，端口隔离度高	台	1	□	□□□
10	19in 液晶电视	物理分辨率 1366×768，LED 背光屏，支持多模式电脑分辨率，PAL/NTSC 双制式自动识别技术，声音制式自动识别技术、3D 画质处理、3D 梳状滤波器，动态色彩处理引擎，运动补偿，10Bit 视频处理，图像倍速处理引擎等多效画质提升电路，LED 背光，超清晰靓丽画质，画面清晰流畅	台	1	□	□□□
11	室内光接收机	220V 独立供电（用于有线信号接入）	台	1	□	□□□
12	双向干线放大器	220V 独立供电，双模块	只	1	□	□□□
13	双向分配放大器	220V 独立供电，双模块	只	6	□	□□□
15	四分支器	5～1000M	只	66	□	□□□
16	二分配器	5～1000M	只	1	□	□□□
17	四分配器	5～1000M	只	3	□	□□□
18	有线电视 F 插座	5～1000M	只	124	□	□□□
19	75Ω终端电阻		只	30	□	□□□
20	四屏蔽电视线缆	SYWV75－9	m	3800	□	□□□
21	四屏蔽电视线缆	SYWV75－5	m	8500	□	□□□
22	19in 机柜	42HU	套	2	□	□□□
23	电视放大器箱	600mm×400mm×200mm	台	6	□	□□□
24	电视分支箱	300mm×200mm×150mm	台	40	□	□□□
合计						□□□

（6）信息发布系统清单见表 5-26。

表 5-26　　　　　　信 息 发 布 系 统 清 单

序号	设备名称	技术性能要求	单位	数量	单价	合价
1	中央控制系统端软件－分屏版	一个中央控制系统端可以同时发布和管理若干个媒体显示端，安装在中央控制系统端硬件上。增强版软件，灵活地编排和发布节目，预览播放画面，监控节目及播放状态，定时远程开关机管理维护，定时或紧急插入发布节目或内容等，基于 TCP/IP 网络的控制管理和发布，含远程指令模块，实时网页接入模块等，支持各类多媒体节目及格式，不需要转换格式	个	1	□	□□□

续表

序号	设备名称	技术性能要求	单位	数量	单价	合价
2	中央控制系统端硬件	推荐配置不低于 CPU：Q9400/内存 2G/硬盘 250G/DVDRW/256 显卡/19 宽 LCD，安装繁体和简体语言、字体和字库或其他有需要的语言。备注：正版操作系统及正版 Office 等软件由工程商自行另外配置	个	1	□	□□□
3	媒体播放机及媒体显示端软硬件－分屏版	嵌入式 XPE 操作系统 CPU：Intel 嵌入式低功耗处理器/内存，1G/硬盘：160G，标准 VGA，音频输出，RS232 串口，USB 接口，含电源线，含增强版软件，支持 1 个媒体显示端授权许可软件价格，支持 720P 高清显示效果，支持横屏显示效果，任意分割画面播放，自定义模板功能	个	23	□	□□□
4	LED 工控媒体播放机及媒体显示端软硬件－分屏版	嵌入式 10 操作系统，CPU：AMD 硬件加速芯片结合，有风扇嵌入式低功耗处理器/内存：1G/硬盘：160G，HDMI 输出，HDMI 转 DVI 输出，标准 VGA 输出，音频输出，RS232 串口，USB 接口，含电源线，含增强版软件，支持 1 个媒体显示端授权许可软件价格，支持 LED 真彩显示效果，支持高清片源播放及显示效果，任意分割画面播放，自定义模版功能	个	1	□	□□□
5	触摸交互多媒体发布系统客户端	将慧峰触摸交互多媒体发布系统客户端软件安装在触摸屏查询一体机的主机上，并实现触摸查询与信息发布的交互应用，包括与触摸查询系统的接口软件与播放端软件，实现在无人查询的情况下自动播放多媒体节目，在有人触摸查询条件下进入查询系统中的交互应用，不含触摸查询一体机及触摸业务查询软件	个	2	□	□□□
6	有线电视音视频接入切换设备及软件（实现有线电视画面接入信息发布显示功能）	将前端的有线电视节目接入到信息发布的显示画面中，并作为一路节目源在指定时间播放相应的电视频道节目内容，实现一个 LCD 中画中画的播放显示效果，并通过软件系统和网络，由中央管理员统一灵活地切换、选择频道，不需要人为的遥控器的接入选台（含视频接入切换设备及接口软件系统）	个	24	□	□□□
7	19inLCD	亮度 300cd/m^2	台	4	□	□□□
8	32inLCD	外形尺寸 780mm×482mm×109mm，亮度 450cd/m^2，最佳分别率 1366×768，显示色彩 16.7M，接口类型 D－Sub，DVI－D，HDMI，CVBS	台	12	□	□□□
9	40inLCD	外形尺寸 914mm×526.5mm×121.5mm，亮度 700cd/m^2，最佳分别率 1920×1080，显示色彩 16.7M，接口类型 D－Sub，DVI－D，HDMI，CVBS，Audio Stereo，Sound Stereo，DVI OUT	台	7	□	□□□
10	触摸查询一体机	32in	台	2	□	□□□
11	8 口交换机		台	1	□	□□□
12	六类网线		箱	8	□	□□□
	合计					□□□

（7）会议系统清单见表 5－27。

表 5-27　　　　　　　　　　　　　　会 议 系 统 清 单

序号	设备名称	技术性能要求	单位	数量	单价	合价
		大会议室				
		一、扩声系统				□□□
1	左右声道扬声器	峰值声压级不小于 129dB；频响范围下限不高于 55Hz，上限不低于 20kHz，声场水平扩散角度 90°×60°	只	4	□	□□□
2	中声道扬声器	峰值声压级不小于 129dB；频响范围下限不高于 55Hz，上限不低于 20kHz，声场水平扩散角度 90°×60°	只	4	□	□□□
3	低音扬声器	峰值声压级不小于 126dB；频响范围下限不高于 31Hz，上限不低于 145Hz	只	2	□	□□□
4	返送扬声器	峰值声压级不小于 125dB；频响范围下限不高于 73Hz，上限不低于 20kHz，声场水平扩散角度 90°×90°	只	4	□	□□□
5	补声扬声器	峰值声压级不小于 130dB；频响范围下限不高于 70Hz，上限不低于 20kHz，声场水平扩散角度 90°×60°	只	4	□	□□□
6	左右声道扬声器功放	频率响应：25～25kHz（+0，-1dB）。失真：小于 0.03%，8Ω。信噪比：大于 100dB。阻尼因数：大于 300dB，1kHz 以下。输入阻抗：平衡 20kΩ，非平衡 10kΩ。输入灵敏度：1.15V。增益：34dB。最大输入电平：9.75V（+22dB）	台	2	□	□□□
7	中声道扬声器功放	频率响应：25～25kHz（+0，-1dB）。失真：小于 0.03%，8Ω。信噪比：大于 100dB。阻尼因数：大于 300dB，1kHz 以下。输入阻抗：平衡 20kΩ，非平衡 10kΩ。输入灵敏度：1.15V。增益：34dB。最大输入电平：9.75V（+22dB）	台	2	□	□□□
8	低音扬声器功放	频率响应：25～25kHz（+0，-1dB）。失真：小于 0.03%，8Ω。信噪比：大于 100dB。阻尼因数：大于 300dB，1kHz 以下。输入阻抗：平衡 20kΩ，非平衡 10kΩ。输入灵敏度：1.15V。增益：34dB。最大输入电平：9.75V（+22dB）	台	1	□	□□□
9	返送扬声器功放	频率响应：25～25kHz（+0，-1dB）。失真：小于 0.03%，8Ω。信噪比：大于 100dB。通道分离度：大于 90dB，1kHz。阻尼因数：大于 300dB，1kHz 以下。输入阻抗：平衡 20kΩ，非平衡 10kΩ。输入灵敏度：1.15V。增益：32dB。最大输入电平：9.75V（+22dB）	台	2	□	□□□
10	补声扬声器功放	频率响应：25～25kHz（+0，-1dB）。失真：小于 0.03%，8Ω。信噪比：大于 100dB。通道分离度：大于 90dB，1kHz。阻尼因数：大于 300dB，1kHz 以下。输入阻抗：平衡 20kΩ，非平衡 10kΩ。输入灵敏度：1.15V。增益：32dB。最大输入电平：9.75V（+22dB）	台	2	□	□□□
11	调音台	24 麦克风或线路输入，2 路双立体声输入，并带均衡器，绝对超值的 4 段 MusiQ 均衡器，4 辅助编组，6 路辅助输送和 7×2 矩阵功能。4 段 MusiQ 均衡器，2 段扫频，单声道直接输入；独立 L，R&M 总线；100mm 推子；3 个矩阵输出；对讲至辅助输送或 LRM	台	1	□	□□□

续表

序号	设备名称	技术性能要求	单位	数量	单价	合价
12	音频处理器	高达 96kHz 采样频率，3.5in，320x240LCD 触摸屏控制，使用电源：100～240V AC，50/60Hz。消耗功率：0.25A/220V AC	台	1	□	□□□
13	均衡器	双 31 段 1/3 倍频程图示均衡器，信噪比高达 100dB，40Hz 的低频切除滤波器，互补增益控制电路使频点精确、音色平滑、圆润，20dB 可调的降噪处理，实现真正的无噪声输出，45mm 长控制推杆，使调试更为精确，前面板保护屏可覆盖调控旋钮及电位器，防止意外误操作，具有平衡 XLR 及 1/4inTRS 及接线端子输入/输出	台	2	□	□□□
14	效果器	在 24bit/96kHz 状态下优越的声音品质、通过 SPx2000 编辑器软件来实现在电脑上编辑和控制、重新优化的预置程序包括新开发的"REV-X"混响算法	台	1	□	□□□
15	反馈抑制器	传声增益 10dB；背景降噪 14dB；啸叫抑制 10dB；增益控制－12dB～36dB；频率响应 50Hz～20kHz	台	1	□	□□□
16	无线手持话筒	在 600MHz 频段运行，拥有 10 个可选的频率，运用了真正分集的超高频无线技术	套	2	□	□□□
17	无线领夹话筒	在 600MHz 的频率波段（656.125～678.500MHz，电视的 45～48 频道）上运行	套	2	□	□□□
18	鹅颈话筒（含底座）	频率响应 80～20 000Hz，信噪比 65dB，1kHz 于 1Pa	套	16	□	□□□
19	自动混音台	8 路话筒/线路输入，采用裸线接口端子；每路输入都具有电平微调、预衰减、电平调整、信号/过载指示灯；8 通道可设定为远程输入信号或者背景音乐输入；可选择最后说话通道保持打开、高通滤波器、自动混音；主输出、辅助输出和通道直接输出的信号可在自动混音前后自由选择；所有选项功能都通过外部接线完成，无需开机箱操作内部跳线；每通道都有逻辑输出，用于触发外部设备	台	2	□	□□□
20	DVD 机	5.1 声道输出，USB 接口，输入端口，HDMI 接口	台	1	□	□□□
21	MD 机		台	1	□	□□□
22	录音卡座		台	1	□	□□□
	二、视频显示系统					□□□
1	投影机	三片 DLP 技术，10 000lm，分辨率 1400×1050，对比度 5000:1，4 只 250W UHP 灯泡，液体冷却技术，标准 4:3 比例，内置画中画和融合功能	台	2	□	□□□
2	电动升降架	定制	套	2	□	□□□
3	投影幕	200in 电动幕布	副	2	□	□□□
4	广播级枪机摄像机		台	1	□	□□□
5	一体化摄像机	速率：30 帧/s。图像分辨率：752×582。输出接口：RS232 或 RS422 串行控制（VISCATM 命令）。图像传感器：1/4in CCD。镜头：18x 变焦，f=4.1（宽）～73.8mm（电视），F1.4～F3.0。水平视角：2.7°（电视端）～48°（宽端）。平移或倾斜：平移，±170°（最大速度 100°/s），倾斜：－30°～90°（最大速度 90°/s）。视频输出：VBS，Y/C。预设定位：6 个位置。功耗：12W	台	4	□	□□□

续表

序号	设备名称	技术性能要求	单位	数量	单价	合价
6	AV 矩阵	16×16	台	1	□	□□□
7	RGB 矩阵	16×16	台	1	□	□□□
三、中控系统						□□□
1	中央控制主机	4 个通用串行接口，1 个通用 SmartNet 口，8 路 IR，8 路 I/O，8 路继电器，内置网口；32 位 MOTOROLA ColdFire 处理器，工业高速总线结构；16M 内存，4M 闪存（可扩展）；1 个 RS232 通用编程接口；内置网口和 TCP/IP 协议簇	台	1	□	□□□
2	真彩无线双向触摸屏	分辨率 800×640	台	1	□	□□□
3	双向无线 RF 收发器		个	1	□	□□□
4	桌面式真彩触摸屏		台	1	□	□□□
5	红外发射棒		个	4	□	□□□
6	电源控制器		台	1	□	□□□
7	编程软件		套	1	□	□□□
四、辅料线材						□□□
1	设备机柜		台	2	□	□□□
2	时序电源器	8 路	台	2	□	□□□
3	多媒体接口盒	VGA、AV、音频、电源	个	8	□	□□□
4	话筒盒	4 路	个	4	□	□□□
5	专业音箱线		m	800	□	□□□
6	专业话筒线（含音频线）		m	300	□	□□□
7	专业视频线		m	800	□	□□□
8	RGB 线		m	800	□	□□□
9	控制线		m	800	□	□□□
10	网线		m	800	□	□□□
11	辅料		批	1	□	□□□
小计						□□□
小会议室						
一、视频显示系统						□□□
1	液晶显示器		台	2	□	□□□
2	安装壁架		套	2	□	□□□
二、辅料线材						□□□
1	多媒体接口盒		个	2	□	□□□

续表

序号	设备名称	技术性能要求	单位	数量	单价	合价
2	专业视频线		m	100	☐	☐☐☐
3	RGB 线		m	100	☐	☐☐☐
4	辅料			2	☐	☐☐☐
		小计				☐☐☐
		带同传会议室				
		一、扩声系统				☐☐☐
1	左右声道扬声器	峰值声压级不小于 129dB；频响范围下限不高于 55Hz，上限不低于 20kHz，声场水平扩散角度 90°×60°	只	2	☐	☐☐☐
2	补声扬声器	频率范围 75～18kHz；承受功率 200W，8Ω；高音覆盖角 90°×60° 有黑白两色可选；配置 1/4in 吊装点及 U 形安装架；可选输出变压器 70V/100V	只	2	☐	☐☐☐
3	左右声道扬声器功放	频率响应：25～25kHz（+0，−1dB）。失真：小于 0.03%，8Ω。信噪比：大于 100dB。阻尼因数：大于 300dB 1kHz 以下。输入阻抗：平衡 20kΩ，非平衡 10kΩ。输入灵敏度：1.15V。增益：34dB。最大输入电平：9.75V（+22dB）	台	1	☐	☐☐☐
4	补声扬声器功放	频率响应：25～25kHz（+0，−1dB）。失真：小于 0.03%，8Ω。信噪比：大于 100dB。通道分离度：大于 90dB，1kHz；阻尼因数：大于 300dB，1kHz 以下。输入阻抗：平衡 20kΩ，非平衡 10kΩ。输入灵敏度：1.15V。增益：32dB。最大输入电平：9.75V（+22dB）	台	1	☐	☐☐☐
5	音频处理器	高达 96kHz 采样频率，3.5in，320×240LCD 触摸屏控制。使用电源：100～240V（AC），50/60Hz。消耗功率：0.25A/220V（AC）	台	1	☐	☐☐☐
6	反馈抑制器		台	1	☐	☐☐☐
7	无线手持话筒	在 600MHz 频段运行，拥有 10 个可选的频率，运用了真正分集的超高频无线技术	套	2	☐	☐☐☐
8	无线领夹话筒	在 600MHz 的频率波段（656.125M～678.500MHz，电视的 45～48 频道）上运行	套	2	☐	☐☐☐
9	鹅颈话筒（含底座）	频率响应 80～20 000Hz，信噪比 65dB，1kHz 于 1Pa	套	8	☐	☐☐☐
10	自动混音台	8 路话筒/线路输入，采用裸线接口端子； 每路输入都具有电平微调、预衰减、电平调整、信号/过载指示灯；8 通道可设定为远程输入信号或者背景音乐输入；可选择最后说话通道保持打开、高通滤波器、自动混音以及 24V 幻象供电等功能；主输出、辅助输出和通道直接输出的信号可在自动混音前后自由选择；所有选项功能都通过外部接线完成，无须开机箱内部跳线；每通道都有逻辑输出，用于触发外部设备	台	1	☐	☐☐☐
11	DVD 机		台	1	☐	☐☐☐
12	MD 机		台	1	☐	☐☐☐
13	录音卡座		台	1	☐	☐☐☐
14	高频专用通信线缆		m	50	☐	☐☐☐

续表

序号	设备名称	技术性能要求	单位	数量	单价	合价
		二、视频显示系统				□□□
1	投影机	单片 DLP 技术，5000lm，分辨率 1024×768，对比度 1000:1，2 只 300W UHP 灯泡，液体冷却技术，标准 4:3 比例	台	1	□	□□□
2	电动升降架	定制	套	1	□	□□□
3	投影幕	150in 电动幕布	副	1	□	□□□
4	一体化摄像机	速率：30 帧/s。视像分辨率：752×582。输出接口：RS232 或 RS422 串行控制（VISCATM 命令）。图像传感器：1/4in CCD。镜头：18x 变焦，f=4.1（宽）～73.8mm（电视），F1.4～F3.0。水平视角：2.7°（电视端）到48°（宽端）。平移或倾斜：平移，±170°（最大速度 100°/s）。倾斜：−30°～+90°（最大速度 90°/s）。视频输出：VBS，Y/C。预设定位：6 个位置。功耗：12W	台	3	□	□□□
5	AV 矩阵	8×8	台	1	□	□□□
6	RGB 矩阵	8×8	台	1	□	□□□
7	视频会议终端	图像传感器 1/4in CCD；视像分辨率 704×576/352×288/176×144/128×96；摄像头速率 30 帧/s；高质量的视频和音频（H.264 和 MPEG AAC）、MCU 下的混速连接，支持 6 点，级联至 10 点的内置多点会议、支持带内置高质量回声抑制器的麦克风阵列、H.239 双流传输、连接的会场名可以在点对点和多点模式下显示于全屏或分屏显示；带宽要求 4Mbit/s（LAN）、2Mbit/s（ISDN）；输出接口 H.320/H.323	套	1	□	□□□
		三、中控系统				□□□
1	中央控制主机	4 个通用串行接口，1 个通用 SmartNet 口，8 路 IR，8 路 I/O，8 路继电器，内置网口；32 位 MOTOROLA ColdFire 处理器，工业高速总线结构；16M 内存，4M 闪存（可扩展）；1 个 RS232 通用编程接口；内置网口和 TCP/IP 协议簇	台	1	□	□□□
2	真彩无线双向触摸屏	分辨率 800×640	台	1	□	□□□
3	双向无线 RF 收发器		个	1	□	□□□
4	红外发射棒		个	4	□	□□□
5	电源控制器		台	1	□	□□□
6	编程软件		套	1	□	□□□
		四、辅料线材				□□□
1	设备机柜		台	1	□	□□□
2	时序电源器		台	1	□	□□□
3	多媒体接口盒		个	3	□	□□□
4	话筒盒		个	2	□	□□□

续表

序号	设备名称	技术性能要求	单位	数量	单价	合价
5	专业音箱线		m	300	☐	☐☐☐
6	专业话筒线		m	100	☐	☐☐☐
7	专业视频线		m	200	☐	☐☐☐
8	RGB 线		m	200	☐	☐☐☐
9	控制线		m	200	☐	☐☐☐
10	网线		m	200	☐	☐☐☐
11	辅料		批	1	☐	☐☐☐
	小计					☐☐☐
		贵宾会议室				
		一、扩声系统				☐☐☐
1	吸顶扬声器	带波导钕磁高音单元，102mm 低音单元，备有安装配件，内置高通滤波器	只	12	☐	☐☐☐
2	吸顶扬声器功放	频率响应：25Hz-25kHz（+0，-1dB）。失真：小于0.03%，8Ω。信噪比：大于100dB。通道分离度：大于90dB，1kHz。阻尼因数：大于300dB，1kHz 以下。输入阻抗：平衡20kΩ，非平衡10kΩ。输入灵敏度：1.15V。增益：32dB。最大输入电平：9.75V（+22dB）	台	2	☐	☐☐☐
3	DVD 机		台	2	☐	☐☐☐
		二、会议发言系统				☐☐☐
1	会议系统主机	4 种会议模式供选择，2U 设计，具有断电自动记忆功能，摄像自动跟踪功能；3 路单元端口，可连接会议单元，也可连接扩展主机。可计算机连接结合软件同步操作，4 路视频输入，1 路混合视频输出。内置各类快球摄像头的通信协议。平衡音频输入输出接口。面板 LCD 菜单显示屏，通过巡航按键和确认/返回按键完成系统设置，声控话筒技术	台	2	☐	☐☐☐
2	会议主席机	主席优先控制；带有表决按键；拾音器灵敏度 4 段调整；内置鹅颈拾音器；拾音器手动打开/声控关闭或手动关闭；数字 OLED 彩色屏幕；视像跟踪装置；内置麦克输入/笔记本线路输入/耳机输出/线路输出录音功能（含2m 线缆）	台	2	☐	☐☐☐
3	会议代表机	带有表决按键；拾音器灵敏度 4 段调整；内置鹅颈拾音器；拾音器手动打开/声控关闭或手动关闭；数字 OLED 彩色屏幕；视像跟踪装置；内置麦克输入/笔记本线路输入/耳机输出/线路输出录音功能（含2m 线缆）	台	18	☐	☐☐☐
4	会议延长线缆		套	2	☐	☐☐☐
5	会议系统扩展电源		台	2	☐	☐☐☐
		三、视频显示系统				☐☐☐
1	液晶显示器		台	2	☐	☐☐☐
2	安装壁架		套	2	☐	☐☐☐

续表

序号	设备名称	技术性能要求	单位	数量	单价	合价
		四、中控系统				□□□
1	中央控制主机	4个通用串行接口，1个通用 SmartNet 口，8 路 IR，8 路 I/O，8 路继电器，内置网口；32 位 MOTOROLA ColdFire 处理器，工业高速总线结构；16M 内存，4M 闪存（可扩展）；1 个 RS232 通用编程接口；内置网口和 TCP/IP 协议簇	台	2	□	□□□
2	真彩无线双向触摸屏	分辨率 800×640	台	2	□	□□□
3	双向无线 RF 收发器		个	2	□	□□□
4	12 键墙上控制面板	12 个可编程按键；1 个 4-Pin SmartNet 专用网络接口；120mm（高）×74mm（宽）×38mm（深）；24V（DC）网络供电	台	2	□	□□□
5	红外发射棒		个	8	□	□□□
6	电源控制器		台	2	□	□□□
7	编程软件		套	2	□	□□□
		五、辅料线材				□□□
1	设备机柜		台	2	□	□□□
2	多媒体接口盒		个	2	□	□□□
3	专业音箱线		m	200	□	□□□
4	专业话筒线		m	100	□	□□□
5	专业视频线		m	200	□	□□□
6	RGB 线		m	200	□	□□□
7	控制线		m	200	□	□□□
8	网线		m	200	□	□□□
9	辅料		批	2	□	□□□
		小计				□□□

（8）背景音乐及紧急广播系统清单见表 5-28。

表 5-28　　　　　　　　　背景音乐及紧急广播系统清单

序号	设备材料名称	技术性能要求	单位	数量	单价	总价
1	系统管理主机	4 音频母线的输入矩阵，主控制器，可控制音频信号路径、优先级和外围设备。可记录最多 2000 个系统活动与故障。电源：直流 24V（工作时范围：直流 20~40V）。频率响应：20~20 000Hz。信噪比：高于 60dB。失真：低于 0.5%	台	1	□	□□□
2	遥控话筒输入模块	电源由主机提供，RJ45 接头	块	1	□	□□□
3	音频输入模块	频响：20~20 000Hz。信噪比：90dB	块	2	□	□□□

续表

序号	设备材料名称	技术性能要求	单位	数量	单价	总价
4	语音广播模块	频响：20～20 000Hz（44.1kHz 取样），快闪记忆卡 128M	块	2	□	□□□
5	遥控话筒	单一指向性电容式话筒，功能键 15，可扩展至 105 个	台	1	□	□□□
6	扩展单元	10 区扩展键盘，功能键 10，最大 20mA（RM－200M 直流电源输入条件下），最大 75mA	个	4	□	□□□
7	监察机框	将 4 条音频母线分配至各区的输出矩阵部分。电源：24V DC。消耗电流：低于 2A（直流 40V）。输入/输出音频连接音频母线数：40dB×，电子平衡式，RJ45 母型接头，双绞电缆（TIA/EIA－586A 标准）。失真：低于 0.5%。频率响应：20～20 000Hz（使用 VX－200SZ 时：120～20 000Hz）。信噪比：高于 60dB	台	5	□	□□□
8	导频音检测模块	通过检测导频信号的存在与否检测喇叭回路的短路和开路，并可检测接地故障。	块	45	□	□□□
9	控制输入模块	用于增加系统控制输入数量的模块	块	2	□	□□□
10	功率放大器	4 通道。额定功率：60W。频率响应：40～16 000Hz，±3dB(1/3 额定输出)。失真:低于 1%(额定输出,1kHz)。信噪比：高于 80dB	台	13	□	□□□
11	功率放大器	2 通道。额定功率：120W。频率响应：40～16 000Hz，±3dB(1/3 额定输出)。失真:低于 1%(额定输出,1kHz)。信噪比：高于 80dB	台	1	□	□□□
12	功率放大器	额定功率：240W。频率响应：40～16 000Hz，±3dB(1/3 额定输出)。失真：低于 1%（额定输出，1kHz）。信噪比：高于 80dB	台	2	□	□□□
13	功放输入模块	额定功率：420W。频率响应：40～16 000Hz，±3dB(1/3 额定输出)。失真：低于 1%（额定输出，1kHz）。信噪比：高于 80dB	块	50	□	□□□
14	电源机架		个	3	□	□□□
15	电源供应单元	将 4 条音频母线分配至各区的输出矩阵部分。电源：24V DC。消耗电流：低于 2A（直流 40V）。输入/输出音频连接音频母线数：40dB，电子平衡式，RJ45 母型接头，双绞电缆（TIA/EIA－586A 标准）。失真：低于 0.5%。频率响应：20～20 000Hz（使用 VX－200SZ 时：120～20 000Hz）。信噪比：高于 60dB	台	8	□	□□□
16	紧急电源供应器	电源：直流 230V，50/60Hz。电源消耗：最大 580W。额定输出：210W（29V，7.25A）×2	台	3	□	□□□
17	监听器	用于监听喇叭线路等级的被动式监听面板；最多可对 10 频道音响信号做监听；5in 全音域喇叭及功率计做监听用	台	5	□	□□□
18	嵌顶式喇叭	输入功率：6W，3W；1W 可调。灵敏度：90dB（1W，1M 于 33～3300Hz 粉红噪声）。频率响应：100～16 000Hz。驱动单元：12CM 锥形扬声器	只	222	□	□□□
19	6W 壁挂式喇叭	额定输入：30W。阻抗：8Ω。频率响应：80～20 000Hz	只	45	□	□□□

续表

序号	设备材料名称	技术性能要求	单位	数量	单价	总价
20	数字音乐播放器	采用 ARM920T 内核架构，主频 200MHz；具有 16KB 的指令 Cache，16KB 的数据 Cache，64MB SRAM。音频输出：I2S 接口音质好。LCD 接口：蓝色 122×32 点阵，工业级 STN LCD，2 行汉字显示。上行信道：标准 GSM/GPRS 短信	台	1	□	□□□
21	DVD/CD/MP3/AM/FM	宽电源 110～240V，192kHz/24bit 音频数码/模拟转换器，频率响应 40～20 000Hz，谐波失真小于 0.3%，信噪比大于 70dB。自动和手动调谐，记忆功能，带外置天线，阻抗 75Ω非平衡，灵敏度 2.5μs/98MHz（FM），20μs/999kHz（AM），静态 30dB（FM），20dB（AM），信噪比大于或等于 70dB(FM)，大于或等于 45dB(AM)，失真小于 1%	台	1	□	□□□
22	免维护蓄电池	额定电压：12V。额定电容：100AH。长：333mm。宽：172mm。高：216mm。重量：31.3kg	个	16	□	□□□
23	6W 音量控制器	四线制音量控制器，容量可扩展至 60W、120W，或 200W，强插告警功能	个	1	□	□□□
24	30W 音量控制器	四线制音量控制器，容量可扩展至 60W、120W，或 200W，强插告警功能	个	1	□	□□□
25	60W 音量控制器	四线制音量控制器，容量可扩展至 60W、120W，或 200W，强插告警功能	个	1	□	□□□
26	19in2.0m 标准广播机柜	42U 标准广播机柜	个	3	□	□□□
27	系统管理计算机		台	1	□	□□□
28	燃烧性能 B1 级的铜芯耐火控制电缆	□□－2×2.5	m	9600	□	□□□
29	燃烧性能 B1 级的铜芯耐火控制电缆	□□－2×1.5	m	16 000	□	□□□
		合计				□□□

（9）无线对讲系统清单见表 5－29。

表 5－29　　　　　　　　无 线 对 讲 系 统 清 单

序号	设备名称	技术性能要求	单位	数量	单价	合价
1	基地台	频率范围：VHF 136～174MHz，300～370MHz，UHF 403～470MHz，内部装有比工器和预选器，支持 VHF/UHF/其他不同频段，电话互联接口，兼容所有 GR 系列控制器，UL/CSA/TUA 安全认证，连续的 25W 低功率，间歇的 40W/45W 高功率	台	2	□	□□□
2	耦合器	400～470MHz	个	33	□	□□□
3	接收有源分路器	二分路	台	1	□	□□□
4	发射合路器	二合路	台	1	□	□□□
5	双工器		个	1	□	□□□

续表

序号	设备名称	技术性能要求	单位	数量	单价	合价
6	天线（室内吸顶式）	400M～420MHz 或 450M～470MHz	付	34	□	□□□
7	同轴电缆	50Ω－9	m	3000	□	□□□
8	馈线接头	SMA 头	个	114	□	□□□
9	电缆跳线	50Ω－9	根	16	□	□□□
10	标准机柜	42HU	个	1	□	□□□
11	器件箱	500mm×400mm×200mm	个	27	□	□□□
12	电源插板	最大使用电压：AC 250V。最大使用电流：10AMP。最大使用功率：2500W。交流电工作频率：50Hz。高阻燃，抗冲击，具有优良的耐压、耐热、耐潮特性	个	1	□	□□□
13	包塑金属软管及构件	ϕ25mm	m	300	□	□□□
14	蓄电池		块	2	□	□□□
15	对讲机	频率范围：UHF。403M～440MHz，438M～470MHz。功率输出：1～4W（UHF）。信道容量：16。美国军用标准：美国军用标准 810C、D 和 E。信令－Quick Call Ⅱ、DTMF、部分的 MDC1200。电池寿命：10h（高功率）、13h（低功率）— 使用标准镍氢电池（可选配锂电池）	部	30	□	□□□
		合计				□□□

（10）建筑设备监控系统清单见表 5－30。

表 5－30　　　　　　　　　　　建筑设备监控系统清单

序号	设备名称	技术性能要求	单位	数量	单价	合价
		一、中控部分				□□□
1	系统工作站	2G 内存，320G 硬盘，512M 独显，20inLCD DVD WIN7	个	2	□	□□□
2	打印机	24 针击打式宽行点阵打印 A3，440cps，360dpi	个	1	□	□□□
3	网络交换机	8 口 10/100M 自适应电口，2 个 100M/1G SFP 光口，2 个复用的 10/100/1000M 自适应电口	个	1	□	□□□
4	NAE 网络控制引擎	BACnet 总线，200 个控制器	个	1	□	□□□
5	数据管理服务器软件	Web 服务，5 用户	个	1	□	□□□
6	冷机接口	第三方设备接口	个	1	□	□□□
7	变配电接口	第三方设备接口	个	1	□	□□□
8	电梯接口	第三方设备接口	个	1	□	□□□
9	照明接口	第三方设备接口	个	1	□	□□□

续表

序号	设备名称	技术性能要求	单位	数量	单价	合价
		二、现场控制器部分				□□□
10	BACnet 通用数字控制器	UI：6。BI：2。AO：2。BO：3。CO：4	个	59	□	□□□
11	BACnet I/O 扩展模块	BI：4	个	12	□	□□□
12	BACnet I/O 扩展模块	UI：6。BI：2。AO：2。BO：3。CO：4	个	103	□	□□□
13	DDC 盘箱	600mm×500mm×200mm，含变压器等	个	44	□	□□□
14	DDC 盘箱	700mm×500mm×200mm，含变压器等	个	13	□	□□□
15	DDC 盘箱	800mm×600mm200mm，含变压器等	个	12	□	□□□
16	继电器		个	263	□	□□□
		三、传感器执行器部分				□□□
17	水管温度传感器	镍元件，−46℃～104℃，6in	个	4	□	□□□
18	水管温度传感器配件	铜套管，152mm	个	4	□	□□□
19	液位开关	SPDT，12m 电缆	个	50	□	□□□
20	水管压力传感器	0～3MPa，1/4Male，0～10V，2m Cable	个	2	□	□□□
21	室外温湿度传感器	4～20mA/1kΩ/5%	个	1	□	□□□
22	室内二氧化碳传感器	$0～2000×10^{-6}$	个	17	□	□□□
23	风道式温度传感器	镍元件，−46℃～104℃，8in	个	88	□	□□□
24	风道式湿度传感器	0～10V，4%精度	个	88	□	□□□
25	压差开关	$0.5～4×10^{2}Pa$	个	88	□	□□□
26	低温断路器	自动复位，SPDT，2～7℃，6m	个	76	□	□□□
27	开关型风阀执行器	AC 24V，16N·m，浮点控制	个	88	□	□□□
28	调节型风阀执行器	AC 24V，16N·m，比例控制	个	24	□	□□□
29	DN40 二通球阀	KV40，黄铜阀体，不锈钢阀芯，120℃，PN40	个	4	□	□□□
30	水阀驱动器	AC 24V，6N·m，比例控制	个	4	□	□□□
31	DN50 二通球阀	KV63，黄铜阀体，不锈钢阀芯，120℃，PN40	个	3	□	□□□
32	水阀驱动器	AC 24V，9N·m，比例控制	个	3	□	□□□
33	球阀连接件	DN40，50 阀门连接件	个	7	□	□□□
34	DN65 二通球阀	KV63，黄铜阀体，不锈钢阀芯，120℃，PN16	个	11	□	□□□
35	DN80 二通球阀	KV100，黄铜阀体，不锈钢阀芯，120℃，PN16	个	61	□	□□□
36	D100 二通球阀	KV150，黄铜阀体，不锈钢阀芯，120℃，PN16	个	11	□	□□□
37	水阀驱动器	AC 24V，24N·m，比例控制	个	83	□	□□□
38	球阀连接件	DN65，80，100 阀门连接件	个	83	□	□□□
39	DN200 电动两通调节蝶阀	AC 220V，比例控制	个	1	□	□□□

续表

序号	设备名称	技术性能要求	单位	数量	单价	合价
		四、线缆辅材部分				
40	通信线	18AWG paired 屏蔽 8760	m	5000	☐	☐☐☐
41	控制线	ZRRVVP – 3 × 1.0	m	12 500	☐	☐☐☐
42	控制线	ZRRVVP – 2 × 1.0	m	47 000	☐	☐☐☐
43	控制器电源线	ZRRVV – 3 × 1.5	m	1500	☐	☐☐☐
		合计				☐☐☐

（11）视频监控系统清单见表 5-31。

表 5-31　　　　　　视 频 监 控 系 统 清 单

序号	设备名称	技术性能要求	单位	数量	单价	合价
1	系统工作站	酷睿至强处理器，16G 内存，128G 固态硬盘，1T 机械硬盘，2G 独显，双网卡 4 网口（电口），键盘鼠标	台	1	☐	☐☐☐
2	交换机	接入交换机，24 个 10/100/1000M 自适应电口，4 个 1G/10G SFP + 光口，1–24 口支持 PoE + /PoE，固化交流电源和风扇，整机 PoE 最大输出 370W，交换容量大于或等于 335Gbit/s，包转发率大于或等于 105Mbit/s；防护测试级别 IK05；支持 CPU 保护策略；支持快速以太网链路检测协议	台	1	☐	☐☐☐
3	多媒体操作软件（服务器安装）	电脑控制矩阵用	套	1	☐	☐☐☐
4	视频矩阵切换/控制主机	支持 4K 点对点输出显示；支持 300W/500W/800W/1200W 解码；满配最大支持 80 路 3840 × 2160@30fps/320 路 1080p@30fps 及以下标清视频解码能力；支持解码 H.265，满配最大支持 320 路 H.265 的 1080P 解码输出；支持解码 SVAC 和非标码流；支持 1/4/6/8/9/16/25/36 画面分割显示；支持自由分割；支持 80 路 1080P 网络视频接入及转发；支持 TCP/IP 协议，支持 RTP/RTSP/RTCP/TCP/UDP/DHCP 等网络协议	台	1	☐	☐☐☐
5	三维遥控键盘	最大支持 4 路 1080P 或者 1 路 4K 解码；支持 10 000 路以上设备控制；支持抓图、录像功能，文件保存到 U 盘支持 POE 供电，语音对讲，一键抓图；支持画面预监，电视墙画面回显，场景预编辑功能	台	1	☐	☐☐☐
6	码转换器	曼码转 RS485	台	1	☐	☐☐☐
7	视频分配器	16 入 32 出	台	15	☐	☐☐☐
8	硬盘录像机	①接入路数 16 路。②嵌入式 LINUX 系统。③盘位 8 个。④解码能力：1 路 16MP@30fps；2 路 12MP@30fps；3 路 8MP@30fps；4 路 5MP@30fps；6 路 4MP@30fps；12 路 1080p@30fps。⑤网络接口：2 个（10M/100M/1000M 以太网口，RJ45）	台	15	☐	☐☐☐

续表

序号	设备名称	技术性能要求	单位	数量	单价	合价
9	硬盘	监控专用硬盘，单盘容量：8TB。缓存：256MB。转速：5400r/min。硬盘接口：SATA	台	2	□	□□□
10	46in 液晶拼接屏单元	单屏 46in，拼缝间隙 0.88mm，屏幕比例 16:9，分辨率 1920×1080，亮度 500cd/m²，对比度 1400:1，响应时间不高于 8ms，可视角度 178°，支持 VGA、DVI、HDMI 等端子输入	台	12	□	□□□
11	室外一体化彩色枪机	传感器类型：1/2.8inCMOS。 像素：不低于 200 万。 最低照度：0.001lx（彩色模式）；0.0001lx（黑白模式）；0lx（补光灯开启）。 镜头类型：电动变焦。 镜头焦距：2.7～12mm。 镜头光圈：F1.0。 智能编码：H.264，支持（压缩率≥25%）；H.265，支持（压缩率≥25%）	台	12	□	□□□
12	固定镜头彩转黑低照度半球摄像机	传感器类型：1/3inCMOS。 像素：200 万。 最低照度：0.01lx（彩色模式）；0.001lx（黑白模式）；0lx（补光灯开启）。 最大补光距离：30m（红外）。 镜头类型：定焦。 镜头焦距：3.6mm。 镜头光圈：F2.0。 智能编码：H.264，支持；H.265，支持				
13	彩转黑低照度筒机摄像机	传感器类型：1/2.8inCMOS。 像素：不低于 200 万。 最低照度：0.001lx（彩色模式）；0.0001lx（黑白模式）；0lx（补光灯开启）。 镜头类型：电动变焦。 镜头焦距：2.7～12mm。 镜头光圈：F1.0。 智能编码：H.264，支持（压缩率≥25%）；H.265，支持（压缩率≥25%）	台	14	□	□□□
14	高解析电梯专用摄像机	传感器类型：1/2.9inCMOS。 像素：200 万。 最低照度：0.002lx（彩色模式）；0.0002lx（黑白模式）；0lx（补光灯开启）。 镜头类型：定焦。 镜头焦距：2.1mm。 镜头光圈：F1.6。 接入标准：ONVIF（Profile S & Profile G & Profile T）；CGI；GB/T 28181（双国标）	台	9	□	□□□
15	支架	可手动调节角度，水平方向 360°可调，垂直方向可适当调节，承重 15kg	个	30	□	□□□
16	网线		m	50 000	□	□□□
合计						□□□

（12）门禁系统清单见表 5-32。

表 5－32 　　　　　　　　　门 禁 系 统 清 单

序号	设备名称	技术性能要求	单位	数量	单价	合价
1	门禁控制软件	WIN－PAK SE 五用户版软件中文版本	套	1	□	□□□
2	主控模块	PRO－2200 系列智能主控模块，支持 8 个输入/输出/读卡器扩展模块	块	6	□	□□□
3	门禁管理计算机		台	1	□	□□□
4	发卡器		套	1	□	□□□
5	双门控制器	PRO－2200 系列双读卡器模块，8 路输入/6 路输出	个	45	□	□□□
6	读卡器	智能卡读卡器，读 Mifare 卡（ISO14443 TYPE A），32 位 Wiegand 输出	个	88	□	□□□
7	通信器	RS232 / RS485 单端口信号转换器，通信速率为 300～115.2kbit/s	个	1	□	□□□
8	设备外箱	双模块外箱 含电源、蓄电池	个	70	□	□□□
9	电锁	280kg 单门磁力锁	个	8	□	□□□
10	电锁	双门磁力锁	个	59	□	□□□
11	电磁抑制器	门锁电磁抑制功能	个	67	□	□□□
12	出门按钮		个	64	□	□□□
13	IC 卡	非接触 IC 卡	批	1	□	□□□
14	读卡器线缆	ZRRVV－6×0.5	m	7000	□	□□□
15	电锁线缆	ZRRVV－2×1.0	m	7000	□	□□□
16	出门按钮线缆	ZRRVV－2×1.0	m	7000	□	□□□
17	电源	ZRRVV－3×2.5	m	500	□	□□□
18	控制线缆	ZRRVV－2×1.0	m	1500	□	□□□
合计						□□□

（13）报警系统清单见表 5－33。

表 5－33 　　　　　　　　　报 警 系 统 清 单

序号	设备名称	参数	单位	数量	单价	总价
1	报警控制主机	多功能型主机，带 8 个子系统，可扩充至 128 个防区，带防拆开关及变压器	台	1	□	□□□
2	控制键盘	英文编程控制键盘	个	1	□	□□□
3	报警管理软件	报警监控软件，支持 4 台以下报警主机（含 4 台）	套	1	□	□□□
4	管理计算机		台	1	□	□□□
5	网络接口模块	主机网络接口模块，适用于 Vista－120/250BP 系列主机，每台主机一块	块	1	□	□□□

续表

序号	设备名称	参数	单位	数量	单价	总价
6	防区扩充模块	1 防区扩充模块	个	1	□	□□□
7	防区扩充模块	2 防区扩充模块	个	61	□	□□□
8	继电器输出模块	32 路继电器输出	个	3	□	□□□
9	智能双鉴探测器	壁挂安装，直径 10m，CCC 认证	个	117	□	□□□
10	紧急按钮	白色 塑料盒	个	11	□	□□□
11	蜂鸣器		个	3	□	□□□
12	后备电池	报警主机供电	个	1	□	□□□
13	电源线	ZRRVV－2×1.0	m	9510	□	□□□
14	控制线	ZRRVV－2×1.0	m	9760	□	□□□
		合计				□□□

（14）巡更系统清单见表 5－34。

表 5－34　　　　巡　更　系　统　清　单

序号	设备名称	技术性能要求	单位	数量	单价	合价
1	巡更管理计算机	双核处理器，CPU 主频大于或等于 2600，内存大小大于或等于 1G，256M 显卡，250G 硬盘，DVD－ROM、19in 液晶，100M 网卡，正版操作系统：Microsoft（R） Windows（R） 10 专业版 简体中文	台	1	□	□□□
2	巡更智能管理软件	全中文软件界面，支持 Win2000/10 平台，可提供详细的巡检分析报表（巡检记录、漏点记录、异常记录、统计报表等），巡更人员到达各巡更点的日期、时间、班次，漏检巡更点和异常信息，时间查询，路线查询，地点查询，班次查询，人员查询等多种查询方式方便快捷，巡检路线，班次，人员，次序可随时进行方便的设置、修改	套	1	□	□□□
3	激光打印机	A4 篇幅，黑白打印机，打印速度不低于 10 张/min，分辨率大于或等于 600×600dpi，支持操作系统：Windowns 2000/10	台	1	□	□□□
4	通信座	与巡更棒匹配，与巡更管理计算机连接，用于传输巡更信息	个	1	□	□□□
5	巡更棒	非接触式巡检器，巡检地点、人员及事件全中文显示，巡检反应速度应小于 0.1s，存储记录数可达 10 000 条以上，掉电后数据可保存 20 年以上，充电一次可记录不少于 10 000 条数据	根	6	□	□□□
6	巡更钮	无源巡更点，识读次数不少于 30 万次，寿命不少于 20 年，集成电路芯片密封在外壳内，具备防水、防震、耐腐蚀功能，可在各种恶劣环境中使用	个	110	□	□□□
		合计				□□□

（15）停车场管理系统清单见表 5-35。

表 5-35　　　　　　　　　　　停车场管理系统清单

序号	设备名称	技术性能要求	单位	数量	单价	合价
停车场部分						☐☐☐
1	数字道闸	电源电压：AC 220。直流伺服电机功率：200W/DC36V。闸杆起落时间：1～5s	台	1	☐	☐☐☐
2	数字式车辆检测器		台	1	☐	☐☐☐
3	入口控制机	含控制系统、显示屏、语音提示、读卡器、机箱及其他附件	套	1	☐	☐☐☐
4	临时卡出卡机	预出卡功能、出卡即读	台	1	☐	☐☐☐
5	远距离卡读卡器	读卡距离 5～10m	台	1	☐	☐☐☐
6	剩余车位显示屏	满位不读卡	台	1	☐	☐☐☐
7	数字道闸	电源电压：AC 220＋5%/-15%V。直流伺服电机功率：200W/DC 36V。闸杆起落时间：1～5s	台	1	☐	☐☐☐
8	数字式车辆检测器		台	1	☐	☐☐☐
9	出口控制机	含控制系统、显示屏、语音提示、读卡器、机箱及其他附件	套	1	☐	☐☐☐
10	远距离卡读卡器	读卡距离 5～10m	台	1	☐	☐☐☐
11	彩色摄像机	1/3in CCD	台	2	☐	☐☐☐
12	自动光圈镜头	9mm 自动光圈	个	2	☐	☐☐☐
13	摄像机支架及护罩	中型铝合金室外型	套	2	☐	☐☐☐
14	聚光灯	220V/500W	个	2	☐	☐☐☐
15	视频捕捉卡	两路视频输入	块	2	☐	☐☐☐
16	摄像机固定立柱	高度 1.0m	根	2	☐	☐☐☐
17	图像对比软件		套	1	☐	☐☐☐
18	管理电脑	连接并管理终端设备，1G-160G-DVD	台	2	☐	☐☐☐
19	临时卡计费器	临时卡计费	台	1	☐	☐☐☐
20	远距离卡发行器	远距离卡发行	台	1	☐	☐☐☐
21	卡发行器	管理中心或财务使用	台	1	☐	☐☐☐
22	RS485 通信卡	通信信号转换作用	块	2	☐	☐☐☐
23	管理软件		套	1	☐	☐☐☐
进出口控制部分						☐☐☐
24	单机芯翼闸	通道宽 700mm	台	8	☐	☐☐☐
25	双机芯翼闸	通道宽 700mm	台	3	☐	☐☐☐
26	残障门		台	2	☐	☐☐☐
合计						☐☐☐

（16）机房系统清单见表 5 – 36。

表 5 – 36　　　　　　　　　　机 房 系 统 清 单

序号	设备名称	技术性能要求	单位	数量	单价	合价
消防控制室						
一、装修装饰工程						□□□
（1）吊顶						□□□
1	吊顶轻钢龙骨架	按图纸规格	m²	71	□	□□□
2	吊顶防尘漆处理	吊顶防尘漆处理	m²	71	□	□□□
3	针孔烤漆铝板天棚	600mm×600mm×0.6mm	m²	71	□	□□□
4	吊顶不锈钢角线收边	高 5cm，厚 1mm	m	39	□	□□□
（2）地面						□□□
1	抗静电地板	600mm×600mm×35mm	m²	71	□	□□□
2	水泥砂浆面层	20mm 厚	m²	71	□	□□□
3	地面防尘漆	果绿色底漆	m²	71	□	□□□
4	不锈钢开口收边	配套	个	16	□	□□□
5	不锈钢踢脚线	1mm	m	39	□	□□□
（3）门窗						□□□
1	甲级钢质防火门	1200mm×2000mm	扇	3	□	□□□
2	闭门器	适用门重：大于或等于 50kg；定门功能可选，任意角度可以定门　双速可调（关门、锁门）	个	3	□	□□□
（4）墙面						□□□
1	墙面水泥漆		m²	180	□	□□□
二、电气工程						□□□
1	机房专用动力配电箱	电压、电流、频率显示	台	1	□	□□□
2	机房专用 UPS 分电箱	电压、电流、频率显示	台	1	□	□□□
3	电子镇流器格栅灯	2×36W	套	7	□	□□□
4	出口指示灯	国标，应符合消防标准	个	2	□	□□□
5	双头应急照明灯	国标，应符合消防标准	套	3	□	□□□
6	市电插座	尺寸规格：86mm×86mm 符合标准电气底盒尺寸	套	4	□	□□□
7	UPS 插座	尺寸规格：86mm×86mm 符合标准电气底盒尺寸	套	10	□	□□□
8	翘板开关	尺寸规格：86mm×86mm 符合标准电气底盒尺寸	个	2	□	□□□

续表

序号	设备名称	技术性能要求	单位	数量	单价	合价
三、机房空调工程						□□□
1	分体空调		台	2	□	□□□
四、防雷接地工程						□□□
1	三相电源二级防雷器	低压配电系统电涌保护器每位的最大放电电流20～80kA，符合 CE 认证，标准模块化安装，ns 级反应速度，内置瞬间过电流断路装置，可插拔更换防雷模块	个	1	□	□□□
2	单相电源三级防雷器	低压配电系统电涌保护器每位的最大放电电流20～80kA，符合 CE 认证，标准模块化安装，ns 级反应速度，内置瞬间过电流断路装置，可插拔更换防雷模块	个	1	□	□□□
3	机房专用防雷插座	符合 CE 认证，重要设备的三级防雷，端口数不低于 2 个双插，4 个三插配置	只	4	□	□□□
4	接地铜线	ZRBV－1×6	m	30	□	□□□
		ZRBV－1×25	m	40	□	□□□
5	铜排	40mm×4mm	m	35	□	□□□
6	接地网格	20mm×1.0mm	m²	71	□	□□□
7	绝缘子	配套	个	180	□	□□□
五、管道工程						□□□
1	强电线槽	100mm×100mm	m	35	□	□□□
2	智能化线槽	200mm×100mm	m	35	□	□□□
3	双面镀锌钢管	SC20	m	440	□	□□□
智能化机房						□□□
一、装修装饰工程						□□□
（1）吊顶						□□□
1	吊顶轻钢龙骨架	按图纸规格	m²	28	□	□□□
2	吊顶防尘漆处理	吊顶防尘漆处理	m²	28	□	□□□
3	针孔烤漆铝板天棚	600mm×600mm×0.6mm	m²	28	□	□□□
4	吊顶不锈钢角线收边	高 5cm，厚 1mm	m	15	□	□□□
（2）地面						□□□
1	抗静电地板	600mm×600mm×35mm	m²	28	□	□□□
2	水泥砂浆面层	20mm 厚	m²	28	□	□□□
3	地面防尘漆	果绿色底漆	m²	28	□	□□□
4	不锈钢开口收边	配套	个	7	□	□□□
5	不锈钢踢脚线	1mm	m	15	□	□□□

续表

序号	设备名称	技术性能要求	单位	数量	单价	合价
		（3）门窗				□□□
1	甲级钢质防火门	1200mm×2000mm	扇	2	□	□□□
2	闭门器	适用门重：≥50kg；定门功能可选，任意角度可以定门 双速可调（关门、锁门）	个	2	□	□□□
		（4）墙面				□□□
1	墙面水泥漆		m²	88	□	□□□
		二、电气工程				□□□
1	机房专用动力配电箱	电压、电流、频率显示	台	1	□	□□□
2	电子镇流器格栅灯	2×36W	套	3	□	□□□
3	出口指示灯	国标，应符合消防标准	个	1	□	□□□
4	双头应急照明灯	国标，应符合消防标准	套	2	□	□□□
5	电源插座	尺寸规格：86mm×86mm，符合标准电气底盒尺寸	套	2	□	□□□
6	UPS插座	尺寸规格：86mm×86mm 符合标准电气底盒尺寸	套	5	□	□□□
7	翘板开关	尺寸规格：86mm×86mm，符合标准电气底盒尺寸	个	2	□	□□□
		三、机房空调工程				□□□
1	分体空调		台	1	□	□□□
		四、防雷接地工程				□□□
1	三相电源二级防雷器	低压配电系统电涌保护器每位的最大放电电流20~80kA，符合CE认证，标准模块化安装，ns级反应速度，内置瞬间过电流断路装置，可插拔更换防雷模块	个	1	□	□□□
2	单相电源三级防雷器	低压配电系统电涌保护器每位的最大放电电流20~80kA，符合CE认证，标准模块化安装，ns级反应速度，内置瞬间过电流断路装置，可插拔更换防雷模块	个	1	□	□□□
3	机房专用防雷排插	符合CE认证，重要设备的三级防雷，端口数不低于2个双插，4个三插配置	只	4	□	□□□
4	接地铜线	ZRBV－1×6	m	12	□	□□□
		ZRBV－1×25	m	15	□	□□□
5	铜排	40mm×4mm	m	13	□	□□□
6	接地网格	20mm×1.0mm	m²	28	□	□□□
7	绝缘子	配套	个	75	□	□□□
		五、管道工程				□□□
1	强电线槽	100mm×100mm	m	15	□	□□□
2	智能化线槽	200mm×100mm	m	15	□	□□□

序号	设备名称	技术性能要求	单位	数量	单价	合价
3	双面镀锌钢管	SC20	m	145	□	□□□
六、UPS 工程						□□□
1	UPS 电源	30kV·A，含电池柜，电源箱及连接电缆	套	1	□	□□□
2	蓄电池	12V，38A·h，1h 后备	块	64	□	□□□
合计						□□□

（17）管槽系统清单见表 5-37。

表 5-37　　　　　　　　管 槽 系 统 清 单

序号	设备名称	技术性能要求	单位	数量	单价	合价
一、桥架部分						
1	金属线槽 400mm×200mm	规格 400mm 的钢板厚度大于或等于 2mm；表面必须进行酸洗、磷化及热镀锌处理；镀锌层厚度大于或等于 50μm	m	680	□	□□□
2	金属线槽 200mm×100mm	规格 300 和 200 的钢板厚度大于或等于 1.5mm，表面必须进行酸洗、磷化及热镀锌处理；镀锌层厚度大于或等于 50μm	m	6800	□	□□□
3	金属线槽 100mm×100mm	规格 100 的钢板厚度大于或等于 1.2mm，表面必须进行酸洗、磷化及热镀锌处理；镀锌层厚度大于或等于 50μm	m	1020	□	□□□
二、室内管道部分						
1	金属钢管 JDG20	厚度大于或等于 1.5mm	m	35000	□	□□□
2	金属钢管 JDG25	厚度大于或等于 1.5mm	m	20000	□	□□□
三、接地部分						
1	垂直接地铜母排	40mm×4mm	m	290	□	□□□
2	智能化总等电位接地母排	40mm×4mm×300mm	个	1	□	□□□
3	楼层接地端子母排	30mm×3mm×200mm 智能化间内距楼板 0.3m 安装	个	72	□	□□□
4	智能化间机柜保护接地线	ZRBVR-1×6	m	1600	□	□□□
合计						□□□

十一、防雷与接地

（1）建筑物年预计雷击次数 0.489 次/年，防雷装置拦截效率 E 的计算式 $E=0.984$，按二类防雷建筑物设防，电子信息设备雷电防护等级定为 A 级。为防直击雷在屋顶明敷 $\phi 10mm$ 镀锌圆钢作为接闪带，其网格不大于 5m×5m，所有突出屋面的金属体和构筑物与接闪带电气连接。

（2）利用建筑物钢筋混凝土柱子或剪力墙内两根ϕ16mm以上主筋通常焊接作为引下线，间距不大于12m，引下线上端与女儿墙上的接闪带焊接，下端与建筑物基础底梁及基础底板轴线上的上下两层钢筋内的两根主筋焊接。外墙引下线在室外地面下1m处引出与室外接地线焊接，采用不同材料时，考虑电化学腐蚀的影响。接闪器必须与防雷引下线焊接或卡接器连接。

（3）为防止侧向雷击，将五层以上，每三层沿建筑物四周的金属门窗构件与该层楼板内的钢筋接成一体后再与引下线焊接，防雷接闪器附近的电气设备的金属外壳均与防雷装置可靠焊接。

（4）防雷引下线、接地干线、接地装置的连接要符合下列规定：

1）引下线之间要采用焊接或螺栓连接，引下线与接地装置要采用焊接或螺栓连接。

2）接地装置引出的接地线与接地装置要采用焊接连接，接地装置引出的接地线与接地干线、接地干线与接地干线要采用焊接或螺栓连接。

3）当连接点埋于地下、墙体内或楼板内时不要采用螺栓连接。

（5）建筑物外墙内侧和外侧垂直敷设的金属管道及类似金属物在顶端和底端与防雷装置连接，在高度100m以上区域内每间隔不超过50m连接一处，高度0～100m区域内在100m附近楼层与防雷装置连接。

（6）智能化系统单独设置的接地线采用截面面积不小于25mm^{2}的铜材。

（7）本工程采用共用接地装置，以建筑物、构筑物的基础钢筋作为接地体，要求接地电阻小于1Ω，在建筑物四角的外墙引下线在距室外地面上0.5m处设测试卡子。当接地电阻达不到要求时，可补打人工接地极。接地装置采用不同材料时，考虑电化学腐蚀的影响。不得利用输送可燃液体、可燃气体或爆炸性气体的金属管道作为电气设备的保护接地导体（PE）和接地极。

（8）接地体（线）采用搭接焊，其搭接长度必须符合下列规定：

1）扁钢不要小于其宽度的2倍，且至少三面施焊。

2）圆钢不要小于其直径的6倍，且两面施焊。

3）圆钢与扁钢连接时，其长度不要小于圆钢直径的6倍，且要两面施焊。

4）扁钢与钢管要紧贴3/4钢管表面上下两侧施焊，扁钢与角钢要紧贴角钢外侧两面施焊。

（9）利用敷设在混凝土中的单根钢筋或圆钢作为防雷接地装置，钢筋或圆钢的直径不小于10mm。

（10）人工接地体距建筑物出入口或人行通道小于3m时，为减少跨步电压，采取下列措施之一：

1）水平接地体局部埋深小于1m。

2）水平接地体局部包绝缘物，采用50～80mm的沥青层，其宽度超过接地装置2m。

3）采用沥青碎石地面或在接地体上面敷设50～80mm的沥青层，其宽度超过接地装置2m。

（11）为预防雷电电磁脉冲引起的过电流和过电压，在下列部位装设电涌保护器（SPD）：

　　1）在变压器低压侧装一组 SPD。当 SPD 的安装位置距变压器沿线路长度不大于 10m 时，可装在低压主进断路器负载侧的母线上，SPD 支线上设短路保护电器，并且与总断路器之间有选择性。

　　2）在向重要设备供电的末端配电箱的各相母线上，装设 SPD。上述的重要设备通常是指重要的计算机、建筑设备监控系统、电话交换设备、UPS 电源、中央火灾报警装置、电梯的集中控制装置、集中空调系统的中央控制设备以及对人身安全要求较高的或贵重的电气设备等。

　　3）对重要的信息设备、电子设备和控制设备的订货，提出装设 SPD 的要求。

　　4）由室外引入或由室内引至室外的电力线路、信号线路、控制线路、信息线路等在其入口处的配电箱、控制箱、前端箱等的引入处装设 SPD。

　　5）为满足信息系统设备耐受能量要求，电涌保护器（SPD）的安装可进行多级配合，在进行多级配合时考虑电涌保护器（SPD）之间的能量配合，当有续流时在线路中串接退耦装置。有条件时，宜采用同一厂家的同类产品，并要求厂家提供其各级产品之间的安装距离要求。在无法获得准确数据时，电压开关型与限压型电涌保护器（SPD）之间的线路长度小于 10m 时和限压型电涌保护器（SPD）之间线路长度小于 5m 时宜串接退耦装置。

　　6）电涌保护器设有过电流保护装置，并宜有劣化显示功能。电涌保护器（SPD）的过电流保护器（设置于内部或外部）与电涌保护器（SPD）一起承担大于和等于安装处的预期最大短路电流，选择时，要考虑电涌保护器（SPD）制造厂商规定的其产品要具备的最大过电流保护器。此外，制造厂商所规定的电涌保护器（SPD）的额定阻断蓄流值不小于安装处的预期短路电流。

　　（12）电子信息系统线缆主干线的金属线槽敷设在电气竖井内。电子信息系统线缆与防雷引下线最小平行净距不得小于 1m，最小交叉净距 0.3m。

　　（13）低压配电接地形式采用 TN－S 系统，其中性线和保护地线在接地点后要严格分开。凡正常不带电而当绝缘破坏有可能呈现电压的一切电气设备的金属外壳、穿线钢管、电缆外皮、支架等金属外壳均要可靠接地。专用接地线（即 PE 线）的截面规定为：

　　1）当相线截面小于或等于 16mm^2 时，PE 线与相线相同。

　　2）当相线截面为 16～35mm^2 时，PE 线为 16mm^2。

　　3）当相线截面大于 35mm^2 时，PE 线为相线截面的一半。

　　（14）金属电缆支架与保护导体要可靠连接。严禁利用金属软管、管道保温层的金属外皮或金属网、电线电缆金属护层作为保护导体。

　　（15）电气设备或电气线路的外露可导电部分与保护导体直接连接，不串联连接。

　　（16）建筑物做保护等电位联结，总接地端子连接接地极或接地网的接地导体，不少于 2 根且分别连接在接地极或接地网的不同点上，建筑物内的接地导体、总接地端子和下列可导电部分实施保护等电位联结。

　　1）电气装置的接地极和接地干线。

　　2）PE、PEN 干线。

　　3）进出建筑物外墙处的金属管线。

4）便于利用的钢结构中的钢构件及钢筋混凝土结构中的钢筋。

（17）在配变电所内安装一个总等电位联结端子箱，将所有进出建筑物的金属管道、金属构件、接地干线等与总等电位端子箱有效连接。总等电位盘、辅助等电位盘由紫铜板制成。总等电位联结均采用各种型号的等电位卡子，绝对不允许在金属管道上焊接。在地下一层室内沿建筑物做一圈镀锌扁钢 50mm×5mm 作为总等电位带，所有进出建筑物的金属管道均与之连接，总等电位带利用结构墙、柱内主筋与接地极可靠连接。

（18）辅助等电位联结。

在所有变电所、弱电机房、电梯机房、厨房、强电小间、弱电小间、浴室（卫生间）等处作辅助等电位联结。浴室（卫生间）内并将 0、1、2 及 3 区内所有外界可导电部分，与位于这些区内的外露可导电部分的保护导体连接起来。不允许采取用阻挡物及置于伸臂范围以外的直接接触保护措施，也不允许采用非导电场所及不接地的等电位联结的间接接触保护措施。

（19）弱电机房及各种输送可燃气体、易燃液体的金属工艺设备、容器和管道，以及安装在易燃、易爆环境的风管必须设置静电防护措施：

1）采用接地的导静电地板，使其与大地之间的电阻在 $10^6 \Omega$ 以下。

2）防静电接地的接地线一般采用绝缘铜导线，对移动设备则采用可挠导线，其截面按机械强度选择，最小截面为 $6mm^2$。

3）固定设备防静电接地的接地线与其采用焊接，对于移动设备防静电接地的接地线要与其可靠连接，并防止松动或断线。

4）分别不同要求设置接地连接端子。在房间内设置等电位的接地网格，或闭合的接地铜排环。铜排截面不小于 $100mm^2$，防静电接地引线从等电位的接地网格或闭合铜排环上就近接地连接。接地引线使用多股铜线，导线截面不小于 $1.5mm^2$。

5）在防静电接地系统各个连接部位之间电阻值小于 0.1Ω。

6）防静电接地系统在接入大地前设置等电位的防静电接地基准板，从基准板上引出接地主干线，其铜导体截面不小于 $95mm^2$，并采用绝缘屏蔽电缆。接地主干线与设置在防静电区域内的接地网格或闭合铜排环连接。

十二、主要电气设备选型

主要电气设备选型参见第四章第三节主要电气设备选型。

十三、电缆、导线选择与敷设

（1）高压电缆选用 ZRYJV－8.7/15kV 交联聚氯乙烯绝缘、聚氯乙烯护套铜质电力电缆。

（2）电线或电缆敷设设有标识，并符合下列规定：

1）高压线路设有明显的警示标识。

2）电缆首端、末端、检修孔和分支处设设置永久性标识。

3）电力线缆接线端在配电箱（柜）内，按回路用途做好标识。

（3）变配电所配出线路至末端配电点电压降损失按不大于 5%计算。消防用电设备的供电电源干线设有两个路由。

（4）普通低压出线电缆选用干线采用选用燃烧性能 B_1 级、产烟毒性为 t_0 级、燃烧滴落物/微粒等级为 d_0 级电缆，工作温度为 90℃。应急母线出线选用燃烧性能为 A 级电力电缆，工作温度为 90℃。电缆明敷在桥架上。

（5）所有消防设备配电支线均采用燃烧性能 A 级的铜芯电线，至污水泵出线选用 VV_{39} 型防水电缆外，其他均选用燃烧性能 B_1 级的铜芯电线，穿焊接钢管（SC）暗敷或热镀锌钢管（SC）明敷。在电缆桥架上的导线按回路穿热塑管或绑扎成束或采用 ZRBVV－500V 型导线。

（6）控制线燃烧性能 B_1 级的铜芯控制电缆，与消防有关的控制线均采用燃烧性能 A 级的铜芯电缆。

（7）敷设在建筑物底层及地面层以下外墙内以及室内潮湿场所金属导管壁厚不小于 2.0mm。敷设在室内干燥场所金属导管壁厚不小于 1.5mm。

（8）导管穿过建筑物外墙时，采取止水措施。

（9）火灾自动报警系统的电源和联动线路采用金属导管或金属槽盒保护。

（10）导管和电缆槽盒内配电电线的总截面面积不超过导管或电缆槽盒内截面面积的 40%；电缆槽盒内控制线缆的总截面面积不超过电缆槽盒内截面面积的 50%。

（11）当消防有关的管线穿镀锌钢管（SC）明敷吊顶内时刷防火涂料（耐火极限 1h）。消防用电设备的配电线路满足火灾时连续供电的需要，其敷设符合下列规定：

1）暗敷设时，穿管并敷设在不燃烧体结构内且保护层厚度不小于 30mm。

2）明敷设时，穿有防火保护的金属管或有防火保护的封闭式金属线槽。

（12）穿导管线缆暗敷不穿过设备基础。当穿过建筑物外墙时，采取止水措施。

（13）金属槽盒配线。

1）电缆桥架本体之间的连接牢固可靠，金属电缆桥架与保护导体的连接符合下列规定：

● 电缆桥架全长不大于 30m 时，不少于 2 处与保护导体可靠连接；全长大于 30m 时，每隔 20～30m 增加一个连接点，起始端和终点端均可靠接地。

● 非镀锌电缆桥架本体之间连接板的两端跨接保护连接导体，保护连接导体的截面积符合设计要求。

● 镀锌电缆桥架本体之间不跨接保护联结导体时，连接板每端不少于 2 个有防松螺母或防松垫圈的连接固定螺栓。

2）金属槽盒的支、吊架制作及安装。

● 支、吊架安装要求。支架与吊架所用钢材要平直，无显著扭曲。下料后长短偏差要在 5mm 范围内，切口处要无卷边、毛刺。支、吊架要焊接牢固，焊缝均匀平整。支架与吊架要安装牢固，保证横平竖直，在有坡度的建筑物上安装支架与吊架要与建筑物有相同坡度。支架与吊架的规格一般不小于扁铁 30mm×3mm。扁钢 25mm×25mm× 3mm，圆钢不小于 ϕ8mm，自制吊支架必须按设计要求进行耐腐处理。严禁用电气焊切割钢结构或轻钢龙骨任何部位，焊接后均要做耐腐处理。万能吊具要采用定型产品，对槽盒进行吊装，并要有各自独立的吊装卡具或支撑系统。轻钢龙骨上敷设槽盒要各自有单独卡具吊装或支撑系统，吊杆直径要不小于 8mm。支撑要固定在主龙骨上，不允许固定在辅助龙骨上。

- 预埋吊杆、吊架。采用直径不小于 8mm 的圆钢，经过切割、调直、煨弯及焊接等步骤制作成吊杆、吊架。其端部要攻螺纹以便于调整。在配合土建结构中，要随着钢筋上配筋的同时，将吊杆或吊架锚固在所标出的固定位置。在混凝土浇筑时，要留有专人看护以防吊杆或吊架移位。拆模板时不得碰坏吊杆端部的螺纹。预埋铁的自制加工尺寸不小于 120mm×60mm×6mm。其锚固圆钢的直径不小于 5mm。紧密配合土建结构的施工，将预埋铁的平面放在钢筋网片下面，紧贴模板，可以采用绑扎或焊接的方法将锚固圆钢固定在钢筋网上。模板拆除后，预埋铁的平面要明露，或吃进深度一般在 10～20mm，再将用扁钢或角钢制成的支架、吊架焊在上面固定。

- 钢结构支、吊架安装：可将支架或吊架直接焊在钢结构上的固定位置处，也可利用万能吊具进行安装。支、吊架要选用定型产品，若结构为轻钢龙骨，支、吊架可自制。

- 金属膨胀螺栓安装方法。先沿着墙壁或顶板根据设计图进行弹线定位，标出固定点的位置。根据支架式吊架承受的荷重，选择相应的金属膨胀螺栓及钻头，所选钻头长度要大于套管长度。打孔的深度要以将套管全部埋入墙内或顶板内后，表现平齐为准。首先清除干净打好的孔洞内的碎屑，然后再用木楔或垫上木块后，用铁锤将膨胀螺栓敲进洞内，要保证套管与建筑物表面平齐，螺栓端都外露，敲击时不得损伤螺栓的螺纹。埋好螺栓后，可用螺母配上相应的垫圈将支架或吊架直接固定在金属膨胀螺栓上。

3）槽盒敷设安装。

- 槽盒直线段连接采用连接板，用垫圈、弹簧垫圈、螺母紧固，接茬处要缝隙严密平齐。

- 槽盒进行交叉、转弯、丁字连接时，采用单通、二通、三通、四通或平面二通、平面三通等进行变通连接，导线接头处设置接线盒或将导线接头放在电气器具内。

- 加装封堵。

- 槽盒通过钢管引入或引出导线时，采用分管器。

- 建筑物的表面如有坡度时，槽盒随其变化坡度。待槽盒全部敷设完毕后，在配线之前进行调整检查。确认合格后，再进行槽内配线。

4）槽盒安装要求。

- 槽盒平整，无扭曲变形，内壁无毛刺，各种附件齐全。

- 槽盒的接口要平整，接缝处要紧密平直。槽盖装上后要平整，无翘角，出线口的位置准确。

- 在吊顶内敷设时，如果吊顶无法上人时留有检修孔。

- 不允许将穿过墙壁的槽盒与墙上的孔洞一起抹死。

- 槽盒的所有非导电部分的铁件均相互连接和跨接，使之成为一个连续导体，并做好整体接地。

- 槽盒不作为保护导体的接续导体；槽盒全长不大于 30m 时，不要少于 2 处与保护导体可靠连接，全长大于 30m 时，要每隔 20～30m 增加连接点，起始端和终点端均可靠接地。

- 槽盒经过建筑物的变形缝（伸缩缝、沉降缝）时，槽盒本身要断开，槽内用内连接板搭接，不需固定。保护地线和槽内导线均要留有补偿余量。

- 敷设在竖井、吊顶、通道、夹层及设备层等处的槽盒要满足《建筑设计防火规范》的要求。

5）吊装金属槽盒安装：万能型吊具一般要用在钢结构中，如工字钢、角钢、轻钢龙骨等结构，可预先将吊具、卡具、吊杆、吊装器组装成一整体，在标出的固定点位置处进行吊装，逐件地将吊装卡具压接在钢结构上，将顶丝拧牢。

- 槽盒直线段组装时，要先做干线，再做分支线，将吊装器与槽盒用蝶形夹卡固定在一起。按此方法，将槽盒逐段组装成形。

- 槽盒与槽盒可采用内连接头或外连接头，配上平垫和弹簧垫用螺母紧固。

- 槽盒交叉、丁字、十字要采用二通、三通、四通进行连接，导线接头处要设置接线盒放置在电气器具内，槽盒内绝对不允许有导线接头。

- 转弯部位要采用立上弯头和立下弯头，安装角度要适。

- 出线口处要利用出线口盒进行连接，末端部位要装上封堵，在盒、箱、柜进出线处要采用抱脚连接。

6）槽盒内配线方法。

- 清扫槽盒。清扫明敷槽盒时，可用抹布擦净槽盒内残存的杂物和积水，使槽盒内外保持清洁。清扫暗敷于地面内的槽盒时，首先将带线穿通至出线口，然后将布条绑在带线一端，从另一端将布条拉出，反复多次就可将槽盒内的杂物和积水清理干净。也可使用空气压缩机将槽盒内的杂物和积水吹出。

- 放线。放线前要先检查管与槽盒连接处的护口是否齐全。导线和保护地线的选择是否符合设计图的要求。管进入盒、槽时，内外根母是否锁紧，确认无误后再放线。放线方法：先将导线抻直、捋顺，盘成大圈或放在放线架（车）上，从始端到终端（先干线，后支线）边放边整理，不要出现挤压背扣、扭结、损伤导线等现象。每个分支要绑扎成束，绑扎时要采用尼龙绑扎带，不允许使用金属导线进行绑扎。放好线后，将槽内导线整理好，盖上盖板。

7）槽盒内配线要求。

- 槽盒内配线前要消除槽盒内的积水和污物。

- 电缆槽盒内配电电线的总截面面积不要超过电缆槽盒内截面面积的 40%；电缆槽盒内控制线缆的总截面面积不要超过电缆槽盒内截面面积的 50%。

- 槽盒底向下配线时，要将分支导线分别用尼龙绑扎带绑扎成束，并固定在槽盒底板下，以防导线下坠。

- 不同电压等级的电力线缆不要共用同一电缆桥架布线。

- 电力线缆和智能化线缆不要共用同一电缆桥架布线。

- 导线较多时，除采用导线外皮颜色区分相序外，也可利用在导线端头和转弯处做标记的方法来区分。

- 在穿越建筑物的变形缝时，导线要留有补偿余量。

- 接线盒内的导线预留长度不超过 15cm，盘、箱内的导线预留长度为其周长的 1/2。

- 从室外引入室内的导线，穿过墙外的一段要采用橡胶绝缘导线，不允许采用塑料绝缘导线。穿墙保护管的外侧要有防水措施。

8）金属槽盒保护地线。

● 保护地线要敷设在槽盒内一侧，接地处螺栓直径不小于 6mm。并且加平垫和弹簧垫圈，用螺母压接牢固。非镀锌槽盒连接板两侧需跨接地线，跨接地线可采用同编织带或塑铜软线。

● 金属槽盒的宽度在 100mm 以内，两段槽盒用连接板连接处（即连接板做地线时），每端螺丝固定点不少于 4 个。宽度在 200mm 以上两端槽盒用连接板连接的保护地线每端螺栓固定点不少于 6 个。镀锌槽盒在连接板的两端可不跨接地线，但连接板两端需用不少于两个防松螺栓紧固。

● 槽盒盖板要做好保护接地。

（14）钢管布线。

1）导管敷设要符合下列规定：

● 暗敷于建筑物、构筑物内的导管，不应在截面长边小于 500mm 的承重墙体内剔槽埋设。

● 钢导管不得采用对口熔焊连接；镀锌钢导管或壁厚小于或等于 2mm 的钢导管，不得采用套管熔焊连接。

● 敷设于室外的导管管口不应敞口垂直向上，导管管口要在盒、箱内或导管端部设置防水弯。

● 严禁将柔性导管直埋于墙体内或楼（地）面内。

2）预制加工。

● 冷煨法。管径为 20mm 及其以下时，用手动煨管器。先将管子插入煨管器，均匀用力至煨出所需弯度。管径为 25mm 及其以上时，使用液压煨管器，即先将管子放入模具，然后操作煨管器，煨出所需弯度。

● 热煨法。首先堵住管子一端，将预先炒干的砂子灌满灌实，再将另一端管口堵住放在火上均匀加热，烧红后煨成所需弯度，及时冷却。要求管路的弯曲处弯扁程度应不大于管外径的 1/10。明配管时，弯曲半径要不小于管外径的 6 倍。埋设于地下或混凝土楼板内时，要不小于管外径的 10 倍。一般来讲，硬皮电缆转弯处不穿钢管敷设。特殊情况下经设计允许钢管作为穿电缆导管时，其弯曲半径要不小于电缆最小允许的弯曲半径，电缆最小允许的弯曲半径要符合表 5-38 的要求。

表 5-38　　　　　　　　　　　　　电缆最小允许的弯曲半径

序号	电缆种类	最小允许的弯曲半径
1	无铅包钢铠护套的橡皮绝缘电力电缆	$10D$
2	有钢铠护套的橡皮绝缘电力电缆	$20D$
3	聚氯乙烯绝缘电力电缆	$10D$
4	交联聚氯乙烯绝缘电力电缆	$15D$
5	多芯控制电缆	$10D$

注：D 为电缆外径。

- 管子切断。用钢锯、割管器、无齿锯或砂轮锯进行切管，严禁用电气焊断管。将管子放在钳口内卡牢固，沿垂直于管子的方向切割。断口处平齐不歪斜，管口刮铣光滑，管内铁屑除净。

- 管子攻螺纹。采用套管机，根据管外径选择相应板牙进行攻螺纹。要求丝扣干净清晰，丝扣不乱不过长，消除渣屑。管径 20mm 及其以下时，要分二板套成。管径在 25mm 及其以上时，要分三板套成。

- 非镀锌金属导管防腐。导管内外壁要做防腐处理：埋设于混凝土内的导管内壁要做防腐处理，外壁可不做防腐处理，但要除锈。

（15）管路敷设。

1）管路连接。金属导管严禁对口熔焊连接，镀锌和壁厚小于或等于 2mm 的钢导管不得套管熔焊连接。防爆导管不应采用倒扣连接，当连接有困难时，要采用防爆活接头，其接合面严密。

2）管路连接方法。管箍攻螺纹连接，攻螺纹不得有乱扣现象，管箍必须使用通丝管箍，上好管箍后，管口要对严，外露螺纹应不多于 2 扣。套管连接，用于暗配管，壁厚大于 2mm 非镀锌导管，套管长度为连接管径的 2.2 倍，连接管口的对口处要在套管的中心，焊口要焊接牢固严密。坡口（扬声器口）焊接，管径 80mm 以上钢管，先将管口除去毛刺，找平齐，用气焊加热管口，边加热边用手锤沿管周边，逐点均匀向外敲打出坡口，把两管坡口对平齐，周边焊严密。

3）管与管的连接。金属导管严禁对口熔焊连接，镀锌和壁厚小于或等于 2mm 的钢导管不得套管熔焊连接。镀锌钢导管、可挠性导管不得熔焊跨接接地线，接地线采用专用接地卡做跨接连接。截面积不小于 $4mm^2$ 软铜导线。壁厚大于 2mm 及其以上的非镀锌钢管，可采用管箍连接或套管焊接。管口锉光滑、平整，接头要牢固紧密。

4）钢管敷设时要在适当的长度（包括垂直部分）加装接线盒，其位置要考虑便于穿线，接线盒当分线盒设置时，还要考虑到美观，做到实用与效果相结合。

5）电线管路与其他管道最小距离见表 5-39。

表 5-39　　　　　　　　　　　　电线管路与其他管道最小距离

管道名称		最小距离/mm
蒸汽管	平行	1000（500）
	交叉	300
暖、热水管	平行	300（200）
	交叉	100
通风、上下水、压缩空气管	平行	100
	交叉	50

注：1. 表内有括号者为在管道下边的数据。
　　2. 达不到表中距离时，应采取下列措施：① 蒸汽管在管外包隔热层后，上下平行净距可减至 200mm。交叉距离须考虑便于维修，但管线周围温度应经常在 35℃以下。② 暖、热水管包隔热层。

6）管进盒、箱连接。管入盒，箱必须煨灯叉弯，并要里外带锁紧螺母。采用内护口，管进盒、箱以内锁紧螺母。吊顶内灯头盒至灯位可采用阻燃型普里卡金属软管过渡，长度要符合验收规范规定。其两端要使用专用接头。吊顶各种盒，箱的安装盒箱口的方向要朝向检查口以利于维修检查。

• 盒、箱开孔要整齐并与管径相吻合，要求一管一孔，不得开长孔。铁制盒、箱严禁用电、气焊开孔，并要刷防锈漆。

• 管口入箱位置要排列在箱体二层板内，跨接地线要焊在暗装配电箱预留的接地扁钢上，管入盒跨接地线可焊在暗装盒的棱边上，管入盒要采用锁母锁紧，严禁管口与敲落孔焊接露出锁紧螺母的螺纹为 3 个扣。两根以上管入盒、箱要长短一致，间距均匀，排列整齐。

7）钢管与设备连接。要将钢管敷设到设备内，若不能直接进入时，要满足下列要求：

• 在干燥房屋内，可在钢管出口处加保护软管引入设备，管口要包扎严密。

• 室内进入落地式柜、台、箱内的导管管口，要高出柜、台、箱、盘、基础面 50～80mm，或排配电箱（柜）的导管管口高度一致。

• 在室外或潮湿房间内，可在管口处装设防水弯头，由防水弯头引出的导线要套绝缘保护软管，经弯成防水弧度后再引入设备。

• 管口距地面高度一般不低于 200mm。

• 埋入土层内的钢管，要刷沥青包缠玻璃丝布后，再刷沥青油，或要采用水泥砂浆全面保护。

8）暗管敷设。

• 随墙（砌体）配管。砖墙、加砌气混凝土块墙、空心砖墙配合砌墙立管时，该管最好放在墙中心。管口向上者要堵好。为使盒子平整，标高准确，可将管先立偏高 200mm 左右，然后将盒子稳好，再接短管。往上引管有吊顶时，管上端要煨成 90°弯直进吊顶内。由顶板向下引管不过长，以达到开关盒上口为准。等砌好隔墙，先稳盒后接短管。

• 大模板混凝土墙配管。可将盒、箱焊在该墙的钢筋上，接着敷设。每隔 1m 左右，用铅丝绑扎固定。管进盒、箱要煨灯叉弯。向上引管不过长，以能煨弯为准。

• 现浇混凝土楼板配管。先找灯位，根据房间四周墙的厚度，弹出十字线，将堵好的盒子固定牢固，然后敷设管路。有两个以上盒子时，要拉直线。如为吸顶灯，要预下木砖或金属胀管。

9）变形缝处理。导管在变形缝处要做补偿处理。

• 变形缝处理做法：变形缝两侧各预埋一个接线盒，先把管的一侧固定在接线盒上，另一侧接线盒底部的垂直方向开长条形孔，其宽度尺寸不小于被接入管直径的 2 倍。

• 普通接线箱在地板上（下）部做法：箱体底口距离地面不小于 300mm，管路弯曲 90°后，管进箱要加内、外锁紧螺母。在板下部时，接线箱距顶板距离不小于 150mm。

10）接地线安装。

• 焊接法。管路接地如采用焊接跨接地线的方法连接，跨接地线两端焊接面不得小于该跨接线截面的 6 倍。焊缝均匀、无夹渣，焊接处要清除药皮，刷防腐漆。地线焊接及处理办法见防雷接地有关部分。明配管跨接线要紧贴管箍，焊接处均匀美观牢固。

管路敷设要保证畅通，并刷好防锈漆、调和漆，无遗漏。跨接线的规格见表5-40。

表5-40　　　　　　　　　　　跨 接 线 的 规 格　　　　　　　（单位：mm）

管径	圆钢	扁钢
15~25	$\phi 6$	—
32~40	$\phi 8$	—
50~70	$\phi 10$	25×3
≥80	$\phi 8 \times 2$	25×3×2

- 卡接法。镀锌钢管或可挠金属电线保护管，要用专用接地线卡连接，不得采用熔焊连接地线，截面积不小于4mm^2，铜芯软线明敷设时，采用铜芯双色软线。
- 当非镀锌钢导管采用螺纹连接时，连接处的两端焊跨接接地线，当镀锌钢导管采用螺纹连接时，连接处的两端用专用接地卡固定跨接接地线。

（16）管内穿线。

1）穿线前要首先检查各个管口，以保证护口齐全，无遗漏、破损。

2）当管路较长或转弯较多时，往管内吹入适量的滑石粉。

3）导线在管内不得有接头和扭结。

4）导管内配电电线的总截面面积不要超过导管内截面面积的40%。

5）不同电压等级的电力线缆不要共用同一导管布线。

6）电力线缆和智能化线缆不要共用同一导管布线。

7）导线经变形缝处要留有一定的余度。

8）不进入接线盒（箱）的垂直向上管口，穿入导线后要将管口密封。

（17）管内绝缘导线敷设放线与断线。

1）放线。

- 放线前要根据设计图对导线的规格、型号、颜色、质量进行核对。
- 放线时导线要置于放线架或放线车上，放线避免出现死扣和背花。

2）断线。

- 导线在接线盒、开关盒、灯头盒等盒内要预留14~16cm的余量。
- 导线在配电箱内要预留约相当于配电箱箱体周长的一半的长度做余量。
- 公用导线（如竖井内的干线）在分支处不断线时，采用专用绝缘接线卡卡接。

（18）线路检查和绝缘摇测。

1）线路检查。接、焊、包全部完成后，要进行自检和互检。检查导线接、焊、包是否符合施工验收规范及质量验评标准的规定。检查无误后再进行绝缘摇测。

2）绝缘摇测。照明线路的绝缘摇测一般选用500V，量程为1~500MΩ兆欧表。照明绝缘线路绝缘摇测按下面的两步进行。

3）电气器具未安装前要进行线路绝缘摇测时，首先将灯头盒内导线分开，开关盒内导线连通。摇测要将干线和支线分开，一人摇测，一人要及时读数并记录。摇动速度要保持在

120r/min 左右，读数要采用 1min 后的读数为宜。

4）电气器具全部安装完在送电前进行摇测时，按系统、按单元、按户摇则一次线路的绝缘电阻。要先将线路上的保护装置、隔离开关、仪表、设备等用电开关全部置于断开位置，摇测方法同上所述，确认绝缘摇测无误后再进行送电试运行。

（19）母线槽布线。母线槽的金属外壳等外露可导电部分与保护导体可靠连接，并符合下列规定：

1）每段母线槽的金属外壳间要连接可靠，母线槽全长要有不少于 2 处与保护导体可靠连接。

2）母线槽的金属外壳末端与保护导体可靠连接。

3）连接导体的材质、截面面积应满足设计要求。

十四、建筑电气消防系统

（1）消防系统的组成、消防控制室、火灾自动报警系统、火灾声光报警器、消防紧急广播系统、消防通信系统、电梯监视控制系统的设置见第四章第二节中相关内容。

（2）探测器的布置位置满足以下要求：

1）探测器与灯具的水平净距大于 0.2m。

2）探测器与送风口的水平净距大于 1.5m。

3）探测器与多孔送风口或条形送风口的水平净距大于 0.5m。

4）探测器与消防水喷头的水平净距大于 0.3m。

5）探测器与墙壁或其他遮挡物的水平净距大于 0.5m。

6）探测器与嵌入扬声器的水平净距大于 0.1m。

（3）火灾声光报警器壁挂安装时，底边据地 2.2m。手动火灾报警按钮设置在明显的和便于操作的部位。安装高度距地 1.4m。

（4）在消火栓箱内设消火栓报警按钮。当按动消火栓报警按钮时，火灾自动报警系统可显示启泵按钮的位置。

（5）各层楼梯间设有火灾声光显示装置，当某一楼层发生火灾时，该楼层的显示灯点亮并闪烁。火灾声光显示装置安装高度距门口上方 0.2m。

（6）在首层消防楼梯间前室附近设置楼层显示复示盘。

（7）消防报警控制主机。

1）必须是通过国标《消防联动控制设备通用技术条件》（GB 16806）的联动型主机。

2）采用智能化的二总线制主机，一个主机可有多个回路，一个回路可连接大量带地址的设备。主机具备足够的容量，系统全部报警点，监视点和控制点都容纳在一台控制机的容量范围内，主机采用立柜式或琴台式，并内置小型打印机。

3）主机内置微处理机 CPU≥16 位，多 CPU 同时工作，主机对系统中全部报警地址点和监控地址点进行检测，巡检周期必须小于 3s。

4）主机能接收智能探测器连接传送的现场实测的数字信号，并将此信号随时间变化的关系，反映到主机和电脑画面上进行分析，再将分析的数据与主机内储存的火灾资料进行比较，根据比较结果决定是否发出火灾报警信号。主机首次收到探测器报警信号后，能够自动延时再行核对，核对后的信号值若低于报警值，则只做记录不发出火灾报警信号，报警值可根据白天/黑天和房间功能，在多种不同灵敏度值中选定。

5）主机具有较大的液晶显示器，尺寸不小于 9in，具有多参数、多种类画面显示，可以用中文或中英文对照显示各种信息，如火灾报警信息、故障信息、维保信息、自我辅导学习信息等。可以显示烟雾浓度、温度随时间变化的曲线，可以显示探测器历史报警和故障信息，信息量不小于 1000 条。主机具有强大的自检功能，可通过预先编制的保养程序实现自我检测、探测器检测及其他元器件及线路检测，检测结果自动打印。

6）主机系统的线路能适应现场预埋管路的要求，可满足非环路枝状连接方式。如是其他有别于现场预埋管路的要求，充分考虑可能发生的相关费用。

7）主机的操作具有密码权限功能。

8）主机必须具有强大的通信能力，具有足够的计算机接口（RS232、RS485、以太网接口）。

（8）智能探测器。

1）探测器外形为薄型流线型外观，内置微处理器。

2）探测器通过自身的内置微处理器实现对温度及烟雾浓度数据的智能火灾分析与判断，通过回路信号实时传输反映现场温度及烟雾浓度的数字信号。

3）自动环境补偿，具有报脏功能及防潮抗震功能。

4）多级报警阈值，并能从主机上选择探测器灵敏度，以适应不同的环境。

5）控制器能显示及打印智能控制器的详尽资料，对每个智能探测器可自动进行报警模拟测试，以检测探测器及通信线状态。

6）保留智能探测器的峰值记录，能更准确地分析及选择探测器的灵敏度。

7）感烟探测器为光电型。

（9）手动报警按钮。

1）具有独立地址码。

2）采用按压式，可复位重复使用。

3）具有 LED 报警指示。

4）表面红色，阻燃材料。

5）消防联动模块。

6）具有独立地址码。

7）具有控制和监测功能。

8）具有多地址模块控制。

9）DC 24V 电源供电方式。

（10）电源。

1）整个系统采用直流 24V 电源。

2）备用电源能维持系统 24h 监视和 1h 报警期间操作所需的直流电源。

（11）消防联动控制系统见第四章第二节中消防联动控制系统。

（12）余压监控系统。

1）本工程设置余压监控系统，由余压监控器、余压控制器、余压探测器等配接组成系统，实现 24h 监视余压值和动态控制余压值在规范符合的范围内。余压监控器安装在消防控制室。

2）当防烟楼梯间或前室的余压值达到超压监控值时，带有独立地址编码的余压探测器发出报警信息并将信息上传至余压控制器，余压控制器根据相邻防火分区的余压值做出动态控制指令，打开受控加压风机风管上的电动旁通阀用于泄压，可通过余压阀执行器控制旁通阀的开启或开启角度，使余压值稳定在规范符合范围内。所有信息均在余压监控器上显示、查询和控制。相关信息要同时在消防控制室图形显示装置上显示。

3）余压控制器采用标准导轨安装在加压风机控制箱内，余压探测器采用引自余压控制器输出的安全电压 DC 24V 供电，采用底 86 盒方式安装在楼梯间、前室的墙壁上，距顶 20～50cm，实时显示余压值，引压用的气孔座采用底座 86 盒方式安装在墙壁的对面。

4）余压监控器和余压控制器之间采用 WDZBN－RYJSP －2×1.5 连线通信，余压控制器和余压探测器间采用二总线 WDZBN－RYJS 2×2.5 进行通信和供电。余压阀执行器和余压控制器间采用 WDZBN－RYJS －7×0.75 连接，余压阀执行器工作电压为 DC 24V。

（13）消防应急照明和疏散指示系统。

1）采用集中电源集中控制型消防疏散指示灯系统，参见本节照明系统中消防疏散指示灯系统，灯具电压等级为 DC 36V，控制方式为集中控制。系统主机位于消防控制室。所有疏散指示灯经由附设于总控制屏或集中控制型消防灯具控制器（分机）内的应急自备电源装置（EPS）提供工作电源，并内置蓄电池作为备用电源，蓄电池的持续供电时间大于 1.5h。

2）主机基本要求。

• 系统主机采用柜式机，落地安装方式，由工业控制计算机、液晶显示器、打印机、系统显示盘、备用电池组等构成。

• 主机要具有标准串行总线数据接口（RS232/RS485），可与火灾自动报警系统主机进行连接通信。

• 主机能保存、打印系统运行时的日志记录，并有自动数据备份功能，数据存储容量不小于 100 000 条。

• 采用不低于 17in 液晶显示器，具有中英文显示功能。

• 具有专用软件管理系统，直观的人机交互图形操作界面，可方便系统设备和疏散预案的编辑，可显示灯具的箭头指示方向，在主机上即可看出疏散路线和方向。

• 对故障和火警信息具有精确定位功能，并能调出建筑平面图形。

• 主机要具备平时给蓄电池组充电功能，要具备备用电源过电压、失电压等监视功能，控制器主机的应急工作时间不小于 3h。

• 主机联动编程条数无限制，可编制多种疏散方案。

• 系统主机安装于消防控制室内，靠近 FAS 系统主机落地安装，要可进行前维护操作。

3）主机功能要求。

• 应能控制并显示与其相连的所有灯具的工作状态，显示应急启动时间。

- 要能防止非专业人员操作。

- 在与其相连的灯具之间的连接线开路、短路（短路时灯具转入应急状态除外）时，发出故障声、光信号，并指示故障部位。故障声信号应能手动消除，当有新的故障时，故障声信号应能再启动；故障光信号在故障排除前应保持。

- 在与其相连接的任一灯具的光源开路、短路时能发出故障声光信号，并显示、记录故障部位、故障类型和故障发生时间，故障声信号能手动消除，当有新的故障信号时，声故障信号能再启动，光故障信号在故障排除前可保持。

- 要有主、备用电源的工作状态指示，并能实现主、备用电源的自动转换。且备用电源要至少能保证应急照明控制器正常工作 3h。

- 主机在下述情况下将发出故障声、光信号，并指示故障类型，故障声信号要能手动消除，故障光信号在故障排除前要保持，故障期间灯具要能转入应急状态，故障条件如下所述：

① 主机的主电源欠电压。

② 主机备用电源的充电器与备用电源之间的连接线开路短路。

③ 主机与为其供电的备用电源之间的连接线开路短路。

- 主机能以手动自动两种方式使与其相连的所有消防应急灯具转入应急状态，且设有强制使所有消防应急标志灯转入应急状态的按钮，该按钮启动后应急电源不受过放电保护的影响。

- 系统主机还要满足下列要求：

① 显示系统中每台集中电源的部位、主电工作状态、充电状态、故障状态、电池电压、输出电压和输出电流。

② 显示系统中各应急照明分配电装置的工作状态。

③ 控制系统中每台集中电源转入应急工作状态。

④ 在与各集中电源和各应急照明分配电装置之间连接线开路或短路时，发出故障声、光信号，指示故障部位。

4）应急照明集中电源（消防应急灯具专用应急电源）。

- 为终端消防应急灯具提供应急电源的专用设备，采用分散设置方式，安装于楼层配电间或电井内，集中电源单台功率不大于 1kW。

- 消防应急照明集中电源内置蓄电池组，蓄电池的持续供电时间大于 1.5h。

- 应急照明集中电源应显示主电电压、电池电压、输出电压和输出电流。

- 消防应急照明集中电源具有短路、过载保护功能。每个输出支路均应单独保护，且任一支路故障不应影响其他支路的正常工作。

- 消防应急照明集中电源在下述情况下应发出故障声、光信号，并指示故障的类型；故障声信号应能手动消除，当有新的故障信号时，故障声信号应再启动；故障光信号在故障排除前应保持。故障条件如下：

① 充电器与电池之间连接线开路。

② 应急输出回路开路。

③ 在应急状态下，电池电压低于过放保护电压值。

- 应急照明集中电源具有与控制器的通信接口，与控制器主机通信，可上传自身工作状态，并可由控制器控制进入应急、年检及月检状态。

- 各项功能要满足《消防应急照明和疏散指示系统》（GB 17945）的要求。

5）应急照明分配电装置。

- 应急照明分配电装置是对应急照明集中电源的输出进行分配与保护以及对终端负载进行供电和保护的专用设备，可安装在楼层配电间或电井内。

- 应急照明分配电装置应具有与控制器的通信接口，与控制器主机通信，可上传自身工作状态。

- 应急照明分配电装置具有将终端消防应急灯具和应急照明控制器进行连接通信和接收控制指令的功能。

- 具有与正常照明联动的功能，当正常照明中断（市电停电）时自动点亮停电区域的应急照明灯具。

- 应急照明分配电装置各项功能应满足《消防应急照明和疏散指示系统》（GB 17945）的要求，应具有国家消防电子产品质量监督检验中心颁发的形式试验报告。

6）集中电源集中控制型消防应急标志灯具。

- 灯具内部不设蓄电池，由应急照明集中电源供电，工作电压为 DC 36V 直流安全电压，额定功率小于或等于 3W。

- 每个灯具内部均设置微型计算机芯片，具有独立地址编码，具有巡检、开灯、灭灯、改变方向等功能。

- 灯具异常状态应（包括光源）故障报警。

- 采用超高亮绿色 LED 光源，LED 光源的设计应便于更换。

- 光源应采用匀光处理技术，表面亮度 $120\sim300\text{cd/m}^2$。

- 灯具内部电路应进行防潮、防霉、防盐雾等处理。

- 墙壁安装的标志灯应采用金属面板，具有防碰撞功能。

- 地面安装的标志灯应具备一定抗压能力和防尘防水性能，承压能力不低于 8MPa，防护等级应不低于 IP67。

- 其他技术要求应满足《消防应急照明和疏散指示系统》（GB 17945）关于集中电源集中控制型标志灯要求。

7）集中电源集中控制型消防应急照明灯具。

- 灯具内部不设蓄电池，由应急照明集中电源供电，灯具工作电压为 DC 36V 直流安全电压。

- 灯具内置微型计算机芯片，具有独立地址编码，具有巡检、开灯及灭灯等功能。

- 灯具异常状态应（包括光源）故障报警。

- 采用高效低功耗超高亮白色 LED 光源。

- 灯具内部电路要进行防潮、防霉、防盐雾等处理。

- 应急照明灯具光通量满足国家标准要求，且要满足设计疏散照度要求。

8）信号接口。系统主机要具有标准的 RS232/RS485 通信端口，可连接 FAS/BAS/ CRT，通过协议获取火灾自动报警系统报警位置信息联动系统设备。

9）本系统输入及输出回路中不装设剩余电流动作保护器。

（14）电气火灾监视与控制系统。

1）为能准确地监控电气线路的故障和异常状态，能发现电气火灾的隐患，及时报警提醒人员去消除这些隐患，本工程设置电气火灾监视与控制系统，对建筑中易发生火灾的电气线路进行全面监视和控制，系统由电气火灾探测器、测温式电气火灾监控探测器和电气火灾监控设备组成。

2）剩余电流式电气火灾探测器。

- 探测器报警值不应小于 20mA，不应大于 1000mA，且探测器报警值应在报警设定值的 80%～100%之间。
- 当被保护线路剩余电流达到报警设定值时，探测器应在 60s 内发出报警信号。
- 探测器应有工作状态指示和自检功能。
- 探测器在报警时应发出声、光报警信号，并予以保持，直至手动复位。
- 在报警条件下，在其音响器件正前方 1m 处的声压级应大于 70dB（A 计权），小于 115dB，光信号在正前方 3m 处，且环境不超过 500lx 条件下，应清晰可见。

3）测温式电气火灾监控探测器。

- 探测器报警值应设定在 55～140℃的范围内。
- 当被监视部位达到报警设定值时，探测器应在 40s 内发出报警信号。
- 探测器应有工作状态指示和自检功能。
- 在报警条件下，在其音响器件正前方 1m 处的声压级应大于 70dB（A 计权），小于 115dB，光信号在正前方 3m 处，且环境不超过 500lx 条件下，应清晰可见。
- 探测器在报警时应发出声、光报警信号，并予以保持，直至手动复位。

4）电气火灾监控设备。

- 电气火灾监控设备能够接收来自探测器的监控报警信号，并在 30s 内发出声、光报警信号，指示报警部位，记录报警时间，并予以保持，直至手动复位。
- 报警声信号应手动消除，当再有报警信号输入时，应能再次启动。
- 当监控设备发生下面故障时，应能在 100s 内发出监控报警信号有明显区别的声光故障信号。
  - ➢ 监控设备与探测器之间的连接线短路、断路。
  - ➢ 监控设备主电源欠电压。
  - ➢ 给备用电源充电器与备用电源间的连接线短路、断路。
  - ➢ 备用电源与负载间的连接线短路、断路。
- 监控设备应能对本机进行自检，执行自检期间，可以接收探测器报警信号。

5）本系统组网共分为三层：

- 站控管理层。站控管理层针对电气火灾监控系统的管理人员，是人机交互的直接窗口，也是系统的最上层部分。主要由系统软件和必要的硬件设备，如触摸屏、UPS 电源等组成。监测系统软件对现场各类数据信息计算、分析、处理，并以图形、数显、声音、指示灯等方式反映现场运行情况。

● 网络通信层。通信介质：系统主要采用屏蔽双绞线，以 RS485 接口，MODBUS 通信协议实现现场设备与上位机的实时通信。

● 现场设备层。现场设备层是数据采集终端。

（15）消防电源监控系统。

1）为确保本工程消防设备电源的供电可靠性，设置消防电源监控系统。

2）通过监测消防设备电源的电流、电压、工作状态，从而判断消防设备电源是否存在中断供电、过电压、欠电压、过电流、缺相等故障，并进行声光报警、记录。

3）消防设备电源的工作状态，均在消防控制室内的消防图形显示器上集中显示，故障报警后及时进行处理，排除故障隐患，使消防设备电源始终处于正常工作状态。从而有效避免火灾发生时，消防设备由于电源故障而无法正常工作的危机情况，最大限度地保障消防设备的可靠运行。

4）消防设备电源监控系统采用集中供电方式，现场传感器采用 DC 24V 安全电压供电，有效地保证系统的稳定性、安全性。

5）系统主要技术参数：

● 电源。主电源：AC 220V 50Hz（允许 85%～110%范围内变化）。备用电源：主电源低电压或停电时，维持监控设备工作时间大于或等于 8h。监控器为连接的模块（电压/电流信号传感器）提供 DC 24V 电源。

● 工作制：24h 工作制。

● 通信方式：Modbus-RTU 通信协议，RS485 半双工总线方式，传输距离 500m（若超过可通过中继器延长通信传输距离）。

● 监控容量小于或等于 128 点。

● 操作分级。

➢ 日常值班级：实时状态监视、历史记录查询。

➢ 监控操作级：实时状态监视、历史记录查询、探测器远程复位。

➢ 系统管理级：实时状态监视、历史记录查询、探测器远程复位、探测器参数远程修改、监控设备系统参数设定与修改、操作员添加与删除。

（16）防火门监控系统。

1）为能准确监控防火门的状态，对处于非正常状态的防火门给出报警提示，使其恢复到正常工作状态，确保其功能完好，本工程设置防火门监控系统。

2）通过防火门监控器、防火门现场控制装置、防火门电动闭门器等对建筑中疏散通道上防火门进行全面监控。从而判断防火门的状态，并进行记录。

3）防火门的工作状态，均在消防控制室内的消防图形显示器上集中显示，故障报警后及时进行处理，排除故障隐患，使防火门始终处于正常工作状态，阻止火势蔓延。

4）防火门监控系统技术参数如下：

● 电源。额定工作电压 AC 220V（85%～110%）。备用电源：主电源欠电压或停电时，维持监控设备工作时间大于或等于 3h。

- 工作制。24h 工作制。
- 通信方式。二总线通信，传输距离 1km，可通过区域分机延长通信传输距离。
- 监控容量。防火门监控器最高可监控 2000 个常闭防火门的工作状态和信息或 400 个常开防火门的工作状态和信息。
- 监控报警项目及参数：
  - 火灾自动报警系统的火灾报警信号：报警单元属性（部位、类型）。
  - 监控报警响应时间：≤30s。
  - 监控报警声压级（A 计权）：≥65dB/1m。
  - 监控报警声光信号可手动消除，当再次有报警信号输入时，能再次启动。
  - 故障报警项目。
- 报警项目。监控器与监控终端之间的通信连接线发生短路或断路；防火门与其连接的电动闭门器、电磁释放器、门磁开关之间发生短路或断路。监控器主电源欠电压或断电；给电池充电的充电器与电池之间的连接线发生断路或短路。
- 报警参数。
  - 故障报警响应时间：≤100s。
  - 监控报警声压级（A 计权）：≥65dB/1m。
  - 故障报警光显示：黄色 LED 指示灯，黄色光报警信号保持至故障排除。
  - 故障报警声音信号：可手动消除，当再次有报警信号输入时，能再次启动。
- 控制输出。报警控制输出：1 组无源常开触点；触点容量：AC 220V 3A 或 DC 30V 3A。
- 自检项目。指示灯检查：电源、门开、门关、故障、启动；显示屏检查；音响器件检查；自检耗时小于或等于 60s。
- 事件记录。记录内容：事件类型、发生时间、终端编号、区域、故障描述，可存储记录不少于 1 万条；记录查询：根据记录的日期、类型等条件查询。
- 操作分级。
  - 日常值班级：实时状态监视、事件记录查询。
  - 监控操作级：实时状态监视、事件记录查询、终端远程复位、设备自检。
  - 系统管理级：实时状态监视、事件记录查询、终端远程复位、设备自检，监控设备系统参数查询、各监控模块单独检测、操作员添加与删除。

（17）消防控制室接地。

1）采用共用接地装置时，接地电阻值不大于 1Ω。

2）火灾自动报警系统设专用接地干线，并在消防控制室设置专用接地板。专用接地干线从消防控制室专用接地板引至接地体。

3）专用接地干线采用铜芯绝缘导线，其线芯截面面积不小于 $25mm^2$。专用接地干线宜穿硬质塑料管埋设至接地体。

（18）其他。

1）火灾报警控制器采用单独的回路供电，火灾自动报警系统的主电源采用消防电源，直流备用电源采用火灾报警控制器的专用蓄电池或集中设置的蓄电池。火灾自动报警系统中的 CRT 显示器、消防通信设备等的电源，由 UPS 装置供电。

2）消防控制室的控制方式为自动或手动两种控制方式。

3）火灾自动报警系统的传输线路满足以下要求：

• 火灾自动报警系统的传输线路和 50V 以下供电控制线路，采用电压等级不低于交流 250V 的铜芯绝缘导线或铜芯电缆。采用交流 220/380V 的供电和控制线路采用电压等级不低于交流 500V 的铜芯绝缘导线或铜芯电缆。

• 铜芯电缆线芯的最小截面面积不小于 1.00mm^2。

• 由消防控制室接地板引至各消防电子设备的专用接地线选用铜芯绝缘导线，其线芯截面面积不小于 4mm^2。

4）消防电子设备凡采用交流供电时，设备金属外壳和金属支架等作保护接地，接地线与电气保护接地干线相连接。

5）火灾自动报警及联动系统与电力监控系统留有接口，在火灾时可实现对电力配电的控制。并可与门禁系统、入侵报警系统和电视监控系统实现联动。火灾自动报警及联动系统线路均穿 SC20 镀锌钢管，暗敷在楼板内。

6）手动报警按钮有防止误操作的保护措施。

7）消防报警控制设备的功能及造型等，均符合中国的现行规范，所有火灾报警设备，探测器等均具有国家消防检测中心的测试合格证书。

8）所有联接消防系统之设备的信号线及特殊控制电缆，电线等的选型必须满足消防局的要求。并且均采用燃烧性能 B_1 级的铜电缆、电线，要求质量可靠。

9）本工程采用由来自两个不同变电站的两路独立 10kV 电源供电，同时供电，互为备用。并设置一台 1250kV·A 柴油发电机组作为第三电源。消防设备均采用双电源末端互投供电，以确保消防用电设备的电源。消防用电设备的过载保护只报警，不作用于跳闸。

10）利用建筑物的基础作为接地装置，接地电阻不大于 1Ω。消防控制室做辅助等电位联结，接地线采用 25mm^2 铜芯绝缘导线穿 PC40 敷设。消防电子设备凡采用交流供电时，设备金属外壳和金属支架等作保护接地，接地线与电气保护接地干线相连接。

11）变电所内的高压断路器采用真空断路器。变压器采用干式变压器。所有连接消防系统设备的均选用燃烧性能 A 级的铜芯电缆、电线，其他电缆、电线均选燃烧性能 B_1 级的铜芯电缆、电线。

12）电气消防系统所有各种器件均由承包厂商成套供货，并负责安装、调试。

十五、无障碍设计

无障碍设计参见第四章第二节中的无障碍设计。

十六、抗震设计

抗震设计参见第四章第二节中的抗震设计。

十七、电气节能和环保设计

电气节能和环保设计参见第四章第二节中的电气节能和环保设计。

十八、绿色建筑电气设计

绿色建筑电气设计参见第四章第二节中的绿色建筑电气设计。

十九、电气设备的安装及应注意的质量问题

1. 变压器安装应注意的质量问题

（1）加强工作责任心，做好工序搭接的自检互检，防止出现铁件焊渣清理不净，除锈不净，刷漆不均匀，有漏刷现象。

（2）加强对防地震的认识，按照工艺标准进行施工，防止出现防地震装置安装不牢现象。

（3）增强质量意识，管线按规范要求进行卡设，做到横平竖直，防止出现管线排列不整齐、不美观现象。

（4）增强质量意识，加强自、互检，母带与变压器连接时要锉平，防止出现变压器一、二次引线、螺栓不紧，压按不牢，母带与变压器连接间隙不符合规范要求。

（5）认真学习安装标准，参照电气施工图册，防止出现变压器中性点，中性线及中性点接地线，不分开敷设。

（6）瓷套管在变压器搬运到安装完毕要加强保护，防止出现变压器一、二次瓷套管损坏。

2. 高、低压配电柜安装应注意的质量问题

（1）安装前要在混凝土地面上按安装标准设置槽钢基座。基座要用水平尺找平正，用角尺找方。局部垫薄铁片找齐找平，找平正后，在槽钢基础座上钻孔，以螺栓固定。

（2）基础型钢焊接处要及时进行防腐处理，以防锈蚀。

（3）操作机构试验调整时，严格按照操作规程进行，以防操作机构动作不灵活。

（4）手车式柜二次小线回路辅助开关需要反复试验进行调整，以防辅助开关切换失灵，机械性能差。

3. 柴油发电机组主机安装应注意的事项

（1）在机组安装前必须对现场进行详细的考察，并根据现场实际情况编制详细的运输、吊装及安装方案。现场允许起重机作业时，用起重机将机组整体吊起，把随机的减振器装在机组的底下。当现场不允许起重机作业，可将机组放在滚杠上，滚至就位。

（2）对基础的施工质量和防震措施进行检查，保证满足设计要求。

（3）根据机组的安装位置、机组重量选用适当的起重设备和索具，将机组吊装就位，机组运输、吊装须由起重工操作，电工配合进行。

（4）使用垫铁等固定铁件实施稳机找平作业，预紧地脚螺栓。必须在地脚螺栓拧紧前完成找平作业。采用楔铁找平时，要将一对楔铁用点焊焊住。

（5）柴油发电机组排气、燃油、冷却系统安装应注意的事项：

1）排气系统的安装。柴油发电机组的排气系统由排气管道、支撑件、波纹管和消声器

组成。将导风罩按设计要求固定在墙壁上，在法兰连接处要加石棉垫圈，排气管出口必须经过打磨。用螺栓将消声器、弯头、垂直方向上排气管道、波纹管按图纸连接好，将水平方向上排气管道与消声器出口用螺栓连接好，并保证密封性。排烟管外侧包一层保温材料。机组与排烟管间连接的波纹管要保持自由状态，不能受力。

2）燃油、冷却系统的安装。主要包括蓄油罐、机油箱、冷却水箱、电加热器、泵、仪表和管路的安装。当蓄油罐位置低（低于机组油泵吸程）或高（高于油门所承受的压力）时，必须采用日用油箱。日用油箱上要有液位显示及浮子开关。

（6）柴油发电机组电气设备安装应注意的事项：

1）发电机控制箱（屏）是发电机组的配套设备，主要是控制发电机送电及调压。根据现场实际情况，小容量发电机的控制箱直接安装在机组上，大容量发电机的控制屏则固定在机房的地面基础上，或安装在与机组隔离的控制室内。

2）订货时可向机组生产商提出控制屏的特殊订货要求。

3）根据控制屏和机组的安装位置安装金属桥架。

4. 动力、照明配电箱安装应注意的质量问题

（1）配电箱（盘）的标高或垂直度超出允许偏差，是由于测量定位不准确或者是地面高低不平造成的，要及时进行修正。

（2）铁架不方正。在安装铁架之前未进行调直找正，或安装时固定点位置偏移造成的，要用吊线重新找正后再进行固定。

（3）盘面电具、仪表不牢固、不平正或间距不均，压头不牢、压头伤线芯，多股导线压头未装压线端子。螺栓不紧的要拧紧，间距要按要求调整均匀，找平整。伤线芯的部分要剪掉重接，多股线要装上压线端子，卡片框要补装。

（4）接地导线截面不够或保护地线截面不够，保护地线串接。对这些不符合要求的要按有关规定进行纠正。

（5）盘后配线排列不整齐。要按支路绑扎成束，并固定在盘内。

（6）配电箱（盘）缺零部件，如合页、锁、螺栓等，要配齐各种安装所需零部件。

（7）配电箱体周边、箱底、管进箱处，缝隙过大、空鼓严重，要用水泥砂浆将空鼓处填实抹平。

（8）木箱外侧无防腐，内壁粗糙木箱内部要修理平整，内外做防腐处理，并要考虑防火措施。

（9）配电箱内二层板与进、出线配管位置处理不当，造成配线排列不整齐，在安装配电箱时要考虑进出线配管管口位置要设置在二层板后面。

（10）铁箱、铁盘面都要严格安装良好的保护接地线。箱体的保护接地线可以做在盘后，但盘面的保护接地线必须做在盘面的明显处。为了便于检查测试，不允许将接地线压在配电盘盘面的固定螺栓上，要专开一孔，单压螺栓。

（11）铁箱内壁焊点锈蚀，要补刷防锈漆。铁箱不得用电（汽）焊进行开孔，要采用开孔器进行开孔。

（12）导线引出板孔，均要套绝缘套管。如配电箱内装设的螺旋式熔断器，其电源线要

接到中间触点的端子上，负荷线接在螺纹的端子上。

（13）动力箱，控制箱均为小间、机房、车库内明装，其他暗装，箱体高度 600mm 以下，底边距地 1.4m。600～800mm 高的配电箱，底边距地 1.2m。800～1000mm 高的配电箱，底边距地 1.0m。1000～1200mm 高的配电箱，底边距地 0.8m。1200mm 高以上的配电箱，为落地式安装，下设 300mm 基座。与设备配套的控制箱、柜，要征得业主及设计人员的认可。

5. 防雷设施安装应注意的质量问题

（1）接地体。

1）不得利用输送可燃液体、可燃气体或爆炸性气体的金属管道作为电气设备的保护接地导体（PE）和接地极。

2）接地装置采用不同材料时，应考虑电化学腐蚀的影响。

3）接地体埋深或间隔距离不够，按设计要求执行。

4）焊接面不够，药皮处理不干净，防腐处理不好，焊接面按质量要求进行纠正，将药皮敲净，做好防腐处理。

5）利用基础、梁柱钢筋搭接面积不够，要严格按质量要求去做。

（2）防雷引下线敷设。

1）焊接面不够，焊口有夹渣、咬肉、裂纹、气孔及药皮处理不干净等现象。要按规范要求修补更改。

2）漏刷防锈漆，要及时补刷。

3）主筋铅位，要及时纠正。

4）引下线不垂直，超出允许偏差。引下线要横平竖直，超差要及时纠正。

（3）接闪带。

1）焊接面不够，焊口有夹渣、咬肉、裂纹、气孔及药皮处理不干净等现象。要按规范要求修补更改。

2）变形缝处未做补偿处理，要补做。

（4）接地干线安装。

1）扁钢不平直，要重新进行调整。

2）接地端子漏垫弹簧垫，要及时补齐。

3）焊口有夹渣、咬肉、裂纹、气孔及药皮处理不干净等现象。要按规范要求修补更改。

（5）利用主筋做防雷引下线，其焊接方法可采用压力埋弧焊、对焊等。机械方法可采用冷挤压，丝接等。以上接头处可做防雷引下线，不另行焊接跨接地线，但需进行隐蔽工程检查验收。

6. 等电位联结安装应注意的质量问题

（1）抱箍规格要与管子配套，并将接触处的表面刮拭干净，严格按要求压接。以防抱箍松动，压接不牢。

（2）固定支架前要拉线，并使用水平尺复核，使之水平，然后弹线再固定支架，固定时先两端后中间，防止支架固定高度不均匀。

（3）稳装 MEB 端于板（箱）时，要先用线坠找正，再固定牢固。防止 MEB 端子板（箱）有歪斜。

7. 火灾自动报警及消防联动系统安装应注意的质量问题

（1）安装要牢固，对不合格地方要及时修理好。

（2）摇测导线绝缘电阻时，要将火灾自动报警系统设备从导线上断开，防止损坏设备。

（3）设备上压接的导线，要按设计和厂家要求编号，防止接错线。

（4）调试时要先单机后联调，对于探测器等设备要求全数进行功能调试，不得遗漏，以确保火灾自动报警系统整体运行有效。

（5）柜（盘）的平直超出允许偏差时，要及时纠正。

8. 建筑设备监控系统安装应注意的质量问题

（1）安装要牢固，对不合格地方要及时修理好。

（2）避免传感器内部接线出错。

（3）要将探测器清理干净。

（4）现场控制器与各种配电箱、柜和控制柜之间的接线要严格按照图纸施工，严防强电串入现场控制器。

（5）严格检查系统接地电阻值及接线，消除或屏蔽设备及连线附近的干扰源，防止通信不正常。

（6）柜（盘）的平直超出允许偏差时，要及时纠正。

9. 综合布线系统安装注意问题

（1）安装要牢固，对不合格地方要及时修理好。

（2）预埋管线、盒要加强保护，及时安装保护盖板，防止污染阻塞管路或地面槽盒。

（3）施工前按图纸核查线缆长度是否正确，调整信号频率，使其衰减符合设计要求，以免信号衰减严重。

（4）施工中要严格按照施工图核对色标，防止因系统接线错误不能正常工作。

（5）线缆的屏蔽层要可靠接地，同一槽盒内的不同种类线缆要加隔板屏蔽，以防出现信号干扰。

（6）柜（盘）的平直超出允许偏差时，要及时纠正。

（7）要将柜（盘）清理干净。

10. 有线电视系统安装注意问题

（1）为处理无电视信号的问题，可采取以下措施：

1）前端电源失效或有源设备失效，要检查供电电压或测量有无输入信号。

2）线路放大器的电源失效，检查输入插头是否开路，再检测电源保险、电源等，从故障端至信号源端检查各放大器的输出信号和工作电源是否正常。

3）干线电缆故障，检查首端至各级放大器间的电缆是否开路或短路，并检查各种电缆插头。

（2）为避免电视图像有雪花的问题，可采取以下措施：

1）前端设备有故障，检查有源设备的输入、输出是否正常；若设备正常，检测电缆馈线等是否短路。

2）传输线路故障，由故障源向节目源方向检查每台放大器的输出信号和放大器供电电源是否正常。

3）分配网络中的无源器件是否短路，电缆是否损坏。

（3）为避免电视图像重影的问题，可采取以下措施：

1）对前端的信号变换频道进行传输处理，以免因接收信号的场强过强，形成前重影。

2）调整天线的位置，避开反射造成的后重影。

（4）为防止图像出现条纹、横道干扰，可采取以下措施：

1）调整（降低）放大器的输出电平，且不超过放大器的标称值。

2）调整各频道的电平，使各频道间的电平差在允许的范围内。

3）对有源设备、无源设备外壳及电缆的屏蔽层做可靠接地。

（5）柜（盘）的平直超出允许偏差时，要及时纠正。

11. 车库管理系统安装注意问题

（1）要及时清除盒、箱内的杂物，以防盒、箱内管路堵塞。

（2）导线在箱内、盒内要预留适当余量，并绑扎成束，防止箱内导线杂乱。

（3）导线压接要牢固，以防导线松动或脱落。

（4）柜（盘）的平直超出允许偏差时，要及时纠正。

12. 广播系统安装注意问题

（1）安装要牢固，对不合格地方要及时修理好。

（2）要将扬声器、柜（盘）清理干净。

（3）设备之间、干线与端子处要压接牢固，防止导线松动或脱落。

（4）各种节目信号源要采用屏蔽线并穿钢管。屏蔽线的外铜网要与芯线分开，以防信号短路。钢管外皮要接保护地线。

（5）要将屏蔽线和设备外壳可靠接地，以防噪声过大。

（6）柜（盘）的平直超出允许偏差时，要及时纠正。

13. 闭路电视监控系统安装注意问题

（1）安装要牢固，对不合格地方要及时修理好。

（2）导线压接要牢固，以防导线松动或脱落。

（3）使用屏蔽线时，要将外铜网与芯线分开，以防信号短路。

（4）在同一区域内安装摄像机时，在安装前要找准位置再安装，以免安装标高不一致。

（5）柜（盘）的平直超出允许偏差时，要及时纠正。

（6）要将柜（盘）清理干净。

14. 电子门锁安装注意问题

（1）安装要牢固，对不合格地方要及时修理好。

（2）安装电锁前要核对锁具的规格、型号是否与其安装的位置、高度、门的种类和开关方向相适应，防止错装。

（3）在门框、门扇上的开孔位置、开槽深度、大小要满足锁具的安装要求，防止返工和破坏成品。

（4）电磁锁、电控锁等锁具及配件安装后要进行调校，防止锁具卡涩、失灵。

（5）设备端子要压接牢固，以防导线松动或脱落。端子箱安装完毕后，要上锁。

（6）使用屏蔽线时，外铜网要与芯线分开，以防信号短路。

（7）要将探测器、柜（盘）清理干净。

（8）柜（盘）的平直超出允许偏差时，要及时纠正。

二十、协同工作

1. 总则

（1）电气工程承包单位须负责与政府部门及公共事业机构协调及合作。

（2）电气工程承包单位须提供有关资料包括图纸、样品、产品说明等给有关政府部门及公共事业机构做审批之用。

（3）如因与有关政府部门及公共事业机构缺乏协调和合作而导致已安装的设备或系统需作更换或拆除，承包单位除须负起有关费用和因此而导致工期延误的责任外要须对业主做出相应赔偿。

（4）电气工程承包单位须与工程项目其他承包单位协调和合作。电气工程承包单位须提供所需的有关资料、设备和人员以确保能与其他承包单位满意配合，并确保其负责的工作是按正确的工序施工。施工进行中各个阶段，电气工程承包单位须与其他承包单位讨论、协调和落实各分工交界点。

（5）电气工程承包单位须协调及提供一切所需图纸和资料，以进行设备安装及综合要求土建配合图的制作。若承包单位未给予协调和合作而影响综合设备施工图及土建配合图的制作，因而影响工程进度，电气工程承包单位须负全部责任。

2. 与土建承包单位的协调工作

（1）配合混凝土结构中电气管路、套管的预埋工作。

（2）设备安装所需基础、电缆沟及盖板、爬梯和脚蹬等制作。

（3）配合预埋设备的固定构件。

（4）在地下层电缆线槽安装时，要与其他工种密切配合，当与其他工种相撞时，要及时现场调整，避免造成经济损失。

（5）对于电竖井内供电缆贯穿的预留洞，在设备安装完毕后，须用阻燃防火材料将洞口做密封处理，在电缆桥架穿过防火分区处，要采用防火材料做封堵处理，以满足防火的要求。

（6）电气工程承包单位与土建承包单位协调，使有关的安装工作配合工程进度。因缺乏协调而造成的一切后果如延误工期等，将由电气工程承包单位负责。

3. 与设备承包单位的协调工作

（1）电气工程承包单位须负责供应、安装及接驳电源电缆从低压配电柜至各设备控制箱。

（2）要根据设备现场安装情况，安装及接驳从控制箱至设备的电源电缆。

（3）要根据设备现场安装情况，安装及接驳防火阀、压力开关、报警阀、水流指示器、维修阀、消火栓等控制线路。

（4）按照设备要求，做好设备接地。

（5）与设备承包单位的协调工作以进行所需的安装工作，并就双方的交接驳口议定准确的位置及双方的工作界面。

4. 与电梯承包单位的协调工作

（1）供应及安装电源电缆从低压配电柜至位于电梯机房内的配电柜。

（2）供应及安装从电源配电柜供应电梯井道照明及插座的供电回路。

（3）供应及安装电梯接地系统。

（4）供应及安装消防控制室至电梯监控线槽。

（5）电气工程承包单位与电梯承包单位协调以进行所需的安装工作，并就双方的交接驳口议定准确的位置及双方的工作界面。

5. 与弱电承包单位的协调工作

（1）电气工程承包单位将提供电力供应接至有关插座供弱电系统使用。

（2）要按机电监控点要求，提供无电压接点，以供接驳至建筑设备监控系统。

（3）电气工程承包单位与弱电系统承包单位协调以进行所需的安装工作，并就双方的交接驳口议定准确的位置及双方的工作界面。

6. 与燃气系统承包单位的协调工作

电气工程承包单位须负责供应、安装及接驳紧急快速切断阀，完成燃气系统设备接地等工作。须与燃气系统承包单位协调以进行所需的安装工作，并就双方的交接驳口议定准确的位置及双方的工作界面。

二十一、其他事宜

（1）凡与施工有关而又未说明之处，要与设计院协商解决。

（2）除注明外，各尺寸均以 mm 计。

（3）不同性质导线共槽时，要进行金属分隔。所有敷设在楼板内的管路均采用焊接钢管，明敷管路均采用镀锌钢管。

（4）所有 I 类灯具要设置专用接地线，图面不另行标注。

（5）所有消防设备配电回路的保护电器过负荷保护要作用于信号报警，不应切断电源。

（6）高低压配电系统及变电所在征得供电主管部门认可后方可施工。

（7）配电箱、控制箱要与照明、设备、智能化、消防公司协调后进行加工。

（8）图纸中出现任何设备或元件不作为唯一的选择，但本工程所选设备、材料，必须具有国家级检测中心的测试合格证书，其技术指标不得低于设计和业主的要求。供电产品、消防产品要具有本地入网许可证。

（9）火灾报警系统、建筑设备监控系统、保安监控系统、计算机网络系统等智能化系统均根据各系统的需要，由厂商配备必要的 UPS 电源。

（10）冷水机组采用软启动方式启动，其配电柜、控制柜（上进上出）由厂商配套供应。

柴油发电机启动柜和配电柜由厂商配套供应。

（11）所有设备确定厂家后均需建设、施工、设计、监理四方进行技术交底。

（12）工程建设过程中，要遵循以下原则：

1）根据国务院签发的《建设工程质量管理条例》进行施工，确保工程质量。

2）设计文件需报建设行政主管部门或其他有关部门审查批准后，方可使用。

3）建设方必须提供电源等市政原始资料，原始资料必须真实、准确、齐全。

4）由建设单位采购建筑材料、建筑构件和设备的，建设单位应当保证建筑材料、建筑构件和设备符合设计文件和合同的要求。

5）施工单位必须按照工程设计图纸和施工技术标准施工，不得擅自修改工程设计，不得偷工减料。施工单位在施工过程中发现设计文件和图纸有差错的，要及时提出意见和建议。

6）对于隐蔽工程，施工完毕后，施工单位要和有关部门共同检查验收，并做好隐蔽工程记录。

7）建设工程竣工验收时，必须具备设计单位签署的质量合格文件。

二十二、施工安全

1. 总则

（1）编制依据。

1）《建设工程安全生产管理条例》（中华人民共和国国务院令第 393 号）。

2）《危险性较大的分部分项工程安全管理规定》（中华人民共和国住房和城乡建设部令第 37 号）。

3）《北京市房屋建筑和市政基础设施工程危险性较大的分部分项工程安全管理实施细则》（京建法〔2019〕11 号）。

4）《住房城乡建设部办公厅关于实施〈危险性较大的分部分项工程安全管理规定〉有关问题的通知》（建办质〔2018〕31 号）。

（2）基本规定。

1）进入现场必须遵守现场的各项电气规章制度。

2）施工单位要对危及施工现场人员的电击危险进行防护。

3）供用电设施和电动机具要符合国家现行标准的规定，线路绝缘要良好。

4）配电设备或线路停电维修时，要挂接地线，并要悬挂停电标志牌。停送电必须由专人负责。

5）设备通电调试前，必须检查线路接线是否正确，保护措施是否齐全，确认无误后，方可通电调试。

6）带电作业时，工作人员必须穿绝缘鞋，并且至少两人作业，其中一人操作，另一人监护。

7）对加工用的电动工具，要坚持日常保养维护，定期做安全检查。不用时立刻切断电源。

8）登高作业时要使用梯子或脚手架进行，并采用相应的防滑措施，严禁蹬踏设备或绝缘子进行作业。

9）变压器运输吊装孔、电气竖井、电气预留洞口、电缆沟等周围要做安全警示标识。

2. 重点部位及环节

（1）起重吊装及起重机械安装拆卸工程。

1）起重吊装及起重机械安装、拆卸、清理、检查、维修时，必须将其电源断开。

2）起重吊装及起重机械安装时，与架空电线的安全距离要满足规范要求。

3）夜间作业要保证足够照明。

4）电气故障时要由专业人员处理。

（2）脚手架工程。

1）在带电设备附近搭设脚手架时，要停电进行。如不能停电，脚手架与带电设备的安全距离要满足要求。

2）在建工程内的电缆线路必须采用电缆埋地或穿保护钢管引入，严禁穿越脚手架引入。

3）在脚手架上进行电气焊作业时，要有防火措施。

（3）拆除工程。

1）拆除工程可能影响电力设施时，要停电进行。不能停电时，要采取防止触电和破坏线路的安全防护措施。

2）拆除工程可能影响通信设施时，要有通信保障措施，尽量不影响周边通信使用。

3）拆除工程中所用电源不得使用被拆建筑物内的配电设施，要另设专用配电电源。

（4）防雷与接地安全。

1）高度在 20m 及以上的施工现场设施，若不在其他设施或建筑物的防雷保护范围之内时，均要采取防雷保护措施。

2）建筑幕墙工程施工时，要做好防雷电侧击、防雷电感应的措施。

3）施工现场的临时用电电力系统严禁利用大地做相线或 PE。

4）施工现场各种电器设备严禁带故障运行。

5）凡手持电动工具必须采取剩余电流保护装置。

3. 其他部位及环节

（1）变压器安装。

1）变压器运输要编制运输吊装方案。吊装前要对吊索、吊具的安全性能进行检查。

2）施工现场人员在变压器高处作业时要系上安全带。

（2）配电箱/柜安装。

1）配电箱/柜安装或拆除时必须由专人完成。

2）配电箱/柜临时送电、断电要按程序由专人执行，避免误动作。

3）施工时要对配电箱/柜保护接地的电阻值、PE 线和 PEN 线的规格及重复接地认真核对，确保连接可靠。

4）狭窄空间中安装配电箱/柜时要注意通风良好，照明充足。

5）配电箱/柜要采用铁制配电箱，严禁使用木质配电箱。

6）施工现场用电配电箱必须采用 TN−S 系统、配电级数不宜多于三级。

（3）UPS/EPS 安装。

1）配置电解液时，要配备硼酸等中和溶液，配制人员必须穿戴胶皮围裙、套袖、手套、靴和防护眼镜等劳保用具，以防电解液烧伤皮肤。

2）设备在搬运过程中，要采取防倾倒措施。

3）配制碱性电解液容器要用铁、钢、陶瓷或珐琅制成。

4）UPS/EPS 设备间要具有可靠的安全及消防措施。

（4）电气线路敷设。

1）施工安装时要认真检查，确保电气线路金属外壳等外露可导电部位与保护导体可靠连接。

2）高处安装母线槽、电缆桥架时，要使用梯子或脚手架进行，并有相应防滑措施。

3）移动或传递长母线槽时，要提前通知周围工作人员，以防危及他人。

4）母线槽实验调试时，工作人员必须穿好绝缘鞋，并且至少两人作业，其中一人操作，另一人监护。

5）电缆盘支架要放置稳固，防止支架倾倒后伤人或损伤电缆。电缆支架钢轴的强度和长度要与电缆盘重量和宽度相匹配。

6）施工现场配电线路必须采用绝缘导线，并穿管保护。

7）配电线路至配电装置的电源进线必须做固定连接，严禁做活动连接。

8）施工现场严禁使用三芯、四芯电缆外加单根绝缘线或二芯电缆拼成四芯或五芯电缆使用。

9）电缆进入施工现场要由现场电工对电缆进行绝缘性能检测，经检查合格后方可使用。

10）在建工程内的电缆线路必须采用电缆埋地或穿保护钢管引入，严禁穿越脚手架引入。

11）新建、改建或拆除建筑等场所的临时电气线路的使用要满足消防安全要求。

（5）照明灯具安装。

1）需保障施工人员及时撤离的施工现场，宜充分利用已有应急照明设施。无已有设施，必须装设自备电源的应急照明。

2）无自然采光的地下空间施工场所，要有照明供电方案。

3）对于危险性较大及特殊危险的施工场所，灯具距地面高度小于 2.5m 时，要使用交流额定电压 36V 及以下的照明灯具或有专用保护措施。

4）潮湿环境选用密闭防水型照明灯具，易燃易爆环境选用防爆型照明灯具。

5）高空安装的灯具要有防坠落措施。

6）照明变压器为双绕组型，严禁使用自耦变压器。

7）路灯安装禁止雨天上杆作业，雷雨天气不得遥测接地电阻。

8）严禁利用交流额定电压 220V 的临时照明灯具作为行灯使用。

9）行灯变压器严禁带入金属容器或金属管道内使用。

（6）防雷与接地安装。

1）焊接安装作业时，要戴好防护眼镜盒、使用专用防护手套。

2）屋面焊接防雷网时，作业人员必须做好安全防护（安全帽、安全带）。

3）施工现场的临时用电电力系统严禁利用大地做相线或 PE。

4）高度在 20m 及以上的施工现场设施，若不在其他设施或建筑物的防雷保护范围之内时，均要采取防雷保护措施。

注：施工现场设施包含不限于塔式起重机、施工升降机、物料提升机以及钢脚手架。安装接闪杆的机械设备、动力、控制、照明、通信线路要采用钢管做保护管，并与该机械设备保持良好的电气连接以防止雷电侧击。

（7）等电位联结安装。

1）等电位联结端子箱、端子板施工时要加强保护，必须紧固且接触面无锈蚀。

2）等电位联结时，要注意各导体间连接焊接可靠。

（8）低压电器安装。

1）施工现场各种电器设备严禁带故障运行。

2）露天使用的电器设备搭设防雨罩棚，凡被雨淋水淹的设备要进行必要的干燥处理，经检测绝缘运行合格后方可使用。

3）电动机在运输、就位过程中，选择好安全通道，并要有专人负责指挥。

4）电动建筑机械等设备在进行清理、检查、维修时，必须首先将其电源断开。

5）使用电动工具前，必须按规定穿、戴绝缘防护用品。

6）凡手持电动工具必须采取剩余电流保护措施。

（9）火灾自动报警及联动控制装置安装。

1）对安装于吊顶或顶板处的探测器或消防广播施工时，要注意高空安全防护。

2）安装高空的管路吸气式感烟火灾探测器、线型光束感烟火灾探测器在安装施工时，要有高空安全防护措施。

3）火灾报警控制器接地要牢固，并有明显标志。

4. 采用新技术、新工艺、新材料、新设备的部位及环节

依据《建设工程安全生产管理条例》第十三条。当工程中采用新技术、新工艺、新材料、新设备时，设计要提出保障施工作业人员安全和预防生产安全事故的措施建议。如涉及相关深化设计公司或厂家等相关单位的设计，要明确设计范围及相关责任。

二十三、环境保护

1. 噪声污染

使用低噪声、低振动的机具和变压器、柴油发电机组时，要采取隔音和隔振措施，避免或减少电气施工噪声和振动。

2. 光污染

（1）施工现场要对强光作业和室外照明灯具采取遮挡、弱化等措施，防止扰民。

（2）电焊作业过程要采取遮挡措施，避免电焊弧光外泄。

3. 废弃物污染

施工用完的废弃的电缆、灯具等要收集好，专门的垃圾装好，专业公司处理。

4. 水土污染

电解质要用专门的容器妥善保管，并在容器上标明配置日期和浓度，以免误倒而污染水土环境。

5. 废气污染

电缆采用低烟无卤材料，减少其燃烧时产生有毒、腐蚀性气体。

第三节 某办公建筑施工图纸

一、某办公建筑施工图图纸目录

某办公建筑施工图图纸目录见表 5-41。

表 5-41 某办公建筑施工图图纸目录

序号	图号	图纸名称	备注
1	电施-1	电气图例	见图 4-1
2	电施-2	电信图例	见图 4-2
3	电施-3	文字符号、标注方式及灯具表	见图 4-3
4	电施-4	电气主要设备表	见图 4-4
5	电施-5	电气总平面	见图 4-5
6	电施-6	供电系统主接线图	见图 4-6
7	电施-7	高压供电系统图	见图 4-7
8	电施-8	低压配电系统图	见图 4-8
9	电施-9	电力供电干线系统图	见图 4-9
10	电施-10	照明供电干线系统图	见图 4-10
11	电施-11	强弱电小间及智能化机房布置图	见图 4-11
12	电施-12	接地干线系统图	见图 4-12
13	电施-13	外部防雷示意图	见图 4-13
14	电施-14	智能化集成云平台总体架构图	见图 4-14
15	电施-15	计算机网络总拓扑结构图	见图 4-15
16	电施-16	集成系统控制域数据流向图	见图 4-16
17	电施-17	公共网络拓扑结构图	见图 4-17
18	电施-18	集成系统信息域数据流向图	见图 4-18
19	电施-19	物业及设施管理系统结构图	见图 4-19
20	电施-20	公共网及干线布线系统图	见图 4-20
21	电施-21	安防设备管理网及干线布线系统图	见图 4-21
22	电施-22	建筑设备管理网及干线布线系统图	见图 4-22
23	电施-23	视频安防监控系统图	见图 4-23
24	电施-24	出入口控制系统图	见图 4-24

序号	图号	图纸名称	备注
25	电施－25	入侵报警系统图	见图4－25
26	电施－26	停车场管理系统图	见图4－26
27	电施－27	建筑设备监控系统图	见图4－27
28	电施－28	建筑设备监控系统控制原理图	见图4－28
29	电施－29	能耗监测系统图	见图4－29
30	电施－30	智能灯光控制系统图	见图4－30
31	电施－31	电力系统监控原理图	见图4－31
32	电施－32	背景音乐及公共广播系统图	见图4－32
33	电施－33	会议室扩声与会议系统图	见图4－33
34	电施－34	有线电视系统图	见图4－34
35	电施－35	火灾自动报警及联动系统图	见图4－35
36	电施－36	电气火灾监控系统图	见图4－36
37	电施－37	消防设施电源监控系统图	见图4－37
38	电施－38	防火门监控系统图	见图4－38
39	电施－39	余压监控系统图	见图4－39
40	电施－40	应急照明疏散指示系统图	见图4－40
41	电施－41	变配电所平面图	见图4－41
42	电施－42	变配电所剖面图	见图4－42
43	电施－43	柴油发电机房平面图和剖面图	见图4－43
44	电施－44	变配电所楼板预留洞详图	见图5－7
45	电施－45	变配电所设备预埋件平面图	见图5－8
46	电施－46	变配电所接地平面图	见图5－9
47	电施－47	变配电所夹层槽盒布置图	见图5－10
48	电施－48	变配电所照明平面图	见图5－11
49	电施－49	变配电所夹层照明平面图	见图5－12
50	电施－50	办公标准层电力平面图	见图5－13
51	电施－51	办公标准层插座平面图	见图5－14
52	电施－52	办公标准层照明平面图	见图5－15
53	电施－53	办公标准层应急照明平面图	见图5－16
54	电施－54	办公标准层通信平面图	见图5－17
55	电施－55	办公标准层安防平面图	见图5－18
56	电施－56	办公标准层火灾自动报警系统平面图	见图5－19

注：施工图图纸目录中列举的施工图纸仅是实际工程部分施工图纸。

二、某办公建筑施工图图纸

1. 变配电所楼板预留洞详图（见图 5-7）

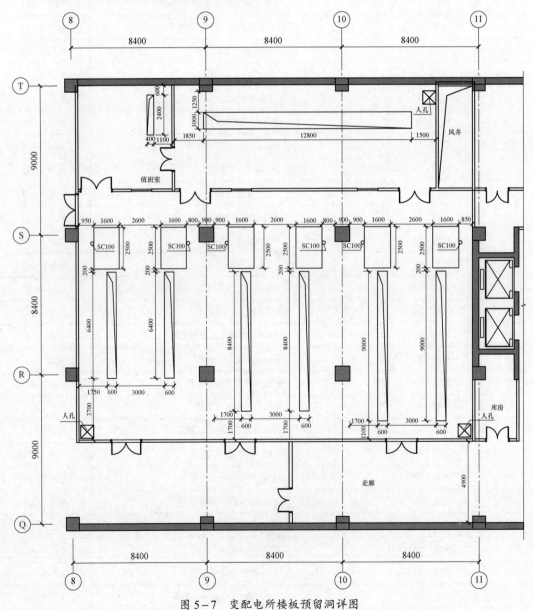

图 5-7　变配电所楼板预留洞详图

2. 变配电所设备预埋件平面图（见图5-8）

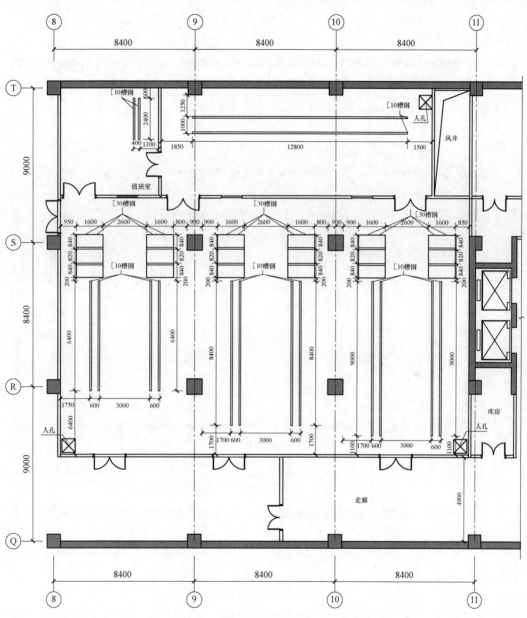

图5-8 变配电所设备预埋件平面图

3. 变配电所接地平面图（见图5-9）

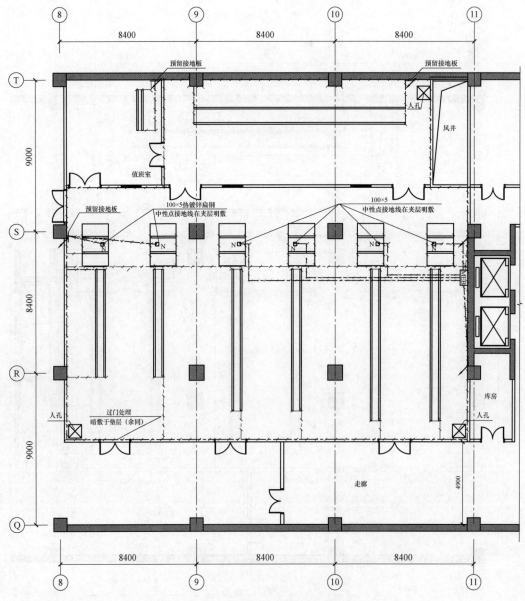

图5-9　变配电所接地平面图

说明：1. 接地连接线采用50mm×5mm镀锌扁钢，室内在距地0.45m明敷，但在门口、走道及至变电所内的高、低压开关柜、变压器等设备的基础槽钢采用暗敷。

2. 所有电气设备的金属外壳，电缆桥架等均应与接地线可靠连接。

3. 底距地0.45m预留接地板150mm×150mm×8mm，接地板与柱内主筋（4根不小于φ10mm）连接，并与接地圈梁及基础钢筋网焊接。

4. 变配电所夹层槽盒布置图（见图5–10）

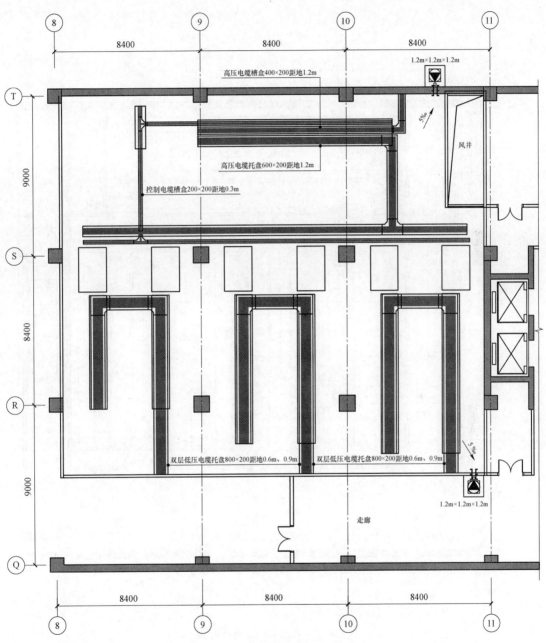

图5–10　变配电所夹层槽盒布置图（其他单位：mm）

5. 变配电所照明平面图（见图5-11）

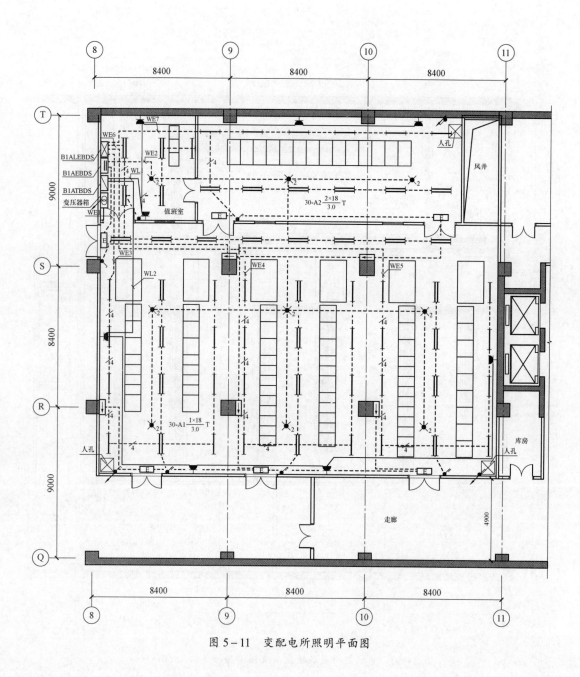

图5-11 变配电所照明平面图

6. 变配电所夹层照明平面图（见图 5-12）

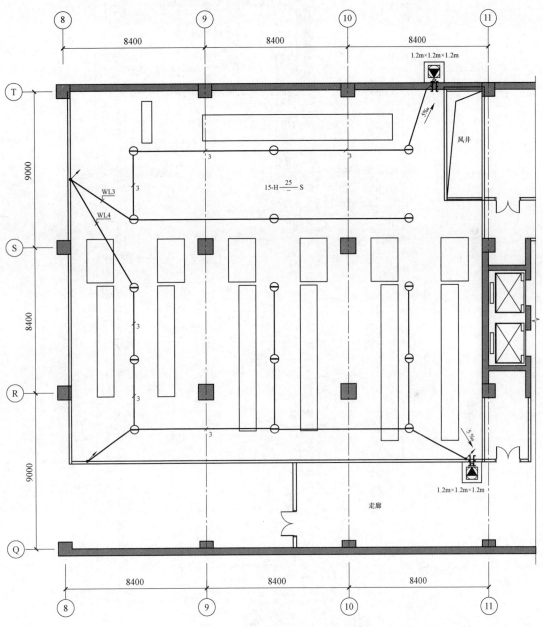

图 5-12　变配电所夹层照明平面图（其他单位：mm）

注：安全照明除标注外，均为2根线。

7. 办公标准层电力平面图（见图5-13）

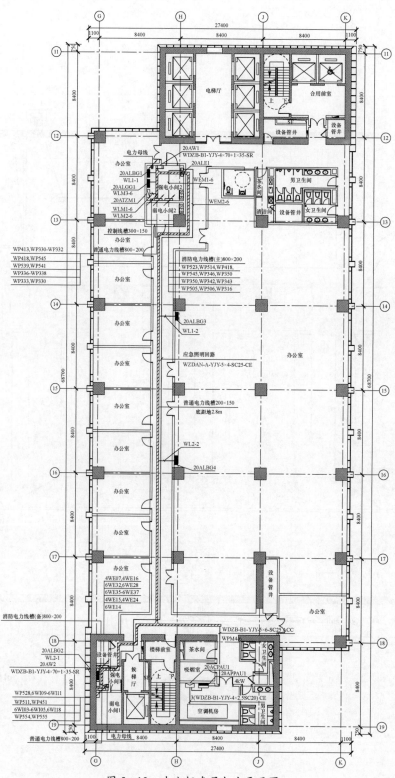

图5-13　办公标准层电力平面图

8. 办公标准层插座平面图（见图 5-14）

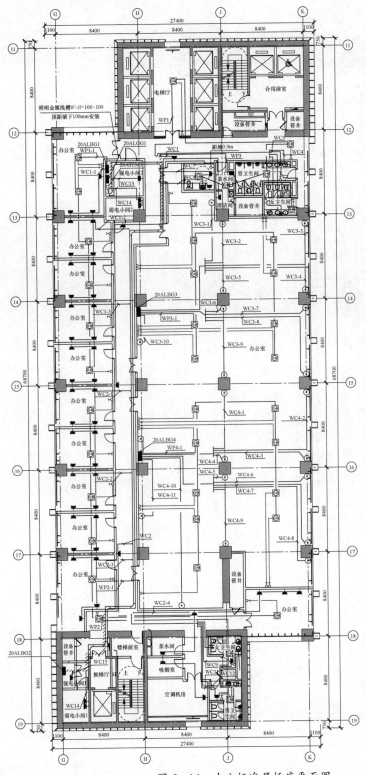

注：1. 图中温控器至风机盘管之间的连线均为 BV-6×1.5 SC20，暗敷。

2. ⊙为工位留插座用电配电点，待工位确定后由此配电点配电。

图 5-14　办公标准层插座平面图

9. 办公标准层照明平面图（见图5-15）

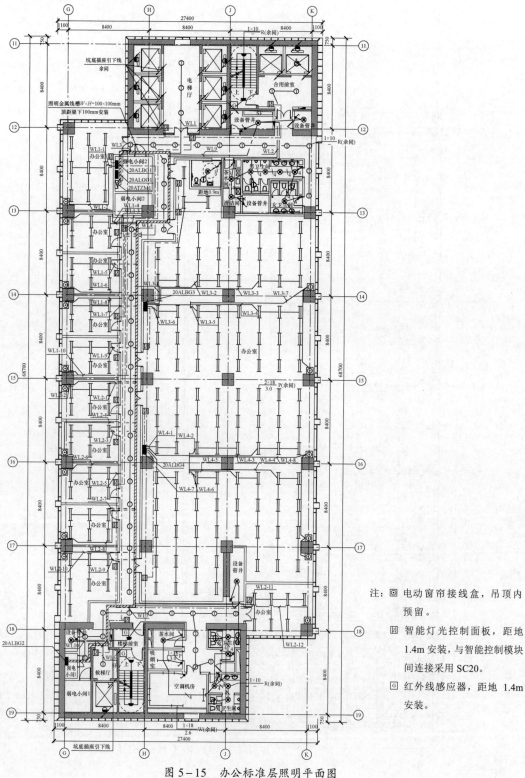

注：◙ 电动窗帘接线盒，吊顶内
　　预留。

　　◙ 智能灯光控制面板，距地
　　1.4m 安装，与智能控制模块
　　间连接采用 SC20。

　　◙ 红外线感应器，距地 1.4m
　　安装。

图 5-15　办公标准层照明平面图

10. 办公标准层应急照明平面图（见图5-16）

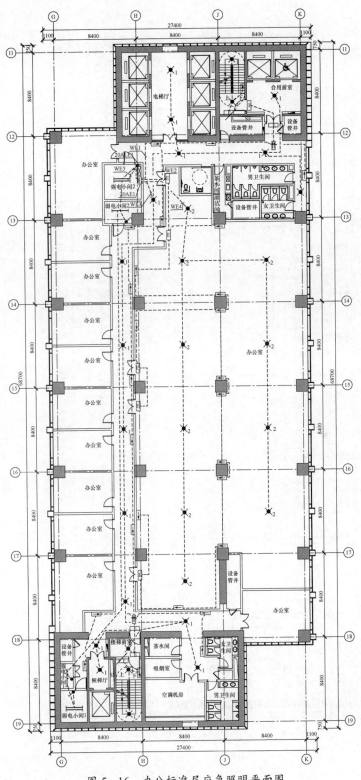

图5-16　办公标准层应急照明平面图

11. 办公标准层通信平面图（见图5–17）

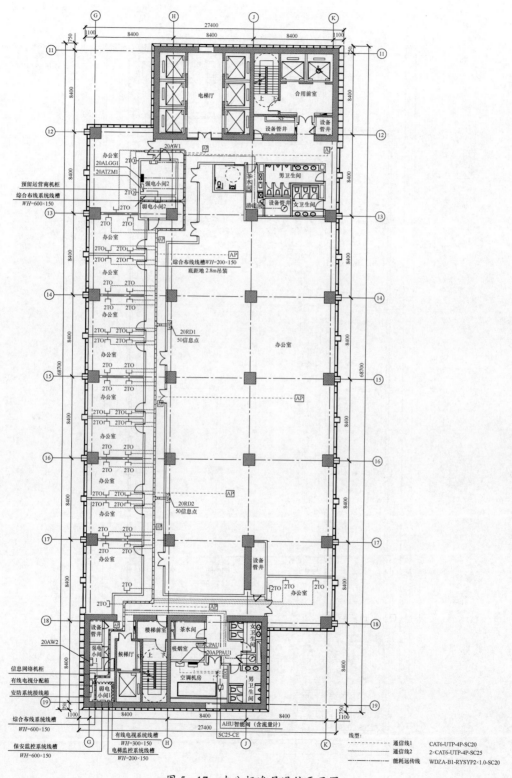

图 5–17 办公标准层通信平面图

12. 办公标准层安防平面图（见图5-18）

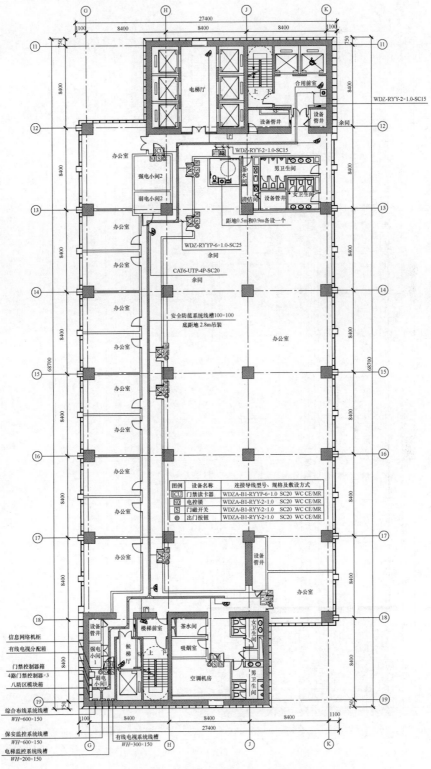

图 5-18 办公标准层安防平面图

13. 办公标准层火灾自动报警系统平面图（见图 5-19）

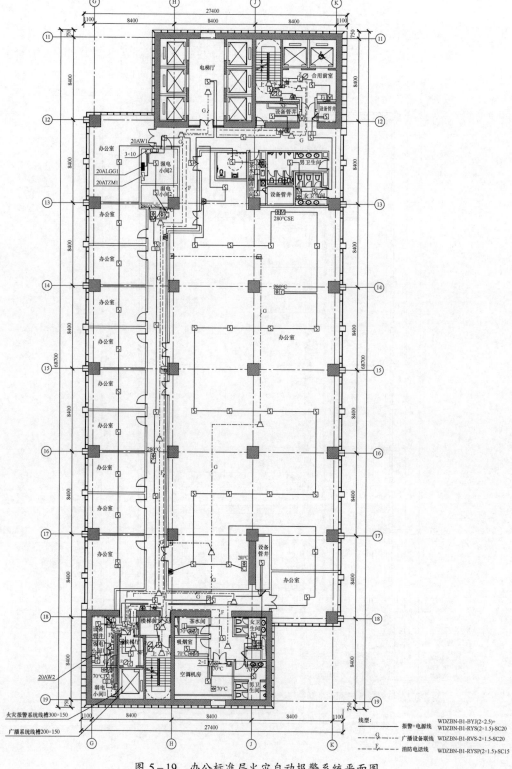

图 5-19　办公标准层火灾自动报警系统平面图

14. 办公标准层火灾监控平面图（见图 5-20）

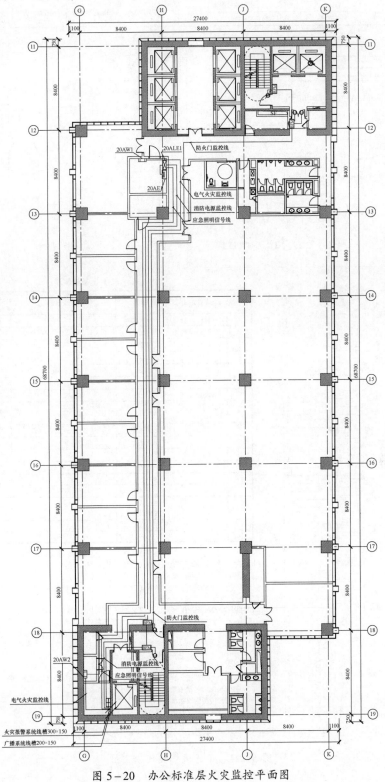

图 5-20　办公标准层火灾监控平面图

15. 正压风机控制原理图（见图 5-21）

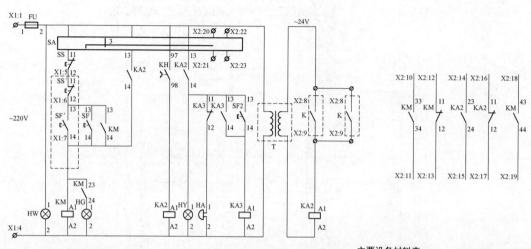

电源	手动控制	信号	自控	报警信号	声响报警解除	变压器	正压口联动	消防返回信号	过负荷返回信号	预留联动触点
			消防控制	过负荷声光报警						

主要设备材料表

序号	符号	名称	型号规格	单位	数量	备注
1	QF	低压断路器		个	1	
2	QS	隔离开关	OT125A3或 HL30-100/3	个	1	
3	KM	接触器	EB.LC1 系列～220V	个	1	
4	KH	热继电器	T.LR2 系列或JRD22 系列	个	1	
5	FU	熔断器	RL8-16/6A	个	1	
6	SA	万能转换开关	LW12-16D0401	个	1	定位型
7	SS1 SF1.2	控制按钮	CJK22-11P	个	3	1 红，2 绿
8	HY、HG、HW	信号灯	CJK22-DP	个	3	黄、绿、白各一
9	T	控制变压器	DBK3-63 220/24V	个	1	
10	KA2.3	中间继电器	JDZ1-44～220V	个	2	
11	HA	内击式电铃	□50～220V	个	1	
12		端子排	JH2-2.5L	排		
13						
		以下设备及材料不在本控制箱内				
14	SF	钥匙式控制按钮	CJK22-10Y2A/K	个	1	装在消防中心联动台
15						
16						

-X1
5
6
7

-X2
1 8
2 9
3 10
4 11
5 12
6 13
7 14
8 15
9 16
10 17
11 18
12 19
13 20
14 21
15 22
16 23

主回路

-X3
25
26
27

至正压送风口 WDZN-KVV-3×1.0

至消防控制系统 WDZN-KVV-19×1.5

接线端子图

单台正压送风风机（全压启动）电路控制功能说明

1. 本图适用于 AC380V 单台正压送风风机（全压启动）控制。
2. 控制回路电源取自断路器下侧。
3. 控制回路中的转换开关设有"手动""自动""停止"三种工作状态（"手动"工作状态一般仅在试运行时使用）。
4. 控制回路中转换开关的"自动"工作状态可以送至消防中心，由消防中心进行监视。
5. 风机启动条件如下：① 现场手动启动；② 消防控制室自动控制（通过联动模块控制，消防系统提供有源信号）；③ 系统中任一常闭加压送风口开启时，加压风机应能自动启动。
6. 当防火分区内火灾确认后，应能在 15s 内联动开启常闭加压送风口和加压送风机。
7. 通过余压监控系统，使机械如送风系统的送风量应满足不同部位的余压值要求。不同部位的余压值应符合下列规定：
   （1）前室、合用前室、封闭避难层（间）、封闭楼梯间与疏散走道之间的压差应为 25～30Pa。
   （2）防烟楼梯间与疏散走道之间的压差应为 40～50Pa。
8. 风机过载时控制回路提报报警信号。
9. 风机停止运行信号，补风机联锁信号均设置。
10. 未注明器件额定电压均为 AC 220V。
11. 图中所示元件选型仅供设计人员参考。

图 5-21　正压风机控制原理图

16. 电力配电箱系统图（见图5-22）

控制箱编号	系统图	控制要求	安装方式	备注
加压风机 B3ATJY1 44kW	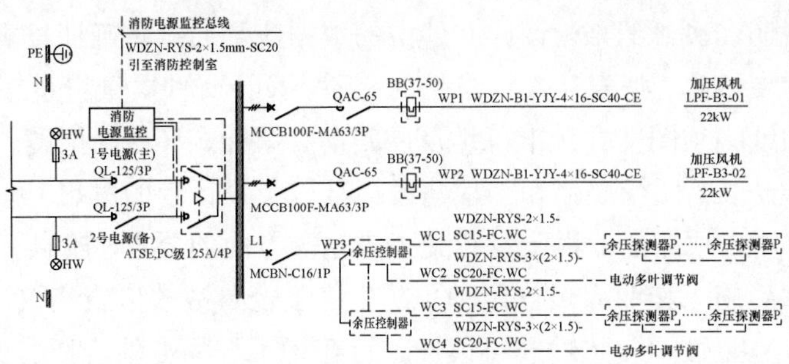 消防电源监控总线 WDZN-RYS-2×1.5mm-SC20 引至消防控制室 PE N HW 3A 消防 电源监控 1号电源(主) QL-125/3P QL-125/3P 3A HW 2号电源(备) ATSE,PC级125A/4P QAC-65 BB(37-50) WP1 WDZN-B1-YJY-4×16-SC40-CE 加压风机 LPF-B3-01 22kW MCCB100F-MA63/3P QAC-65 BB(37-50) WP2 WDZN-B1-YJY-4×16-SC40-CE 加压风机 LPF-B3-02 22kW MCCB100F-MA63/3P L1 WP3 WDZN-RYS-2×1.5-WC1 SC15-FC.WC 余压控制器 余压探测器P 余压探测器P MCBN-C16/1P WDZN-RYS-3×(2×1.5)-WC2 SC20-FC.WC 电动多叶调节阀 WDZN-RYS-2×1.5-WC3 SC15-FC.WC 余压控制器 余压探测器P 余压探测器P WDZN-RYS-3×(2×1.5)-WC4 SC20-FC.WC 电动多叶调节阀 N	详见图5-21	明装	1. 箱体参考尺寸(W×H×L): 600mm×800mm×250mm 2. 配电箱箱型：终端箱 3. 热继仪报警不动作 4. 配电箱上设启停按钮 5. 消防配电设备应设置明显标志,并采用内衬岩棉对箱体进行防火保护 6. 系统参数: P_n=44kW K_d=1 $\cos\varphi$=0.80 P_c=44.00kW I_c=83.56A
公区照明配电箱 20ATZM1 3kW	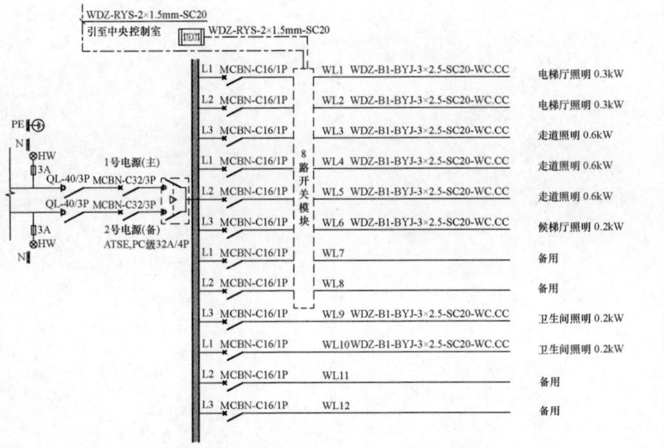 WDZ-RYS-2×1.5mm-SC20 引至中央控制室 WDZ-RYS-2×1.5mm-SC20 PE N HW 3A 1号电源(主) QL-40/3P MCBN-C32/3P QL-40/3P 3A HW 2号电源(备) ATSE,PC级32A/4P L1 MCBN-C16/1P WL1 WDZ-B1-BYJ-3×2.5-SC20-WC.CC 电梯厅照明 0.3kW L2 MCBN-C16/1P WL2 WDZ-B1-BYJ-3×2.5-SC20-WC.CC 电梯厅照明 0.3kW L3 MCBN-C16/1P WL3 WDZ-B1-BYJ-3×2.5-SC20-WC.CC 走道照明 0.6kW L1 MCBN-C16/1P WL4 WDZ-B1-BYJ-3×2.5-SC20-WC.CC 走道照明 0.6kW L2 MCBN-C16/1P WL5 WDZ-B1-BYJ-3×2.5-SC20-WC.CC 走道照明 0.6kW L3 MCBN-C16/1P WL6 WDZ-B1-BYJ-3×2.5-SC20-WC.CC 候梯厅照明 0.2kW L1 MCBN-C16/1P WL7 备用 L2 MCBN-C16/1P WL8 备用 L3 MCBN-C16/1P WL9 WDZ-B1-BYJ-3×2.5-SC20-WC.CC 卫生间照明 0.2kW L1 MCBN-C16/1P WL10 WDZ-B1-BYJ-3×2.5-SC20-WC.CC 卫生间照明 0.2kW L2 MCBN-C16/1P WL11 备用 L3 MCBN-C16/1P WL12 备用 8路开关模块		明装	1. 箱体参考尺寸(W×H×L): 600mm×800mm×250mm 2. 配电箱箱型：终端箱 3. 进线电缆编号：见照明系统图 4. 系统参数: P_n=3kW K_d=0.80 $\cos\varphi$=0.90 P_c=2.40kW I_c=4.05A
公区普通用电配电箱 20ALGG1 27kW	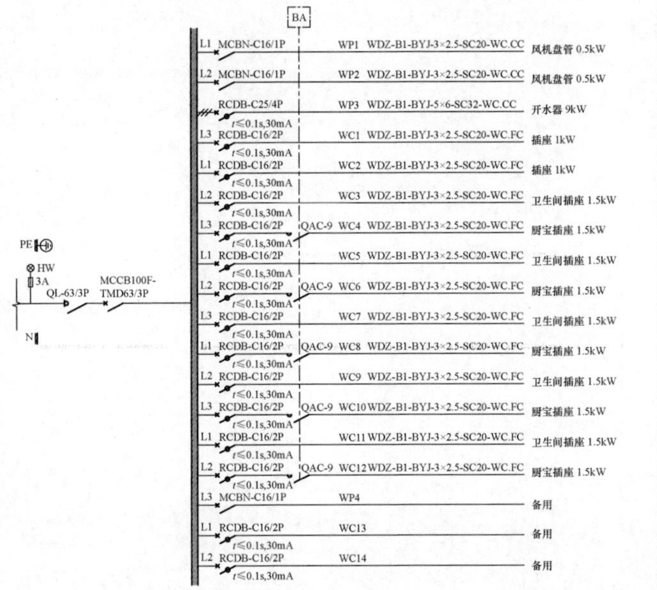 BA L1 MCBN-C16/1P WP1 WDZ-B1-BYJ-3×2.5-SC20-WC.CC 风机盘管 0.5kW L2 MCBN-C16/1P WP2 WDZ-B1-BYJ-3×2.5-SC20-WC.CC 风机盘管 0.5kW RCDB-C25/4P WP3 WDZ-B1-BYJ-5×6-SC32-WC.CC 开水器 9kW L3 RCDB-C16/2P WC1 WDZ-B1-BYJ-3×2.5-SC20-WC.FC 插座 1kW t≤0.1s,30mA L1 RCDB-C16/2P WC2 WDZ-B1-BYJ-3×2.5-SC20-WC.FC 插座 1kW t≤0.1s,30mA L2 RCDB-C16/2P WC3 WDZ-B1-BYJ-3×2.5-SC20-WC.FC 卫生间插座 1.5kW t≤0.1s,30mA L3 RCDB-C16/2P QAC-9 WC4 WDZ-B1-BYJ-3×2.5-SC20-WC.FC 厨宝插座 1.5kW t≤0.1s,30mA L1 RCDB-C16/2P WC5 WDZ-B1-BYJ-3×2.5-SC20-WC.FC 卫生间插座 1.5kW t≤0.1s,30mA L2 RCDB-C16/2P WC6 WDZ-B1-BYJ-3×2.5-SC20-WC.FC 厨宝插座 1.5kW t≤0.1s,30mA L3 RCDB-C16/2P WC7 WDZ-B1-BYJ-3×2.5-SC20-WC.FC 卫生间插座 1.5kW t≤0.1s,30mA L1 RCDB-C16/2P QAC-9 WC8 WDZ-B1-BYJ-3×2.5-SC20-WC.FC 厨宝插座 1.5kW t≤0.1s,30mA L2 RCDB-C16/2P WC9 WDZ-B1-BYJ-3×2.5-SC20-WC.FC 卫生间插座 1.5kW t≤0.1s,30mA L3 RCDB-C16/2P QAC-9 WC10 WDZ-B1-BYJ-3×2.5-SC20-WC.FC 厨宝插座 1.5kW t≤0.1s,30mA L1 RCDB-C16/2P WC11 WDZ-B1-BYJ-3×2.5-SC20-WC.FC 卫生间插座 1.5kW t≤0.1s,30mA L2 RCDB-C16/2P QAC-9 WC12 WDZ-B1-BYJ-3×2.5-SC20-WC.FC 厨宝插座 1.5kW t≤0.1s,30mA PE HW 3A QL-63/3P MCCB100F-TMD63/3P N L3 MCBN-C16/1P WP4 备用 L1 RCDB-C16/2P WC13 备用 t≤0.1s,30mA L2 RCDB-C16/2P WC14 备用 t≤0.1s,30mA		明装	1. 箱体参考尺寸(W×H×L): 600mm×800mm×250mm 2. 配电箱箱型：终端箱 3. 进线电缆编号：见照明系统图 4. 配电箱通过BA进行节能控制 5. 系统参数: P_n=27kW K_d=1 $\cos\varphi$=0.85 P_c=27.00kW I_c=48.26A

图 5-22 电力配电箱系统图

小　结

　　设计文件通常由设计说明和图纸组成，设计文件中的数据应是通过正确计算得出的，设计文件是指导工程建设的重要依据，是表述设计思想的介质，设计文件质量将直接影响到工程建设，所以设计说明和图纸必须图文并茂准确地反映消防、节能、环保、抗震、卫生、人防等如何贯彻国家有关法律法规、现行规范和工程建设标准以及设计者的思想。施工图是建筑工程实施的基础，设计文件必须保证工程质量和施工安全等方面的要求，按照有关法律法规规定在设计文件中提出保障施工作业人员安全和预防生产安全事故的措施建议。施工图设计文件要求应具有准确性、完整性、一致性和可读性，旨在为工程师提供清晰的工作指南，并确保施工过程的高效。

参 考 文 献

[1] 中国建筑科学研究院有限公司,等.GB 55002—2021 建筑与市政工程抗震通用规范 [S]. 北京：中国建筑出版传媒有限公司, 2021.

[2] 中国建筑科学研究院有限公司,等.GB 55015—2021 建筑节能与可再生能源利用通用规范[S]. 北京：中国建筑出版传媒有限公司, 2021.

[3] 中国建筑科学研究院有限公司,等.GB 55016—2021 建筑环境通用规范 [S]. 北京：中国建筑出版传媒有限公司, 2021.

[4] 中国建筑科学研究院有限公司,等.GB 55020—2021 建筑给水排水与节水通用规范 [S]. 北京：中国建筑出版传媒有限公司, 2021.

[5] 中国建筑标准设计研究院有限公司,等.GB 55024—2022 建筑电气与智能化通用规范 [S]. 北京：中国建筑出版传媒有限公司, 2022.

[6] 公安部第一研究所,等.GB 55029—2022 安全防范工程通用规范 [S]. 北京：中国建筑出版传媒有限公司, 2022.

[7] 中国建筑标准设计研究院有限公司,等.GB 55031—2022 民用建筑通用规范 [S]. 北京：中国建筑出版传媒有限公司, 2022.

[8] 应急管理部天津消防研究所,等.GB 55036—2022 消防设施通用规范 [S]. 北京：中国建筑出版传媒有限公司, 2022.

[9] 应急管理部天津消防研究所,等.GB 55037—2022 建筑防火通用规范 [S]. 北京：中国计划出版社, 2022.

[10] 孙成群. 建筑工程设计编制深度实例范本·建筑电气 [M]. 3 版. 北京：中国建筑工业出版社, 2017.

[11] 孙成群. 建筑工程设计编制深度实例范本·建筑智能化 [M]. 北京：中国建筑工业出版社, 2019.

[12] 孙成群. 建筑电气设计导论 [M]. 北京：机械工业出版社, 2022.

[13] 孙成群 汪卉. 复合建筑电气设计方法与实践 [M]. 北京：机械工业出版社, 2024.

[14] 孙成群. 建筑电气设计方法与实践 [M]. 北京：中国建筑工业出版社, 2016.

[15] 孙成群. 建筑电气设计方法与实践Ⅱ [M]. 北京：中国建筑工业出版社, 2018.

[16] 北京市建筑设计研究院有限公司. 建筑电气专业技术措施 [M]. 2 版. 北京：中国建筑工业出版社, 2016.

[17] 中国航空规划设计研究总院有限公司. 工业与民用供配电设计手册 [M]. 4 版. 北京：中国电力出版社, 2013.

[18] 孙成群. 建筑电气设计与施工资料集 工程系统模型 [M]. 北京：中国电力出版社, 2019.

[19] 孙成群. 建筑电气设计与施工资料集 常见问题解析 [M]. 北京：中国电力出版社, 2014.

[20] 孙成群. 建筑电气设计与施工资料集 技术数据 [M]. 北京：中国电力出版社, 2013.

[21] 孙成群. 建筑电气设计与施工资料集 设备安装 [M]. 北京：中国电力出版社, 2013.

[22] 孙成群. 建筑电气设计与施工资料集 设备选型 [M]. 北京：中国电力出版社, 2012.

[23] 孙成群. 简明建筑电气设计手册 [M]. 北京：机械工业出版社, 2022.

[24] 孙成群. 建筑电气关键技术设计实践 [M]. 北京：中国计划出版社, 2021.